COLORS

2.1 色彩基础知识 2.2 色彩的原理

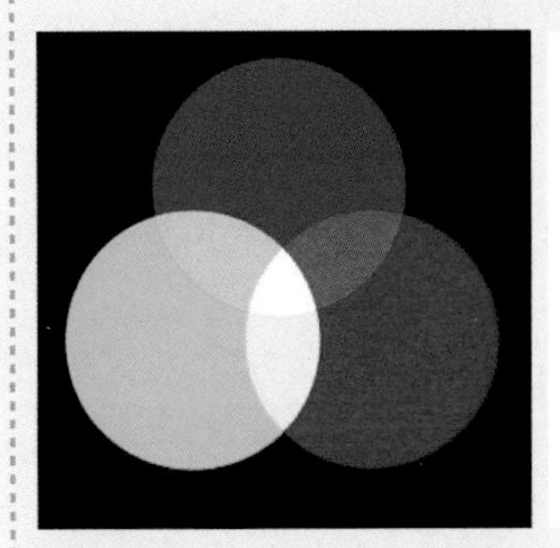

图2-1 红、绿、蓝交互产生混合色

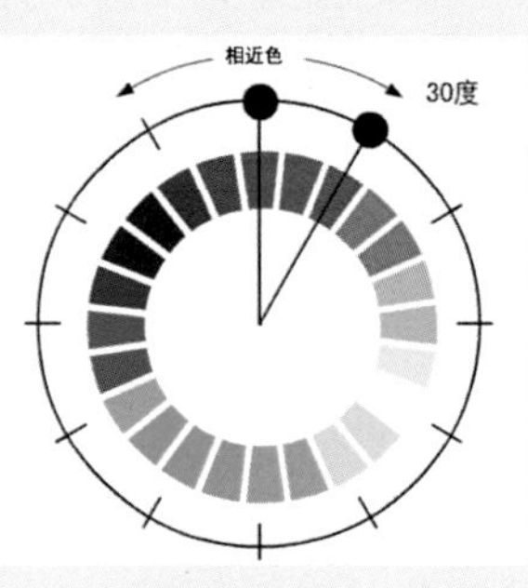

图2-2 相近色

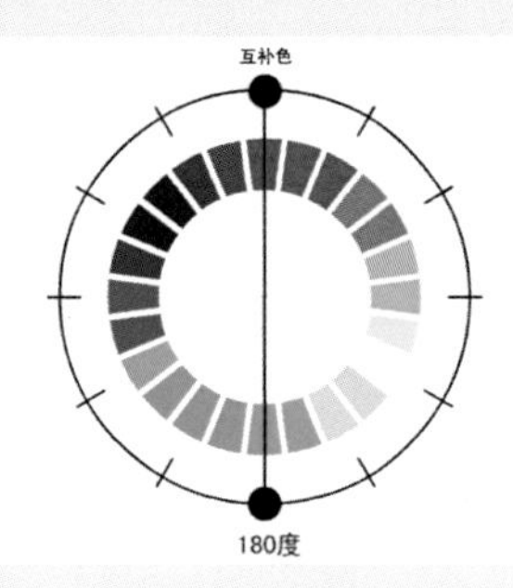

图2-3 互补色

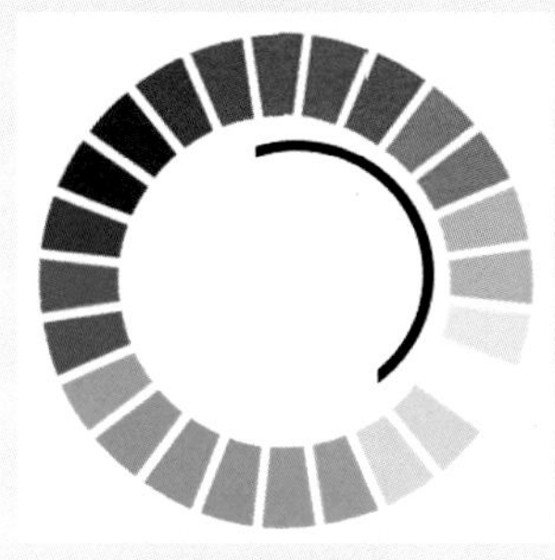

图2-4 暖色

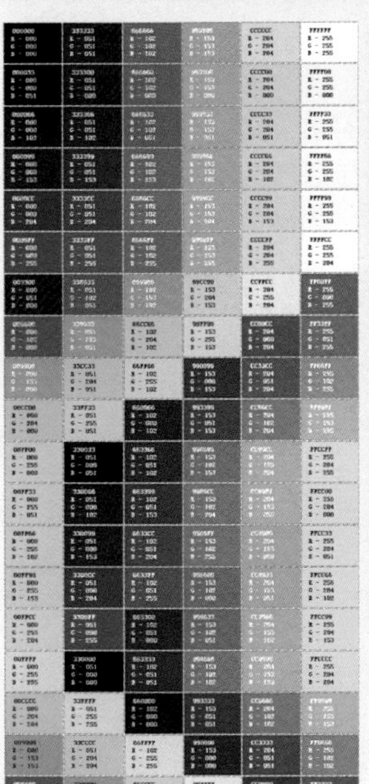

图2-6 网页安全色

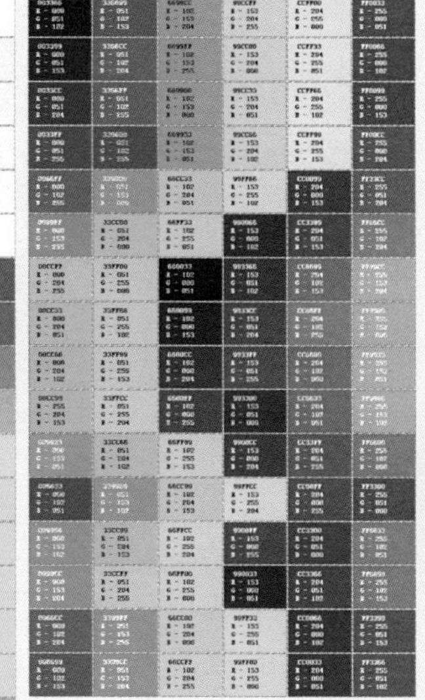

图2-6 网页安全色

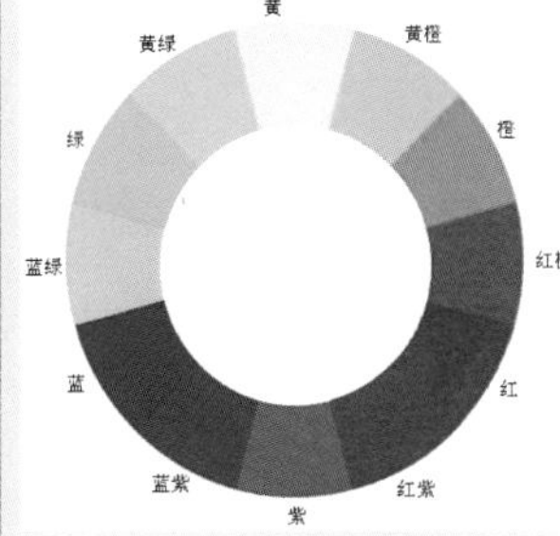

图2-23 色环

图2-5 冷色

图2-8 色彩的明度变化

图2-10 色彩的纯度变化

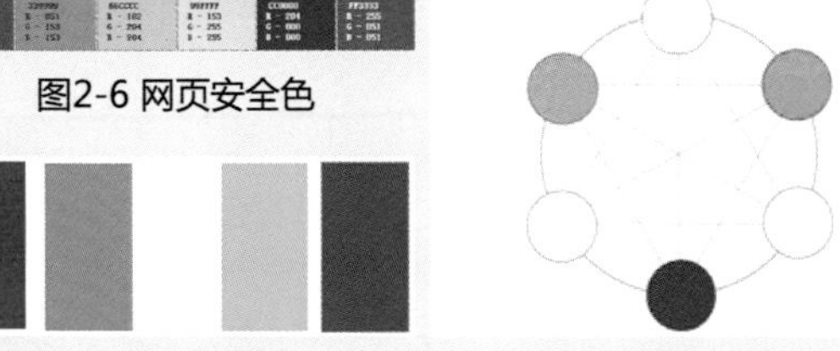

图2-25 互补色

图2-27 间色对比

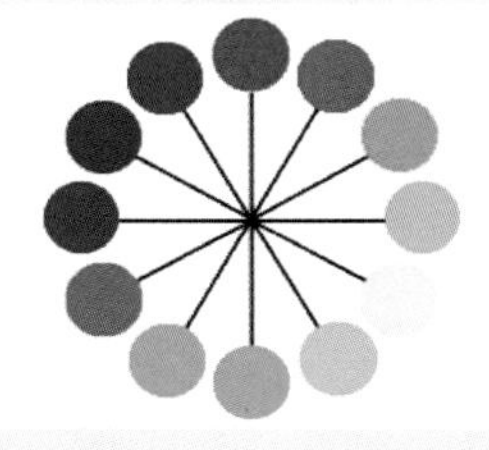

图2-7 十二基本色相

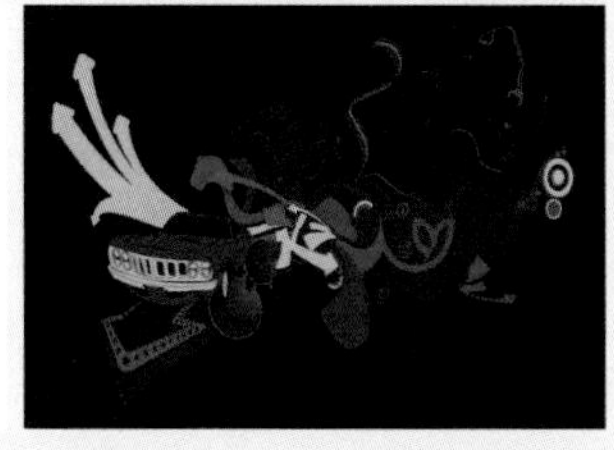

图2-9 同一色彩的明暗变化

COLORS

2.3 色彩与心理

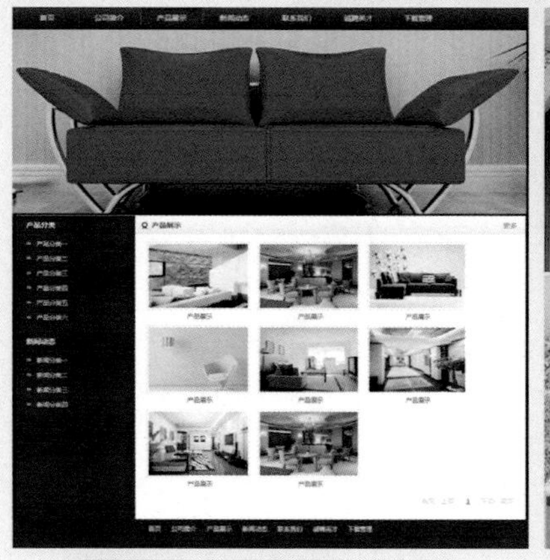

2.3.1 红色心理与网页表现

2.3.2 黄色心理与网页表现

2.3.3 蓝色心理与网页表现

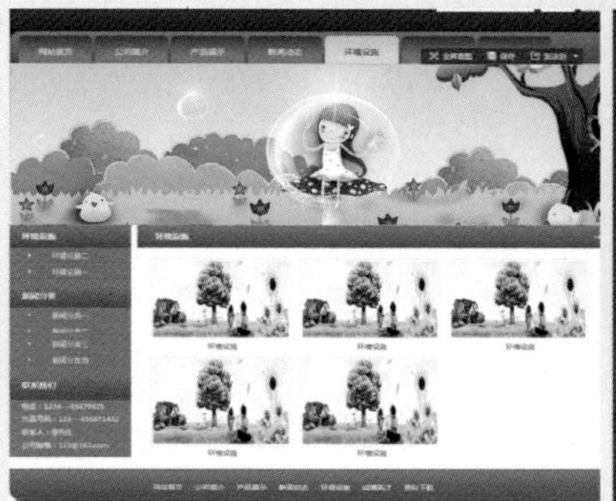

2.3.4 绿色心理与网页表现

2.3.5 紫色心理与网页表现

2.3.6 橙色心理与网页表现

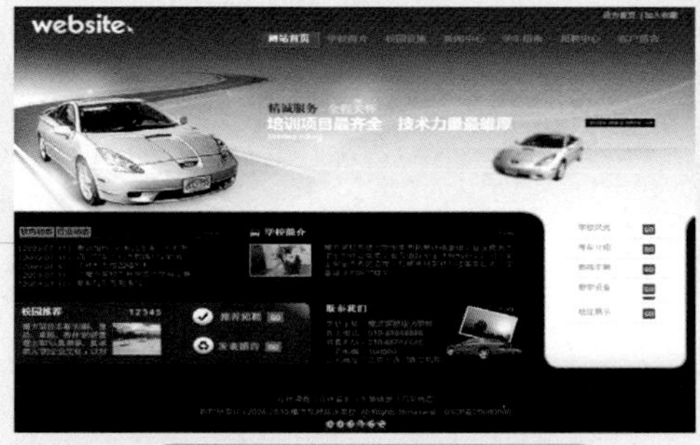

2.3.8 黑色心理与网页表现

2.3.9 灰色心理与网页表现

课堂实录

网页制作与网站建设课堂实录

王彩梅 / 编著

清华大学出版社
北京

内容简介

全书共19章，讲述了网页制作与网站建设方方面面的知识。主要内容包括网站建设基础、网页的色彩搭配、Dreamweaver CC创建站点和基本网页、添加图像和媒体、使用表格轻松排列网页数据、使用模板、库和插件提高网页制作效率、使用CSS+DIV布局美化网页、利用行为轻松实现网页特效、添加表单与动态网页基础、HTML5 入门基础、动态网站设计基础、动态网站开发语言ASP、快速掌握动画设计软件Flash CC、编辑文本和操作对象、创建基本Flash动画、Photoshop CC入门基础、网页特效文字的制作、网页切片输出与动画制作、设计企业网站实例。

本书可作为高等院校、高职高专院校相关专业的教材，也可供想学习网页制作与网站建设的自学者参考。

图书在版编目(CIP)数据

网页制作与网站建设课堂实录/王彩梅编著．—北京：清华大学出版社，2015 (2020.1重印)
（课堂实录）
ISBN 978-7-302-39555-3

Ⅰ．①网… Ⅱ．①王… Ⅲ．①网页制作工具 ②网站—建设 Ⅳ．①TP393.092

中国版本图书馆CIP数据核字（2015）第046819号

责任编辑：陈绿春
封面设计：潘国文
责任校对：胡伟民
责任印制：刘祎淼

出版发行：清华大学出版社
网　　址：http://www.tup.com.cn，http://www.wqbook.com
地　　址：北京清华大学学研大厦A座　　邮　　编：100084
社 总 机：010-62770175　　邮　　购：010-62786544
投稿与读者服务：010-62776969，c-service@tup.tsinghua.edu.cn
质 量 反 馈：010-62772015，zhiliang@tup.tsinghua.edu.cn
印 装 者：北京建宏印刷有限公司
经　　销：全国新华书店
开　　本：188mm×260mm　　**印　张**：19　　**插页**：2　　**字　数**：555千字
（附光盘1张）
版　　次：2015年7月第1版　　**印　次**：2020年1月第4次印刷
印　　数：4901～5000
定　　价：49.00元

产品编号：061944-01

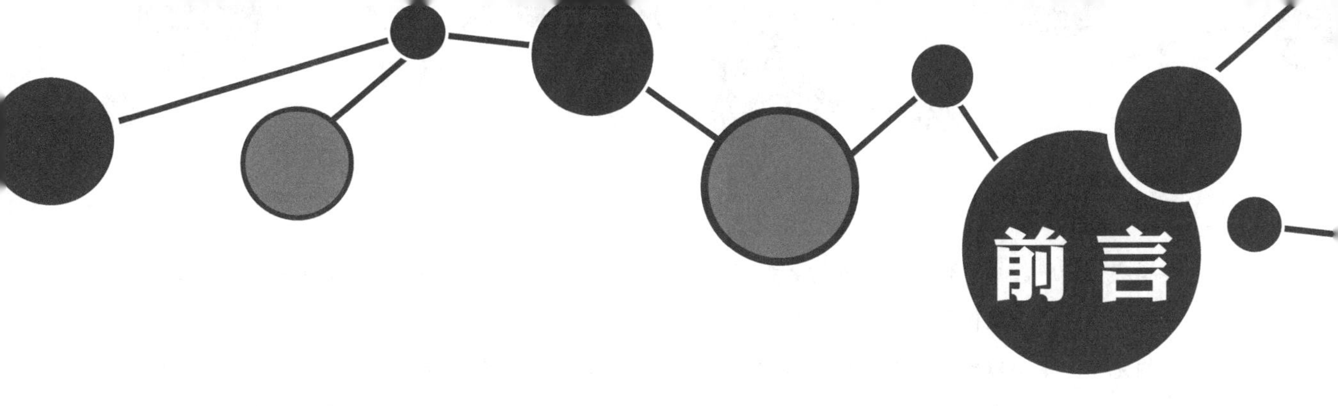

前言

如今，互联网已经在人们的生活中占据了重要位置，互联网可以将大量丰富多彩的文本、图像、动画等结合起来，随时随地供用户浏览。目前网页设计与网站建设技术成了热门。页面设计、动画设计、图形图像设计是网页设计与网站建设的三大核心。随着网站技术的发展，各方面对网站开发技术的要求日益提高，人才市场上对网站开发工作人员的需求大大增加。但是网站建设是一门综合性的技能，对很多计算机技术都有很高的要求。网站开发工作包括市场需求研究、网站策划、网页图像设计、网页页面排版、网页动画设计、动态网站开发、网站的推广运作等知识。能够系统掌握这些知识的网页设计师相对较少。市场上虽然有不少网页制作设计的图书，但是很多都是纯粹地讲解Dreamweaver、Flash、Photoshop等网页设计软件的使用方法，对于网站建设的全部过程和知识没有讲述，因此基于网页制作与网站建设人才的需求，我们编写了本书。

本书主要内容

本书详细介绍了如何进行网站的前期策划，如何综合使用Dreamweaver CC、Photoshop CC和Flash CC等工具来建设网站，如何在ASP环境下建设动态网站，以及数据库的创建、网站的推广与宣传等内容。

全书共19章，讲述了网页制作与网站建设方方面面的知识。主要内容包括网站建设基础、网页的色彩搭配、Dreamweaver CC创建站点和基本网页、添加图像和媒体、使用表格轻松排列网页数据、使用模板和库以及插件提高网页制作效率、使用CSS+DIV布局美化网页、使用行为和JavaScript点缀网页特效、利用表单对象创建表单文件、HTML5 入门基础、动态网站设计基础、动态网站开发语言ASP、快速掌握动画设计软件Flash CC、编辑文本和操作对象、创建基本Flash动画、Photoshop CC入门基础、网页特效文字的制作、网页切片输出与动画制作、设计企业网站实例。

本书主要特点

本书作者具有多年网站设计与教学经验，精选了多年设计中具有代表性和实用性的实例，拒绝脱离实际的单纯软件讲解，以实用案例贯穿全书，让读者在学会软件的同时迅速掌握实际应用能力。每个案例都有详细的制作步骤，且阐述了制作关键点和应用知识点，帮助读者巩固能力和进一步提高自己的水平。

★ 本书的最大特点是不同于以往的图书完全讲解软件知识，本书以网页制作与网站建设为主线，讲述网页制作与网站建设方方面面的知识，涵盖了众多优秀网页设计师的宝贵实战经验，以及丰富的创作灵感和设计理念。

★ 典型实例讲解。本书使用了大量的典型商业网站案例，将各章的基础知识综合贯穿起来，力求达到理论知识与实际操作完美结合的效果。

★ 结构完整。本书以实用功能讲解为核心，每小节分为基本知识学习和实战两部分，基本知识学习部分以基本知识为主，讲解每个知识点的操作和用法，操作步骤详细，目标明确；实战部分则相当于一个学习任务或案例制作。

★ 习题强化。每章后都附有针对性的练习题，读者可通过实训巩固每章所学的知识。

本书读者对象

本书适用于以下读者对象。

（1）网页设计与制作人员。

（2）网站建设与开发人员。

（3）大中专院校相关专业师生。

（4）网页制作培训班学员。

（5）个人网站爱好者与自学读者。

本书由国内著名网页设计培训专家王彩梅主笔，参与编写的还包括冯雷雷、晁辉、陈石送、何琛、吴秀红、王冬霞、何本军、乔海丽、邓仰伟、孙雷杰、孙文记、何立、倪庆军、胡秀娥、赵良涛、徐曦、刘桂香、葛俊科、葛俊彬等。由于作者水平有限，加之创作时间仓促，书中不足之处在所难免，欢迎广大读者批评指正。

作 者

目录

第1章 网站建设基础

第2章 网页的色彩搭配

第3章 Dreamweaver CC创建站点和基本网页

第4章 添加图像和媒体

第5章 使用表格轻松排列网页数据

第6章 使用模板、库和插件提高网页制作效率

第7章 使用CSS+DIV布局美化网页

第8章 利用行为轻松实现网页特效

第9章 添加表单与动态网页基础

第10章 HTML5入门基础

第11章 动态网站设计基础

第12章 动态网站开发语言ASP

第13章 快速掌握动画设计软件Flash CC

第14章 编辑文本和操作对象

第15章 创建基本Flash动画

第16章 Photoshop CC入门基础

第17章 网页特效文字的制作

第18章 网页切片输出与动画制作

第19章 设计企业网站实例

附录A HTML常用标签

附录B CSS属性一览表

第1章 网站建设基础

本章导读

上网已成为当今人们的一种新的生活方式。通过互联网，用户足不出户就可以浏览全世界的信息。网站也成为了每个公司必不可少的宣传媒介。互联网的迅速发展，使得网页设计越来越重要，设计师要制作出更出色的网站，就需要熟悉网站建设的基础知识。

技术要点

★ 预备知识

★ 如何设计网页

★ 掌握常用的网页设计软件

★ 掌握网站建设的一般流程

1.1 预备知识

在具体学习网页设计与制作前，先来认识一下什么是网站，了解什么是网站的域名和空间的申请，为以后的学习打好基础。

1.1.1 什么是网站

WWW是环球信息网的缩写，中文名字为“万维网”，常简称为Web。WWW可以让Web客户端（常用浏览器）访问浏览Web服务器上的页面，是一个由许多互相链接的超文本组成的系统，通过互联网访问。

网站是在Internet上通过超级链接的形式构成的相关网页的集合。简单地说，网站是一种通信工具，就像布告栏一样，人们可以通过网站来发布自己想要公开的信息，或者利用网站来提供相关的网上服务。通过网站，人们可以浏览、获取信息。许多公司都拥有自己的网站，他们利用网站来进行宣传、产品资讯发布、招聘人才等。在因特网的早期，网站大多只是单纯的文本。经过几年的发展，当万维网出现之后，图像、声音、动画、视频，甚至3D技术开始在因特网上流行起来，网站也慢慢地发展成我们现在看到的图文并茂的样子。通过动态网页技术，用户也可以与其他用户或者网站管理者进行交流。

网站由域名、服务器空间、网页3部分组成。网站的域名就是在访问网站时在浏览器地址栏中输入的网址。网页是通过Dreamweaver等软件编辑出来的，多个网页由超级链接联系起来。然后网页需要上传到服务器空间中，供浏览器访问网站中的内容。

1.1.2 申请域名

网站的域名就是在访问网站时在浏览器地址栏中输入的网址。

一个网站必须有一个世界范围内唯一可访问的名称，这个名称还可方便地书写和记忆，这就是网站的域名。域名对于开展电子商务具有重要的作用，它被誉为网络时代的“环球商标”，一个好的域名会大大增加企业在互联网上的知名度。因此，企业如何选取好的域名就显得十分重要。

从网络体系结构上来讲，域名是域名管理系统（Domain Name System，DNS）进行全球统一管理的，用来映射主机IP地址的一种主机命名方式。例如，百度的域名是www.baidu.com，在浏览器地址栏中输入www.baidu.com时，计算机会把这个域名指向相对应的IP地址。同样，网站的服务器空间会有一个IP地址，还需要申请一个便于记忆的域名指向这个IP地址以便访问。

1. 域名选取原则

在选取域名的时候，首先要遵循两个基本原则。

★ 域名应该简明易记，便于输入。这是判断域名好坏最重要的因素。一个好的域名应该短而顺口，便于记忆，最好让人看一眼就能记住，而且读起来发音清晰，不会导致拼写错误。此外，域名选取还要避免同音异义词。

★ 域名要有一定的内涵和意义。用有一定意义和内涵的词或词组作域名，不但可以帮助记忆，而且有助于实现企业的营销目标。如企业的名称、产品名称、商标名、品牌名等都是不错的选择，这样能够使企业的网络营销目标和非网络营销目标达成一致。

> 选取域名时有以下常用的技巧。
> ★ 用企业名称的汉语拼音作为域名。
> ★ 用企业名称相应的英文名作为域名。
> ★ 用企业名称的缩写作为域名。
> ★ 用汉语拼音的谐音形式给企业注册域名。
> ★ 以中英文结合的形式给企业注册域名。
> ★ 在企业名称前后加上与网络相关的前缀和后缀。
> ★ 用与企业名不同但有相关性的词或词组作域名。
> ★ 不要注册其他公司拥有的独特商标名和国际知名企业的商标名。

2. 网站域名类型

一个域名是分为多个字段的，如www.sina.com.cn，这个域名分为4个字段。cn是一个国家字段，表示域名是中国的；com表示域名的类型，表示这个域名是公共服务类的域名；www表示域名提供www网站服务；sina表示这个域名的名称。域名中的最后一个字段，一般是国家字段。表1-1为一些常见的域名后缀类型。对于.gov政府域名、.edu教育域名等类型的域名，需要这些有相关资质的机构提供有效的证明材料才可以申请和注册。

表1-1　常用的域名字段

字　段	类　型
.com	商业机构域名
.net	网络服务机构域名
.org	非营利性组织
.gov	政府机构
.edu	教育机构
.info	信息和信息服务机构
.name	个人专用域名
.tv	电视媒体域名
.travel	旅游机构域名
.ac	学术机构域名
.cc	商业公司
.biz	商业机构域名
.mobi	手机和移动网站域名

3. 申请域名

域名是由国际域名管理组织或国内的相关机构统一管理的。有很多网络公司可以代理域名的注册业务，可以直接在这些网络公司注册一个域名。注册域名时，需要找到服务较好的域名代理商进行注册。

可以在搜索引擎上查找到域名代理商，如图1-1所示，可以在百度中查找域名代理商。

在百度中打开中国万网的网站（http://www.net.cn），在这里可以申请注册域名，如图1-2所示。

图1-1　查找到域名代理商

图1-2　在万网申请注册域名

1.1.3 申请服务器空间

访问网站的过程实际上就是用户计算机和服务器进行数据连接和数据传递的过程，这就要求网站必须存放在服务器上才能被访问。一般的网站，不是使用一个独立的服务器，而是在网络公司租用一定大小的储存空间来支持网站的运行。这个租用的网站存储空间就是服务器空间。图1-3所示为在万网申请服务器空间。

1．为什么要申请服务器空间

一个小的网站直接放在独立的服务器上是不实际的，实现方法是在商用服务器上租用一块服务器空间，每年定期支付很少的服务器租用费，即可把自己的网站放在服务器上运行。租用了服务器空间，用户只需要管理和更新自己的网站，服务器的维护和管理则由网络公司完成。

在租用服务器空间时需要选择服务较好的网络公司。好的服务器空间运行稳定，很少出现服务器停机现象，有很好的访问速度和售后服务。某些测试软件可以方便地测出服务器的运行速度。新网、万网、中资源等公司的服务器空间都有很好的性能和售后服务。

在网络公司主页注册一个用户名并登录后，即可购买服务器空间。在购买时需要选择空间的大小和支持程序的类型。

图1-3　在万网申请服务器空间

2．服务器空间的类型

不同服务器空间的主要区别是支持网站程序和支持数据库的不同。常用的服务器空间可能分别支持下面这些不同的网站程序。

★　ASP：使用Windows系统和IIS服务器。

★　PHP：使用Linux系统或Windows系统，使用Apache网站服务器。

★　.NET：使用Windows系统和IIS服务器。

★　JSP：使用Windows系统和Java的网站服务器。

不同的服务器空间可能支持不同的数据库，常用的服务器空间支持的数据库有以下几种。

★　Access：常用于ASP网站。

★　SQL Server 2000：常用于ASP网站或.NET网站。

★　MySQL数据库：常用于PHP或JSP网站。

★　Oracle数据库：常用于JSP网站。

在注册服务器空间时，需要选择支持自己网站程序与数据库的服务器空间。例如，本书中开发的程序是ASP程序，需要选择ASP空间。同时，需要注意服务器空间的大小，100MB的空间即可存放一般的网站。

网站的域名与服务器空间是需要每年按时续费的。用户需要按网络公司规定的方式进行续费。域名和空间不可以欠费，如果欠费，管理部门会收回这个域名和空间，如被其他用户再次注册以后就很难再注册到这个域名，也可能导致自己网站的数据丢失。

1.2 如何设计网页

网页设计是一种审美活动，成功的设计作品一般都很艺术化。但艺术只是设计的手段，而并非设计的任务。设计的任务是要实现设计者的意图，而并非创造美。

1.2.1 网页设计的任务

网页设计的任务，是指设计者要表现的主题和实现的功能。站点的性质不同，设计的任务也不同。从形式上，可以将站点分为以下3类。

第一类是资讯类站点，像新浪、网易、搜狐等门户网站。这类站点将为访问者提供大量的信息，而且访问量较大。因此需注意页面的分割、结构的合理、页面的优化、界面的亲和等问题。

第二类是资讯和形象相结合的网站，像一些较大的公司、国内的高校等。这类网站在设计上要求较高，既要保证资讯类网站的上述要求，同时又要突出企业、单位的形象。然而就现状上来看，这类网站有粗制滥造的嫌疑。

第三类则是形象类网站，比如一些中小型的公司或单位。这类网站一般较小，有的则有几页，需要实现的功能也较为简单，网页设计的主要任务是突出企业形象。这类网站对设计者的美工水平要求较高。

当然，这只是从整体上来看，具体情况还要具体分析。不同的站点还要区别对待。别忘了最重要的一点，那就是客户的要求，它也属于设计的任务。

1.2.2 网页设计的实现

设计的实现可以分为两个部分。第一部分为站点的规划及草图的绘制，这一部分可以在纸上完成。第二部分为网页的制作，这一过程是在计算机上完成的。

设计网页的第一步是设计版面布局。可以将网页看作传统的报刊杂志来编辑，这里面有文字、图像乃至动画，要以最适合的方式将图片和文字排放在页面的不同位置。常用的网页设计软件是Dreamweaver、Fireworks、Flash及Photoshop，这些都是很不错的软件。接下来要做的就是通过软件的使用，将设计的蓝图变为现实，最终的集成一般是在Dreamweaver里完成的。虽然在草图上，定出了页面的大体轮廓，但是灵感一般都是在制作过程中产生的。设计一定要有创意，这是最基本的要求，没有创意的设计是失败的。在制作的过程中，会碰到许多问题，其中最敏感的莫过于页面的颜色了。可先确定一种能表现主题的主体色，然后根据具体的需要，应用颜色的近似和对比来完成整个页面的配色方案。整个页面在视觉上应是一个整体，以达到和谐、悦目的视觉效果。

1.2.3 网页设计的基本原则

设计是有原则的，无论使用何种手法对画面中的元素进行组合，都一定要遵循五个大的原则：统一、连贯、分割、对比及和谐。

统一：是指设计作品的整体性，一致性。设计作品的整体效果是至关重要的，在设计中切勿将各组成部分孤立分散，那样会使画面呈现出一种枝蔓纷杂的凌乱效果。

连贯：是指要注意页面的相互关系。设计中应利用各组成部分在内容上的内在联系和表现形式上的相互呼应，并注意整个页面设计风格的一致性，实现视觉上和心理上的连贯，使整个页面设计的各个部分极为融洽，犹如一气呵成。

分割：是指将页面分成若干小块，小块之间有视觉上的不同，这样可以使观者一目了然。在信息量很多时，为使观者能够看清楚，就要注意到将画面进行有效的分割。分割不仅是表现形式的需要。换个角度来讲，分割也可以被视为对于页面内容的一种分类归纳。

对比：是通过矛盾和冲突，使设计更加富有生气。对比手法很多，例如：多与少、曲与直、强与弱、长与短、粗与细、疏与密、虚与实、主与次、黑与白、动与静、美与丑、聚与散等。在使用对比的时候应慎重，对比过强容易破坏美感，影响统一。

和谐：指整个页面符合美的法则，浑然一体。如果一件设计作品仅仅是色彩、形状、线条等的随意混合，那么作品将不但没有“生命感”，而且也根本无法实现视觉设计的传达功能。和谐不仅要看结构形式，而且要看作品所形成的视觉效果能否与人的视觉感受形成一种沟通，产生心灵的共鸣。这是设计能否成功的关键。

1.3 常用的网页设计软件

如果你对网页设计已经有了一定的基础，对HTML语言又有一定的了解，那么你可以选择下面的几种软件来设计你的网页，它们一定会为你的网页添色不少。

1.3.1 网页设计软件Dreamweaver

近年来，随着网络信息技术的广泛应用，互联网正逐步改变着人们的生活和工作方式。越来越多的个人、企业纷纷建立自己的网站，利用网站来宣传和推广自己。因此也出现了很多的网页制作软件。Adobe公司的Dreamweaver无疑是其中使用最为广泛的一个，它以强大的功能和友好的操作界面受到了广大网页设计者的欢迎，成为设计者制作网页的首选软件。特别是最新版本的Dreamweaver CC软件，新增了许多功能，可以帮助用户在更短的时间内完成更多的工作。图1-4所示为网页制作软件Dreamweaver CC。

图1-4 网页制作软件Dreamweaver CC

1.3.2 图像设计软件Photoshop

Photoshop CC是被业界公认的图形图像处理专家，也是全球性的专业图像编辑行业标准。Photoshop CC是Adobe公司最新版的图像编辑软件，它提供了高效的图像编辑和处理功能、更人性化的操作界面，深受美术设计人员的青睐。Photoshop CC集图像设计、合成及高品质输出等功能于一身，广泛应用于平面设计和网页美工、数码照片后期处理、建筑效果后期处理等诸多领域。该软件在网页前期设计中，无论是色彩的应用、版面的设计、文字特效、按钮的制作，以及网页动画，如导航条和网络广告，均占有重要地位。图1-5所示为网页图像设计软件Photoshop CC。

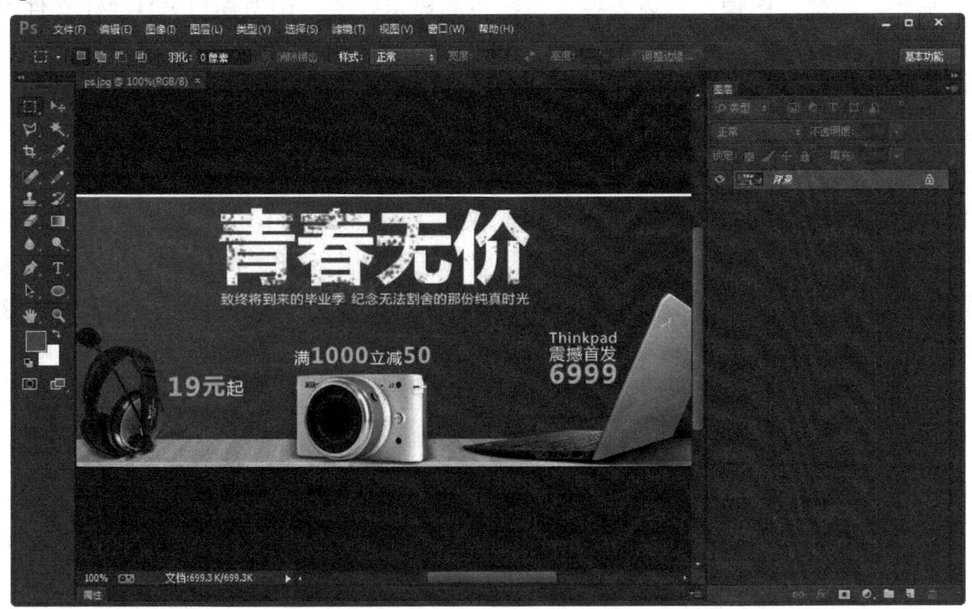

图1-5 网页图像设计软件Photoshop CC

1.3.3 动画设计软件Flash

Flash是一款非常流行的平面动画制作软件，被广泛应用于网站制作、游戏制作、影视广告、电子贺卡、电子杂志、MTV制作等领域。它的优点是体积小，可边下载边播放，这样就避免了用户长时间的等待。它可以用其生成动画，还可在网页中加入声音。这样你就能生成多媒体的图形和界面，而文件的体积却很小。Flash CC Professional是目前Flash的新版本，图1-6所示为网页动画制作软件Flash CC。

图1-6 网页动画制作软件Flash CC

1.3.4 HTML标记

网页文档主要是由HTML构成。HTML全名是Hyper Text Markup Language，即超文本标记语言，是用来描述WWW上超文本文件的语言。用它编写的文件扩展名是.html或.htm。

HTML不是一种编程语言，而是一种页面描述性标记语言。它通过各种标记描述不同的内容，说明段落、标题、图像、字体等在浏览器中的显示效果。浏览器打开HTML文件时，将依据HTML标记去显示内容。

HTML能够将Internet上不同服务器上的文件连接起来；可以将文字、声音、图像、动画、视频等媒体有机组织起来，展现给用户五彩缤纷的画面；此外它还可以接受用户信息，与数据库相连，实现用户的查询请求等交互功能。

HTML的任何标记都由“<”和“>”围起来，如<HTML><I>。在起始标记的标记名前加上符号“/”便是其终止标记，如</I>，夹在起始标记和终止标记之间的内容受标记的控制，例如<I>幸福永远</I>，夹在标记I之间的“幸福永远”将受标记I的控制。HTML文件的整体结构也是如此，下面就是最基本的网页结构，如图1-7所示。

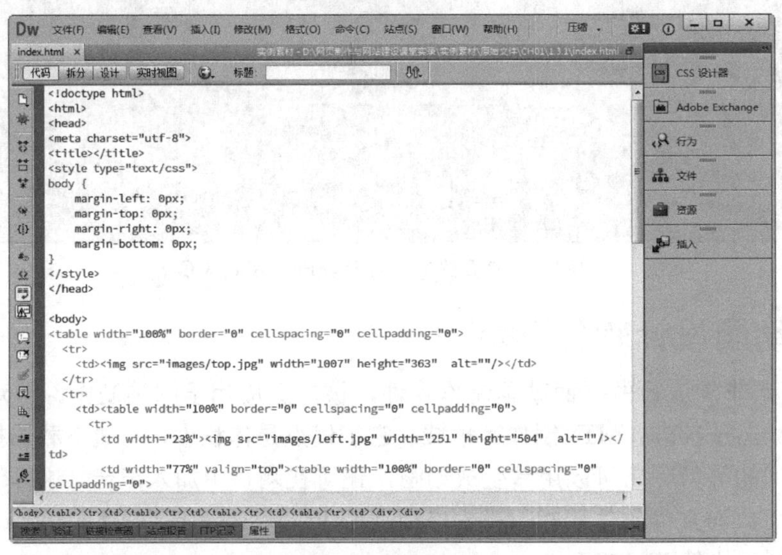

图1-7　基本的网页结构

```
<!doctype html>
<html>
<head>
<meta charset="utf-8">
<title></title>
<style type="text/css">
body {
    margin-left: 0px;
    margin-top: 0px;
    margin-right: 0px;
    margin-bottom: 0px;
}
</style>
</head>
<body>
<table width="100%" border="0" cellspacing="0" cellpadding="0">
```

```
  <tr>
    <td><img src="images/top.jpg" width="1007" height="363"  alt=""/></td>
  </tr>
  <tr>
    <td><table width="100%" border="0" cellspacing="0" cellpadding="0">
      <tr>
        <td width="23%"><img src="images/left.jpg" width="251" height="504"  alt=""/></td>
        <td width="77%"  valign="top"><table width="100%"  border="0"  cellspacing="0"
cellpadding="0">
          <tr>
            <td><img src="images/jianjie.jpg" width="729" height="40"  alt=""/></td>
          </tr>
          <tr>
            <td><table width="90%" border="0" align="center" cellpadding="0" cellspacing="0">
              <tr>
              <td><div>
              <div>公司是一家集发热电缆、温控器等智能电地暖系统和水地暖系统的研发、制造、销售、安装服务于一体的高新技术企业，引进了欧洲先进的发热电缆制造工艺和技术设备，采用系统化、专业化的科学管理模式和质量管理体系，拥有专业的科技队伍和强大的营销服务网络。 <br>
                         <br>
                         采暖工程有限公司致于"节能"、"环保"、"舒适"、"健康"采暖的推广与普及，为追求健康品质生活的人们，营造一个温暖舒适的生活环境。随着国民经济的快速发展、生活水平的逐渐提高、人们环保意识的不断增强、建筑保温性能的日趋完善，采暖设备以其卓越的采暖效果和经济成本、环保、安全、健康等诸多优点，为众多房地产开发商和广大用户青睐。<br>
                         <br>
                         公司坚持"质量第一　客户至上"的宗旨，以"求实、守信、开拓"为理念，追求技术进步和科学管理；坚持"高效、优质、文明、信誉"的工作作风，树立"以人为本、规范管理、质量第一、客户至上"的经营思想，真诚为广大用户提供优质的产品和满意的服务。<br>
                </div>
                <div></div>
              </div>
                <div></div>
                <br></td>
              </tr>
            </table></td>
          </tr>
        </table></td>
      </tr>
    </table></td>
  </tr>
  <tr>
    <td><img src="images/dibu.jpg" width="1007" height="79"  alt=""/></td>
  </tr>
 </table>
 </body>
 </html></html>
```

下面讲述HTML的基本结构。

1．HTML标记

<Html>标记用于HTML文档的最前边，用来标识HTML文档的开始。而</Html>标记恰恰相反，它放在HTML文档的最后边，用来标识HTML文档的结束，两个标记必须一块使用。

2．Head标记

<head>和</head>构成HTML文档的开头部分，在此标记对之间可以使用<title></title>、<script></script>等标记对，这些标记对都是描述HTML文档相关信息的标记对，<head></head>标记对之间的内容不会在浏览器的框内显示出来，两个标记必须一块使用。

3．Body标记

<body></body>是HTML文档的主体部分，在此标记对之间可包含<p></p>、<h1></h1>、
</br>等众多的标记，它们所定义的文本、图像等将会在浏览器内显示出来，两个标记必须一块使用。

4．Title标记

使用过浏览器的人可能都会注意到浏览器窗口最上边蓝色部分显示的文本信息，那些信息一般是网页的“标题”，要将网页的标题显示到浏览器的顶部其实很简单，只要在<title></title>标记对之间加入要显示的文本即可。

1.3.5　FTP软件

网站制作完毕，需要发布到Web服务器上，才能够让别人浏览。现在，上传网站的工具有很多，有些网页制作工具本身就带有FTP功能，利用这些FTP工具，可以很方便地把网站发布到服务器上。

CuteFtp是一款非常受欢迎的FTP工具，界面简洁，其具有的支持上下载断点续传、操作简单方便等特征使其在众多的FTP软件中脱颖而出，无论是下载软件还是更新主页，CuteFtp都是一款不可多得的好工具。图1-8所示为CuteFtp软件。

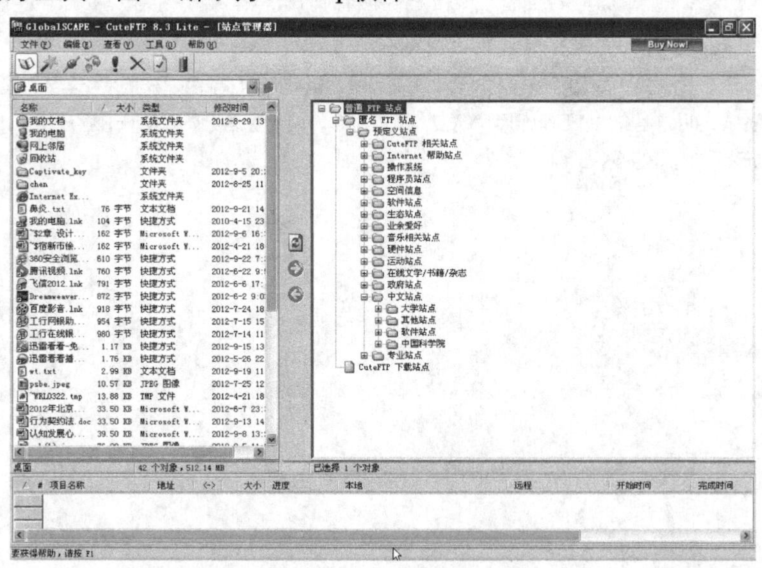

图1-8　CuteFtp软件

1.4 网站建设的一般流程

创建网站是一个系统工程，有一定的工作流程，按部就班地来，才能设计出满意的网站。因此在制作网站前，先要了解网站建设的基本流程，这样才能制作出更好、更合理的网站。

1.4.1 确定网站主题

在目标明确的基础上，完成网站的构思创意即总体设计方案，对网站的整体风格和特色作出定位，规划网站的组织结构。Web站点应针对所服务对象的不同而具有不同的形式。有些站点只提供简洁文本信息；有些则采用多媒体表现手法，提供华丽的图像、闪烁的灯光、复杂的页面布置，甚至可以下载声音和录像片段。好的Web站点还把图形表现手法和有效的组织与通信结合起来。要做到主题鲜明突出、要点明确，应以简单明确的语言和画面体现站点的主题。还要调动一切手段充分表达站点的个性和情趣，办出网站的特点。Web站点主页应具备的基本成分包括：页眉，准确无误地标识站点和企业标志；E-mail地址，用来接收用户垂询；联系信息，如普通邮件地址或电话；版权信息，声明版权所有者等。注意重复利用已有信息。如客户手册、公共关系文档、技术手册和数据库等可以轻而易举地用到企业的Web站点中。

1.4.2 网站整体规划

在设计网站以前，需要对网站进行整体规划和设计，写好网站项目设计书，在以后的制作中按照这些规划和设计进行。需要从网站内容、网页美术效果和网站程序的构思3个方面进行网站的整体规划。

网站内容：在网站进行开发以前，需要构思网站的内容，需要突出哪些主要内容。例如个人网站，可以有个人文章、个人活动、生活照片、才艺展示、个人作品、联系方式等内容。还需要明确哪些是主要内容，需要在网站中突出制作的重点。

网页美术效果：页面的美术效果往往决定一个网站的档次，网站需要有美观大方的版面。可以根据个人的喜好、页面内容等设计出自己喜欢的页面效果。如果是个人网站，可以根据个人的特长和才艺等内容制作出夸张的美术作品式的网站。

网站程序的构思：还需要构思网站的功能，网站的这些功能需要由什么样的程序来实现。如果是很简单的个人主页，则不需要经常更新，更不必编程做动态网站。

1.4.3 收集资料与素材

网站的设计需要相关的资料和素材，丰富的内容才可以丰富网站的版面。个人网站可以整理个人的作品、照片、展示等资料。企业网站需要整理企业的文件、广告、产品、活动等相关资料。整理好资料后需要对资料进行筛选和编辑。

可以使用以下方法来收集网站资料与素材。

★ 图片：可以使用相机拍摄相关图片，对已有的照片可以使用扫描仪输入到电脑。一些常见图片可以在网站上搜索或下载。

★ 文档：收集和整理现有的文件、广告、电子表格等内容。对纸制文件需要输入到电脑形成电子文档。文字类的资料需要进行整理和分析。

★ 媒体内容：收集和整理现有的录音、视频等资料。

1.4.4 设计网页页面

网页设计是一个复杂而细致的过程，一定要按照先大后小、先简单后复杂的顺序制作。所谓先大后小，就是说在制作网页时，先把大的结构设计好，再逐步完善小的结构设计。所谓先简单后复杂，就是先设计出简单的内容，再设计复杂的内容，以便出现问题时好修改。设计师要根据站点目标和用户对象去设计网页的版式以及安排网页内容。一般来说，至少应该对一些主要的页面设计好布局，确定网页的风格。

在制作网页时要灵活运用模板和库，这样可以大大提高制作效率。如果很多网页都使用相同的版面设计，就应为这个版面设计一个模板，然后就可以以此模板为基础创建网页。以后如果想要改变所有网页的版面设计，只需简单地改变模板即可。图1-9所示为使用模板制作的网页。

图1-9 制作的网页模板

1.4.5 切图并制作成页面

切图是网页设计中非常重要的一环，它可以很方便地为我们标明哪些是图片区域，哪些是文本区域。另外，合理的切图还有利于加快网页的下载速度、设计复杂造型的网页，以及对不同特点的图片进行压缩等优点。切割网站首页效果如图1-10所示。

图1-10 切割网站首页

1.4.6 开发动态网站模块

页面设计制作完成后，如果还需要动态功能的话，就需要开发动态功能模块，网站中常用的功能模块有搜索功能、留言板、新闻信息发布、在线购物、技术统计、论坛及聊天室等。图

1-11所示为留言板页面。

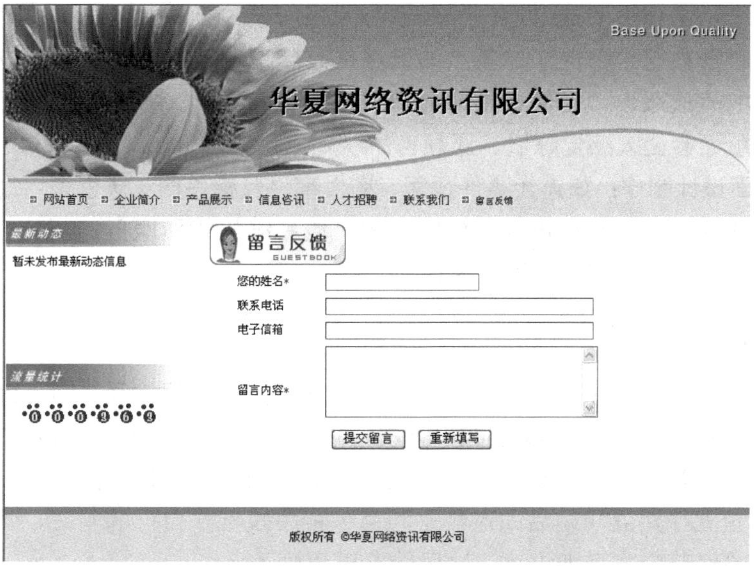

图1-11 留言板页面

1.4.7 发布与上传

在完成了对站点中页面的制作后，就应该将其发布到Internet上供大家浏览和观赏了。但是在此之前，应该对所创建的站点进行测试，对站点中的文件逐一进行检查，在本地计算机中调试网页以防止包含在网页中的错误，以便尽早发现问题并解决问题。

在测试站点过程中应该注意以下几个方面。

★ 在测试站点过程中应确保在目标浏览器中，网页如预期地显示和工作，没有损坏的链接，以及下载时间不宜过长等。

★ 了解各种浏览器对Web页面的支持程度，不同的浏览器观看同一个Web页面，会有不同的效果。很多制作的特殊效果，在有些浏览器中可能看不到，为此需要进行浏览器兼容性检测，以找出不被其他浏览器支持的部分。

★ 检查链接的正确性，可以通过Dreamweaver提供的检查链接功能来检查文件或站点中的内部链接及孤立文件。

网站的域名和空间申请完毕后，就可以上传网站了，可以采用Dreamweaver自带的站点管理上传文件。

1.4.8 后期更新与维护

一个好的网站，仅仅一次是不可能制作完美的，由于市场环境在不断地变化，网站的内容也需要随之调整，给人常新的感觉，网站才会更加吸引访问者，而且给访问者很好的印象。这就要求对网站进行长期的不间断的维护和更新。

网站维护一般包含以下内容。

★ 内容的更新：包括产品信息的更新、企业新闻动态更新和其他动态内容的更新。采用动态数据库可以随时更新发布新内容，不必做网页和上传服务器等麻烦工作。静态页面不便于维护，必须手动重复制作网页文档，制作完成后还需要上传到远程服务器。一般对于数量比较多的静态页面建议采用模板制作。

★ 网站风格的更新：包括版面、配色等各种方面。改版后的网站让客户感觉改头换面，焕然一新。一般改版的周期要长些。客户对网站也满意的话，改版可以延长到几个月甚至半年。一般一个网站建设完成以后，代表了公司的形象、公司的风格。随着时间的推移，很多客户对这种形象已经形成了定势。如果经常改版，会让客户感觉不适应，特别是那种风格彻底改变的“改版”。当然如果对公司网站有更好的设计方案，可以考虑改版。毕竟长期沿用一种版面会让人感觉陈旧、厌烦。

★ 网站重要页面设计制作：如重大事件页面、突发事件及相关周年庆祝等活动页面设计制作。

★ 网站系统维护服务：如E-mail账号维护服务、域名维护续费服务、网站空间维护、与IDC进行联系、DNS设置、域名解析服务等。

1.4.9 网站的推广

互联网的应用和繁荣提供了广阔的电子商务市场和商机，但是互联网上大大小小的各种网站数以百万计，如何让更多的人都能迅速地访问到你的网站是一个十分重要的问题。企业网站建好以后，如果不进行推广，那么企业的产品与服务在网上就仍然不为人所知，起不到建立站点的作用，所以企业在建立网站后即应着手利用各种手段推广自己的网站。网站的推广有很多种方式，在后面的章节中将详细讲述，这里就不再叙述了。

1.5 课后练习

一、填空题

1. 一个域名是分为多个字段的，如www.sina.com.cn，这个域名分为4个字段。_________是一个国家字段，表示域名是中国的；________表示域名的类型，表示这个域名是公共服务类的域名；_________表示域名提供www网站服务；_________表示这个域名的名称。域名中的最后一个字段，一般是国家字段。

2. 设计的实现可以分为两个部分。第一部分为________________，这一部分可以在纸上完成。第二部分为________________，这一过程是在计算机上完成的。

二、简答题

简述商业网站的建设流程。

参考第1.4节网站建设的基本流程。

1.6 本章小结

本章主要学习了网页的基本概念、网页制作常用软件、常见的网站类型，最后介绍了网站建设的流程等。通过本章的学习，读者应掌握网页设计的一些基础知识，为后面设计制作更复杂的网页打下良好的基础。

第2章 网页的色彩搭配

本章导读

打开一个网站，给用户留下第一印象的既不是网站丰富的内容，也不是网站合理的版面布局，而是网站的色彩。在网页设计中，色彩搭配是树立网站形象的关键，色彩处理得好可以使网页锦上添花，达到事半功倍的效果。色彩搭配一定要合理，给人一种和谐、愉快的感觉，避免采用容易造成视觉疲劳的纯度很高的单一色彩。在设计网页色彩时应该了解一些搭配技巧，以便更好地使用色彩。本章颜色效果参见彩插页。

技术要点

★ 色彩基础知识

★ 色彩的原理

★ 掌握色彩与心理

★ 掌握页面色彩搭配

2.1 色彩基础知识

自然界中有许多种色彩，如香蕉是黄色的，天是蓝色的，桔子是橙色的……色彩五颜六色，千变万化。

2.1.1 色彩的基本概念

为了能更好地应用色彩来设计网页，先来了解一下色彩的一些基本概念。自然界中色彩五颜六色、千变万化，但是最基本的有3种（红、黄、蓝），其他的色彩都可以由这3种色彩调和而成，我们称这3种色彩为“三原色”。平时所看到的白色光，经过分析在色带上可以看到，它包括红、橙、黄、绿、青、蓝、紫7色，各颜色间自然过渡，其中，红、黄、蓝是三原色，三原色通过不同比例的混合可以得到各种颜色。

把红、绿、蓝3种色交互重叠，就产生了混合色：青、洋红、黄，如图2-1所示。

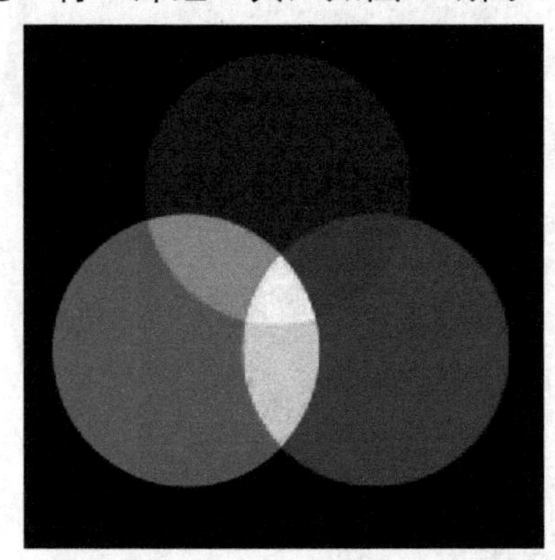

图2-1 红、绿、蓝交互产生混合色

★ 相近色：色环中相邻的3种颜色，相近色的搭配给人的视觉效果很舒适，很自然，所以相近色在网站设计中极为常用。如图2-2中的深蓝色、浅蓝色和紫色。

★ 互补色：色环中相对的两种色彩，如图2-3中的亮绿色跟紫色，红色跟绿色，蓝色和橙色等。对互补色，调整一下补色的亮度，有时候是一种很好的搭配。

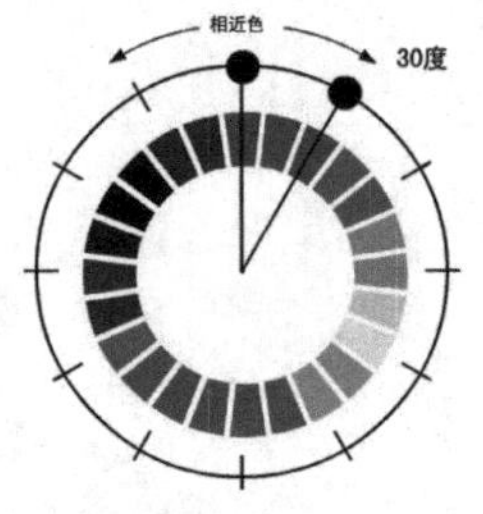

图2-2 相近色

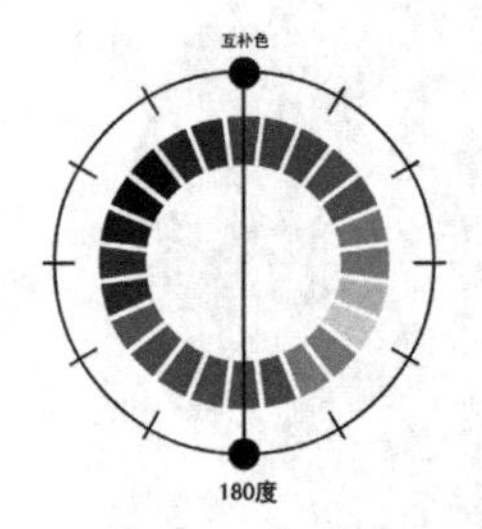

图2-3 互补色

★ 暖色：图2-4中的黄色、橙色、红色、紫色等都属于暖色系列。暖色跟黑色调和可以达到很好的效果。暖色一般应用于购物类网站、儿童类网站等，用以体现商品的琳琅满目，儿童类网站的活泼、温馨等效果。

★ 冷色：图2-5中的绿色、蓝色、蓝紫色等都属于冷色系列。冷色跟白色调和可以达到一种很好的效果。冷色一般应用于一些高科技网站，主要表达严肃、稳重等效果。

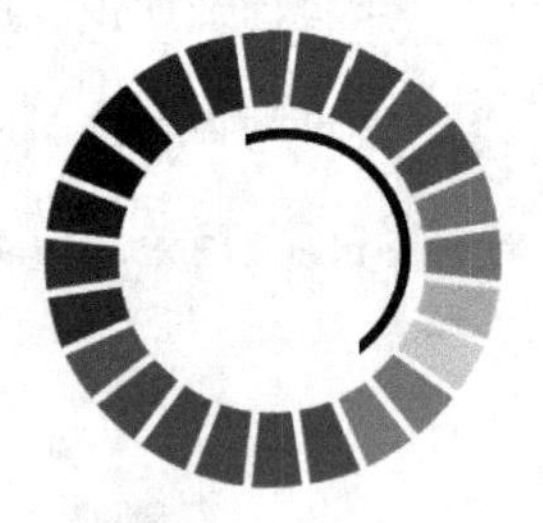

图2-4 暖色

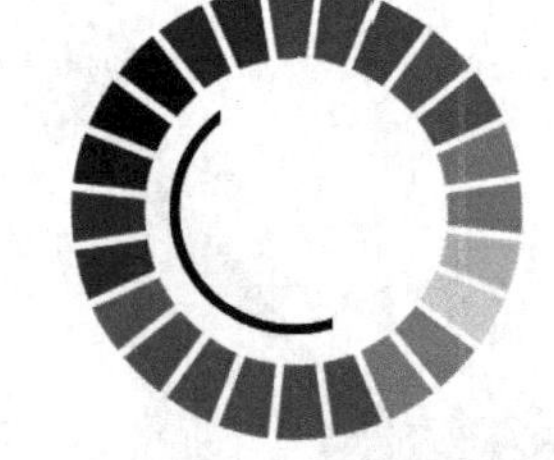

图2-5 冷色

我们生活在五彩缤纷的世界里，天空、草地、海洋都有它们各自的色彩。你、我、他也有自己的色彩，代表个人特色的衣着、家装、装饰物的色彩，可以充分反映人的性格、爱好、品位。色彩一般分为无彩色和有彩色两大类。

2.1.2 网页安全色

网页安全色是指在不同硬件环境、不同操作系统、不同浏览器中都能够正常显示的颜色集合（调色板），也就是说这些颜色在任何终端浏览用户显示设备上的现实效果都是相同的。所以，使用216网页安全色进行网页配色可以避免原有的颜色失真的问题。图2-6所示为网页安全色大全。

只要在网页中使用216网页安全颜色，就可以控制网页的色彩显示效果。使用网页安全颜色的同时，也不排除非网页安全颜色的使用。

000000 R-000 G-000 B-000	333333 R-051 G-051 B-051	666666 R-102 G-102 B-102	999999 R-153 G-153 B-153	CCCCCC R-204 G-204 B-204	FFFFFF R-255 G-255 B-255
000033 R-000 G-000 B-051	333300 R-051 G-051 B-000	666600 R-102 G-102 B-000	999900 R-153 G-153 B-000	CCCC00 R-204 G-204 B-000	FFFF00 R-255 G-255 B-000
000066 R-000 G-000 B-102	333366 R-051 G-051 B-102	666633 R-102 G-102 B-051	999933 R-153 G-153 B-051	CCCC33 R-204 G-204 B-051	FFFF33 R-255 G-255 B-051
000099 R-000 G-000 B-153	333399 R-051 G-051 B-153	666699 R-102 G-102 B-153	999966 R-153 G-153 B-102	CCCC66 R-204 G-204 B-102	FFFF66 R-255 G-255 B-102
0000CC R-000 G-000 B-204	3333CC R-051 G-051 B-204	6666CC R-102 G-102 B-204	9999CC R-153 G-153 B-204	CCCC99 R-204 G-204 B-153	FFFF99 R-255 G-255 B-153
0000FF R-000 G-000 B-255	3333FF R-051 G-051 B-255	6666FF R-102 G-102 B-255	9999FF R-153 G-153 B-255	CCCCFF R-204 G-204 B-255	FFFFCC R-255 G-255 B-204
003300 R-000 G-051 B-000	336633 R-051 G-102 B-051	669966 R-102 G-153 B-102	99CC99 R-153 G-204 B-153	CCFFCC R-204 G-255 B-204	FF00FF R-255 G-000 B-255
006600 R-000 G-102 B-000	339933 R-051 G-153 B-051	66CC66 R-102 G-204 B-102	99FF99 R-153 G-255 B-153	CC00CC R-204 G-000 B-204	FF33FF R-255 G-051 B-255
009900 R-000 G-153 B-000	33CC33 R-051 G-204 B-051	66FF66 R-102 G-255 B-102	990099 R-153 G-000 B-153	CC33CC R-204 G-051 B-204	FF66FF R-255 G-102 B-255
00CC00 R-000 G-204 B-000	33FF33 R-051 G-255 B-051	660066 R-102 G-000 B-102	993399 R-153 G-051 B-153	CC66CC R-204 G-102 B-204	FF99FF R-255 G-153 B-255
00FF00 R-000 G-255 B-000	330033 R-051 G-000 B-051	663366 R-102 G-051 B-102	996699 R-153 G-102 B-153	CC99CC R-204 G-153 B-204	FFCCFF R-255 G-204 B-255
00FF33 R-000 G-255 B-051	330066 R-051 G-000 B-102	663399 R-102 G-051 B-153	9966CC R-153 G-102 B-204	CC99FF R-204 G-153 B-255	FFCC00 R-255 G-204 B-000
00FF66 R-000 G-255 B-102	330099 R-051 G-000 B-153	6633CC R-102 G-051 B-204	9966FF R-153 G-102 B-255	CC9900 R-204 G-153 B-000	FFCC33 R-255 G-204 B-051
00FF99 R-000 G-255 B-153	3300CC R-051 G-000 B-204	6633FF R-102 G-051 B-255	996600 R-153 G-102 B-000	CC9933 R-204 G-153 B-051	FFCC66 R-255 G-204 B-102
00FFCC R-000 G-255 B-204	3300FF R-051 G-000 B-255	663300 R-102 G-051 B-000	996633 R-153 G-102 B-051	CC9966 R-204 G-153 B-102	FFCC99 R-255 G-204 B-153
00FFFF R-000 G-255 B-255	330000 R-051 G-000 B-000	663333 R-102 G-051 B-051	996666 R-153 G-102 B-102	CC9999 R-204 G-153 B-153	FFCCCC R-255 G-204 B-204
00CCCC R-000 G-204 B-204	33FFFF R-051 G-255 B-255	660000 R-102 G-000 B-000	993333 R-153 G-051 B-051	CC6666 R-204 G-102 B-102	FF9999 R-255 G-153 B-153
009999 R-000 G-153 B-153	33CCCC R-051 G-204 B-204	66FFFF R-102 G-255 B-255	990000 R-153 G-000 B-000	CC3333 R-204 G-051 B-051	FF6666 R-255 G-102 B-102
006666 R-000 G-102 B-102	339999 R-051 G-153 B-153	66CCCC R-102 G-204 B-204	99FFFF R-153 G-255 B-255	CC0000 R-204 G-000 B-000	FF3333 R-255 G-051 B-051

003366 R-000 G-051 B-102	336699 R-051 G-102 B-153	6699CC R-102 G-153 B-204	99CCFF R-153 G-204 B-255	CCFF00 R-204 G-255 B-000	FF0033 R-255 G-000 B-051
003399 R-000 G-051 B-153	3366CC R-051 G-102 B-204	6699FF R-102 G-153 B-255	99CC00 R-153 G-204 B-000	CCFF33 R-204 G-255 B-051	FF0066 R-255 G-000 B-102
0033CC R-000 G-051 B-204	3366FF R-051 G-102 B-255	669900 R-102 G-153 B-000	99CC33 R-153 G-204 B-051	CCFF66 R-204 G-255 B-102	FF0099 R-255 G-000 B-153
0033FF R-000 G-051 B-255	336600 R-051 G-102 B-255	669933 R-102 G-153 B-051	99CC66 R-153 G-204 B-102	CCFF99 R-204 G-255 B-153	FF00CC R-255 G-000 B-204
0066FF R-000 G-102 B-255	339900 R-051 G-153 B-000	66CC33 R-102 G-204 B-051	99FF66 R-153 G-255 B-102	CC0099 R-204 G-000 B-153	FF33CC R-255 G-051 B-204
0099FF R-000 G-153 B-255	33CC00 R-051 G-204 B-000	66FF33 R-102 G-255 B-051	990066 R-153 G-000 B-102	CC3399 R-204 G-051 B-153	FF66CC R-255 G-102 B-204
00CCFF R-000 G-204 B-255	33FF00 R-051 G-255 B-000	660033 R-102 G-000 B-051	993366 R-153 G-051 B-102	CC6699 R-204 G-102 B-153	FF99CC R-255 G-153 B-204
00CC33 R-000 G-204 B-051	33FF66 R-051 G-255 B-102	660099 R-102 G-000 B-153	9933CC R-153 G-051 B-204	CC66FF R-204 G-102 B-255	FF9900 R-255 G-153 B-000
00CC66 R-000 G-204 B-102	33FF99 R-051 G-255 B-153	6600CC R-102 G-000 B-204	9933FF R-153 G-051 B-255	CC6600 R-204 G-102 B-000	FF9933 R-255 G-153 B-051
00CC99 R-255 G-204 B-153	33FFCC R-051 G-255 B-204	6600FF R-102 G-000 B-255	993300 R-153 G-051 B-000	CC6633 R-204 G-102 B-051	FF9966 R-255 G-153 B-102
009933 R-000 G-153 B-051	33CC66 R-051 G-204 B-102	66FF99 R-102 G-255 B-153	9900CC R-153 G-000 B-204	CC33FF R-204 G-051 B-255	FF6600 R-255 G-102 B-000
006633 R-000 G-102 B-051	339966 R-051 G-153 B-102	66CC99 R-102 G-204 B-153	99FFCC R-153 G-255 B-204	CC00FF R-204 G-000 B-255	FF3300 R-255 G-051 B-000
009966 R-000 G-153 B-102	33CC99 R-051 G-204 B-153	66FFCC R-102 G-255 B-204	9900FF R-153 G-000 B-255	CC3300 R-204 G-051 B-000	FF6633 R-255 G-102 B-051
0099CC R-000 G-153 B-204	33CCFF R-051 G-204 B-255	66FF00 R-102 G-255 B-000	990033 R-153 G-000 B-051	CC3366 R-204 G-051 B-102	FF6699 R-255 G-102 B-153
0066CC R-000 G-102 B-204	3399FF R-051 G-153 B-255	66CC00 R-102 G-204 B-000	99FF33 R-153 G-255 B-051	CC0066 R-204 G-000 B-102	FF3399 R-255 G-051 B-153
006699 R-000 G-102 B-153	3399CC R-051 G-153 B-204	66CCFF R-102 G-204 B-255	99FF00 R-153 G-255 B-000	CC0033 R-204 G-000 B-051	FF3366 R-255 G-051 B-102

图2-6 网页安全色

2.2 色彩的原理

现实生活中的色彩可以分为彩色和非彩色。其中黑白灰属于非彩色系列。其他的色彩都属于彩色。明度、色相、纯度是色彩最基本的三要素，也是人正常视觉感知色彩的3个重要因素。

2.2.1 色彩的三要素

明度、色相、纯度是色彩最基本的三要素，也是人正常视觉感知色彩的3个重要因素。

1. **色相**

色相指的是色彩的名称。色相是色彩最基本的特征，是一种色彩区别于另一种色彩的最主要的因素。如紫色、绿色、黄色等都代表了不同的色相。同一色相的色彩，调整一下亮度，或者纯度很容易搭配，如深绿、暗绿、草绿。

最初的基本色相为：红、橙、黄、绿、蓝、紫。在各色中间加插一两个中间色，按光谱顺序形成：红、橙红、黄橙、黄、黄绿、绿、绿蓝、蓝绿、蓝、蓝紫、紫、红紫——十二基本色相，如图2-7所示。

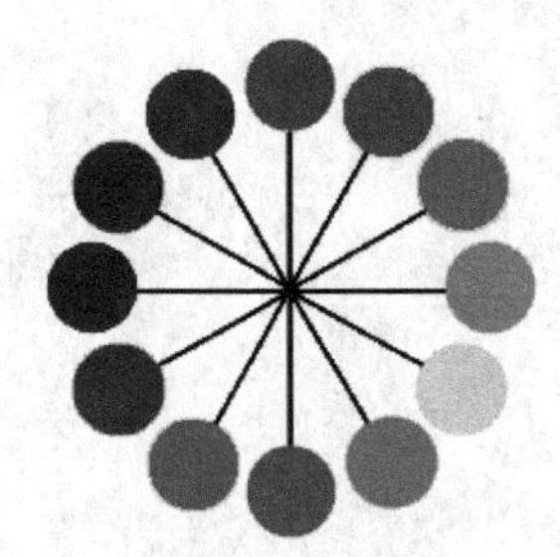

图2-7　十二基本色相

2. **明度**

明度也叫亮度，指的是色彩的明暗程度，明度越大，色彩越亮。如一些购物、儿童类网站，用的是一些鲜亮的颜色，让人感觉绚丽多姿，生气勃勃。明度越低，颜色越暗，主要用于一些游戏类网站，充满神秘感；一些个人站长为了体现自身的个性，也可以运用一些暗色调来表达个人的一些孤僻，或者忧郁等性格。图2-8所示为色彩的明度变化。

明度高是指色彩较明亮，而明度低就是指色彩较灰暗。没有明度关系的色彩，就会显得苍白无力，只有加入明暗的变化，才可以展示色彩的视觉冲击力和丰富的层次感，如图2-9所示。

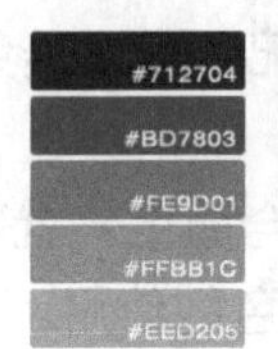

图2-8　色彩的明度变化　图2-9　同一色彩的明暗变化

色彩的明度包括无彩色的明度和有彩色的明度。在无彩色中，白色明度最高，黑色明度最低，白色和黑色之间是一个从亮到暗的灰色系列；在有彩色中，任何一种纯度色都有着自己的明度特征，如黄色明度最高，紫色明度最低。

3.**纯度**

纯度表示色彩的鲜艳或纯净程度，纯度是表明一种颜色中是否含有白或黑的成分。假如某色不含有白或黑的成分，便是纯色，其纯度最高；如果含有越多白或黑的成分，其纯度亦会逐渐下降，如图2-10所示。

图2-10　色彩的纯度变化

2.2.2　色彩的混合

所谓色彩混合是指某一色彩中混入另一种色彩。经验表明，两种不同的色彩混合，可获得第三种色彩。在颜料混合中，加入的色彩愈多，颜色越暗，最终变为黑色。反之，色光的三原色能综合产生白色光。

三原色——有红绿蓝3种颜色，就是指这3种色中的任何一色都不能由另外两种原色混合产生，而其他色可由这三色按一定的比例混合出来，色彩学上称这3个独立的色为三原色或三基色。

2.3 色彩与心理

千万年来的生活实践，人类由鲜血的红色、植物的绿色、稻麦的黄色、海洋的蓝色等各种自然色彩中形成了一系列共同的印象，使人们对色彩赋予了特别的象征意义。

2.3.1 红色心理与网页表现

红色的色感温暖，性格刚烈而外向，是一种对人刺激性很强的颜色。红色容易引起人的注意，也容易使人兴奋、激动、紧张、冲动，还是一种容易造成人视觉疲劳的颜色。在众多颜色里，红色是最鲜明生动、最热烈的颜色。因此红色也是代表热情的情感之色。鲜明的红色极容易吸引人们的目光。图2-11所示为红色为主的产品展示网页。

图2-11 红色为主的网页

在网页颜色的应用中，根据网页主题内容的需求，纯粹使用红色为主色调的网站相对较少，多用于辅助色、点睛色，达到陪衬、醒目的效果。这类颜色的组合比较容易使人提升兴奋度。红色特性明显，这一醒目的特殊属性，被广泛地应用于节日节庆、食品饭店、时尚休闲、化妆品、服装等类型的网站，容易营造出娇媚、诱惑、艳丽等气氛。

2.3.2 黄色心理与网页表现

黄色是阳光的色彩，具有活泼与轻快的特点，给人十分年轻的感觉，象征光明、希望、高贵、愉快。它的亮度最高，和其他颜色配合很活泼，有温暖感，具有快乐、希望、智慧和轻快的个性，有希望与功名等象征意义。黄色也代表着土地、象征着权力，并且还具有神秘的宗教色彩。图2-12为使用黄色为主的网页。

图2-12 黄色为主的网页

浅黄色有明朗、愉快、希望、发展的心理感受，它有雅致、清爽属性，较适合用于女性及化妆品类网站。中黄色有崇高、尊贵、辉煌、注意、扩张的心理感受。深黄色给人高贵、温和、稳重的心理感受。

2.3.3 蓝色心理与网页表现

由于蓝色给人以沉稳的感觉，且具有智慧、准确的意象，在商业设计中常强调科技、效率的商品或企业形象。企业大多选用蓝色当标准色、企业色，如电脑、汽车、影印机、摄影器材等。另外，蓝色也代表忧郁和浪漫，这个意象也常运用在文学作品或感性诉求的商业设计中。图2-13为以蓝色为主的网页。

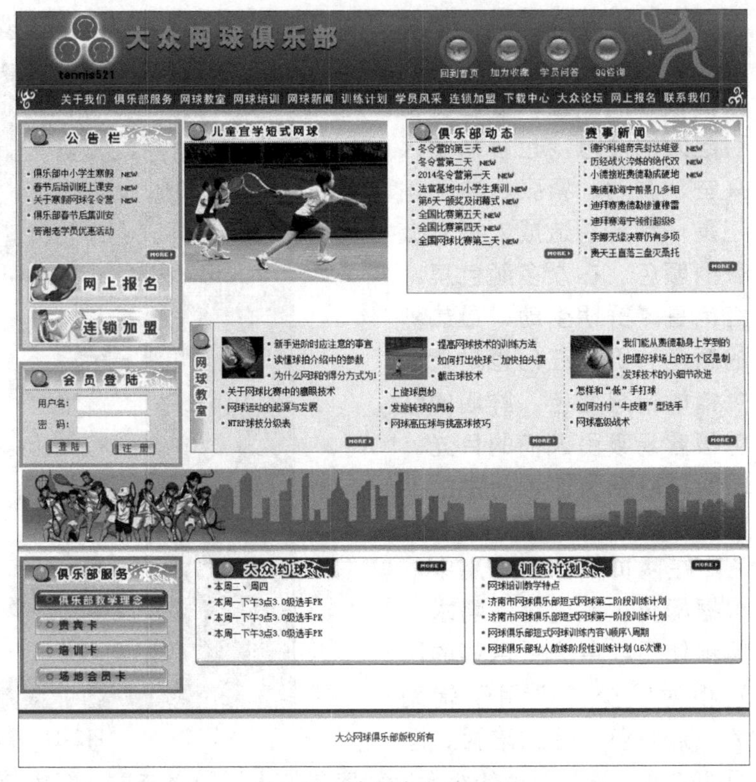

图2-13 蓝色为主的网页

2.3.4 绿色心理与网页表现

在商业设计中，绿色所传达的是清爽、理想、希望、生长的意象，符合服务业、卫生保健业、教育行业、农业的要求。在工厂中，为了避免操作时眼睛疲劳，许多机械也是采用绿色，一般的医疗机构场所，也常采用绿色来做空间色彩规划。图2-14是使用绿色为主的网页。

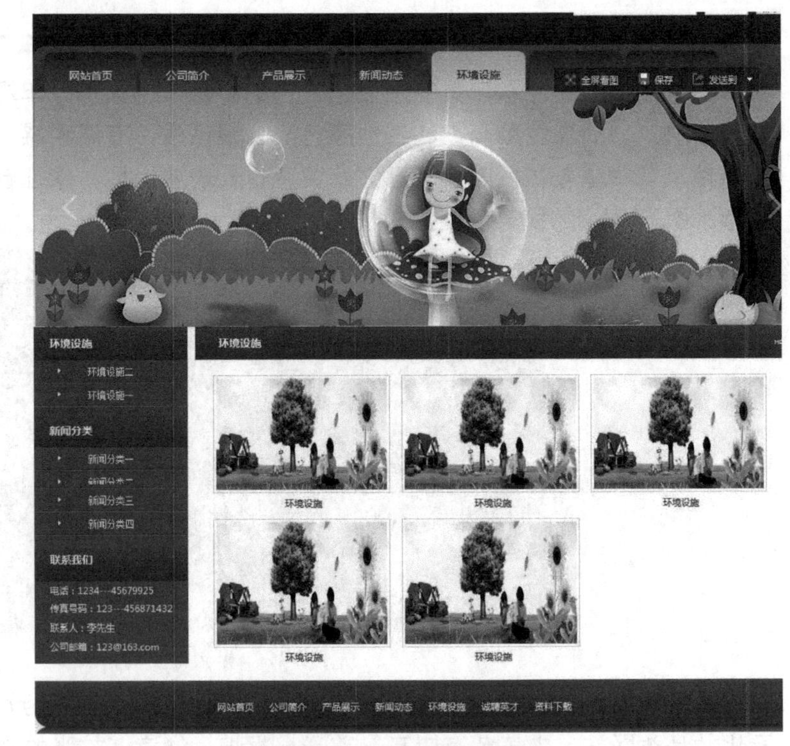

图2-14 绿色为主的网页

2.3.5 紫色心理与网页表现

由于具有强烈的女性化性格，在商业设计用色中，紫色受到相当的限制，除了和女性有关的商品或企业形象外，其他类的设计不常采用为主色。图2-15是以紫色为主的网页。

图2-15 紫色为主的网页

2.3.6 橙色心理与网页表现

橙色具有轻快、欢欣、收获、温馨、时尚的效果，是带有快乐、喜悦、能量的色彩。在整个色谱里，橙色具有兴奋度，是最耀眼的色彩，给人以华贵而温暖、兴奋而热烈的感觉，也是令人振奋的颜色。橙色具有健康、富有活力、勇敢自由等象征意义，能给人有庄严、尊贵、神秘等感觉。橙色在空气中的穿透力仅次于红色，也是容易造成视觉疲劳的颜色。

在网页颜色里，橙色适用于视觉要求较高的时尚网站，属于注目、芳香的颜色，也常被用于味觉较高的食品网站，是容易引起食欲的颜色。图2-16为使用橙色的网页。

图2-16 橙色为主的网页

2.3.7 白色心理与网页表现

在商业设计中白色具有洁白、明快、纯真、清洁的意象，通常需和其他色彩搭配使用。纯白色给人以寒冷、严峻的感觉，所以在使用纯白色时，都会掺一些其他的色彩，如象牙白、米白、乳白等。在生活用品和服饰用色上，白色是永远流行的主要色，可以和任何颜色搭配。

2.3.8 黑色心理与网页表现

黑色也有很强大的感染力，它能够表现出特有的高贵，且黑色还经常用于表现死亡和神秘。在商业设计中，黑色是许多科技产品的用色，如电视、跑车、摄影机、音响、仪器的色彩大多采用黑色。在其他方面，黑色庄严的意象也常用在一些特殊场合的空间设计。生活用品和服饰设计大多利用黑色来塑造高贵的形象。黑色也是一种永远流行的主要颜色，适合与多种色彩搭配。图2-17为以黑色与灰色为主的网页。

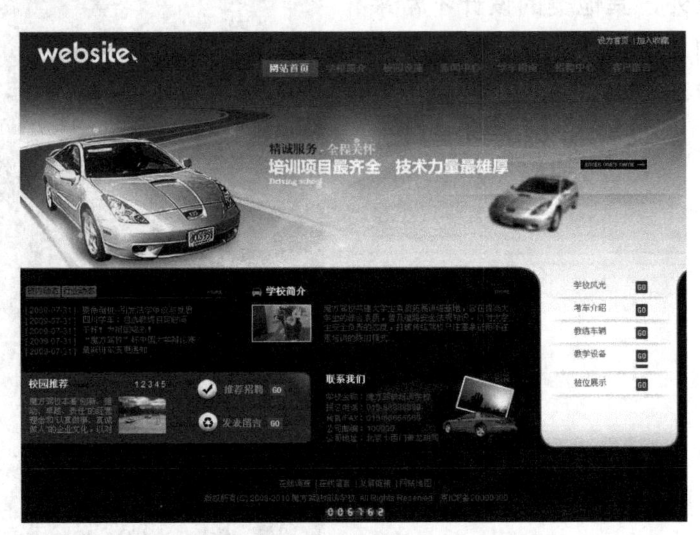

图2-17 以黑色与灰色为主的网页

2.3.9 灰色心理与网页表现

在商业设计中，灰色具有柔和、高雅的意象，而且属于中间性格，男女皆能接受，所以灰色也是永远流行的主要颜色。许多高科技产品，尤其是和金属材料有关的，几乎都采用灰色来传达高级、技术的形象。使用灰色时，大多利用不同层次的变化组合和与其他色彩搭配，才不会过于平淡、沉闷、呆板、僵硬。图2-18为以灰色为主的网页。

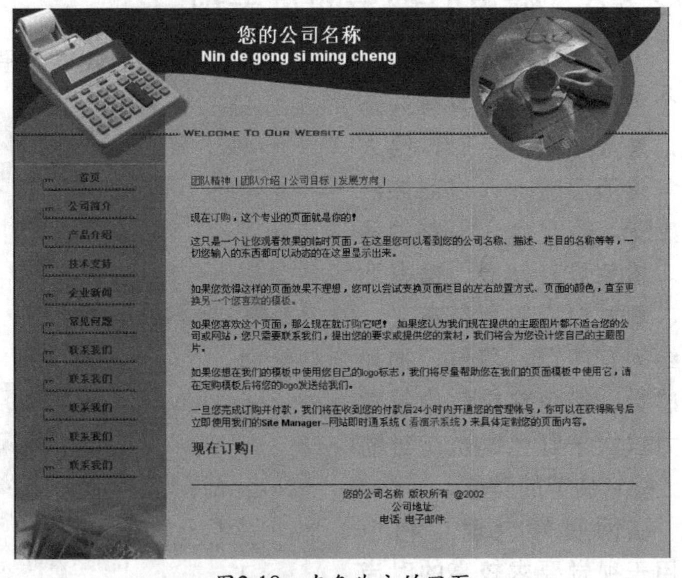

图2-18 灰色为主的网页

2.4 页面色彩搭配

在网页设计中，色彩搭配是树立网站形象的关键，色彩处理得好可以使网页锦上添花，达到事半功倍的效果。色彩搭配一定要合理，给人一种和谐、愉快的感觉，避免采用容易造成视觉疲劳的纯度很高的单一色彩。

2.4.1 网页色彩搭配原理

在选择网页色彩时除了考虑网站本身的特点外，还要遵循一定的艺术规律，从而设计出精美的网页。

01 色彩的独特性。要有与众不同的色彩，使得大家对你的印象强烈，如图2-19所示。

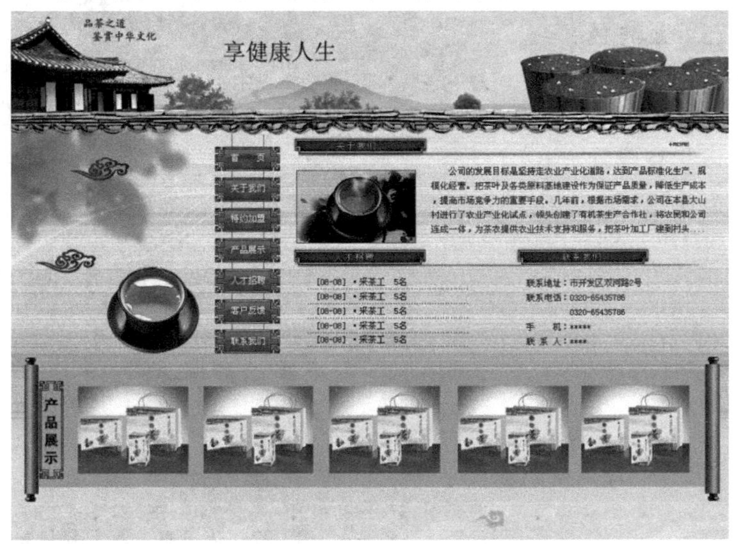

图2-19　色彩的独特性

02 色彩的鲜明性。网页的色彩要鲜艳，容易引人注目，如图2-20所示。

03 色彩的适合性。就是说色彩和你表达的内容气氛相适合。图2-21所示用橙黄色体现食品餐饮站点的丰富性。

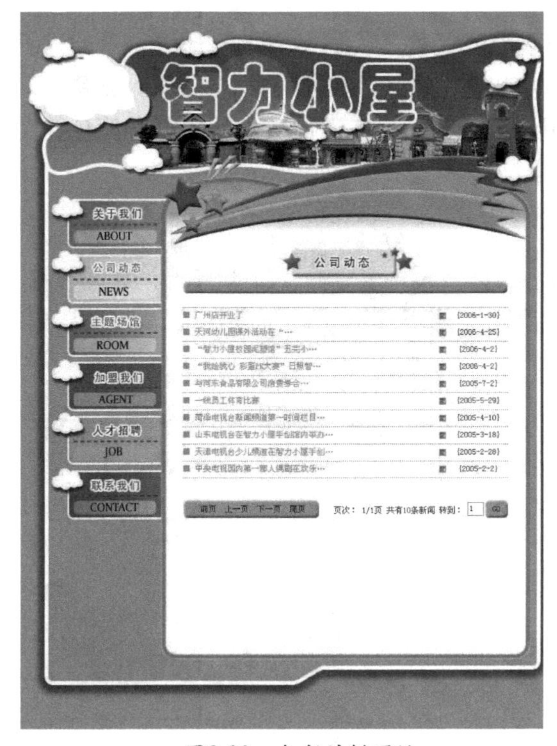

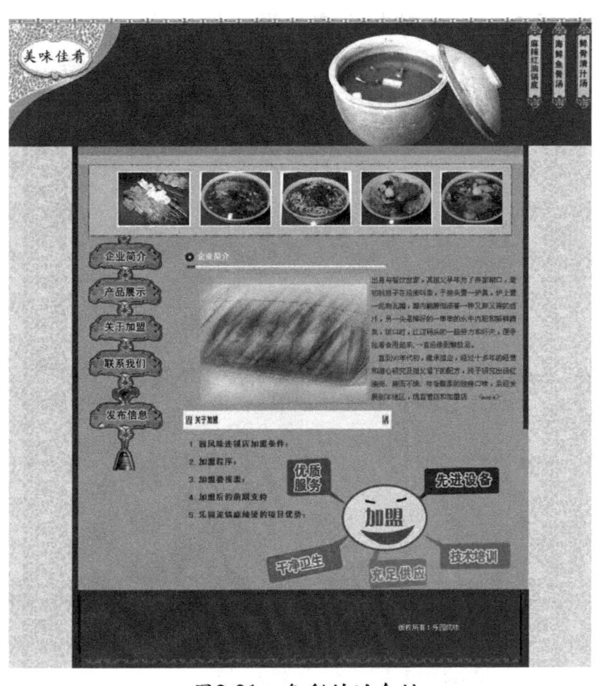

图2-20　色彩的鲜明性

图2-21　色彩的适合性

04 色彩的联想性。不同色彩会产生不同的联想，由蓝色想到天空，由黑色想到黑夜，由红色想到喜事等，选择色彩要和你网页的内涵相关联。

2.4.2 网页设计中色彩搭配的技巧

1. 用一种色彩

这里是指先选定一种色彩，然后调整透明度或者饱和度（说得通俗些就是将色彩变淡或则加深），产生新的色彩，用于网页。这样的页面看起来色彩统一，有层次感。图2-22所示为使用同一种色彩搭配。

图2-22 使用同一种色彩搭配

2. 原色对比搭配

色相的差别虽是因可见光度的长短差别所形成，但不能完全根据波长的差别来确定色相的差别和确定色相的对比程度。因此在度量色相差时，不能只依靠测光器和可见光谱，而应借助色环，色相环简称色环，如图2-23所示。

一般来说色彩的三原色（红、黄、蓝）最能体现色彩间的差异。色彩的对比强，看起来就有诱惑力，能够起到集中视线的作用。对比色可以突出重点，产生强烈的视觉效果，如图2-24所示。通过合理使用对比色，能够使网站特色鲜明、重点突出。在设计时一般以一种颜色为主色调，对比色作为点缀，可以起到画龙点睛的作用。

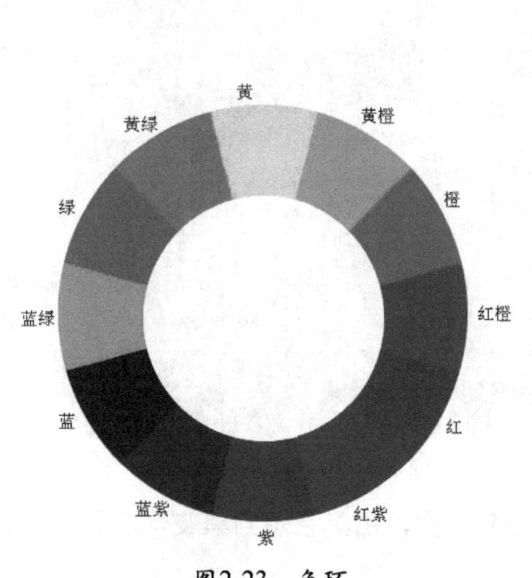

图2-23 色环

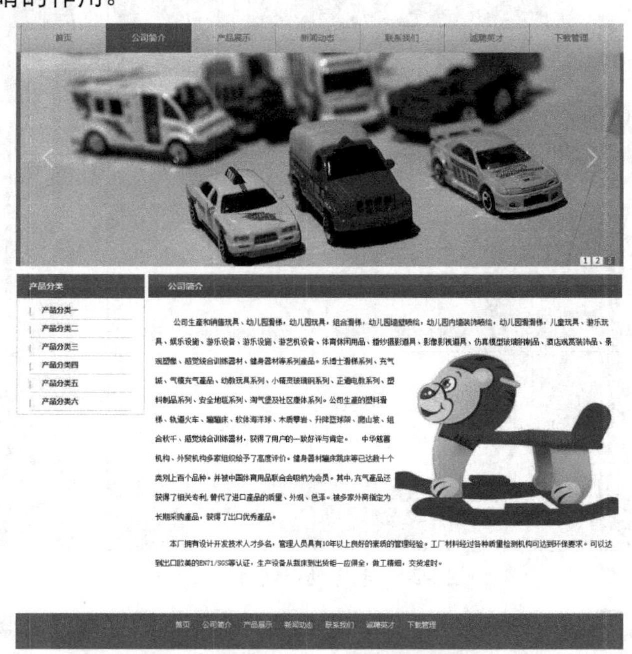

图2-24 原色对比搭配

3. 补色对比

在色环中色相距离在一百八十度的对比为补色对比，即位于色环直径两端的颜色为补色。一对补色在一起，可以使对方的色彩更加鲜明，如图2-25所示的橙色与蓝色、红色与绿色等。图2-26所示为补色对比。

图2-25 互补色

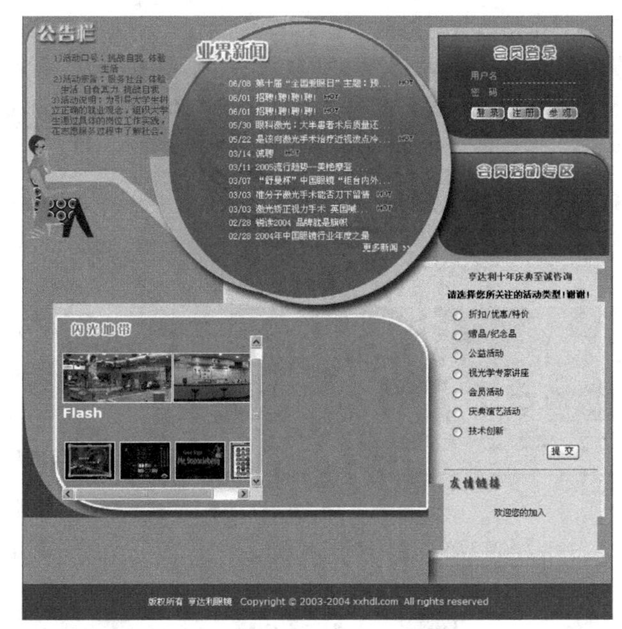

图2-26 补色对比

4. 间色对比

间色又叫“二次色”，它是由三原色调配出来的颜色，如红与黄调配出橙色；黄与蓝调配出绿色；红与蓝调配出紫色。在调配时，由于原色在比例上多少上有所不同，所以能产生丰富的间色变化，色相对比略显柔和，如图2-27所示。

在网页色彩搭配中间色对比得很多，图2-28中的绿与橙，这样的对比都是活泼鲜明具有天然美的配色。间色是由三原色中的两原色调配而成的，因此在视觉刺激的强度相对三原色来说缓和不少，属于较易搭配之色。但仍有很强的视觉冲击力，容易带来轻松、明快、愉悦的气氛。

图2-27 间色对比

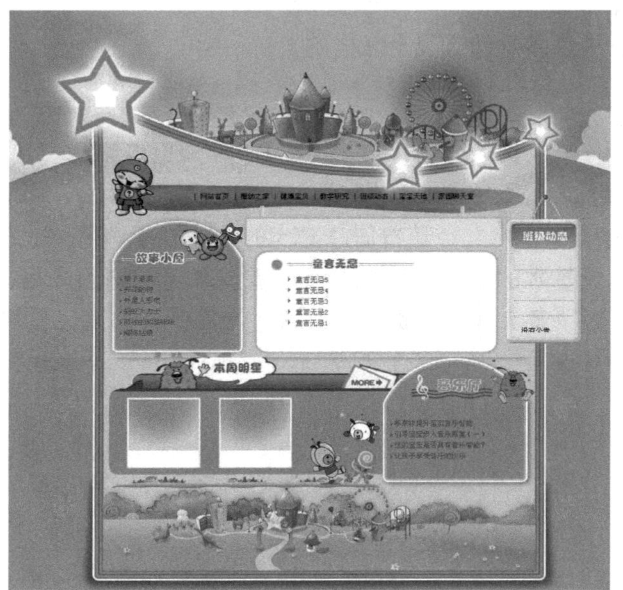

图2-28 绿与橙间色对比

5. 色彩的面积对比

色彩的面积对比是指页面中各种色彩在面积上多与少、大与小的差别，影响到页面主次关系。在同一视觉范围内，色彩面积的不同，会产生不同的对比效果，如图2-29所示。

图2-29　色彩的面积对比

当两种颜色以相等的面积比例出现时，这两种颜色就会产生强烈的冲突，色彩对比自然强烈。

如果将比例变换为3:1，一种颜色被削弱，整体的色彩对比也减弱了。当一种颜色在整个页面中占据主要位置时，则另一种颜色只能成为陪衬。这时，色彩对比效果最弱。

同一种色彩，面积越大，明度、纯度越强；面积越小，明度、纯度越低。面积大的时候，亮的色显得更轻，暗的色显得更重。

根据设计主题的需要，在页面的面积上以一方为主色，其他的颜色为次色，使页面的主次关系更突出，在统一的同时富有变化。

6. 不要将所有颜色都用到，尽量控制在3种色彩以内

7. 背景和前文的对比尽量要大（绝对不要用花纹繁复的图案作背景），以便突出主要文字内容

2.5 课后练习

一、填空题

1. ________、________、________是色彩最基本的三要素。

2. 自然界中色彩五颜六色、千变万化，但是最基本的有3种（________、__________、____________），其他的色彩都可以由这3种色彩调和而成，称这3种色彩为“三原色”。

二、简答题

网页各种色彩心理表现是怎样的？

2.6 本章小结

随着信息时代的快速到来，网络也开始变得多姿多彩。所以网页设计者不仅要掌握基本的网站制作技术，还需要掌握网站的风格、配色等设计艺术。通过本章的学习，读者可以了解大致的网页的创意方法和原则，以及如何搭配网页色彩。

第3章 Dreamweaver CC创建站点和基本网页

本章导读

随着网络的快速发展，互联网的应用越来越贴近生活，越来越多的人加入到了制作网页的工作中来，制作网页的工具软件很多，目前使用最广泛的就是Dreamweaver。Dreamweaver CC是Dreamweaver的最新版本，用于对站点、页面和应用程序进行设计、编码和开发。它不仅继承了前几个版本的出色功能，还在界面整合和易用性方面更加贴近用户。本章学习的内容主要包括介绍一下Dreamweaver CC软件的工作界面功能、站点的创建、文本的输入超链接概念和创建各种链接。

技术要点

★ 了解Dreamweaver CC

★ 掌握在Dreamweaver中创建站点

★ 掌握添加文本

★ 掌握超链接概念

★ 创建各种链接

★ 掌握搭建站点并创建简单文本网页实例

3.1 了解Dreamweaver CC

Dreamweaver CC是集网页制作和网站管理于一身的“所见即所得”的网页编辑软件，它以强大的功能和友好的操作界面备受广大网页设计者的欢迎，已经成为网页制作的首选软件。Dreamweaver CC的工作界面主要由以下几部分组成：菜单栏、文档窗口、属性面板和面板组等，如图3-1所示。

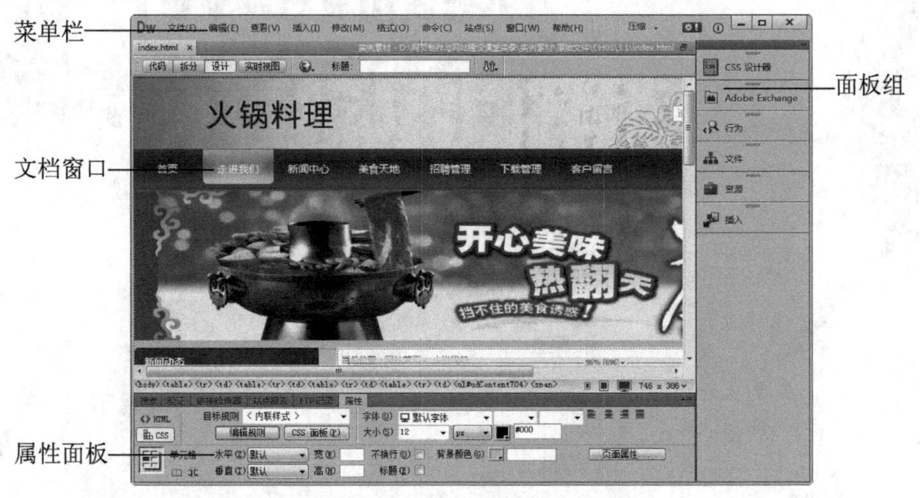

图3-1　Dreamweaver CC的工作界面

3.1.1 插入栏

插入栏有两种显示方式，一种是以菜单方式显示，另一种是以制表符方式显示。插入栏中放置的是制作网页过程中经常用到的对象和工具，通过插入栏可以很方便地插入网页对象，有“常用”插入栏、“结构”插入栏、“表单”插入栏、“媒体”插入栏等，如图3-2所示。

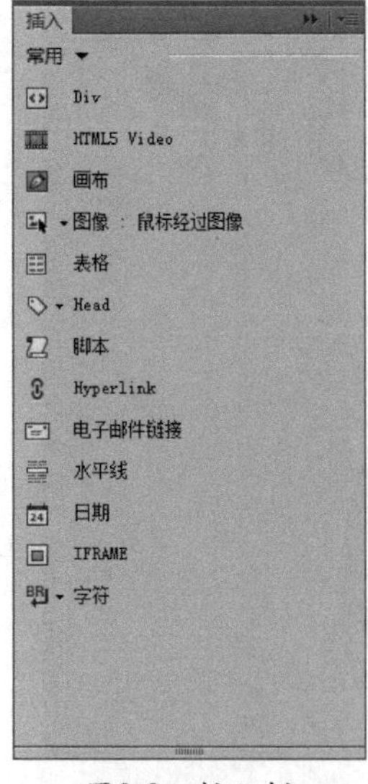

图3-2　插入栏

3.1.2 浮动面板组

Dreamweaver中的面板可以自由组合而成为面板组。每个面板组都可以展开和折叠，并且可以和其他面板组停靠在一起或取消停靠。面板组还可以停靠到集成的应用程序窗口中。这样就能够很容易地访问所需的面板，而不会使工作区变得混乱，如图3-3所示。

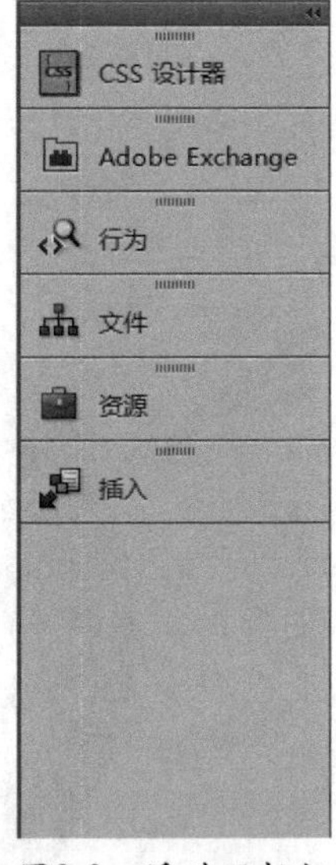

图3-3　浮动面板组

3.1.3 文档工具栏

“文档”工具栏中包含“代码视图”、“拆分视图”、“设计视图”、“实时视图”按钮，这些按钮可以在文档的不同视图间快速切换，工具栏中还包含一些与查看文档、在本地和远程站点间传输文档有关的常用命令和选项，如图3-4所示。

图3-4 文档工具栏

知识要点

★ “代码视图”：显示“代码”视图。只在“文档”窗口中显示“代码”视图。

★ “拆分视图”：显示“代码”视图和“设计”视图。将“文档”窗口拆分为“代码”视图和“设计”视图。当选择了这种组合视图时，“视图选项”菜单中的“顶部的‘设计’视图”选项变为可用。

★ “设计视图”：只在“文档”窗口中显示“设计”视图。如果处理的是XML、JavaScript、Java、CSS或其他基于代码的文件类型，则不能在“设计”视图中查看文件，而且“设计”和“拆分”按钮将会变暗。

★ “实时视图”：显示浏览器用于执行该页面的实际代码。

★ “文档标题”：允许为文档输入一个标题，它将显示在浏览器的标题栏中。如果文档已经有了一个标题，则该标题将显示在该区域中。

★ “文件管理”：显示“文件管理”弹出菜单。

★ “在浏览器中预览/调试”：允许在浏览器中预览或调试文档。从弹出菜单中选择一个浏览器。

3.1.4 状态栏

“文档”窗口底部的状态栏提供与您正创建的文档有关的其他信息，如图3-5所示。

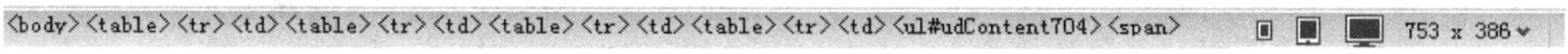

图3-5 状态栏

3.1.5 “属性”面板

“属性”面板主要用于查看和更改所选对象的各种属性，每种对象都具有不同的属性。“属性”面板包括两种选项，一种是“HTML”选项，将默认显示文本的格式、样式和对齐方式等属性。另一种是“CSS”选项，单击“属性”面板中的“CSS”选项，可以在“CSS”选项中设置各种属性，如图3-6所示。

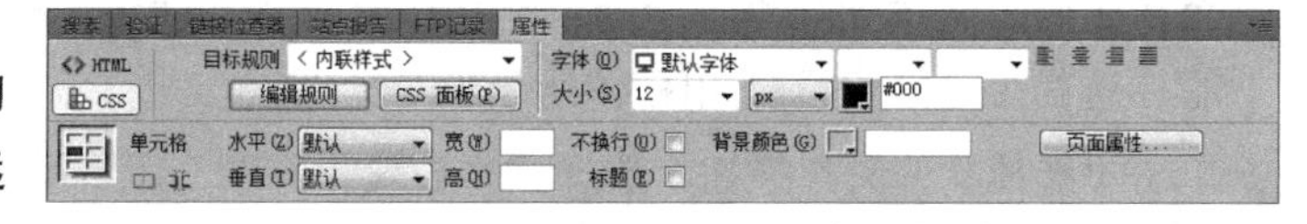

图3-6 “属性”面板

3.2 在Dreamweaver中创建站点

站点是管理网页文档的场所，Dreamweaver CC是一个站点创建和管理工具，使用它不仅可以创建单独的文档，还可以创建完整的站点。

知识要点

什么是站点？

★ Web站点：一组位于服务器上的页，使用Web浏览器访问该站点的访问者可以对其进行浏览。

★ 远程站点：服务器上组成Web站点的文件，这是从创建者的角度而不是访问者的角度来看的。

★ 本地站点：与远程站点的文件对应的本地磁盘上的文件，创建者在本地磁盘上编辑文件，然后上传到远程站点。

3.2.1 课堂练一练——建立站点

在开始制作网页之前，最好先定义一个站点，这是为了更好地利用站点对文件进行管理，也可以尽可能地减少错误，如路径出错、链接出错。新手做网页条理性、结构性需要加强，往往这一个文件放这里，另一个文件放那里，或者所有文件都放在同一文件夹内，这样显得很乱。建议用一个文件夹存放网站的所有文件，再在文件夹内建立几个分文件夹，将文件分类，如图片文件放在images文件夹内，HTML文件放在根目录下。如果站点比较大，文件比较多，可以先按栏目分类，在栏目里再分类。使用向导创建站点具体操作步骤如下。

01 执行“站点”|“管理站点”命令，弹出“管理站点”对话框，在对话框中单击“新建站点”按钮，如图3-7所示。

02 弹出“站点设置对象未命名站点2”对话框，在对话框中的“站点名称”文本框中输入名称，如图3-8所示。

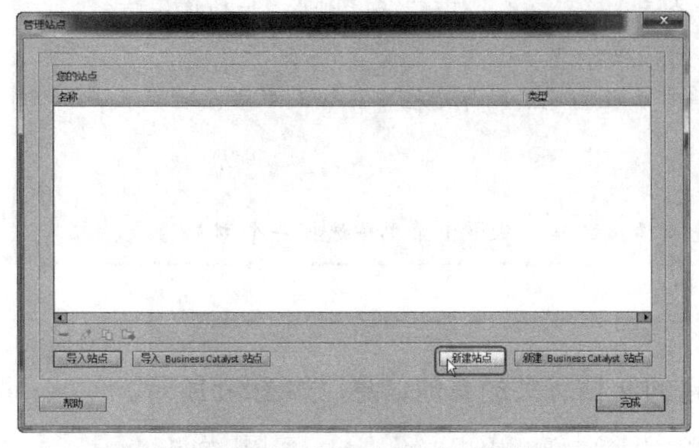

图3-7 “管理站点”对话框

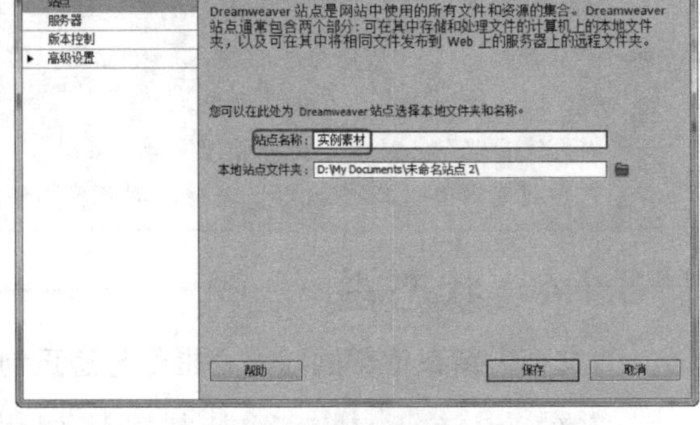

图3-8 输入站点的名称

提示

执行“窗口”|“文件”命令，打开“文件”面板，在面板中单击“管理站点”超链接也可以弹出“管理站点”对话框。

03 单击“本地站点文件夹”文本框右边的文件夹按钮，弹出“选择根文件夹”对话框，在对话框中选择相应的位置，如图3-9所示。

04 单击“选择文件夹”按钮，选择文件位置，如图3-10所示。

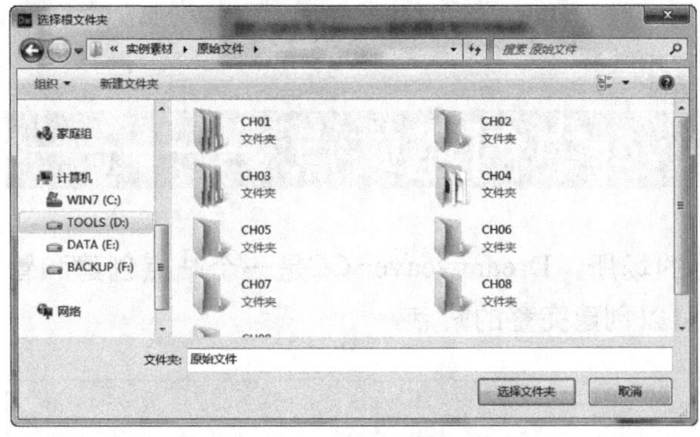

图3-9 “选择根文件夹”对话框

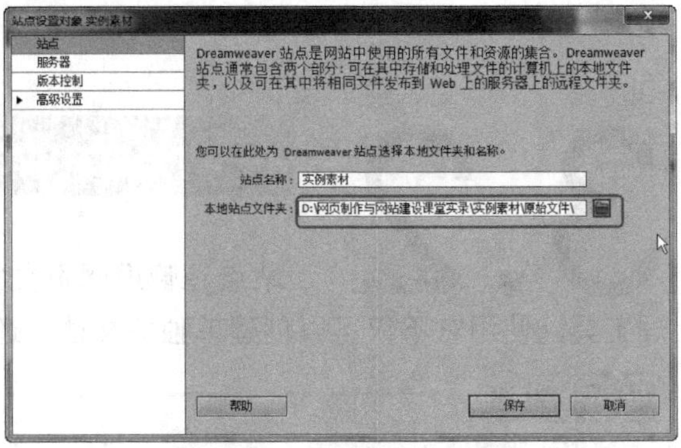

图3-10 选择文件的位置

05 单击“保存”按钮返回到“管理站点”对话框，对话框中显示了新建的站点，如图3-11所示。

06 单击“完成”按钮，在“文件”面板中可以看到创建的站点中的文件，如图3-12所示。

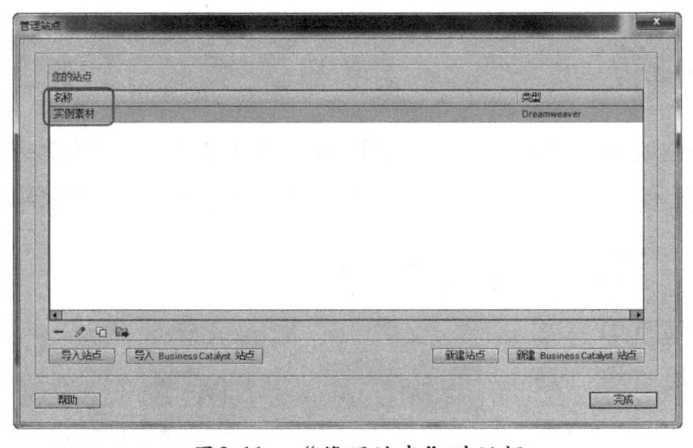

图3-11 “管理站点”对话框

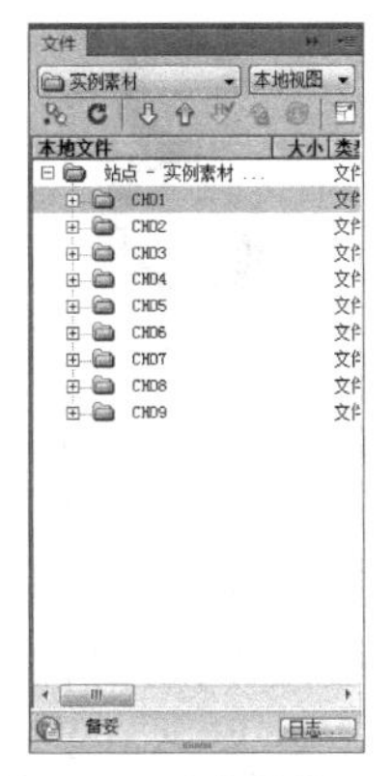

图3-12 “文件”面板

指点迷津

在规划站点结构时，应该遵循哪些规则呢？

规划站点结构需要遵循的规则如下所述。

（1）每个栏目一个文件夹，把站点划分为多个目录。

（2）不同类型的文件放在不同的文件夹中，以利于调用和管理。

（3）在本地站点和远端站点使用相同的目录结构，使在本地制作的站点原封不动地显示出来。

3.2.2 课堂练一练——复制与修改站点

执行“站点”|“管理站点”命令，弹出“管理站点”对话框，在对话框中选中要复制的站点，单击“复制”按钮，即可将该站点复制。新复制出的站点名称会出现在“管理站点”对话框的站点列表中，如图3-13所示。单击“完成”按钮，完成对站点的复制。

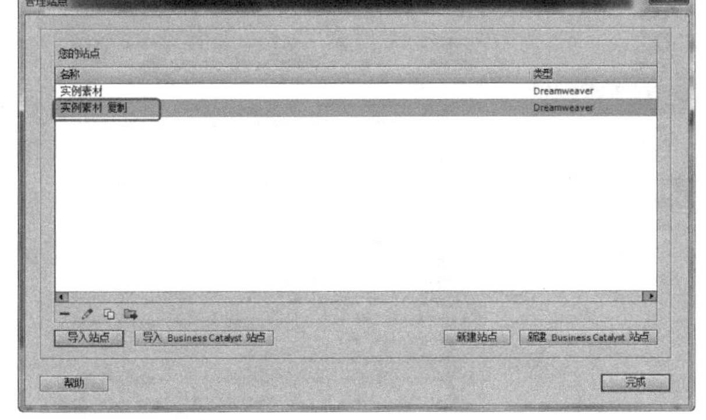

图3-13 复制站点

创建站点后，可以对站点进行编辑，具体操作步骤如下。

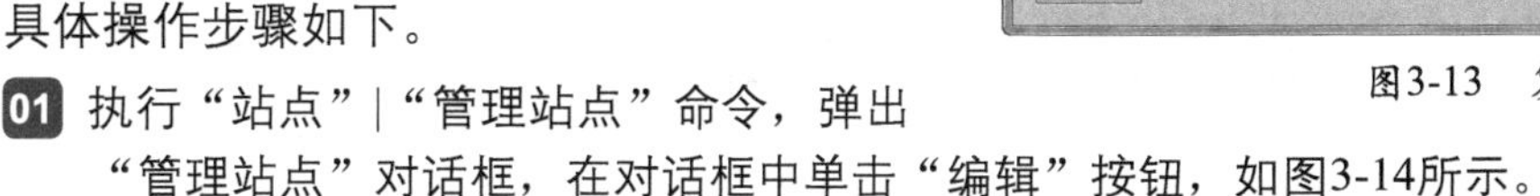

01 执行“站点”|“管理站点”命令，弹出“管理站点”对话框，在对话框中单击“编辑”按钮，如图3-14所示。

02 即可弹出“站点设置对象 实例素材”对话框，在“高级设置”选项卡中可以编辑站点的信息，如图3-15所示。

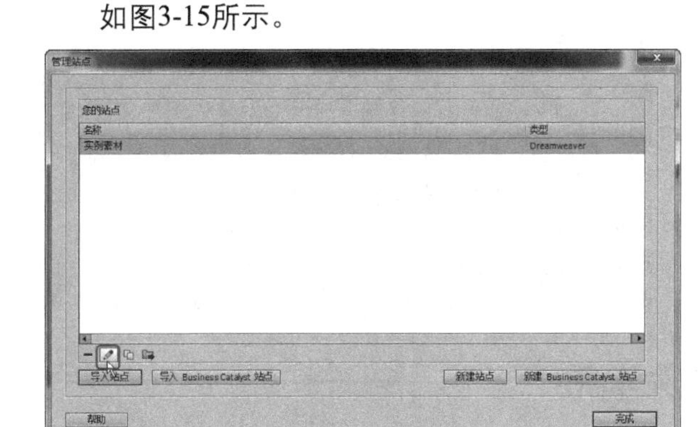

图3-14 “管理站点”对话框

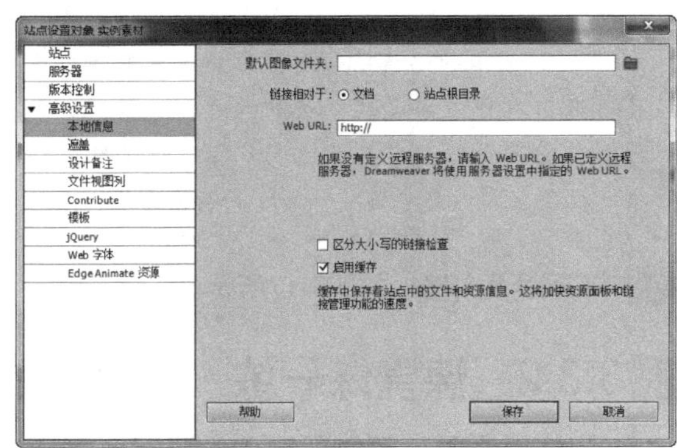

图3-15 “高级设置”选项卡

3.3 添加文本

在Dreamweaver中可以通过直接输入、复制和粘贴的方法将文本插入到文档中，可以在文本的字符与行之间插入额外的空格，还可以插入特殊字符和水平线等。

3.3.1 课堂练一练——添加普通文本

文本是基本的信息载体，是网页中的基本元素。浏览网页时，获取信息最直接、最直观的方式就是通过文本。在Dreamweaver中添加文本的方法非常简单，图3-16所示是添加文本后的效果，具体操作步骤如下。

原始文件：原始文件/CH03/3.3.1/index.html

最终文件：最终文件/CH03/3.3.1/index1.html

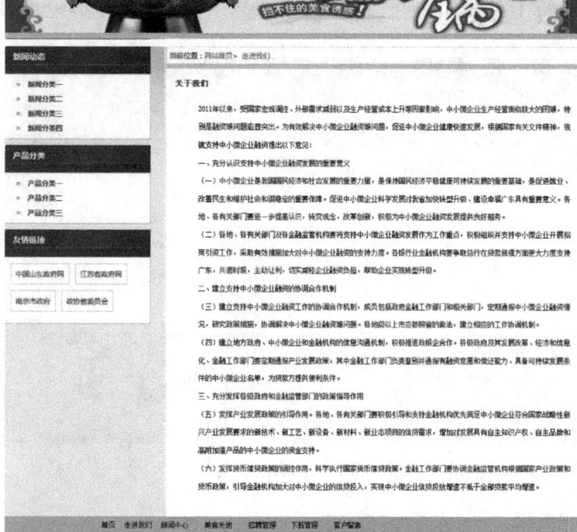

图3-16　添加文本

提 示

网页文本的编辑是网页制作最基本的操作，灵活应用各种文本属性可以排版出更加美观、条理清晰的网页。文本属性较多，各种设置比较详细，在学习时不要着急，一点点实验体会。

01 打开网页文档，如图3-17所示。

图3-17　打开网页文档

02 将光标置于要输入文本的位置，输入文本，如图3-18所示。

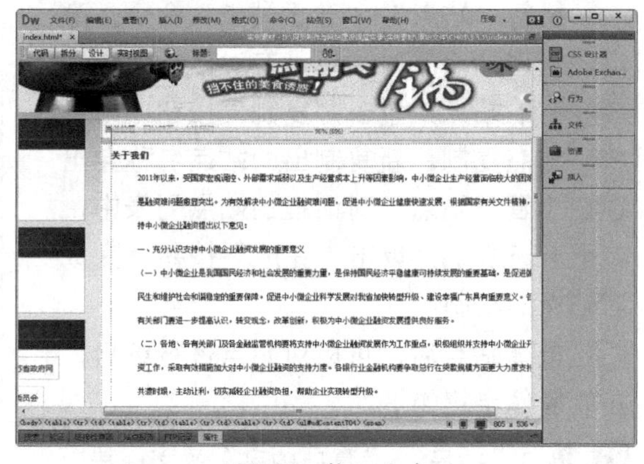

图3-18　输入文本

03 保存文档，按F12键在浏览器中预览，效果如图3-16所示。

提 示

插入普通文本还有一种方法，从其他应用程序中复制，然后粘贴到Dreamweaver文档窗口中。在添加文本时还要注意根据用户语言的不同，选择不同的文本编码方式，错误的文本编码方式将使中文字显示为乱码。

3.3.2 课堂练一练——添加特殊字符

制作网页时，有时要输入一些键盘上没有的特殊字符，如日元符号、注册商标等，这就需要使用Dreamweaver的特殊字符功能。下面通过版权符号的插入讲述特殊字符的添加，效果如图3-19所示。具体操作步骤如下。

图3-19 特殊字符的添加效果

原始文件：原始文件/CH03/3.3.2/index.html

最终文件：最终文件/CH03/3.3.2/index1.html

01 打开网页文档，将光标置于要插入特殊字符的位置，如图3-20所示。

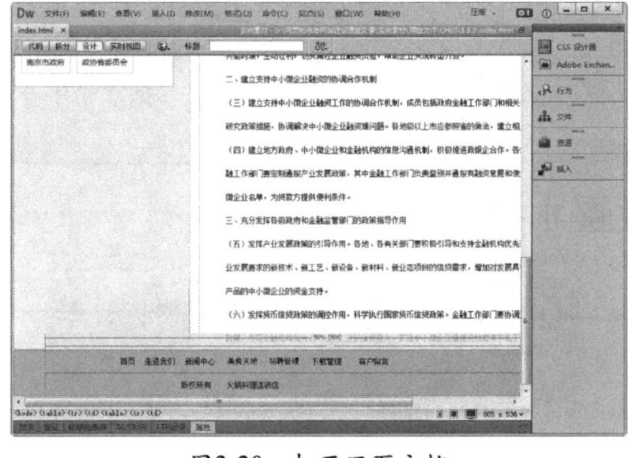

图3-20 打开网页文档

02 执行“插入”|“字符”|“版权”命令，如图3-21所示。

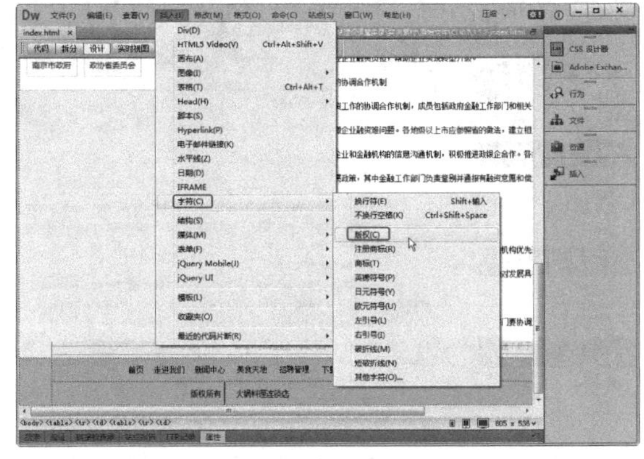

图3-21 执行“版权”命令

03 选择命令后就可插入特殊字符，如图3-22所示。

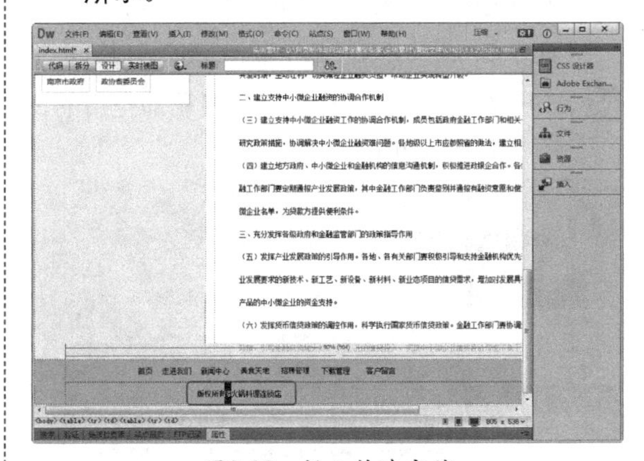

图3-22 插入特殊字符

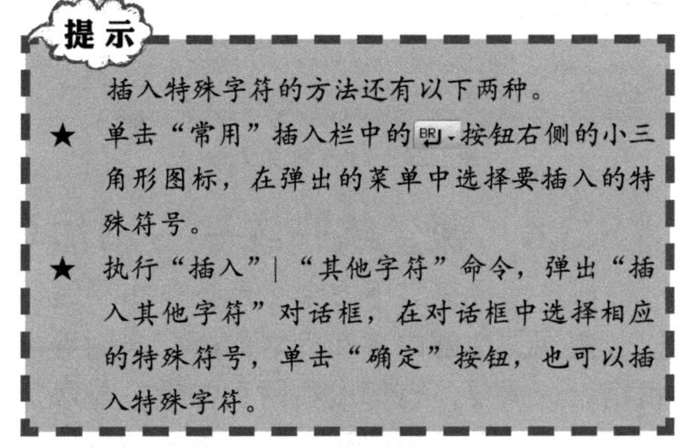

提 示

插入特殊字符的方法还有以下两种。

★ 单击“常用”插入栏中的按钮右侧的小三角形图标，在弹出的菜单中选择要插入的特殊符号。

★ 执行“插入”|“其他字符”命令，弹出“插入其他字符”对话框，在对话框中选择相应的特殊符号，单击“确定”按钮，也可以插入特殊字符。

04 保存文档，按F12键在浏览器中预览，效果如图3-19所示。

3.3.3 课堂练一练——在字符之间添加空格

在做网页的时候，有时需要输入空格，但有时却无法输入。导致无法正确输入空格的原因可能是输入法的错误，只有正确使用输入法才能够解决这个问题。在字符之间添加空格的方法非常简单，效果如图3-23所示。具体操作步骤如下。

图3-23　在字符之间添加空格效果

原始文件：原始文件/CH03/3.3.3/index.html

最终文件：最终文件/CH03/3.3.3/index1.html

01 打开网页文档，将光标置于要添加空格的位置，如图3-24所示。

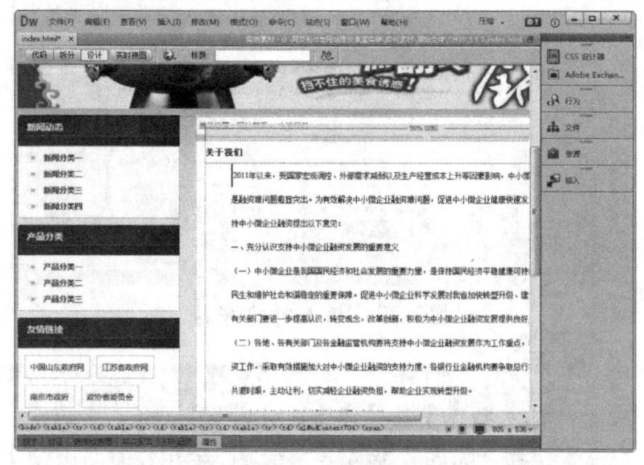

图3-24　打开网页文档

02 切换到拆分视图，输入“ ”代码，如图3-25所示。

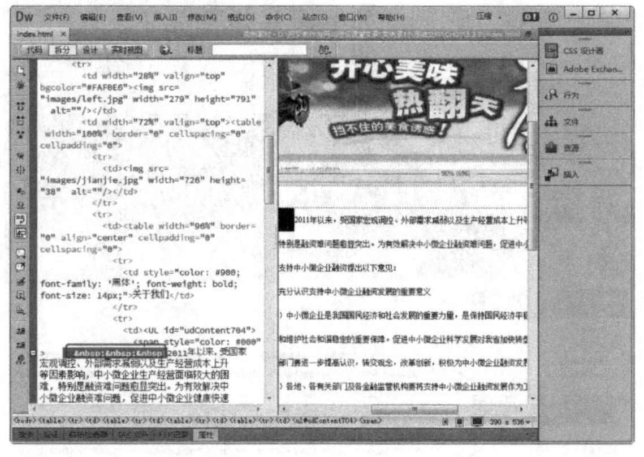

图3-25　输入代码

03 在拆分视图中输几次代码，在设计视图中就会出现几个空格。保存文档，按F12键在浏览器中预览，效果如图3-23所示。

提示

在字符之间要插入连续空格，可执行“插入”|“字符”|“不换行空格”菜单命令，或者按Ctrl+Shift+空格组合键。实际是在代码中添加了“ ”这个字符。

高手支招

还可以使用以下两种方法插入空格。

★ 如果使用智能ABC输入法，按Shift+空格组合键，这时输入法的属性栏上的半月形就变成了圆形，再按空格键，空格就出来了。

★ 切换到“常用”插入栏，在“字符”下拉列表中选择“不换行空格”选项，就可直接输入空格。

3.3.4　课堂练一练——添加与设置水平线

很多网页在其下方会显示一条水平线，以分割网页主题内容和底端的版权声明等，根据设计需要，也可以在网页任意位置添加水平线，达到区分网页中不同内容的目的。下面通过实例讲述在网页中插入水平线，效果如图3-26所示。具体操作步骤如下。

原始文件：原始文件/CH03/3.3.4/index.html

最终文件：最终文件/CH03/3.3.4/index1.html

01 打开网页文档，将光标置于要插入水平线的位置，如图3-27所示。

02 执行“插入”|“水平线”命令，插入水平线，如图3-28所示。

图3-26　插入水平线效果

图3-27　打开网页文档

图3-28　插入水平线

03 保存文档，按F12键在浏览器中预览，效果如图3-26所示。

提 示

如何更改水平线的颜色？

如果需要设置水平线的颜色，只要在代码中添加颜色属性即可，如<hr color="#FF0000">。

3.3.5 课堂练一练——创建列表

列表有项目列表和编号列表两种，列表常应用在条款或列举等类型的文件中，用列表的方式进行罗列可使内容更直观。

项目列表又称无序列表，这种列表的项目之间没有先后顺序。项目列表前面一般用项目符号作为前导字符，图3-29所示是创建项目列表效果。具体操作步骤如下。

图3-29　创建项目列表效果

原始文件：原始文件/CH03/3.3.5/index.html

最终文件：最终文件/CH03/3.3.5/index1.html

01 打开网页文档，将光标置于要创建项目列表的位置，如图3-30所示。

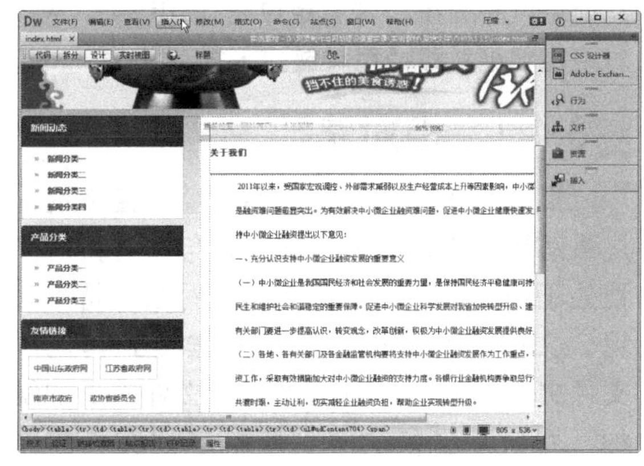

图3-30　打开网页文档

02 执行“结构”|“项目列表”命令，即可创建项目列表，如图3-31所示。

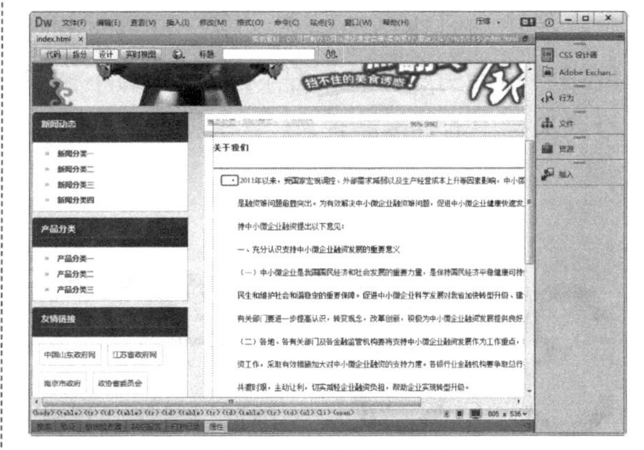

图3-31　创建项目列表

03 保存文档，按F12键在浏览器中预览，效果如图3-29所示。

高手支招

单击“属性”面板中的“编号列表”按钮，也可以创建编号列表。

编号列表又称有序列表，其文本前面通常有数字前导字符，其中的数字可以是英文字母、阿拉伯数字或罗马数字等符号。将光标置于要创建编号列表的位置，执行“结构”|“列表”|“编号列表”命令，即可创建编号列表，如图3-32所示。

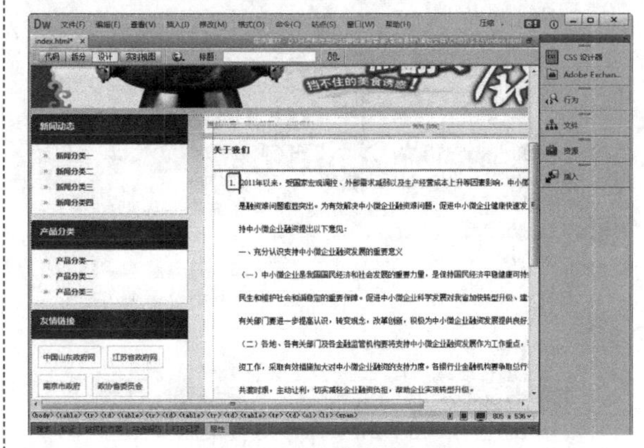

图3-32　创建编号列表

3.4 超链接概念

链接是从一个网页或文件到另一个网页或文件的访问路径，不但可以指向图像或多媒体文件，还可以指向电子邮件地址或程序等。当网站访问者单击链接时，将根据目标的类型执行相应的操作，即在Web浏览器中打开或运行。

要正确地创建链接，就必须了解链接与被链接文档之间的路径，每一个网页都有一个唯一的地址，称为统一资源定位符（URL）。网页中的超级链接按照链接路径的不同，可以分为相对路径和绝对路径两种链接形式。

3.4.1 相对路径

相对路径对于大多数的本地链接来说，是最适用的路径。在当前文档与所链接的文档处于同一文件夹内，文档相对路径特别有用。文档相对路径还可用来链接到其他的文件夹中的文档，方法是利用文件夹层次结构，指定从当前文档到所链接的文档的路径，文档相对路径省略掉对于当前文档和所链接的文档都相同的绝对URL部分，而只提供不同的路径部分。

使用相对路径的好处在于，可以将整个网站移植到另一个地址的网站中，而不需要修改文档中的链接路径。

3.4.2 绝对路径

绝对路径是包括服务器规范在内的完全路径，绝对路径不管源文件在什么位置，都可以非常精确地找到，除非目标文档的位置发生变化，否则链接不会失败。

采用绝对路径的好处是，它同链接的源端点无关，只要网站的地址不变，则无论文档在站点中如何移动，都可以正常实现跳转而不会发生错误。另外，如果希望链接到其他的站点上的文件，就必须用绝对路径。

采用绝对路径的缺点在于，这种方式的链接不利于测试，如果在站点中使用绝对地址，要想测试链接是否有效，就必须在Internet服务器端对链接进行测试，它的另一个缺点是不利于站点的移植。

3.5 创建各种链接

前面讲述了超级链接的基本概念和创建超级链接的路径，我们通过前面的学习已经对超级链接有了大概的了解，下面将讲述各种类型超链接的创建。

3.5.1 课堂练一练——创建图像热点链接

创建过程中，首先选中图像，然后在“属性”面板中选择热点工具在图像上绘制热区，创建图像热点链接后，当单击图像“网站首页”时，效果如图3-33所示，会出现一个手。具体操作步骤如下。

原始文件：原始文件/CH03/3.5.1/index.html

最终文件：最终文件/CH03/3.5.1/index1.html

图3-33 图像热点链接效果

提示

当预览网页时，热点链接不会显示，当鼠标光标移至热点链接上时会变为手形，以提示浏览者该处为超链接。

01 打开网页文档，选中创建热点链接的图像，如图3-34所示。

02 执行“窗口”|“属性”命令，打开“属性”面板，在“属性”面板中单击“矩形热点工具”按钮□，选择“矩形热点工具”，如图3-35所示。

图3-34 打开网页文档

图3-35 “属性”面板

指点迷津

除了可以使用“矩形热点工具”外，还可以使用“椭圆形热点工具”和“多边形热点工具”来绘制“椭圆形热点区域”和“多边形热点区域”，绘制的方法和“矩形热点”一样。

03 将光标置于图像上要创建热点的部分，绘制一个矩形热点，如图3-36所示。

04 同以上步骤绘制其他的热点，并设置热点链接，如图3-37所示。

图3-36 绘制一个矩形热点

图3-37 绘制其他的热点

05 保存文档，按F12键在浏览器中预览，单击图像“网站首页”后的效果如图3-33所示。

指点迷津

图像热点链接和图像链接有很多相似之处，有些情况下在浏览器中甚至都分辨不出它们。虽然它们的最终效果基本相同，但两者实现的原理还是有很大差异的。读者在为自己的网页加入链接之前，应根据具体的实际情况，选择和使用适合的链接方式。

3.5.2 课堂练一练——创建E-mail链接

E-mail链接也叫电子邮件链接，电子邮件地址作为超链接的链接目标与其他链接目标不同。当用户在浏览器上单击指向电子邮件地址的超链接时，将会打开默认的邮件管理器的新邮件窗口，其中会提示用户输入信息，并将该信息传送给指定的E-mail地址。下面对文字“联系我们”创建电子邮件链接，当单击文字“联系我们”时，效果如图3-38所示。具体操作步骤如下。

图3-38 创建电子邮件链接的效果

提示

单击电子邮件链接后，系统将自动启动电子邮件软件，并在收件人地址中自动填写上电子邮件链接所指定的邮箱地址。

原始文件：原始文件/CH03/3.5.2/index.html

最终文件：最终文件/CH03/3.5.2/index1.html

01 打开网页文档，将光标置于要创建电子邮件链接的位置，如图3-39所示。

02 执行“插入”|“电子邮件链接”命令，如图3-40所示。

图3-39 打开网页文档

图3-40 执行“电子邮件链接”命令

03 弹出“电子邮件链接”对话框，在对话框的“文本”文本框中输入“联系我们”，在“电子邮件”文本框中输入“mailto：sdhzgw@163.com”，如图3-41所示。

04 单击“确定”按钮，创建电子邮件链接，如图3-42所示。

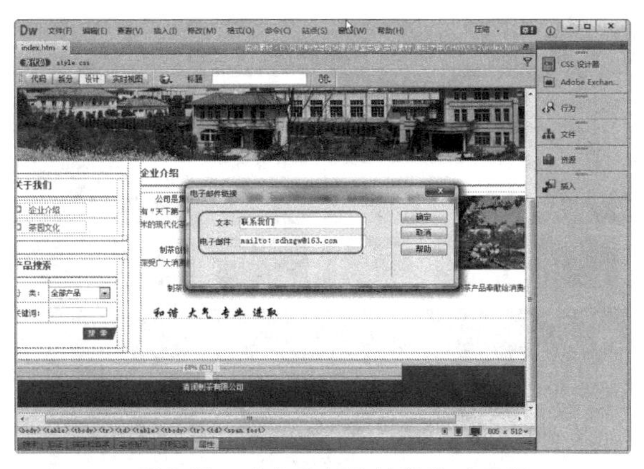

图3-41 “电子邮件链接”对话框

图3-42 创建电子邮件链接

高手支招

单击“常用”插入栏中的“电子邮件链接”按钮，也可以弹出“电子邮件链接”对话框。

05 保存文档，按F12键在浏览器中预览，单击“联系我们”链接文字，效果如图3-38所示。

指点迷津

如何避免页面电子邮件地址被搜索到？

经常会收到不请自来的垃圾信，如果拥有一个站点并发布了E-Mail链接，那么其他人会利用特殊工具搜索到这个地址，并加入到他们的数据库中。要想避免E-Mail地址被搜索到，可以在页面上不按标准格式书写E-Mail 链接，如yourname at mail.com，它等同于yourname@mail.com。

3.5.3 课堂练一练——创建脚本链接

脚本超链接执行JavaScript代码或调用JavaScript函数，它非常有用，能够在不离开当前网页文档的情况下为访问者提供有关某项的附加信息。脚本超链接还可以用于在访问者单击特定项时，执行计算、表单验证和其他处理任务，图3-43所示的是创建脚本关闭网页的效果，具体操作步骤如下。

图3-43 关闭网页的效果

原始文件：原始文件/CH03/3.5.3/index.html

最终文件：最终文件/CH03/3.5.3/index1.html

01 打开网页文档，选中选项“关闭窗口”，如图3-44所示。

02 在“属性”面板中的“链接”文本框中输入“javascript:window.close()”，如图3-45所示。

图3-44 打开网页文档

图3-45 输入链接

03 保存文档，按F12键在浏览器中浏览，单击“关闭窗口”超文本链接，会自动弹出一个提示对话框，提示是否关闭窗口，单击“是”按钮，即可关闭窗口，如图3-43所示。

3.5.4 课堂练一练——创建下载文件链接

如果要在网站中提供下载资料，就需要为文件提供下载链接，如果超级链接指向的不是一个网页文件，而是其他文件，例如zip、mp3、exe文件等，单击链接的时候就会下载文件。创建下载文件的链接效果如图3-46所示。具体操作步骤如下。

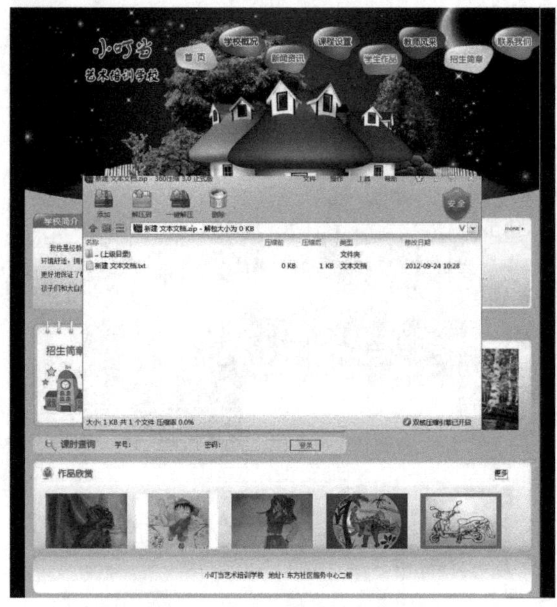

图3-46 下载文件的链接效果

原始文件：原始文件/CH03/3.5.4/index.html

最终文件：最终文件/CH03/3.5.4/index1.html

提 示

网站中每个下载文件必须对应一个下载链接，而不能为多个文件或一个文件夹建立下载链接，如果需要对多个文件或文件夹提供下载，只能利用压缩软件将这些文件或文件夹压缩为一个文件。

01 打开网页文档，选中要创建链接的文字，执行“窗口”|“属性”命令，如图3-47所示。

图3-47 打开网页文档

02 打开“属性”面板，在面板中单击“链接”文本框右边的按钮，弹出“选择文件”对话框，在对话框中选择要下载的文件，如图3-48所示。

03 单击“确定”按钮，添加到“链接”文本框中，如图3-49所示。

图3-48 “选择文件”对话框

图3-49 添加到“链接”文本框中

04 保存文档，按F12键在浏览器中预览，单击文字“文件下载”，效果如图3-46所示。

3.6 实战应用——搭建站点并创建简单文本网页

下面通过本章所学的知识讲述如何搭建站点及创建基本文本网页，效果如图3-50所示。具体操作步骤如下。

图3-50 创建基本文本网页效果

原始文件：原始文件/CH03/3.6/index.html

最终文件：最终文件/CH03/3.6/index1.html

01 执行“站点”|“管理站点”命令，弹出“管理站点”对话框，在对话框中单击“新建站点”按钮，如图3-51所示。

02 弹出“站点设置对象 未命名站点2”对话框，在对话框中的“站点名称”文本框中输入名称，如图3-52所示。

高手支招

要制作一个网站，第一步操作都是一样的，就是要创建一个“站点”，这样可以使整个网站的脉络结构清晰地展现在面前，避免了以后再进行纷杂的管理。

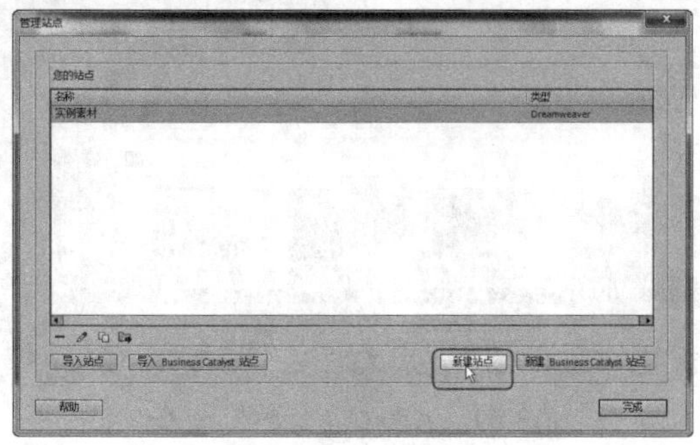

图3-51 “管理站点”对话框

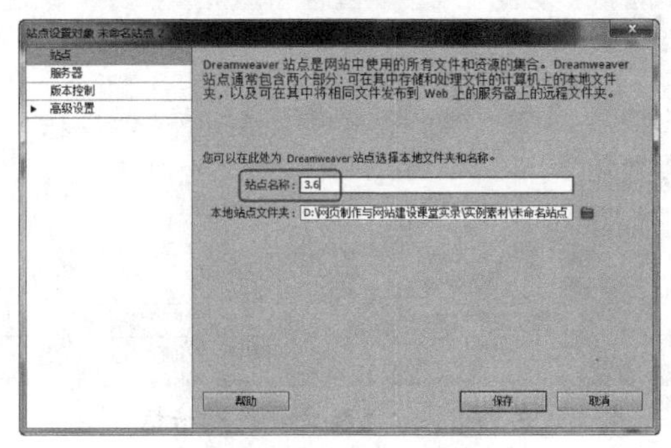

图3-52 输入站点的名称

03 单击“本地站点文件夹”文本框右边的文件夹按钮，弹出“选择根文件夹”对话框，在对话框中选择相应的位置，如图3-53所示。

04 单击“文件夹”按钮，选择文件位置，如图3-54所示。

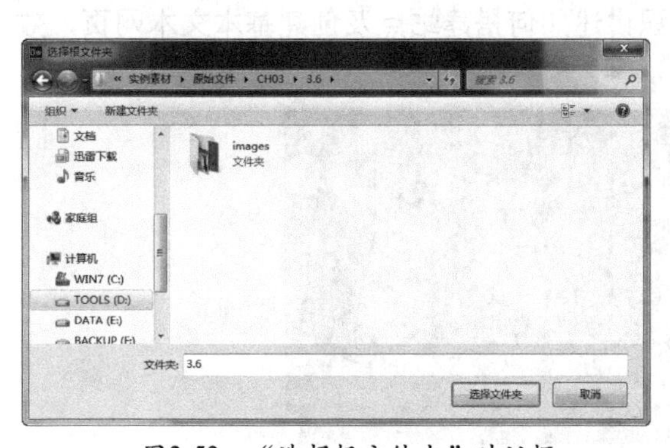

图3-53 “选择根文件夹”对话框

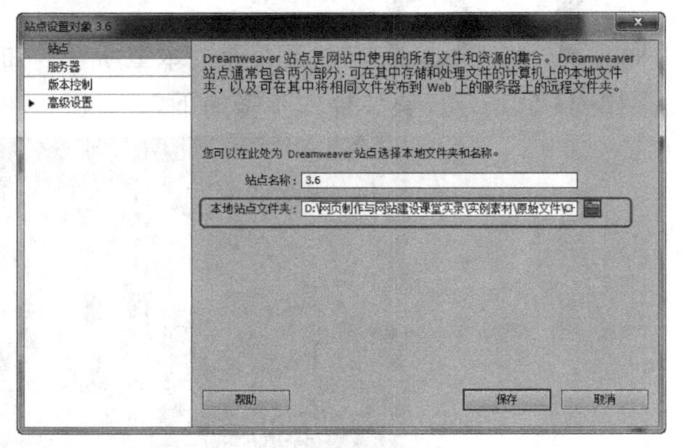

图3-54 选择文件的位置

05 单击“保存”按钮返回到“管理站点”对话框，在对话框中显示了新建的站点，如图3-55所示。

06 单击“完成”按钮，在“文件”面板中可以看到创建的站点中的文件，如图3-56所示。

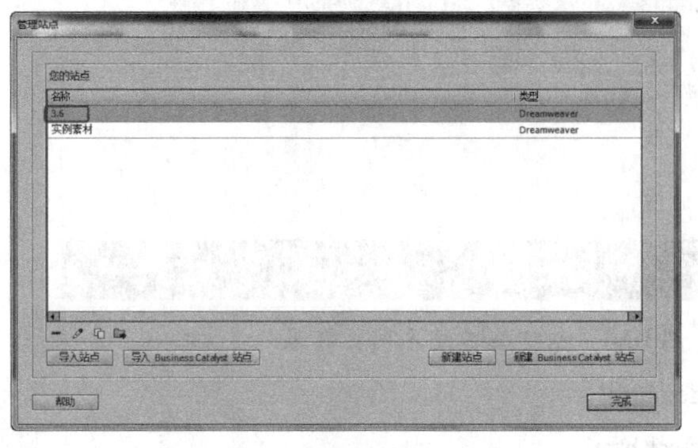

图3-55 “管理站点”对话框

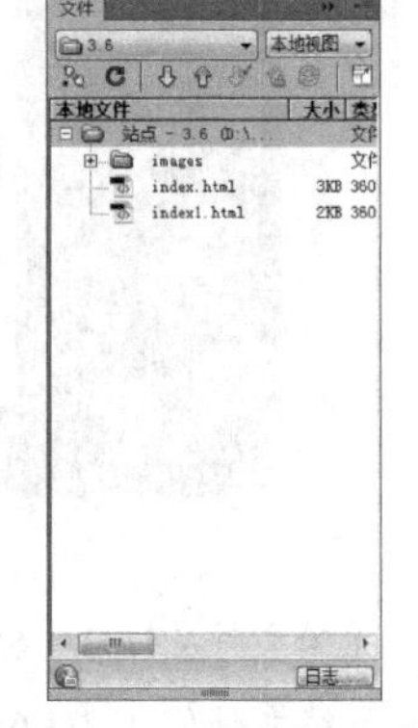

图3-56 “文件”面板

高手支招

站点定义不好，其结构将会变得纷乱不堪，给以后的维护造成很大的困难，大家千万不要小看了它，这些工作在整个网站建设中是相当重要的。

07 打开网页文档，如图3-57所示。

08 将光标置于要输入文本的位置，输入文本，如图3-58所示。

图3-57 打开网页文档

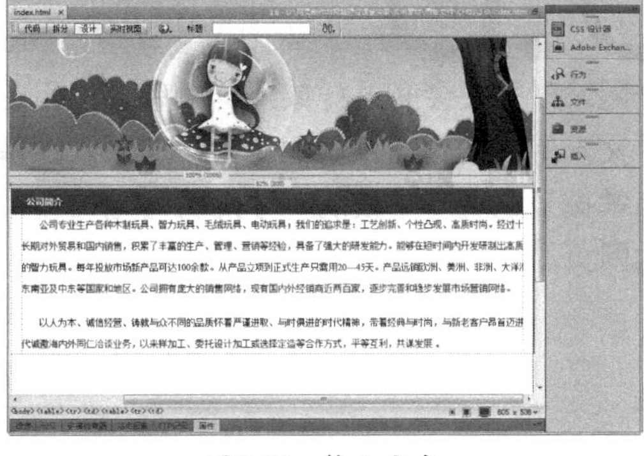

图3-58 输入文本

09 保存文档，按F12键在浏览器中预览，效果如图3-50所示。

3.7 课后练习

一、填空题

1. 在开始制作网页之前，最好先定义一个__________，这是为了更好地利用__________对文件进行管理，也可以尽可能地减少错误，如路径出错、链接出错。

2. 要正确地创建链接，就必须了解链接与被链接文档之间的路径，每一个网页都有一个唯一的地址，称为统一资源定位符（URL）。网页中的超级链接按照链接路径的不同，可以分为__________和__________两种链接形式。

二、操作题

给图3-59所示的网页添加文本，并设置文本颜色，效果如图3-60所示。

提示

直接在要输入文本的地方输入文字即可，在属性面板中设置文本颜色。

原始文件：原始文件/CH03/操作题/index.html

最终文件：最终文件/CH03/操作题/index1.html

图3-59 原始文件

图3-60 添加文本效果

3.8 本章小结

本章主要学习了Dreamweaver CC的知识、站点的创建和管理。创建整个网站时往往会有这样或那样的错误，因此读者一定要掌握好站点的创建和管理。同时还学习了文本的输入和插入其他对象，又深入讲解了超链接概念和创建各种链接的相关知识。只有熟练掌握了这些基本技能，才能更好地结合后面的章节，创建出更切合实际需求、更具有吸引力的网页。

第4章 添加图像和媒体

本章导读

本章我们将学习使用图像和多媒体来制作出华丽而且动感十足的网页。图像有着丰富的色彩和表现形式，恰当地利用图像可以加深对网站的印象。这些图像是文本的说明及解释，可以使文本清晰易读，更加具有吸引力，而随着网络技术的不断发展，人们已经不再满足于静态网页，而目前的网页也不再是单一的文本，图像、声音、视频和动画等多媒体技术更多地应用到了网页之中。

技术要点

★ 掌握添加图像

★ 掌握添加声音

★ 掌握插入动态媒体元素

★ 掌握创建图文并茂的好看的网页

4.1 添加图像

在使用图像前，一定要有目的地选择图像，最好运用图像处理软件美化一下图像，否则插入的图像可能不美观，会显得非常死板。

4.1.1 课堂练一练——插入图像

图像是网页构成中最重要的元素之一，美观的图像会为网站增添生命力，同时也加深对网站风格的印象。下面通过图4-1所示的实例讲述在网页中插入图像。具体操作步骤如下。

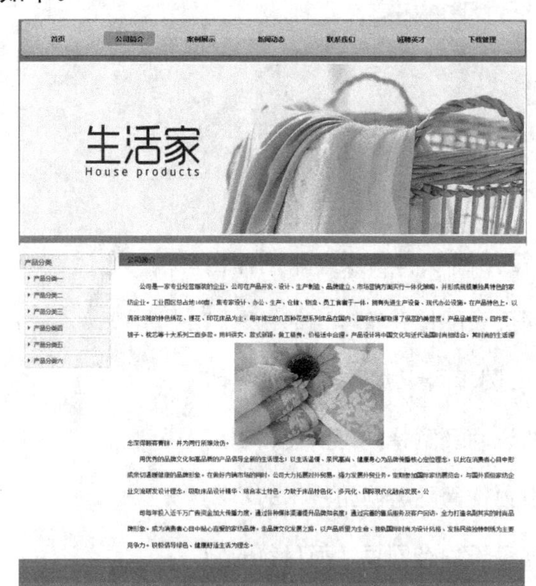

图4-1　插入网页图像效果

原始文件：原始文件/CH04/4.1.1/index.html

最终文件：最终文件/CH04/4.1.1/index1.html

01 打开网页文档，将光标置于插入图像的位置，如图4-2所示。

图4-2　打开网页文档

02 执行“插入”|“图像”|“图像”命令，弹出“选择图像源文件”对话框，在对话框中选择图像images/4.jpg，如图4-3所示。

图4-3　“选择图像源文件”对话框

03 单击“确定”按钮，插入图像，如图4-4所示。

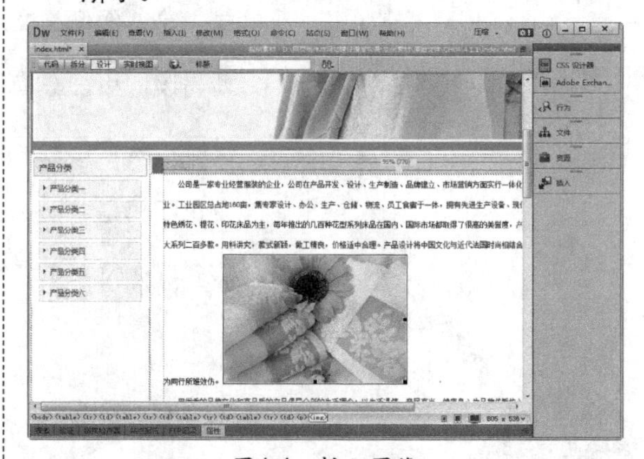

图4-4　插入图像

高手支招

使用以下方法也可以插入图像。

★ 执行“窗口”|“资源”命令，打开“资源”面板，在面板中单击按钮，展开图像文件夹，选定图像文件，然后用鼠标拖动到网页中合适的位置。

★ 单击“常用”插入栏中的按钮，弹出“选择图像源文件”对话框，在对话框中选择需要的图像文件。

提示

如果选中的文件不在本地网站的根目录下，则弹出下图所示的选择框，系统要求用户复制图像文件到本地网站的根目录，单击“是”按钮，此时会弹出“复制文件为”对话框，让用户选择文件的存放位置，可选择根目录或根目录下的任何文件夹。这里建议读者新建一个名称为images的文件夹，今后可以把网站中的所有图像都放入到该文件夹中。

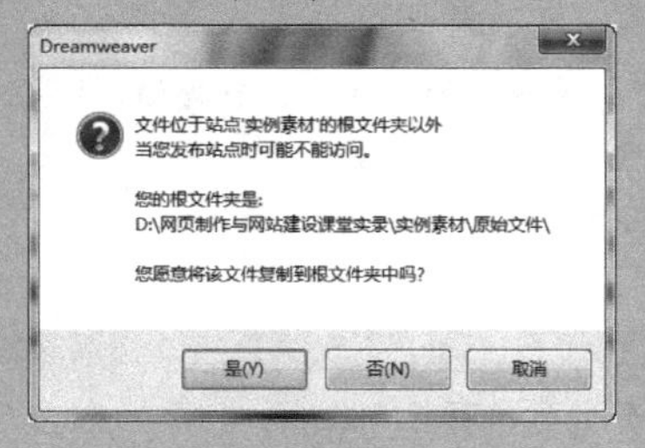

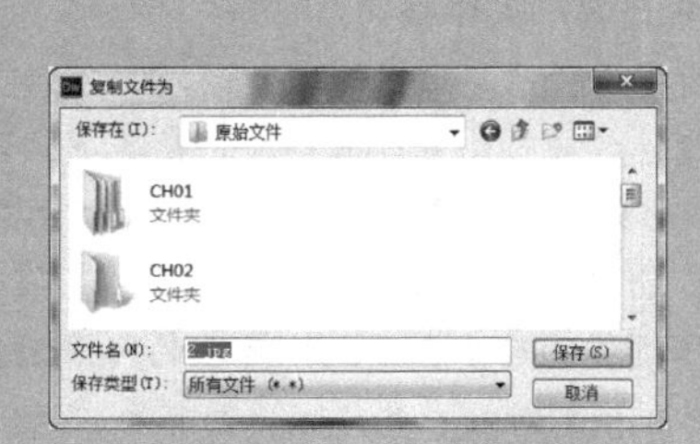

4.1.2 设置图像属性

下面通过实例讲述图像属性的设置，如图4-5所示。具体操作步骤如下。

原始文件：原始文件/CH04/4.1.2/index.html

最终文件：最终文件/CH04/4.1.2/index1.html

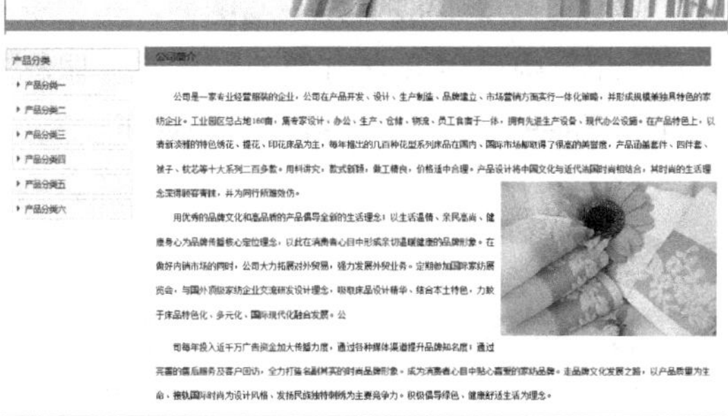

图4-5 设置图像属性后的效果

指点迷津

如何加快页面图片下载速度？

有种情况，首页图片过少，而其他页面图片过多，为了提高效率，当访问者浏览首页时，后台进行其他页面的图片下载。方法是在首页加入“<img src=“1.jpg” width=0 height=0>”，其中width、height要设置为0，1.jpg为提前下载的图片名。

01 打开网页文档，选中插入的图像，如图4-6所示。

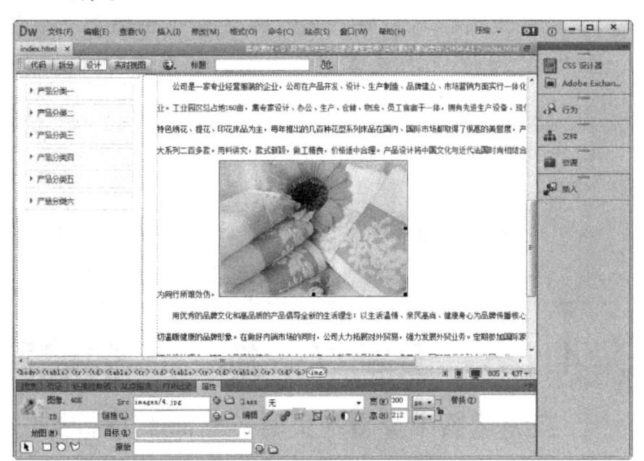

图4-6 打开网页文档

02 单击鼠标右键，在弹出的快捷菜单中选择“对齐”|“右对齐”命令，如图4-7所示。

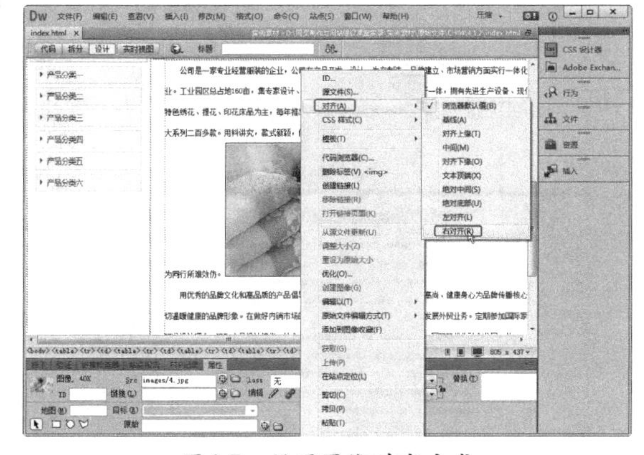

图4-7 设置图像对齐方式

03 还可以根据需要设置图像的其他属性。保存文档，按F12键在浏览器中预览，效果如图4-5所示。

知识要点

图像属性面板中可以进行如下设置。

★ 宽和高：以像素为单位设定图像的宽度和高度。当在网页中插入图像时，Dreamweaver自动使用图像的原始尺寸。可以使用以下单位指定图像大小：点、英寸、毫米和厘米。在HTML源代码中，Dreamweaver将这些值转换为以像素为单位。

★ Src：指定图像的具体路径。

★ 链接：为图像设置超级链接。可以单击按钮浏览选择要链接的文件，或直接输入URL路径。

★ 目标：链接时的目标窗口或框架。在其下拉列表中包括以下4个选项。

_blank：将链接的对象在一个未命名的新浏览器窗口中打开。

_parent：将链接的对象在含有该链接的框架的父框架集或父窗口中打开。

_self：将链接的对象在该链接所在的同一框架或窗口中打开。_self是默认选项，通常不需要指定它。

_top：将链接的对象在整个浏览器窗口中打开，因而会替代所有框架。

★ 替换：图片的注释。当浏览器不能正常显示图像时，便在图像的位置用这个注释代替图像。

★ 编辑：启动“外部编辑器”首选参数中指定的图像编辑器，并使用该图像编辑器打开选定的图像。

编辑：启动外部图像编辑器编辑选中的图像。

编辑图像设置：弹出“图像预览”对话框，在对话框中可以对图像进行设置。

重新取样：将“宽”和“高”的值重新设置为图像的原始大小。调整所选图像大小后，此按钮显示在“宽”和“高”文本框的右侧。如果没有调整过图像的大小，该按钮不会显示出来。

裁剪：修剪图像的大小，从所选图像中删除不需要的区域。

亮度和对比度：调整图像的亮度和对比度。

锐化：调整图像的清晰度。

★ 地图：名称和“热点工具”标注和创建客户端图像地图。

★ 原始：指定在载入主图像之前应该载入的图像。

4.1.3 课堂练一练——创建鼠标经过图像

在浏览器中查看网页时，当鼠标指针经过图像时，该图像就会变成另外一幅图像；当鼠标移开时，该图像就又变回原来的图像。这种效果在Dreamweaver中可以非常方便地做出来。鼠标未经过图像时的效果如图4-8所示，鼠标经过图像时的效果如图4-9所示。具体操作步骤如下。

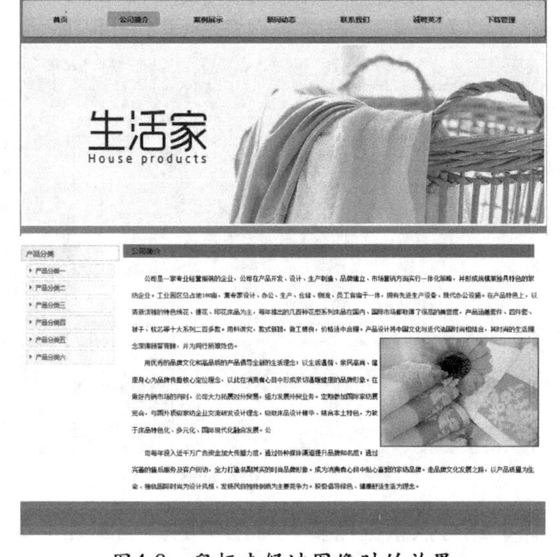

图4-8 鼠标未经过图像时的效果

图4-9 鼠标经过图像时的效果

原始文件：原始文件/CH04/4.1.3/index.html

最终文件：最终文件/CH04/4.1.3/index1.html

01 打开网页文档，将光标置于插入鼠标经过图像的位置，如图4-10所示。

图4-10 打开网页文档

02 执行“插入”|“图像”|“鼠标经过图像”命令，弹出“插入鼠标经过图像”对话框，如图4-11所示。

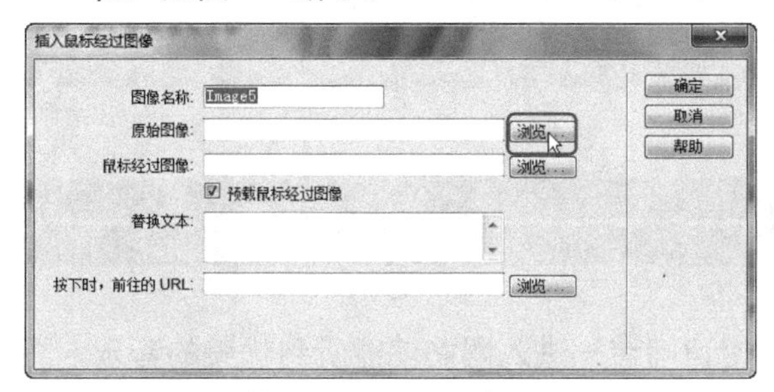

图4-11 “插入鼠标经过图像”对话框

知识要点

在“插入鼠标经过图像”对话框中可以进行如下设置。

★ 图像名称：设置这个滚动图像的名称。

★ 原始图像：滚动图像的原始图像，在其后的文本框中输入此原始图像的路径，或单击“浏览”按钮，打开“原始图像”对话框，在“原始图像”对话框中可选择图像。

★ 鼠标经过图像：用来设置鼠标经过图像时，原始图像替换成的图像。

★ 预载鼠标经过图像：选中该复选框，网页打开就预下载替换图像到本地。当鼠标经过图像时，能迅速地切换到替换图像；如果取消该选项，当鼠标经过该图像时才下载替换图像，替换可能会出现不连贯的现象。

★ 替换文本：用来设置图像的替换文本，当图像不显示时，显示这个替换文本。

★ 按下时，前往的URL：用来设置滚动图像上应用的超链接。

03 单击“原始图像”文本框右边的“浏览”按钮，弹出“原始图像：”对话框，在对话框中选择相应的图像images/4.jpg，如图4-12所示。

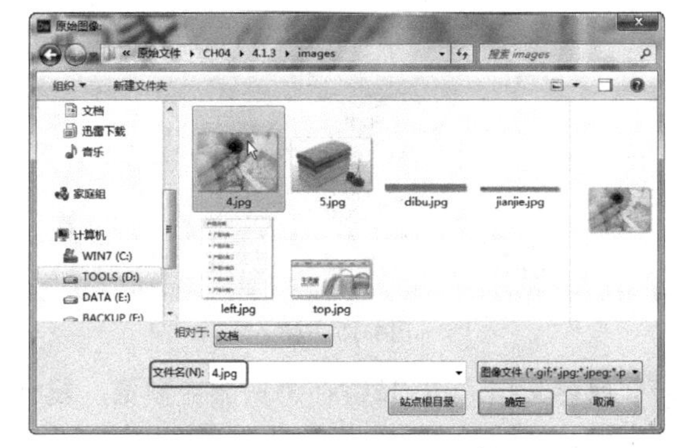

图4-12 “原始图像：”对话框

04 单击“鼠标经过图像”文本框右边的“浏览”按钮，弹出“鼠标经过图像：”对话框，在对话框中选择相应的图像images/5.jpg，如图4-13所示。

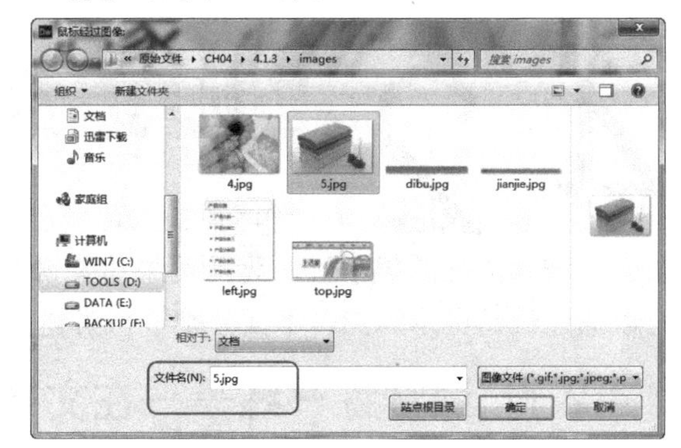

图4-13 “鼠标经过图像：”对话框

05 单击“确定”按钮，添加到对话框，如图4-14所示。

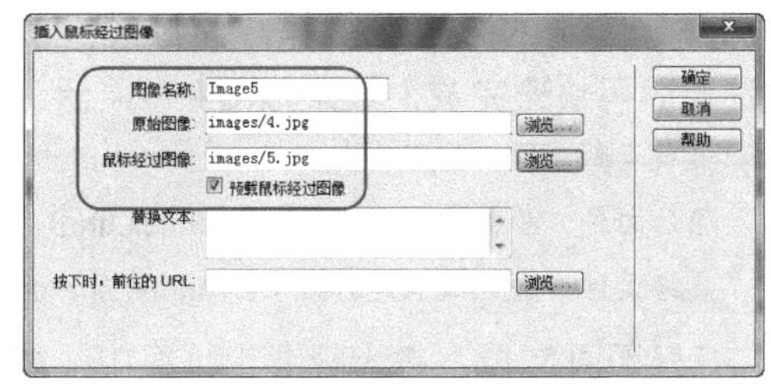

图4-14 添加到对话框

06 单击“确定”按钮，插入鼠标经过图像，如图4-15所示。

07 选中插入的图像，单击鼠标右键，在弹出的快捷菜单中选择“对齐”|“右对齐”命令，如图4-16所示。

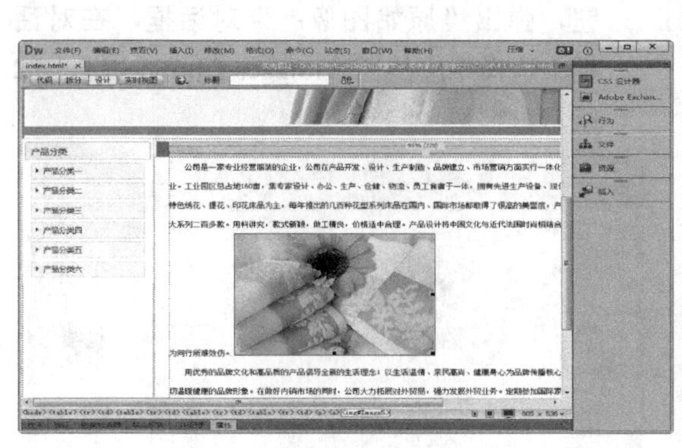

图4-15 插入图像

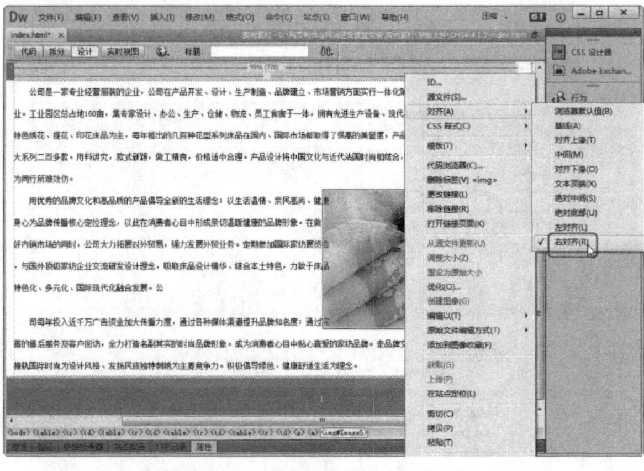

图4-16 设置图像对齐方式

08 保存文档，按F12键在浏览器中预览，鼠标未经过图像时的效果如图4-8所示，鼠标经过图像时的效果图4-9所示。

提示

在插入鼠标经过图像时，如果不为该图像设置链接，Dreamweaver将在HTML源代码中插入有一个空链接#，该链接上将附加鼠标经过的图像行为，如果将该链接删除，鼠标经过图像将不起作用。

4.2 添加声音

为网页加入背景音乐，使访问者一进入网站就能听到优美的音乐，可以大大增强网站的娱乐性。为网页添加背景音乐的方法很简单，既可以通过内置行为添加，也可以通过代码提示添加，下面分别进行讲述。

4.2.1 课堂练一练——在文档中插入背景音乐

若是一个以音乐为主题的网站，可为网页加入背景音乐，使访问者进入网站便能听到音乐效果，增强网站的娱乐性。为Web网页添加背景音乐的方法很简单，通过网页的属性设置即可快速完成，效果如图4-17所示。具体操作步骤如下。

原始文件：原始文件/CH04/4.2.1/index.html

最终文件：最终文件/CH04/4.2.1/index1.html

01 打开网页文档，将光标置于页面中，如图4-18所示。

02 执行“插入”|“媒体”|“插件”命令，弹出“选择文件”对话框，在对话框中选择一个音乐文件，如图4-19所示。

图4-17 插入背景音乐效果

图4-18　打开网页文档

图4-19　“选择文件”对话框

03 单击“确定”按钮，插入插件，如图4-20所示。

04 选中插入的插件，在属性面板中设置插件的相关属性，如图4-21所示。

图4-20　插入插件

图4-21　设置插件

05 保存文档，在浏览器中预览，可以听到音乐的效果，如图4-17所示。

4.2.2　课堂练一练——使用代码提示添加背景音乐

通过代码提示，可以在代码视图中插入代码。在输入某些字符时，将显示一个列表，列出完成条目所需要的选项。下面通过代码提示讲述背景音乐的插入，效果如图4-22所示，具体操作步骤如下。

原始文件：原始文件/CH04/4.2.2/index.html

最终文件：最终文件/CH04/4.2.2/index1.html

图4-22　插入背景音乐效果

01 打开网页文档，如图4-23所示。

02 切换到代码视图，在代码视图中找到标签<body>，并在其后面输入“<”以显示标签列表，输入“<”时会自动弹出一个列表框，向下滚动该列表并选中标签bgsound，如图4-24所示。

指点迷津

Bgsound标签共有5个属性，其中balance用于设置音乐的左右均衡，delay用于设置进行播放过程中的延时，loop用于控制循环次数，src用于存放音乐文件的路径，volume用于调节音量。

03 双击插入该标签，如果该标签支持属性，则按空格键以显示该标签允许的属性列表，从中选择属性src，如图4-25所示。这个属性用来设置背景音乐文件的路径。

04 按Enter键后，出现“浏览”字样，单击以弹出“选择文件”对话框，在对话框中选择音乐文件，如图4-26所示。

图4-23 打开网页文档

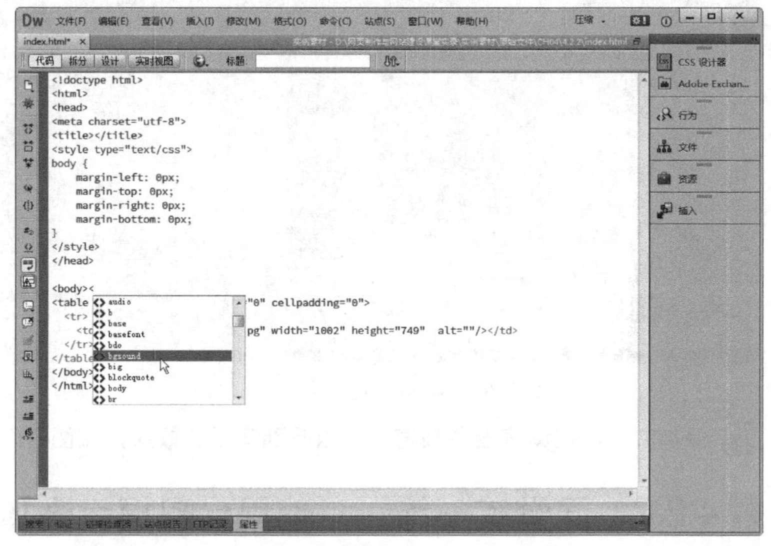

图4-24 选中标签bgsound

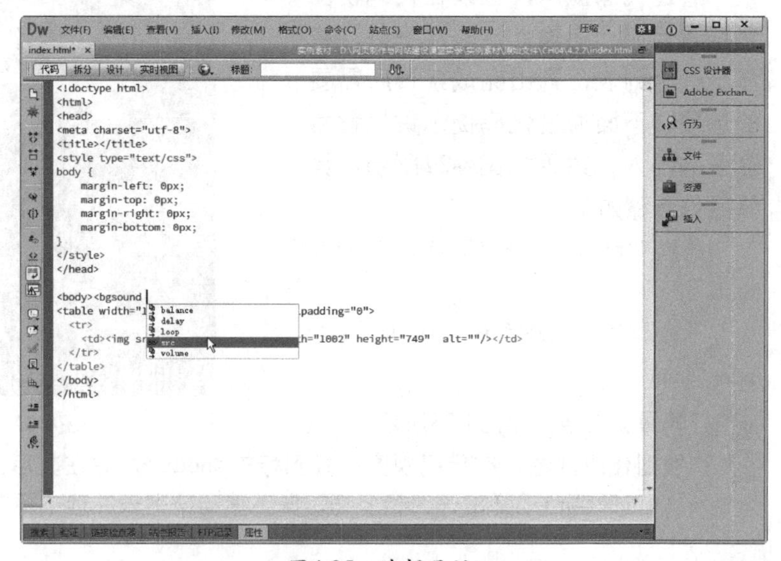

图4-25 选择属性src

播放背景音乐文件容量不要太大，否则很可能整个网页都浏览完了，声音却还没有下载完。在背景音乐格式方面，mid格式是最好的选择，它不仅拥有不错的音质，最关键的是它的容量非常小，一般只有几十KB。

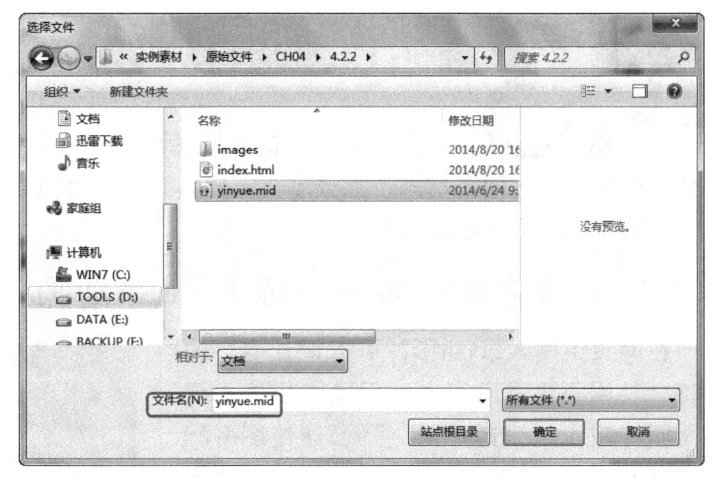

图4-26 “选择文件”对话框

05 选择音乐文件后，单击“确定”按钮。在新插入的代码后按空格键，在属性列表中选择属性loop，如图4-27所示。

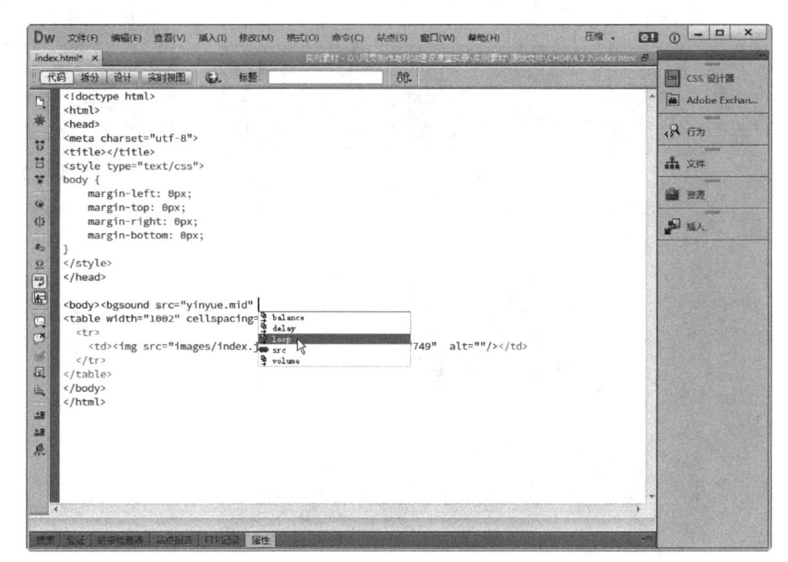

图4-27 选择属性loop

06 出现“-1”并选中。在最后的属性值后，为该标签输入“>”，如图4-28所示。

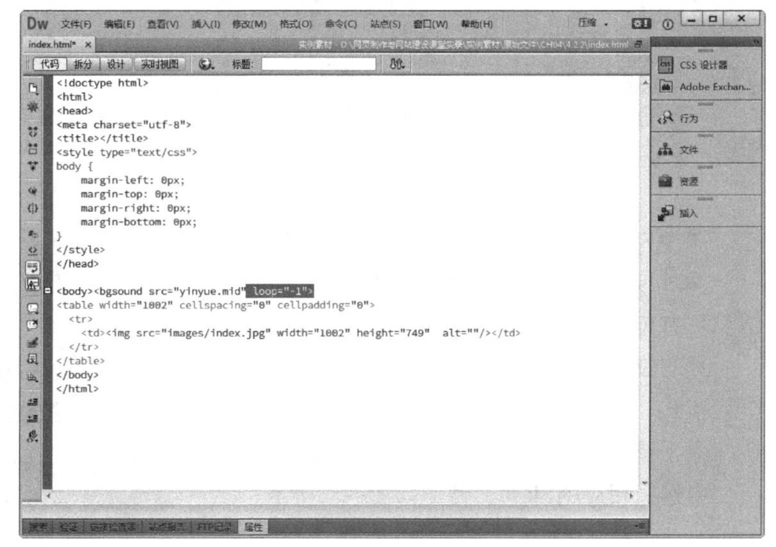

图4-28 输入“>”

07 保存文档，按F12键在浏览器中预览，效果如图4-22所示。

提示

浏览器可能需要某种附加的音频支持来播放声音，因此，具有不同插件的不同浏览器所播放声音的效果通常会有所不同。

4.3 插入动态媒体元素

多媒体技术的发展使网页设计者能轻松地在页面中加入声音、动画、影片等内容，给访问者增添了几分欣喜。媒体对象在网页上一直是一道亮丽的风景线，正因为有了多媒体，网页才丰富起来。

4.3.1 课堂练一练——插入Flash动画

在网页中插入Flash影片可以增加网页的动感，使网页更具吸引力，因此多媒体元素在网页中应用越来越广泛。下面通过图4-29所示的效果讲述如何在网页中插入Flash影片，具体操作步骤如下。

图4-29 插入Flash影片效果

原始文件：原始文件/CH04/4.3.1/index.html

最终文件：最终文件/CH04/4.3.1/index1.html

01 打开网页文档，将光标置于要插入Flash影片的位置，如图4-30所示。

02 执行“插入”|“媒体”|“Flash SWF”命令，弹出“选择SWF”对话框，在对话框中选择相应的Flash文件，如图4-31所示。

图4-30 打开网页文档

图4-31 “选择SWF”对话框

03 在对话框中选择top.swf，单击“确定”按钮，插入Flash影片，如图4-32所示。

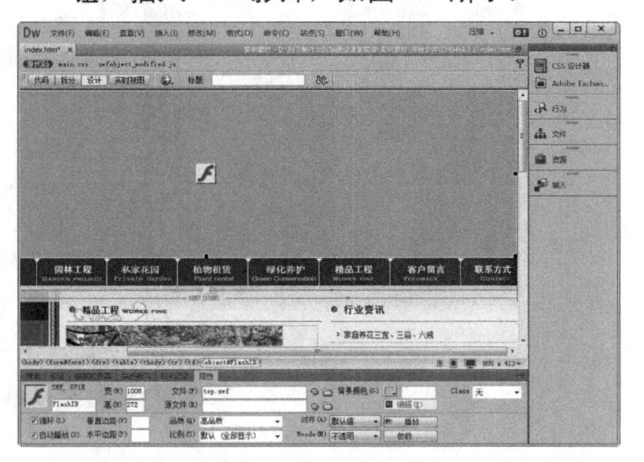

图4-32 插入Flash影片

04 保存文档，按F12键在浏览器中预览，效果如图4-29所示。

提示

插入Flash动画还有两种方法。

单击“媒体”插入栏中的Flash按钮，弹出“选择文件”对话框，也可以插入Flash影片。

拖曳“媒体”插入栏中的按钮至所需要的位置，弹出“选择文件”对话框，也可以插入Flash影片。

知识要点

Flash属性面板的各项设置。

★ Flash文本框：输入Flash动画的名称。
★ 宽、高：设置文档中Flash动画的尺寸，可以输入数值改变其大小，也可以在文档中拖动缩放手柄来改变其大小。
★ 文件：指定Flash文件的路径。
★ 源文件：指定Flash源文档.fla的路径。
★ 背景颜色：指定影片区域的背景颜色。在不播放影片时（在加载时和在播放后）也显示此颜色。
★ 编辑 编辑(E)：启动Flash以更新FLA文件（使用Flash创作工具创建的文件）。如果计算机上没有安装Flash，则会禁用此选项。
★ 类：可用于对影片应用CSS类。
★ 循环：勾选此复选框可以重复播放Flash动画。
★ 自动播放：勾选此复选框，当在浏览器中载入网页文档时，自动播放Flash动画。
★ 垂直边距和水平边距：指定动画边框与网页上边界和左边界的距离。
★ 品质：设置Flash动画在浏览器中播放质量，包括“低品质”、“自动低品质”、“自动高品质”和“高品质”4个选项。
★ 比例：设置显示比例，包括“全部显示”、“无边框”和“严格匹配”3个选项。
★ 对齐：设置Flash在页面中的对齐方式。
★ Wmode：默认值是不透明，这样在浏览器中，DHTML元素就可以显示在SWF文件的上面。如果SWF文件包括透明度，并且希望DHTML元素显示在它们的后面，选择“透明”选项。
★ 播放：在“文档”窗口中播放影片。
★ 参数：打开一个对话框，可在其中输入传递给影片的附加参数。影片必须已设计好，可以接收这些附加参数。

4.3.2 课堂练一练——插入视频文件

随着宽带技术的发展和推广，出现了许多视频网站。越来越多的人选择观看在线视频，同时也有很多的网站提供在线视频服务。

下面通过图4-33所示的效果讲述在网页中插入Flash视频，具体操作步骤如下。

原始文件：原始文件/CH04/4.3.2/index.html

最终文件：最终文件/CH04/4.3.2/index1.html

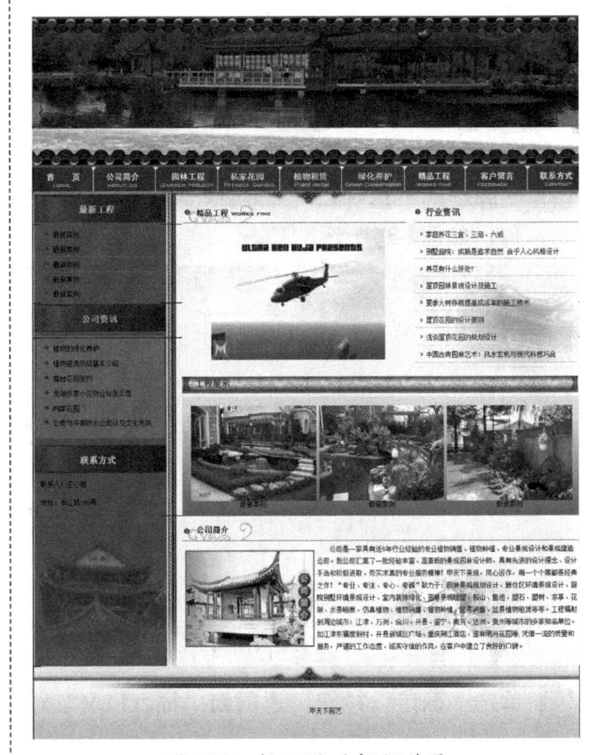

图4-33 插入Flash视频效果

01 打开网页文档，将光标置于要插入视频的位置，如图4-34所示。

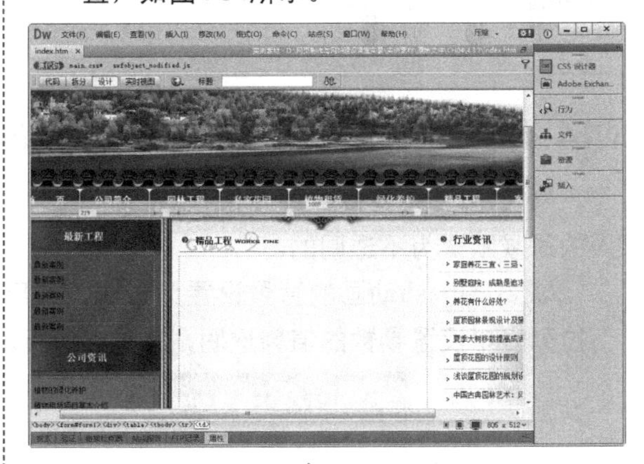

图4-34 打开网页文档

02 执行“插入”|“媒体”|“Flash Video”命令，

弹出“插入FLV”对话框，在对话框中单击URL后面的“浏览”按钮，如图4-35所示。

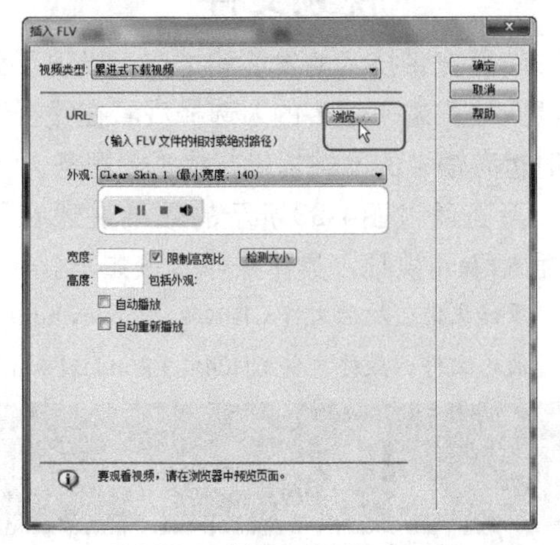

图4-35　“插入FLV”对话框

03 在弹出的“选择FLV”对话框中选择视频文件，如图4-36所示。

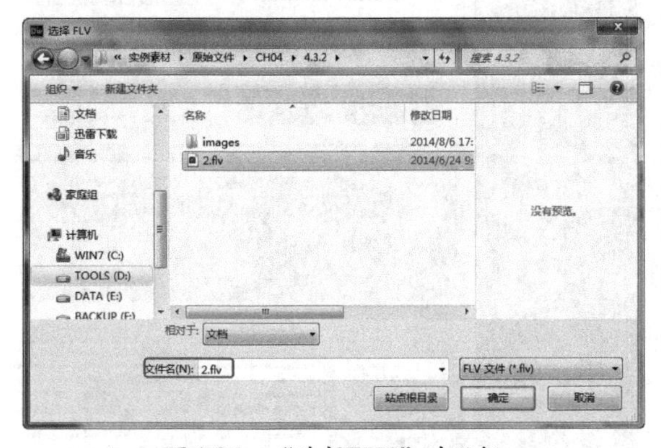

图4-36　“选择FLV”对话框

04 单击“确定”按钮，返回到“插入FLV”对话框，在对话框中进行相应的设置，如图4-37所示。

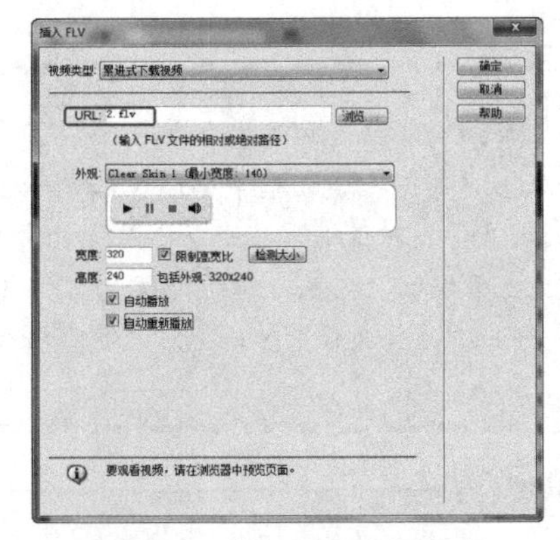

图4-37　“插入FLV”对话框

05 单击“确定”按钮，插入视频，如图4-38所示。

06 保存文档，按F12键在浏览器中预览效果，如图4-33所示。

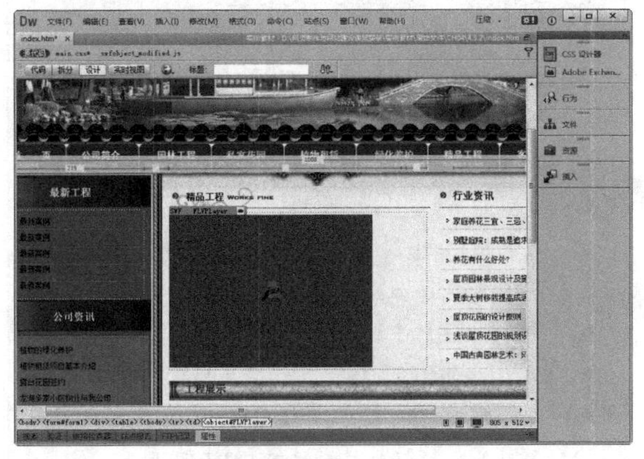

图4-38　插入视频

4.4 技术拓展

4.4.1 把网页中的Flash背景设置为透明

网页中Flash背景透明不是在做Flash的时候设置的，而是在网页中插入Flash设置的，在插入的时候默认为不透明的。

需要将Flash动画的背景设置为透明，在Flash动画的“属性”面板中有个Wmode参数，在下拉列表中设置参数的值为透明，如图4-39所示。

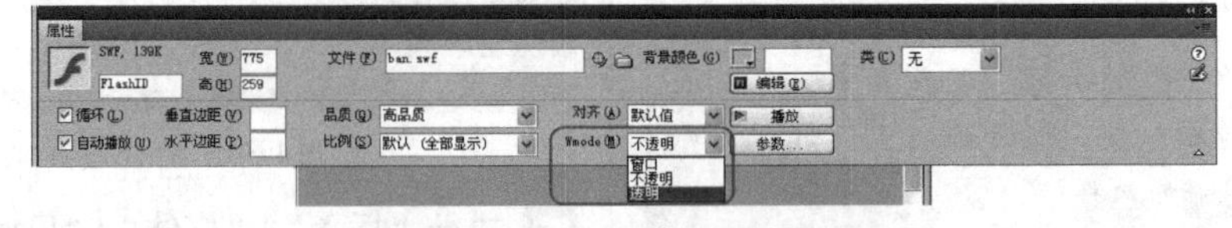

图4-39　Flash背景设置为透明

Wmode参数有窗口、不透明、透明3个参数值。“窗口”用来在网页上用影片自己的矩形窗口来播放应用程序。“窗口”表明 Flash 应用程序与 HTML的层没有任何交互，并且始终位于最顶层。“不透明” 使应用程序隐藏页面上位于它后面的所有内容。“透明”使 HTML 页的背景可以透过应用程序的所有透明部分进行显示。

4.4.2 网页中图像的常见格式

网页中图像的格式通常有3种，即GIF、JPEG和PNG。目前GIF和JPEG 文件格式的支持情况最好，大多数浏览器都可以查看这两种格式的文件。由于PNG文件具有较大的灵活性并且文件较小，所以它对于几乎任何类型的网页图像都是最适合的。但是Microsoft Internet Explorer和Netscape Navigator只能部分支持PNG图像的显示。建议使用GIF或JPEG格式以满足更多人的需求。

1. GIF格式

GIF是英文单词Graphic Interchange Format的缩写，即图像交换格式，文件最多使用256种颜色，最适合显示色调不连续或具有大面积单一颜色的图像，例如导航条、按钮、图标、徽标或其他具有统一色彩和色调的图像。

GIF格式的最大优点就是制作动态图像，可以将数张静态文件作为动画帧串联起来，转换成一张动画文件。

GIF格式的另一优点就是可以将图像以交错的方式在网页中呈现。所谓交错显示，就是当图像尚未下载完成时，浏览器会先以马赛克的形式将图像慢慢显示，让浏览者可以大略猜出下载图像的雏形。

2. JPEG格式

JPEG是英文单词Joint Photographic Experts Group的缩写，它是一种图像压缩格式，文件格式是用于摄影或连续色调图像的高级格式，这是因为JPEG文件可以包含数百万种颜色。随着JPEG文件品质的提高，文件的大小和下载时间也会随之增加。通常可以通过压缩JPEG文件在图像品质和文件大小之间达到良好的平衡。

JPEG格式是一种压缩格式，专门用于不含大色块的图像。JPEG的图像有一定的失真度，但是在正常的损失下肉眼分辨不出JPEG和GIF图像的区别，而JPEG文件只有GIF文件的1/4倍大小。JPEG格式对图标之类的含大色块的图像不很有效，而且不支持透明图、动态图，但它能够保留全真的色调板格式。如果图像需要全彩模式才能表现效果，JPEG就是最佳的选择。

3. PNG格式

PNG是英文单词Portable Network Graphic的缩写，即便携网络图像，是一种替代GIF格式的无专利权限制的格式，它包括对索引色、灰度、真彩色图像及alpha通道透明的支持。PNG是Fireworks固有的文件格式。PNG文件可保留所有原始层、矢量、颜色和效果信息，并且在任何时候所有元素都是可以完全编辑的。文件必须具有.png文件扩展名才能被Dreamweaver识别为PNG文件。

4.5 实战应用

可以使用Dreamweaver中的可视化工具向页面添加各种内容，包括文本、图像、影片、声音和其他媒体形式等。在本章中学习了图像和多媒体的添加，本节将通过实例来讲述具体的应用。

4.5.1 实战1——创建图文并茂的“好看”网页

文字和图像是网页中最基本的元素。在网页中插入图像会使得网页更加生动形象。在网站中创建图文混排网页的方法非常简单，图4-40所示的是图文混排的效果，具体操作步骤如下。

原始文件：原始文件/CH04/实战1/index.html

最终文件：最终文件/CH04/实战1/index1.html

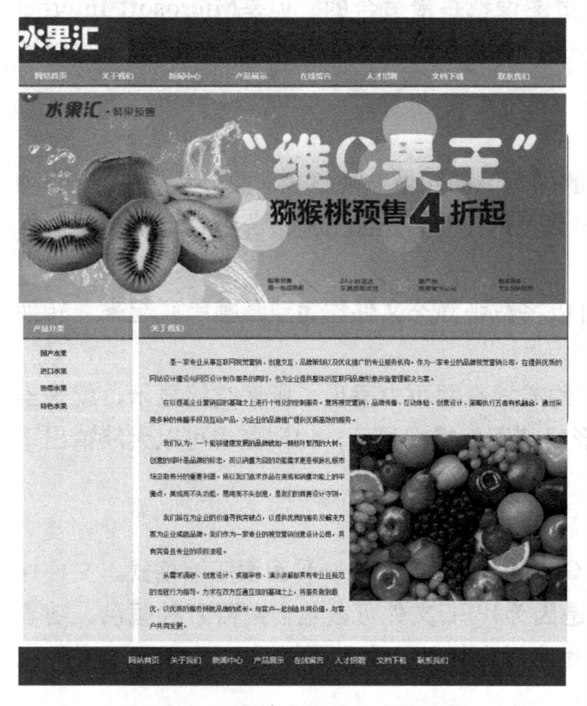

图4-40 图文并茂的“好看”网页

指点迷津

如何使文字和图片内容共处？

在Dreamweaver中，图片对象是需要独占一行的，那么文字内容只能在与其平行的一行的位置上，怎么样才可以让文字围绕着图片显示呢？需要选中图片，单击鼠标右键，在弹出的菜单中选择“对齐”|“右对齐”命令，这时会发现文字已经均匀地排列在图片的右边了。

01 打开网页文档，将光标置于要插入图像的位置，如图4-41所示。

02 执行“插入”|“图像”|“图像”命令，弹出“选择图像源文件”对话框，在对话框中选择图像images/shuiguo.jpg，如图4-42所示。

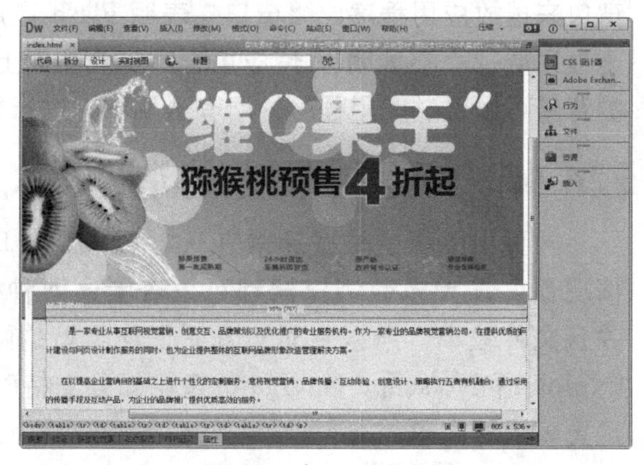

图4-41 打开网页文档

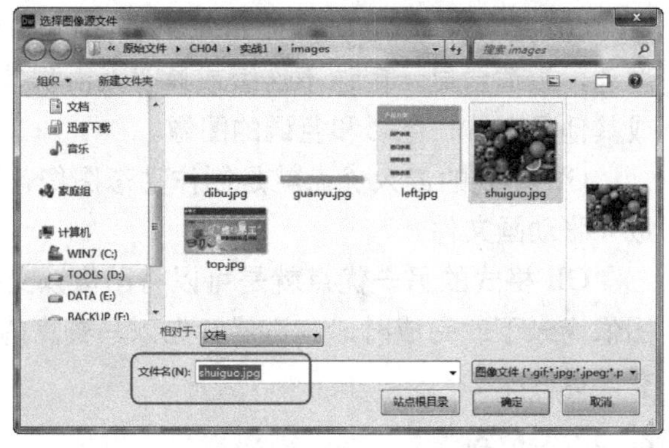

图4-42 “选择图像源文件”对话框

03 单击“确定”按钮，插入图像，如图4-43所示。

04 选中插入的图像，单击鼠标右键，在弹出的下拉菜单中选择“对齐”|“右对齐”命令，如图4-44所示。

图4-43 插入图像

05 保存文档，按F12键在浏览器中预览，效果如图4-40所示。

高手支招

修改图像的高度和宽度的值可以改变图像的显示尺寸，但是这并不能改变图像下载所用的时间，因为浏览器是先将图像数据下载，然后才改变图像尺寸的。要想减少图像下载所需要的时间，并使图像无论什么时候都显示相同的尺寸，建议在图像编辑软件中，重新处理该图像，这样得到的效果将是最好的。

图4-44 设置图像的对齐方式

4.5.2 实战2——网页中插入媒体实例

下面通过实例讲述在网页中插入背景音乐和Flash动画，效果如图4-45所示，具体操作步骤如下。

原始文件：原始文件/CH04/实战2/index.html

最终文件：最终文件/CH04/实战2/index1.html

图4-45 在网页中插入媒体效果

01 打开网页文档，将光标置于要插入flash动画的位置，如图4-46所示。

02 执行“插入”|“媒体”|“Flash SWF”命令，弹出“选择SWF”对话框，在对话框中选择文件top.swf，如图4-47所示。

图4-46 打开网页文档

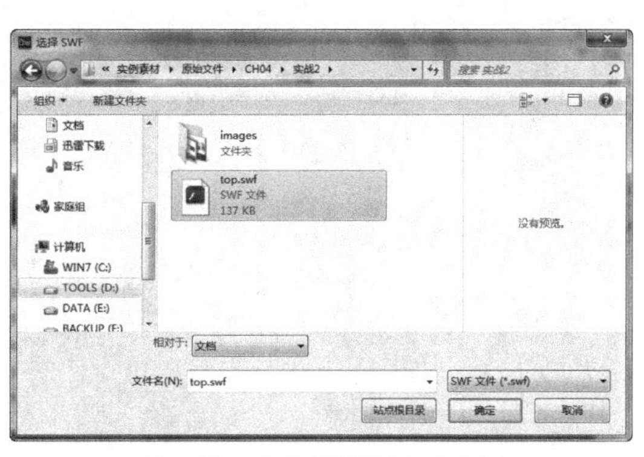

图4-47 “选择SWF”对话框

03 单击“确定”按钮，插入SWF动画，如图4-48所示。

04 保存文档，按F12键在浏览器中预览，效果如图4-45所示。

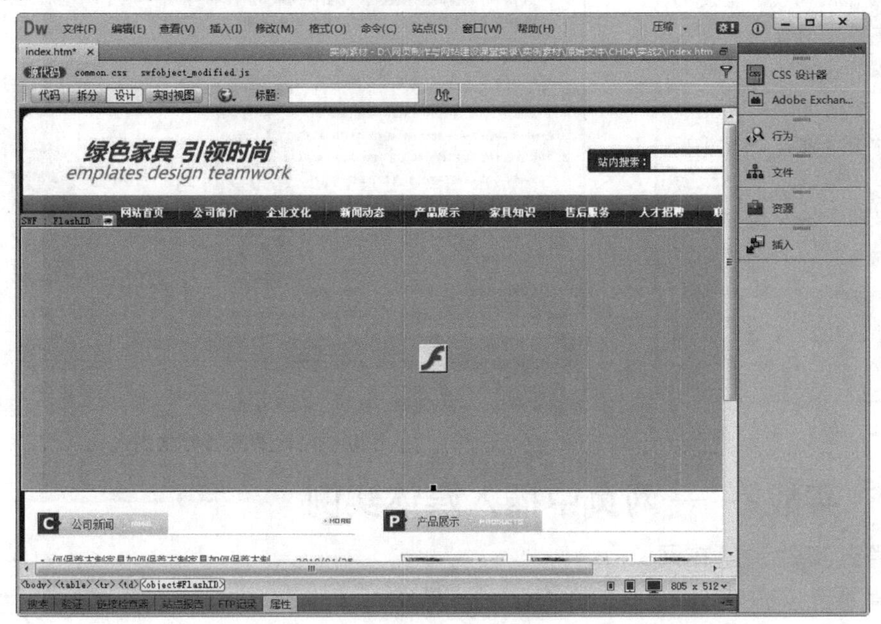

图4-48 插入动画

4.6 课后练习

一、填空题

1. 网页中图像的格式通常有3种，即______、______和______。目前______和______ 文件格式的支持情况最好，大多数浏览器都可以查看这两种格式的文件。

2. 在网页中插入________可以增加网页的动感，使网页更具吸引力，因此多媒体元素在网页中应用越来越广泛。

二、操作题

1. 给图4-49所示的网页创建鼠标经过图像效果，鼠标经过时的状态如图4-50所示。

图4-49 起始文件

图4-50 鼠标经过时的效果

原始文件：原始文件/CH0 4 /操作题1/index.html

最终文件：最终文件/CH0 4 /操作题1/index1.html

01 将光标置于要插入鼠标经过图像的位置，执行“插入”|“图像”|“鼠标经过图像”命令，弹出“插入鼠标经过图像”对话框，如图4-51所示。

02 在对话框中单击“原始图像”文本框右边的“浏览”按钮，在弹出的“原始图像：”对话框中选择图像images/200933091340937.jpg，如图3-52所示。

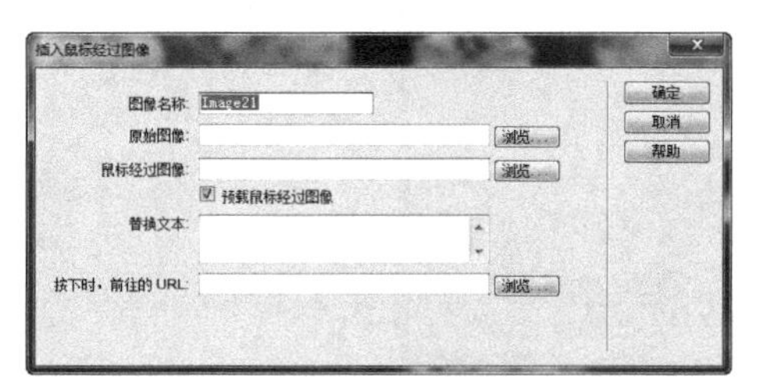

图4-51 “插入鼠标经过图像”对话框

图4-52 “原始图像：”对话框

03 单击“确定”按钮，在对话框中单击“鼠标经过图像”文本框右边的“浏览”按钮，在弹出的“鼠标经过图像：”对话框中选择图像images/200933091823330.jpg，如图4-53所示。

04 单击“确定”按钮，返回到“插入鼠标经过图像”对话框，单击“确定”按钮，即可插入鼠标经过图像。

图4-53 “鼠标经过图像：”对话框

2. 给图4-54所示的网页插入Flash动画，效果如图4-55所示。

图4-54 原始文件

图4-55 插入Flash动画效果

原始文件：原始文件/CH04/操作题2/index.html

最终文件：最终文件/CH04/操作题2/index1.html

01 将光标置于要插入Flash动画的位置，执行“插入”|“媒体”|“Flash SWF”命令，弹出“选择文件”对话框，在对话框中选择top.swf，如图4-56所示。

02 单击“确定”按钮，即可插入Flash动画。

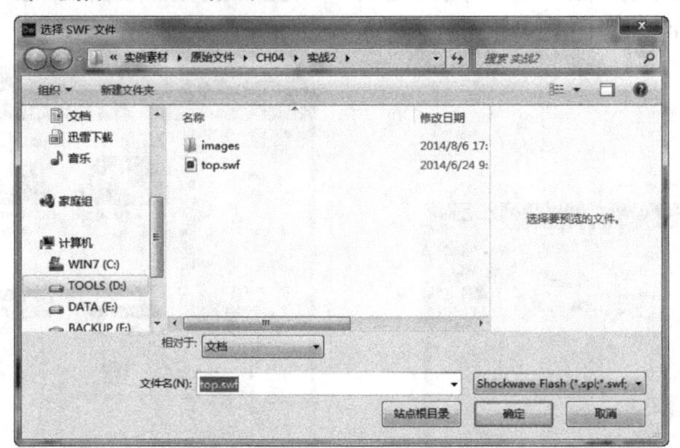

图4-56　“选择SWF”对话框

4.7 本章小结

在网页的适当位置放置一些图像和多媒体，不仅使内容清晰易懂，而且更具吸引力。本章主要学习了网页中图像的基本操作、特殊图像效果的插入、网页背景音乐的添加、Flash影片的使用、在网页中插入视频文件和其他媒体对象的插入等。本章的重点是图像的插入和使用、Flash的插入和使用，以及Java Applet的使用。图像和多媒体作为网页的重要元素，可以使页面的效果更加生动，网站的内容更加丰富，读者一定要好好掌握其要领。

第5章
使用表格轻松排列网页数据

本章导读

表格是网页布局设计的常用工具，表格在网页中不仅可以用来排列数据，而且可以对页面中的图像、文本等元素进行准确地定位，使页面在形式上既丰富多彩又有条理，从而使页面显得更加整齐有序。使用表格排版的页面在不同平台、不同分辨率的浏览器中都能保持原有的布局，所以表格是网页布局中最常用的工具。本章主要讲述表格的创建、表格属性的设置、表格的基本操作、表格的排序和导入表格式数据等。

技术要点

★ 掌握插入表格和表格元素
★ 掌握选择表格元素
★ 掌握表格的基本操作
★ 掌握排序及整理表格内容
★ 掌握网页圆角表格的制作
★ 掌握利用表格排列数据
★ 掌握网页圆角表格的制作

5.1 插入表格和表格元素

在开始制作表格之前，先对表格的各部分名称做简单介绍。表格由行、列和单元格3部分组成。

★ 一张表格横向称为行，纵向称为列。行列交叉部分就称为单元格。

★ 单元格中的内容和边框之间的距离称为边距。

★ 单元格和单元格之间的距离称为间距。

★ 整张表格的边缘称为边框。

5.1.1 课堂练一练——插入表格

在Dreamweaver中，表格可以用于制作简单的图表，还可以用于安排网页文档的整体布局，起着非常重要的作用。在网页中插入表格的方法非常简单，具体操作步骤如下。

01 打开网页文档，执行“插入”|“表格”命令，如图5-1所示。

图5-1 打开网页文档

02 弹出“表格”对话框，在对话框中将“行数”设置为3，“列数”设置为4，“表格宽度”设置为60%，如图5-2所示。

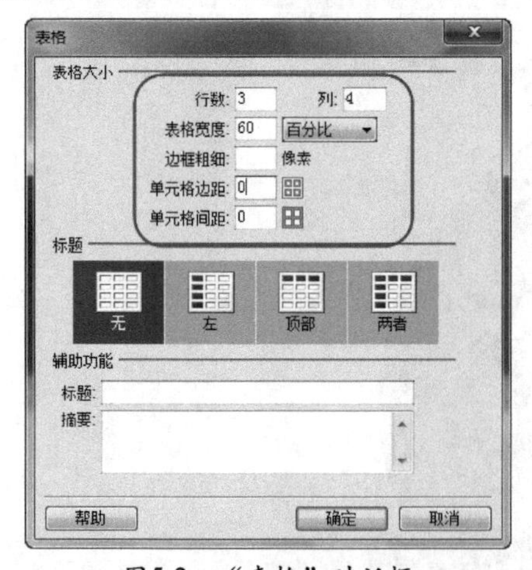

图5-2 “表格”对话框

03 单击“确定”按钮，插入表格，如图5-3所示。

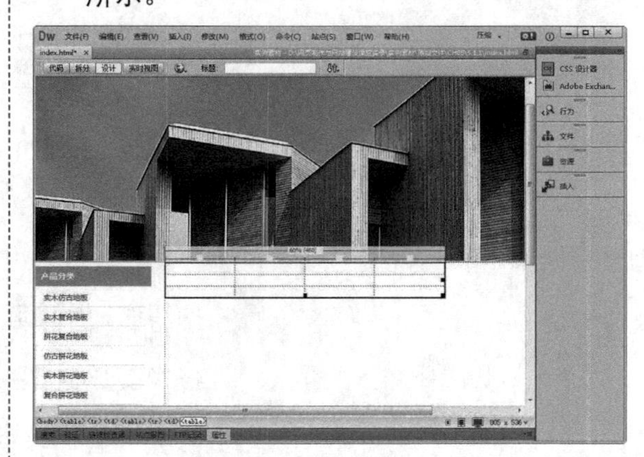

图5-3 插入表格

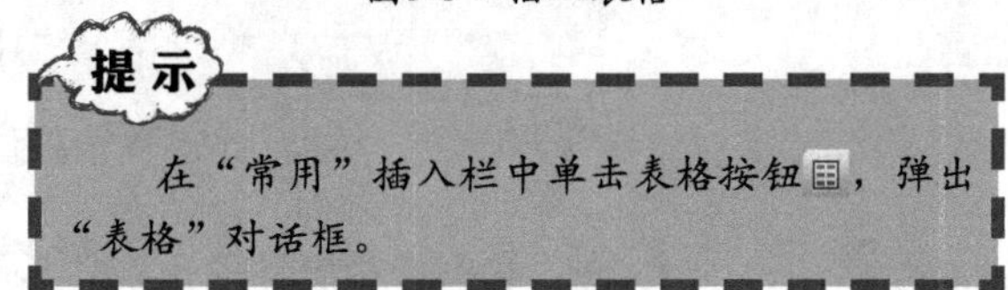

提示

在“常用”插入栏中单击表格按钮，弹出“表格”对话框。

在“表格”对话框中可以进行如下设置。

★ “行数”：在文本框中输入新建表格的行数。

★ “列数”：在文本框中输入新建表格的列数。

★ “表格宽度”：用于设置表格的宽度，其中右边的下拉列表中包含百分比和像素。

★ “边框粗细”：用于设置表格边框的宽度，如果设置为0，在浏览时则看不到表格的边框。

★ “单元格边距”：单元格内容和单元格边界之间的像素数。

★ “单元格间距”：单元格之间的像素数。

★ “标题”：可以定义表头样式，4种样式可以任选一种。

★ “辅助功能”：定义表格的标题。

★ “标题”：用来定义表格标题的对齐方式。

★ “摘要”：用来对表格进行注释。

> **提示**
>
> 如果没有明确指定单元格间距和单元格边距的值，大多数浏览器都将单元格边距设置为1，单元格间距设置为2来显示表格。若要确保浏览器不显示表格中的边距和间距，可以将单元格边距和间距设置为0。大多数浏览器按边框设置为1 显示表格。

5.1.2 设置表格属性

创建完表格后可以根据实际需要对表格的属性进行设置，如宽度、边框、对齐等，也可只对某些单元格设置。

设置表格属性之前首先要选中表格，在“属性”面板中将显示表格的属性，并进行相应的设置，如图5-4所示。

图5-4 设置表格属性

表格“属性”面板参数如下。

★ “表格”：输入表格的名称。

★ “行”和“Cols”：输入表格的行数和列数。

★ “宽”：输入表格的宽度，其单位可以是“像素”或“百分比”。

★ “像素”：选择该项，表明该表格的宽度值是像素值。这时表格的宽度是绝对宽度，不随浏览器窗口的变化而变化。

★ “百分比”：选择该项，表明该表格的宽度值是表格宽度与浏览器窗口宽度的百分比数值。这时表格的宽度是相对宽度，会随着浏览器窗口大小的变化而变化。

★ “CellPad”：单元格内容和单元格边界之间的像素数。

★ “CellSpace”：相邻的表格单元格间的像素数。

★ “Align”：设置表格的对齐方式，有“默认”、“左对齐”、“居中对齐”和“右对齐”4个选项。

★ “Border”：用来设置表格边框的宽度。

★ 用于清除列宽。

★ 将表格宽由百分比转为像素。

★ 将表格宽由像素转换为百分比。

★ 用于清除行高。

5.1.3 添加内容到单元格

表格建立以后，就可以向表格中添加各种元素了，如文本、图像、表格等。在表格中添加文本就同在文档中操作一样，除了直接输入文本，还可以先利用其他文本编辑器编辑文本，然后将文本拷贝到表格里，这也是在文档中添加文本的一种简洁而快速的方法。

在单元格中插入图像时，如果单元格的尺寸小于插入图像的尺寸，则插入图像后单元格的尺寸自动增高或者增宽。

将光标置于单元格中，然后在每个单元格中分别输入相应的文字，如图5-5所示。

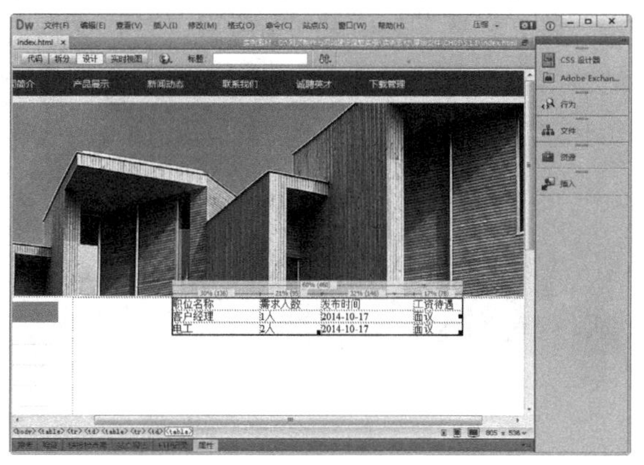

图5-5 添加内容到单元格

提示

怎样才能将800×600分辨率下生成的网页在1024×768下居中显示？

把页面内容放在一个宽为778的大表格中，把大表格的对齐方式设置为居中对齐。宽度定为778是为了在800×600下窗口不出现水平滚动条，也可以根据需要进行调整。如果要加快关键内容的显示，也可以把内容拆开放在几个竖向相连的大表格中。

5.2 选择表格元素

处理表格时经常要选择表格中的一个或多个单元格，或者选择整行整列单元格，这时可以根据具体情况使用不同的方法选择单元格。

5.2.1 选取表格

要想对表格进行编辑，那么首先选择它，主要有以下几种方法选取整个表格。

★ 将光标置于表格的左上角，按住鼠标的左键不放，拖曳鼠标指针到表格的右下角，将整个表格中的单元格选中，单击鼠标的右键，在弹出的菜单中选择“表格”|“选择表格”命令，如图5-6所示。

★ 单击表格边框线的任意位置，即可选中表格，如图5-7所示。

图5-6 执行“选择表格”命令

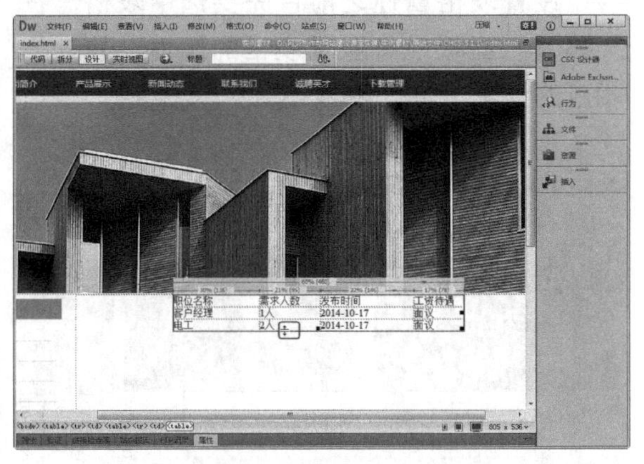

图5-7 单击表格边框线

★ 将光标置于表格内任意位置，执行“修改”|“表格”|“选择表格”命令，如图5-8所示。

★ 将光标置于表格内任意位置，单击文档窗口左下角的<table>标签，如图5-9所示

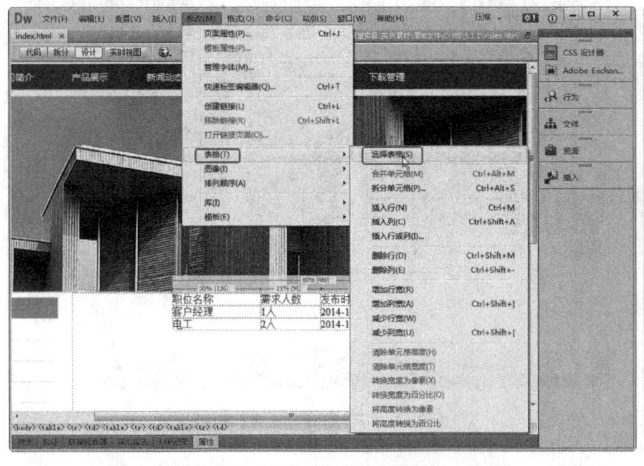

图5-8 执行“选择表格”命令

图5-9 选择<table>标签

5.2.2 选取行或列

选择表格的行与列也有两种不同的方法。

★ 当鼠标位于要选择行首或列顶时，鼠标指针形状变成了黑箭头时，单击鼠标左键，即可以选中列或行，如图5-10所示和图5-11所示。

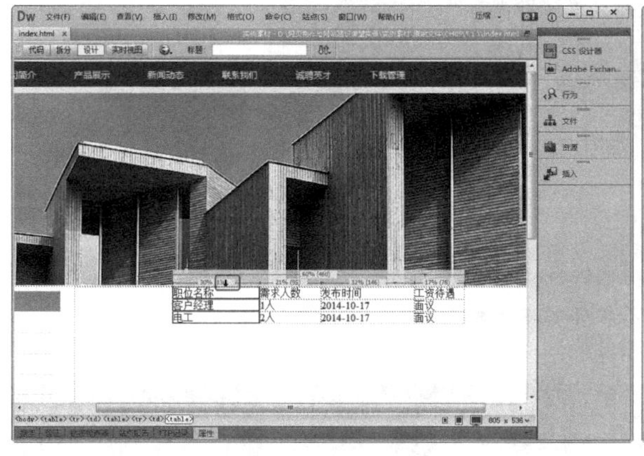

图5-10 选择列

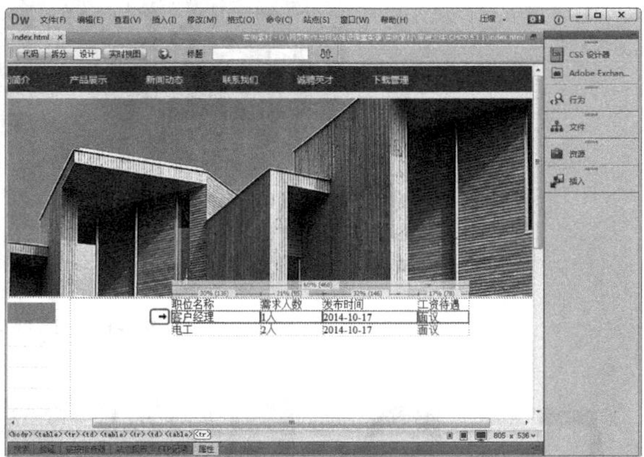

图5-11 选择行

★ 按住鼠标左键不放，从左至右或者从上至下拖曳，即可选中列或者行，如图5-12所示和图5-13所示。

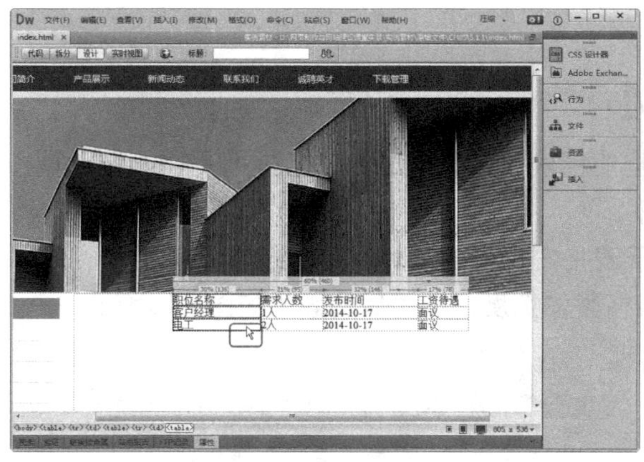

图5-12 选择列

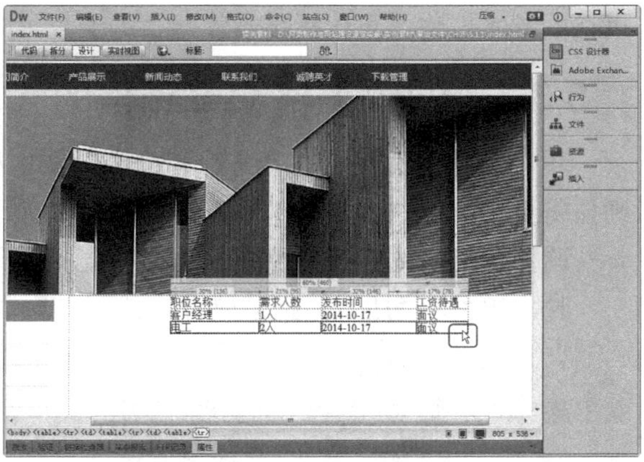

图5-13 选择行

5.2.3 选取单元格

选择表格中的单元格有两种方式，一种是选择单个单元格，另一种是选择多个单元格。

★ 按住Ctrl键，然后单击要选中的单元格即可。

★ 将光标移到要选中的单元格中并单击释放，按住Ctrl＋A快捷键，即可选中该单元格。

★ 将光标置于要选中的单元格中，执行“编辑”|“全选”命令，即可选中该单元格。

★ 将光标置于要选择的单元格内，单击文档窗口左下角的<td>标签可以将单元格选择。

★ 按住Shift键不放，并单击选择多个单元格中的第一个和最后一个，可以选择多个相邻的单元格。

★ 按住Ctrl键不放，单击并选择多个单元格，可以选择多个相邻或不相邻的单元格，如图5-14所示

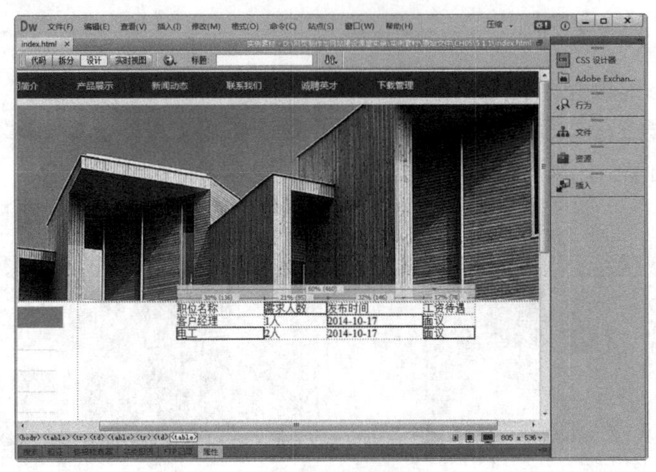

图5-14 选择不相邻的单元格

5.3 表格的基本操作

创建了表格后，用户要根据网页设置需要对表格进行处理，例如调整表格和单元格的大小、添加或删除行或列、拆分单元格、剪切复制和粘贴单元格等，熟练掌握表格的基本操作，可以提高制作网页的速度。

5.3.1 调整表格和单元格的大小

用“属性”面板中的“宽”和“高”文本框能精确地调整表格的大小，而用鼠标拖动调整则显得更为方便快捷，调整表格大小的方法如下。

★ 调整表格的宽：选中整个表格，将光标置于表格右边框控制点上，当光标变成双箭头时，如图5-15所示，拖动鼠标，即可调整表格整体宽度，调整后的效果如图5-16所示。

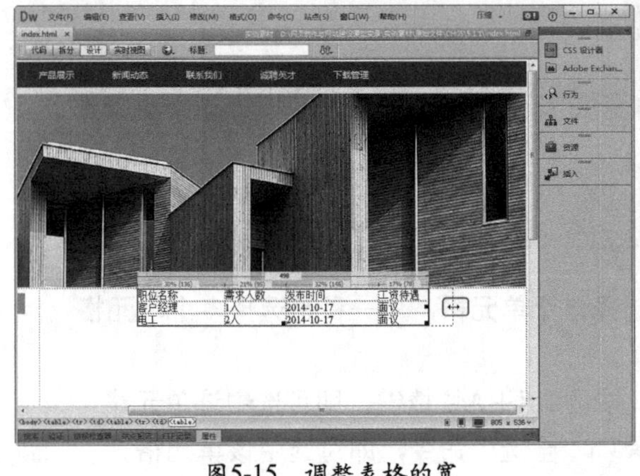

图5-15 调整表格的宽

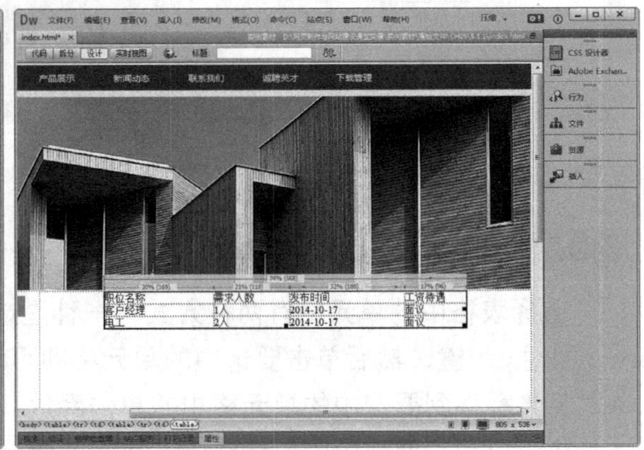

图5-16 调整表格的宽后

★ 调整表格的高：选中整个表格，将光标置于表格底边框控制点上，当光标变成双箭头时，如图5-17所示，拖动鼠标即可调整表格整体高度，调整后的效果如图5-18所示。

★ 同时调整表格的宽和高：选中整个表格，将光标置于表格右下角控制点上，当光标变成双箭头时，如图5-19所示，拖动鼠标即可调整表格整体高度和宽度，各列会被均匀调整，调整后的效果如图5-20所示。

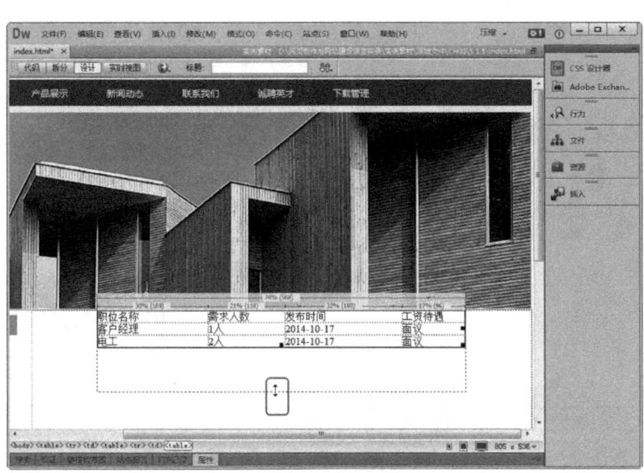

图5-17 调整表格高

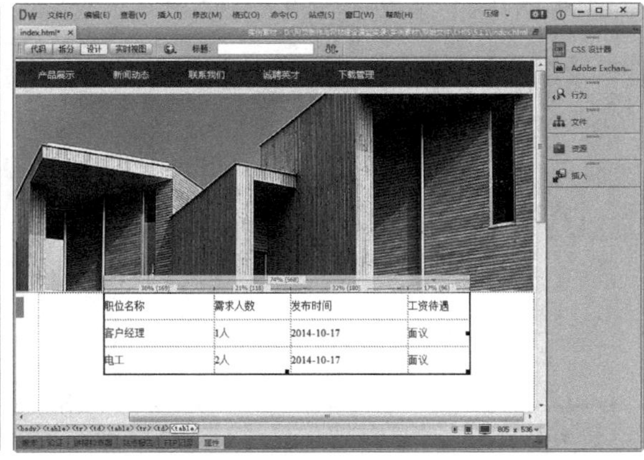

图5-18 调整表格高后

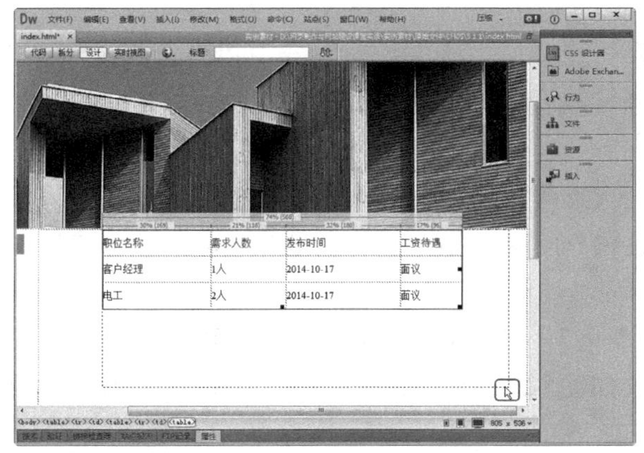

图5-19 调整表格的宽和高

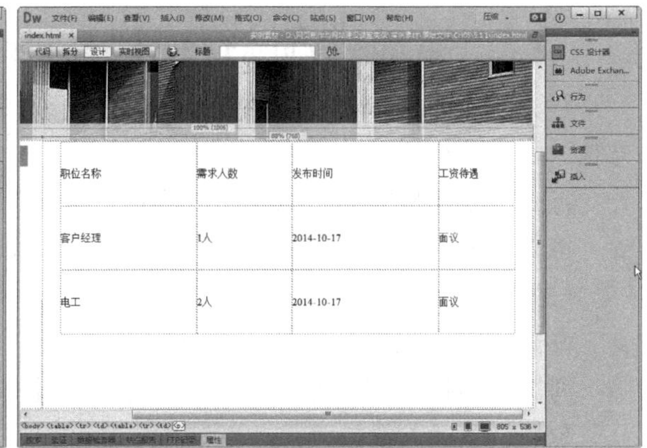

图5-20 调整表格宽和高后

将光标置于要设置大小的单元格中，用“属性”面板中的“宽”和“高”文本框能精确地调整单元格的大小，而用鼠标拖动调整则显得更为方便快捷，调整单元格大小的方法如下。

01 调整列宽：将光标置于表格右边的边框上，当鼠标变成为⇹时，拖动鼠标即可调整最后一列单元格的宽度，如图5-21所示，调整后的效果如图5-22所示。同时也调整表格的宽度。对于其他的行不影响，将光标置于表格中间列边框上，当鼠标变成⇹时，拖动鼠标可以调整中间列边框两边列单元格的宽度。

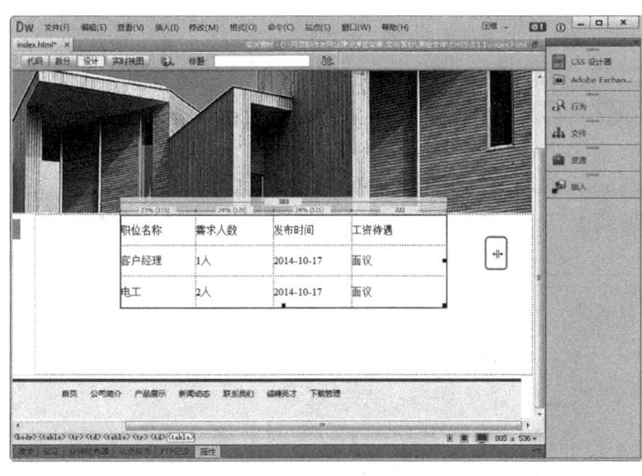

图5-21 调整列宽

图5-22 调整列宽后

02 调整行高：将光标置于表格底部边框或者中间行线上，当光标变成÷时，拖动鼠标即可调整该上面一行单元格的高度，如图5-23所示，对于其他的不影响，调整行高后效果如图5-24所示。

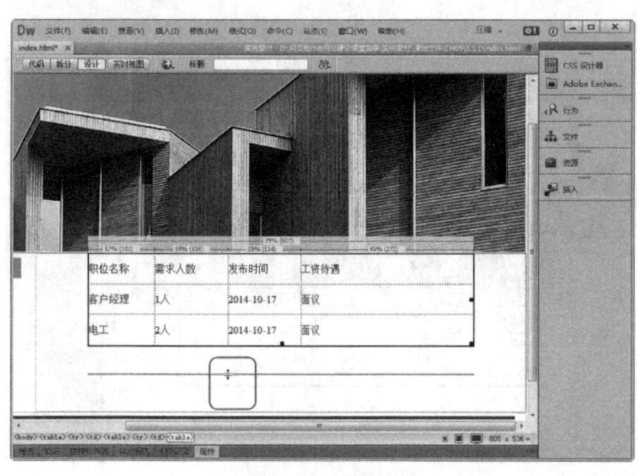

图5-23　调整行高

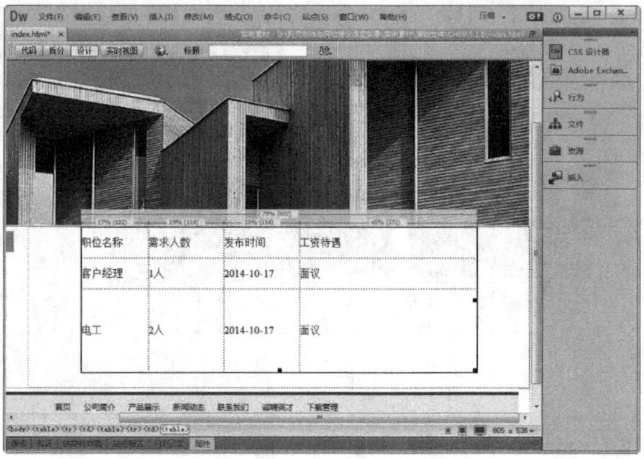

图5-24　调整行高后

5.3.2　添加或删除行或列

可以执行“修改”|“表格”菜单中的子命令，增加或减少行与列。增加行与列可以用以下方法。

★　将光标置于相应的单元格中，执行“修改”|“表格”|“插入行”命令，即可插入一行。

★　将光标置于相应的位置，执行“修改”|“表格”|“插入列”命令，即可在相应的位置插入一列。

★　将光标置于相应的位置，执行“修改”|“表格”|“插入行或列”命令，弹出“插入行或列”对话框，在对话框中进行相应的设置，如图5-25所示。单击“确定”按钮，即可在相应的位置插入行或列，如图5-26所示。

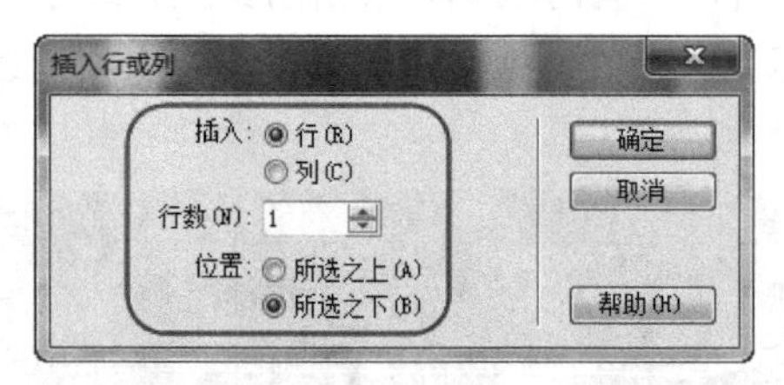

图5-25　“插入行或列”对话框

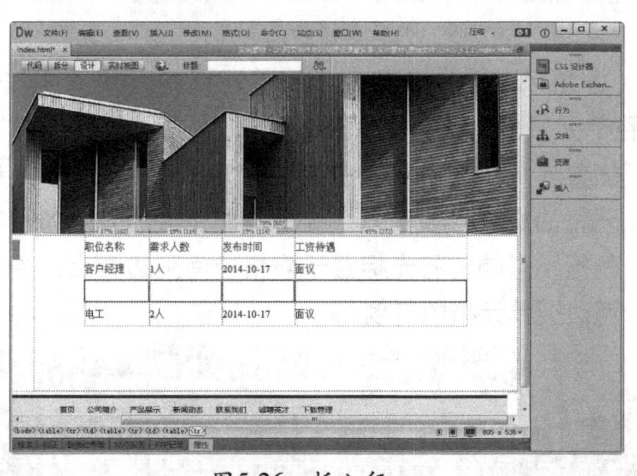

图5-26　插入行

提 示

在“插入行或列”对话框中可以进行如下设置。

★　插入：包含“行”和“列”两个单选按钮，一次只能选择其中一个来插入行或者列。该选项组的初始状态选择的是“行”选项，所以下面的选项就是“行数”。如果选择的是“列”选项，那么下面的选项就变成了“列数”，在“列数”选项的文本框内可以直接输入要插入的列数。

★　位置：包含“所选之上”和“所选之下”两个单选按钮。如果“插入”选项选择的是“列”选项，那么“位置”选项后面的两个单选按钮就会变成“在当前列之前”和“在当前列之后”。

删除行或列有以下几种方法。

★　将光标置于要删除行或列的位置，执行“修改”|“表格”|“删除行”命令，或执行“修改”|“表格”|“删除列”命令，即可删除行或列，如图5-27所示。

★ 选中要删除的行或列，执行“编辑”|“清除”命令，即可删除行或列。

★ 选中要删除的行或列，按Delete键或按BackSpace键也可删除行或列。

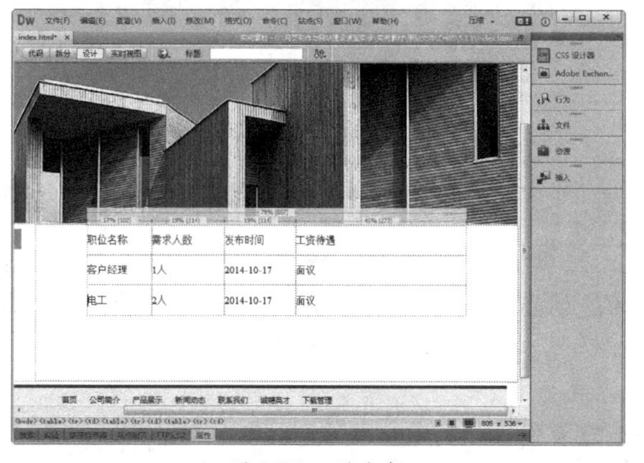

图5-27　删除行

5.3.3 拆分单元格

在使用表格的过程中，有时需要拆分单元格以达到自己所需的效果。拆分单元格就是将选中的表格单元格拆分为多行或多列，具体操作步骤如下。

01 将光标置于要拆分的单元格中，执行“修改”|“表格”|“拆分单元格”命令，弹出“拆分单元格”对话框，如图5-28所示。

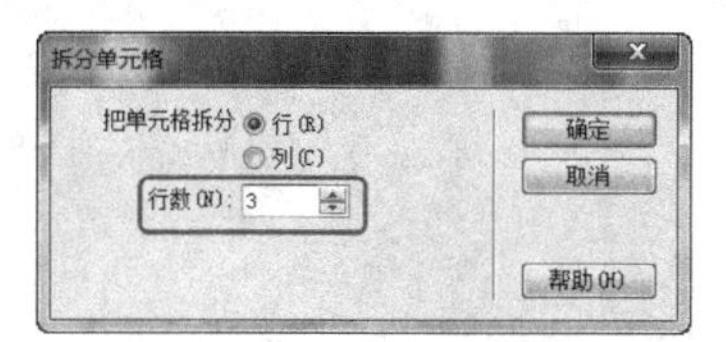

图5-28　“拆分单元格”对话框

02 在对话框中的“把单元格拆分”选择为“列”，“行数”设置为3，单击“确定”按钮，即可将单元格拆分，如图5-29所示。

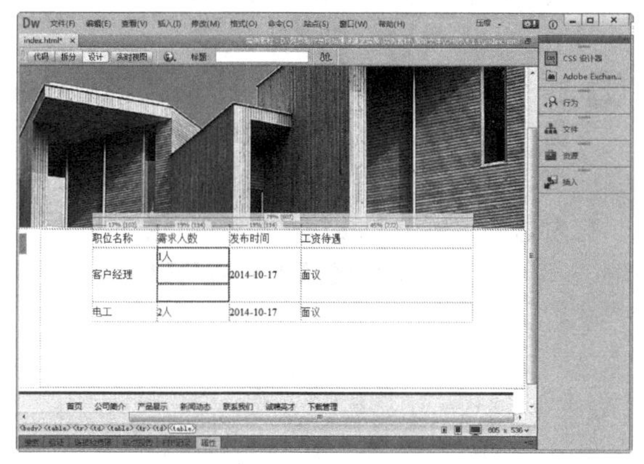

图5-29　拆分单元格

提示

拆分单元格还有以下两种方法，如下所述。

★ 将光标置于拆分的单元格中，单击鼠标右键，在弹出的菜单中选择“表格”|“拆分单元格”命令，弹出“拆分单元格”对话框，然后进行相应的设置。

★ 单击属性面板中的“拆分单元格为行或列”按钮，它往往是创建复杂表格的重要步骤。

5.3.4 合并单元格

合并单元格就是将选中表格单元格的内容合并到一个单元格。合并单元格，首先将要合并的单元格选中，然后执行“修改”|“表格”|“合并单元格”命令，将多个单元格合并成一个单元格。或选中单元格，单击鼠标右键，在弹出的菜单中选择“表格”|“合并单元格”命令，将多个单元格合并成一个单元格，如图5-30所示。

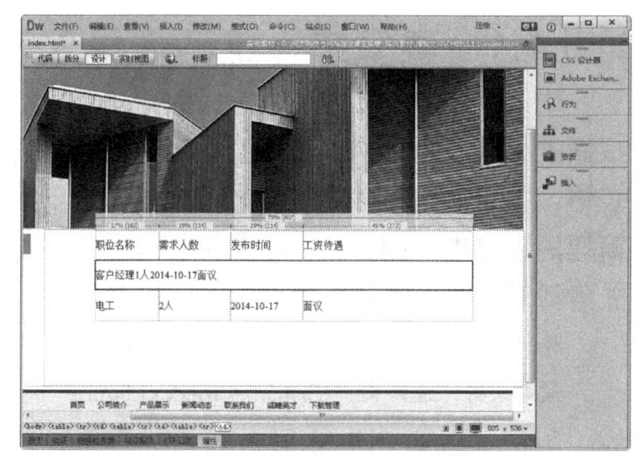

图5-30　合并单元格

提示

也可以单击“属性”面板中的“合并所选单元格，使用跨度”按钮，它往往是创建复杂表格的重要步骤。

5.3.5 剪切、复制、粘贴单元格

选中表格后执行“编辑”|“拷贝”命令，或者按Ctrl+C快捷键就可将选中的表格复制到剪贴板上，而执行“编辑”|“剪切”命令，或者按Ctrl+X快捷键也可以将选中的表格复制到剪贴板上，如图5-31所示。执行

"编辑"|"粘贴"命令，或者按Ctrl+V快捷键即可，如图5-32所示。

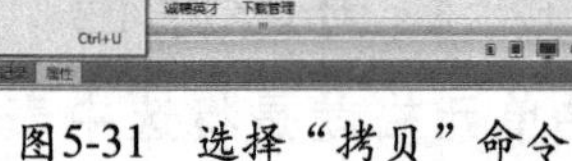

图5-31 选择"拷贝"命令

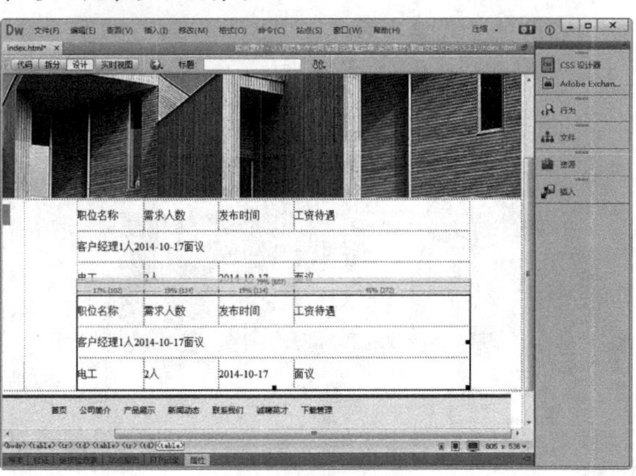

图5-32 粘贴表格

5.4 排序及整理表格内容

为了更加快速而有效地处理网页中的表格和内容，Dreamweaver CC提供了多种自动处理功能，包括导入表格数据和排序表格等。本节将介绍表格自动化处理技巧，以提升网页表格设计技能。

5.4.1 课堂练一练——导入表格式数据

Dreamweaver中导入表格式数据功能能够根据素材来源的结构，为网页自动建立相应的表格，并自动生成表格数据，因此，当遇到大篇幅的表格内容编排，而手头又拥有相关表格式素材时，便可使网页编排工作轻松得多。

原始文件：原始文件/CH05/5.4.1/index.html

最终文件：最终文件/CH05/5.4.1/index1.html

下面通过实例讲述导入表格式数据，效果如图5-33所示，具体操作步骤如下。

图5-33 导入表格式数据效果

01 打开网页文档，将光标置于要导入表格式数据的位置，如图5-34所示。

图5-34 打开网页文档

02 执行"文件"|"导入"|"导入表格式数据"命令，弹出"导入表格式数据"对话框，在对话框中单击"数据文件"文本框右边的"浏览"按钮，如图5-35所示。

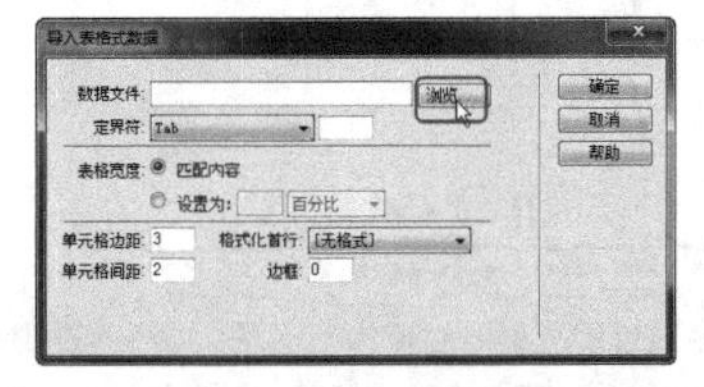

图5-35 "导入表格式数据"对话框

提 示

在“导入表格式数据”对话框中可以进行如下设置。

★ 数据文件：输入要导入的数据文件的保存路径和文件名，或单击右边的“浏览”按钮进行选择。

★ 定界符：选择定界符，使之与导入的数据文件格式匹配。有“Tab”、“逗点”、“分号”、“引号”和“其他”5个选项。

★ 表格宽度：设置导入表格的宽度。

★ 匹配内容：勾选此单选项，创建一个根据最长文件进行调整的表格。

★ 设置为：勾选此单选项，在后面的文本框中输入表格的宽度，以及设置其单位。

★ 单元格边距：单元格内容和单元格边界之间的像素数。

★ 单元格间距：相邻的表格单元格间的像素数。

★ 格式化首行：设置首行标题的格式。

★ 边框：以像素为单位设置表格边框的宽度。

03 弹出“打开”对话框，在对话框中选择数据文件，如图5-36所示。

图5-36 “打开”对话框

04 单击“打开”按钮，将文件添加到文本框中，在对话框中的“定界符”下拉列表中选择“逗点”选项，“表格宽度”选中“匹配内容”单选项，如图5-37所示。

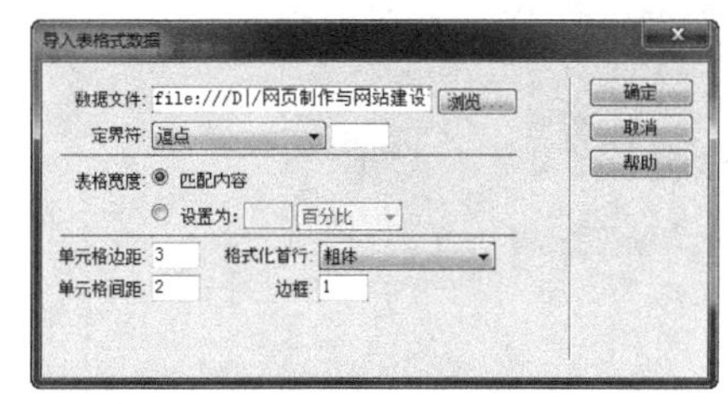

图5-37 “导入表格式数据”对话框

05 单击“确定”按钮，导入表格式数据，如图5-38所示。

06 保存文档，按F12键在浏览器中预览，效果如图5-33所示。

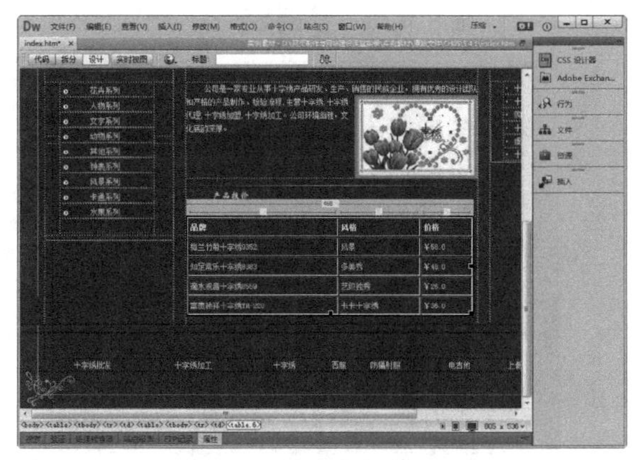

图5-38 导入表格式数据

提 示

在导入数据表格时注意定界符必须是逗号，否则可能会造成表格格式的混乱。

5.4.2 课堂练一练——排序表格

排序表格的主要功能是针对具有格式数据的表格而言，是根据表格列表中的数据来排序的。下面通过实例讲述排序表格，效果如图5-39所示，具体操作步骤如下。

原始文件：原始文件/CH05/5.4.2/index.html

最终文件：最终文件/CH05/5.4.2/index1.html

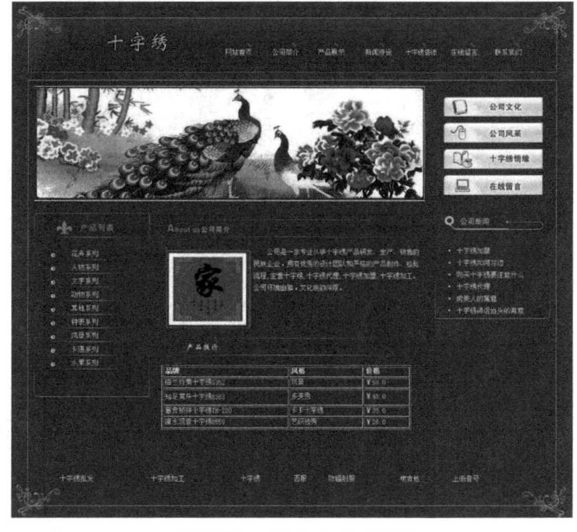

图5-39 排序表格效果

01 打开网页文档，如图5-40所示。

02 执行“命令”|“排序表格”命令，弹出“排序表格”对话框，在对话框中将“排序按”设置为“列3”，“顺序”设置为“按数字顺序”，在右边的下拉列表中选

择“降序”选项，如图5-41所示。

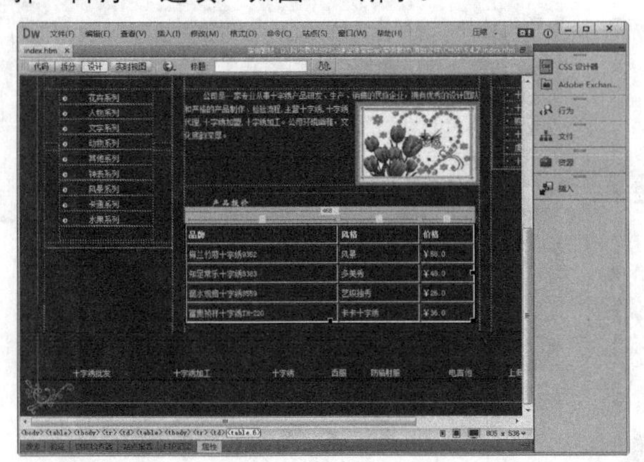
图5-40 打开网页文档

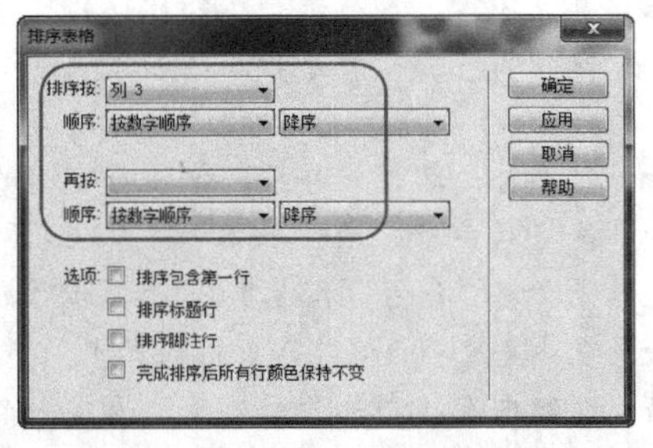

图5-41 “排序表格”对话框

在“排序表格”对话框中可以设置如下。

- ★ 排序按：确定哪个列的值将用于对表格排序。
- ★ 顺序：确定是按字母还是按数字顺序以及升序还是降序对列排序。
- ★ 再按：确定在不同列上第二种排列方法的排列顺序。在其后面的下拉列表中指定应用第二种排列方法的列，在后面的下拉列表中指定第二种排序方法的排序顺序。
- ★ 排序包含第一行：指定表格的第一行应该包括在排序中。
- ★ 排序标题行：指定使用与body行相同的条件对表格thead部分中的所有行排序。
- ★ 排序脚注行：指定使用与body行相同的条件对表格tfoot部分中的所有行排序。
- ★ 完成排序后所有行颜色保持不变：指定排序之后表格行属性应该与同一内容保持关联。

03 单击“确定”按钮，对表格进行排序，如图5-42所示。

04 保存文档，按F12键在浏览器中预览，效果如图5-39所示。

图5-42 对表格进行排序

5.5 实战应用

表格最基本的作用就是让复杂的数据变得更有条理，让人容易看懂。在设计页面时，往往要利用表格来布局定位网页元素。下面通过两个实例掌握表格的使用方法。

5.5.1 实战1——利用表格排列数据

网页上很多的表格都是细线表格，因此读者也一定要熟练掌握。下面通过实例讲述创建细线表格，效果如图5-43所示，具体操作步骤如下。

原始文件：原始文件/CH05/实战1/index.html

最终文件：最终文件/CH05/实战1/index1.html

图5-43　创建细线表格效果

01 打开网页文档，将光标置于要插入表格的位置，如图5-44所示。

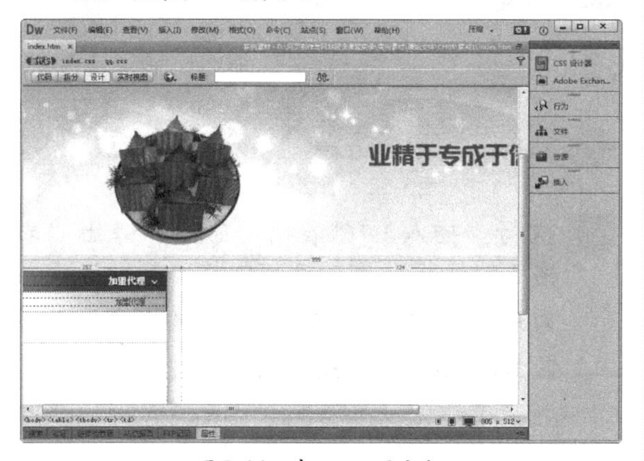

图5-44　打开网页文档

02 执行“插入”|“表格”命令，弹出“表格”对话框，在对话框中将“行数”设置为2，“列数”设置为1，如图5-45所示。

03 单击“确定”按钮，插入表格，此表格记为表格1，如图5-46所示。

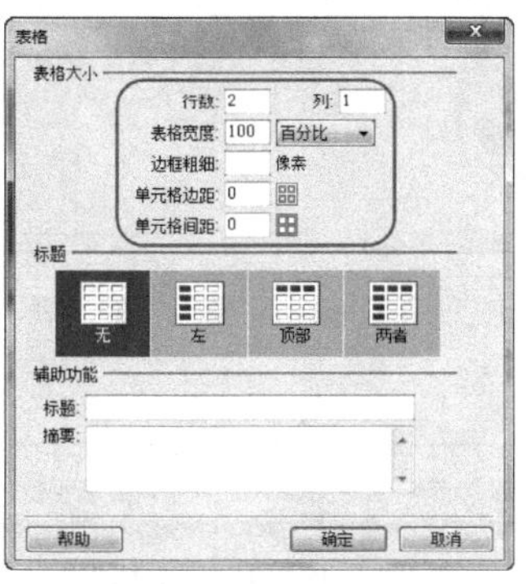

图5-45　“表格”对话框

图5-46　插入表格1

04 将光标置于表格1的第1行单元格中，输入相应的文字，如图5-47所示。

图5-47　输入文字

05 将光标置于表格1的第2行单元格中，执行“插入”|“表格”表格命令，插入表格，此表格记为表格2，如图5-48所示。

06 选中插入的表格2，打开属性面板，在表格的属性面板中设置表格的相关属性，如图5-49所示。

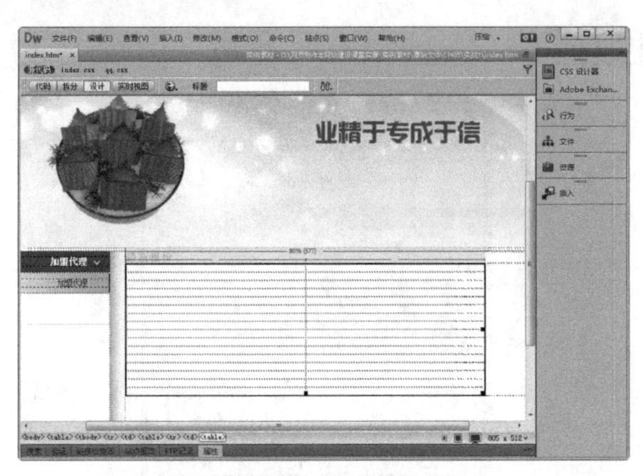

图5-48　插入表格2

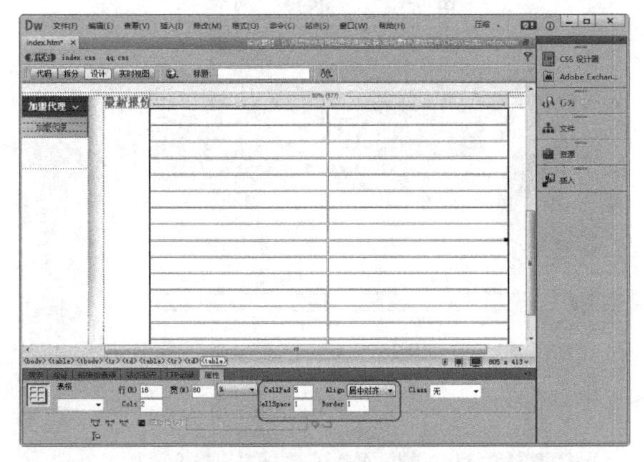

图5-49　设置表格的属性

07 在表格2的单元格中分别输入相应的文字，如图5-50所示。

08 保存文档，按F12键在浏览器中预览，效果如图5-43所示。

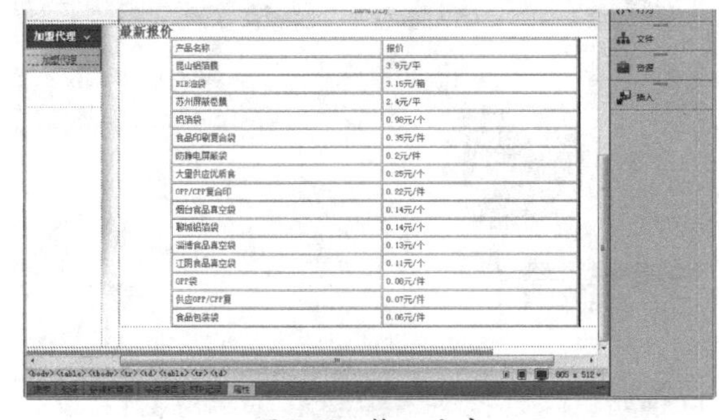

图5-50　输入文字

5.5.2 实战2——创建圆角表格

先把这个圆角做成图像，再插入到表格中来。下面通过实例讲述创建圆角表格，效果如图5-51所示，具体操作步骤如下。

图5-51　创建圆角表格效果

原始文件：原始文件/CH05/实战2/index.html

最终文件：最终文件/CH05/实战2/index1.html

01 打开网页文档，将光标置于页面中，如图5-52所示。

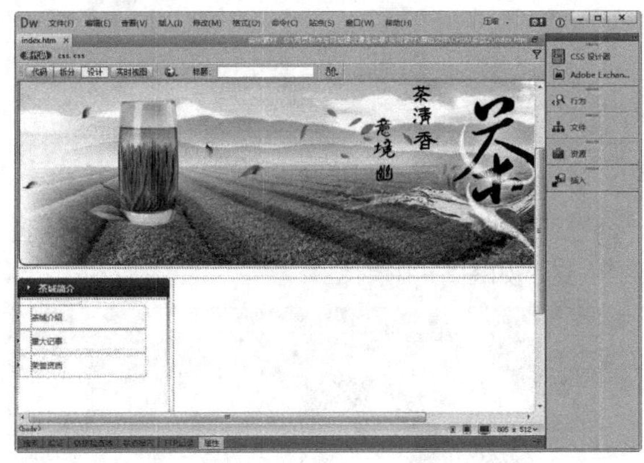

图5-52　打开网页文档

02 执行“插入”|“表格”命令，弹出“表格”对话框，在对话框中将“行数”设置为3，“列数”设置为1，“表格宽度”设置为744像素，如图5-53所示。

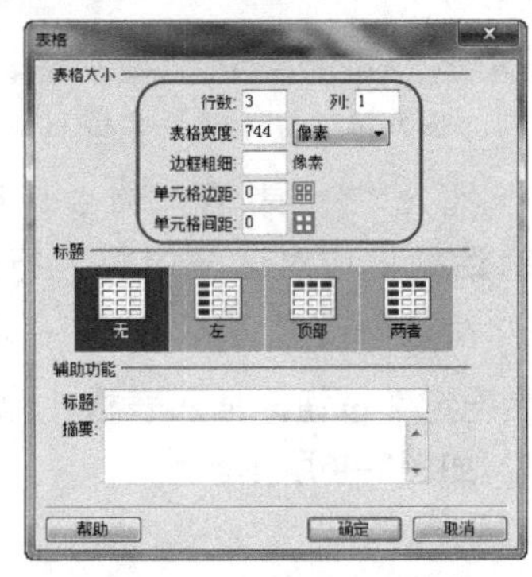

图5-53　“表格”对话框

03 单击“确定”按钮，插入表格，此表格记为表格1，将光标置于表格1的第1行单元格中，如图5-54所示。

04 执行“插入”|“图像” |“图像”命令，弹出“选择图像源文件”对话框，在对话框中选择相应的圆角图像文件images/img25.gif，如图5-55所示。

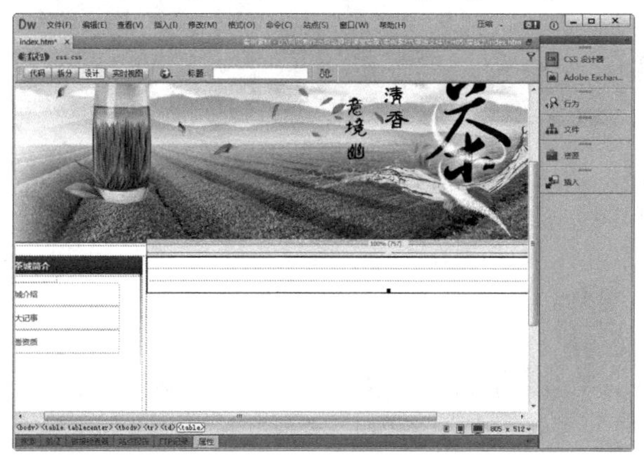

图5-54 插入表格1

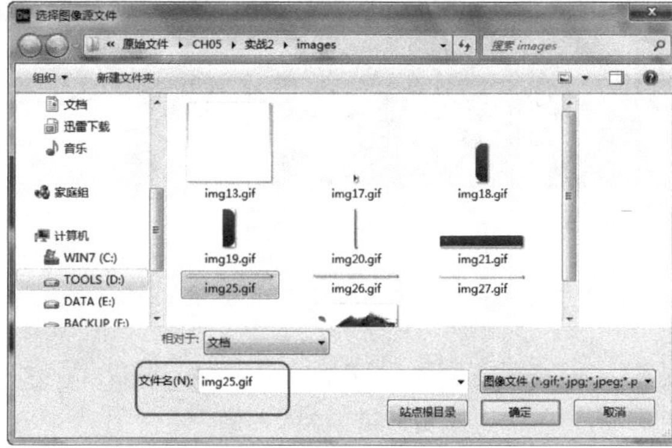

图5-55 “选择图像源文件”对话框

05 单击“确定”按钮，插入圆角图像，如图5-56所示。

06 将光标置于表格1的第2行中，打开代码视图，在代码中输入背景图像代码“background=images/img27.gif”，如图5-57所示。

图5-56 插入圆角图像

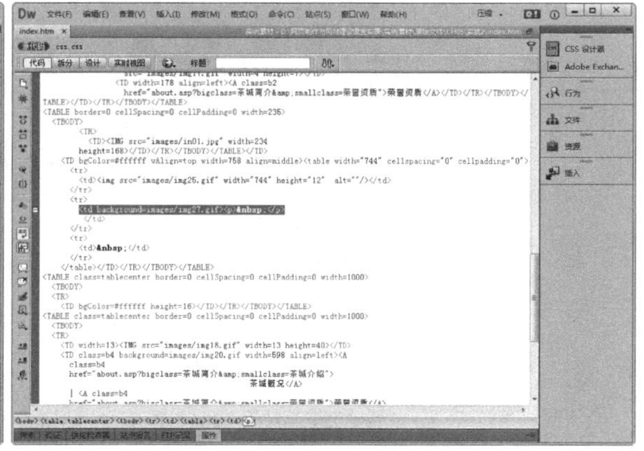

图5-57 输入背景图像代码

07 返回设计视图，可以看到插入的背景图像，如图5-58所示。

08 将光标置于背景图像上，插入2行1列的表格，此表格记为表格2，如图5-59所示。

图5-58 插入背景图像

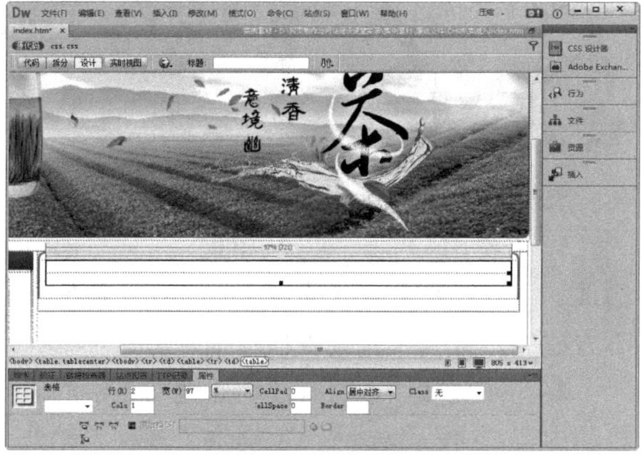

图5-59 插入表格2

09 将光标置于表格2的第1行单元格中，执行“插入”|“图像”|“图像”命令，插入图像images/jianjie.jpg，如图5-60所示。

10 将光标置于表格2的第2列单元格中，输入相应的文字，如图5-61所示。

图5-60 插入图像

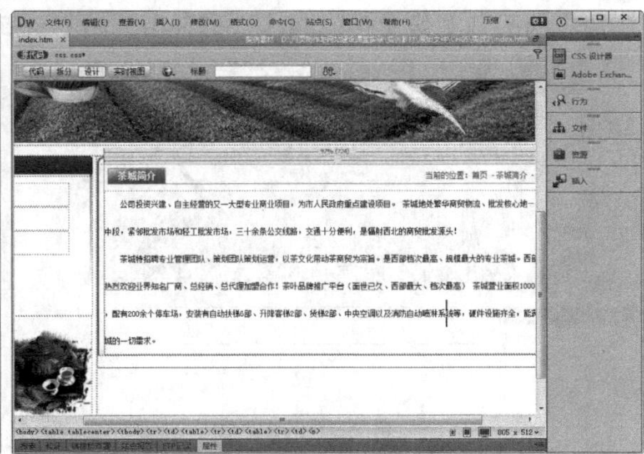

图5-61 输入文字

11 将光标置于表格1的第3行单元格中，执行“插入”|“图像”|“图像”命令，插入圆角图像images/img26.gif，如图5-62所示。

12 保存文档，按F12键在浏览器中预览，效果如图5-51所示。

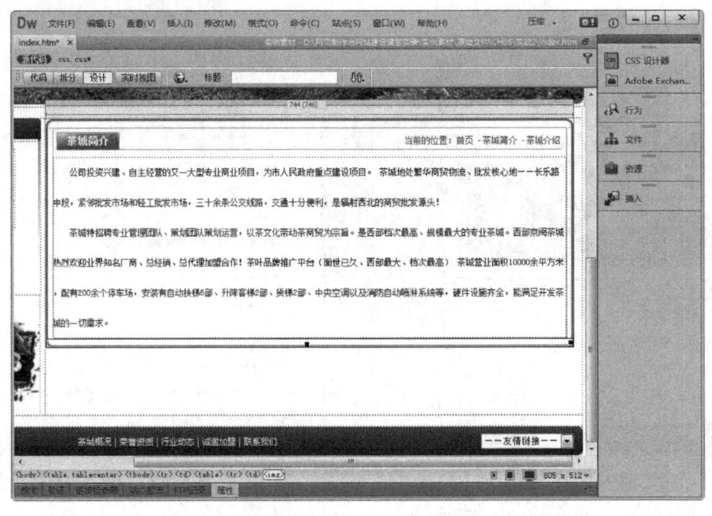

图5-62 插入圆角图像

5.6 课后练习

一、填空题

1. 表格由______、______和________3部分组成。______贯穿表格的左右，______则是上下方式的，______是输入信息的地方。

2. 为了更加快速而有效地处理网页中的表格和内容，Dreamweaver CC提供了多种自动处理功能，包括____________和_________等。

二、操作题

1. 给图5-63所示的网页导入表格式数据效果，如图5-64所示。

原始文件：原始文件/CH05/操作题1/index.html

最终文件：最终文件/CH05/操作题1/index1.html

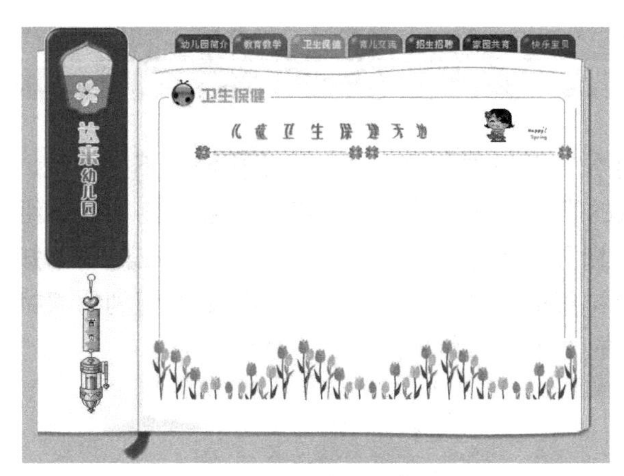

图5-63 原始文件

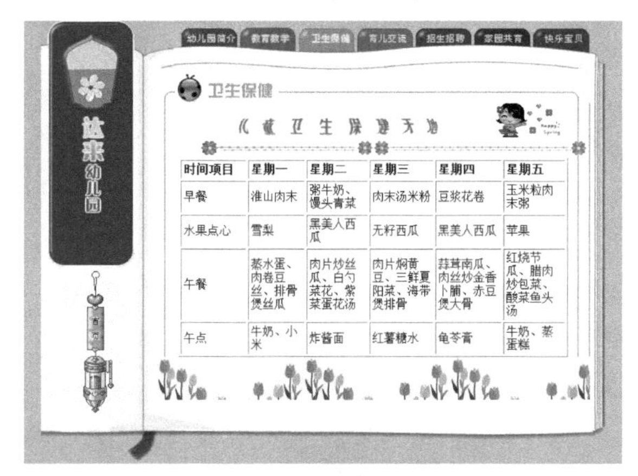

时间项目	星期一	星期二	星期三	星期四	星期五
早餐	淮山肉末	粥牛奶、馒头青菜	肉末汤米粉	豆浆花卷	玉米粒肉末粥
水果点心	雪梨	黑美人西瓜	无籽西瓜	黑美人西瓜	苹果
午餐	蒸水蛋、肉卷豆丝、排骨煲丝瓜	肉片炒丝瓜、白勺菜花、紫菜蛋花汤	肉片焖蕃豆、三鲜夏阳菜、海带煲排骨	蒜茸南瓜、肉丝炒金香卜脯、赤豆煲大骨	红烧节瓜、腊肉炒包菜、酸菜鱼头汤
午点	牛奶、小米	炸酱面	红薯糖水	龟苓膏	牛奶、蒸蛋糕

图5-64 细线表格效果

01 将光标置于要导入表格式数据的位置，执行“文件”|“导入”|“表格式数据”命令，弹出“导入表格式数据”对话框，如图5-65所示。

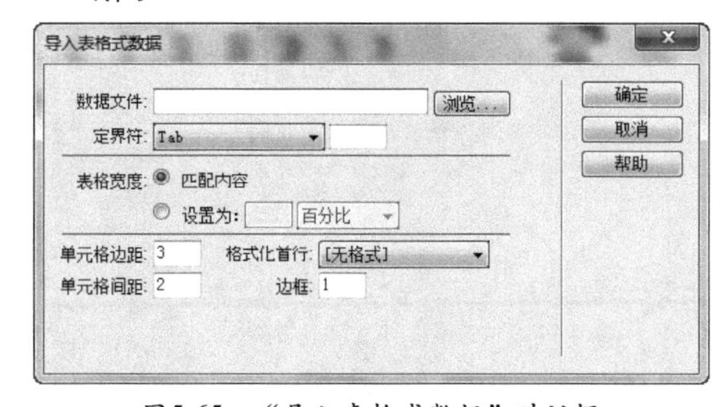

图5-65 “导入表格式数据”对话框

02 在对话框中单击“数据文件”文本框右边的“浏览”按钮，弹出“打开”对话框，在对话框中选择文件，如图5-66所示。

03 单击“打开”按钮，即可将文件添加到“导入表格式数据”对话框，单击“确定”按钮，导入表格式数据。

图5-66 “打开”对话框

2. 创建图5-67所示的圆角表格效果，如图5-68所示。

原始文件：原始文件/CH05/操作题2/index.html

最终文件：最终文件/CH05/操作题2/index1.html

图5-67 原始文件

图5-68 创建圆角表格效果

5.7 本章小结

表格在网页设计中的地位非常重要，可以说如果表格使用不好的话，就不可能设计出出色的网页。Dreamweaver提供的表格工具，不但可以实现一般功能的数据组织，还可以用于定位网页中的各种元素和设计规划页面的布局。本章主要学习了表格的基本知识和操作，最后的几个综合实例，通过一步一步详细的讲解，让读者可以学习到如何利用表格来进行网页的排版布局，并且还会了解一些表格的高级应用和制作时的注意事项等。

第6章 使用模板、库和插件提高网页制作效率

本章导读

本章主要学习如何提高网页的制作效率，这就是“模板”、“库”和“插件”。它们不是网页设计师在设计网页时必须要使用的技术，但是如果合理地使用它们将会大大提高工作效率。合理地使用模板和库也是创建整个网站的重中之重。

技术要点

★ 熟悉创建模板

★ 掌握应用模板创建网页

★ 掌握创建和应用库

★ 掌握Dreamweaver的插件扩展功能

6.1 创建模板

在网页制作中很多劳动是重复的，如页面的顶部和底部在很多页面中都一样，而同一栏目中除了某一块区域外，版式、内容完全一样。如果将这些工作简化，就能够大幅度提高效率，而Dreamweaver中的模板就可以解决这一问题，模板主要用于同一栏目中的页面制作。

6.1.1 课堂练一练——从现有文档创建模板

在Dreamweaver中，有两种方法可以创建模板。一种是将现有的网页文件另存为模板，然后根据需要再进行修改；另外一种是直接新建一个空白模板，再在其中插入需要显示的文档内容。

原始文件：原始文件/CH06/6.1/index.html

最终文件：最终文件/CH06/6.1/Templates/moban.dwt

从现有文档中创建模板的具体操作步骤如下。

01 打开网页文档，执行“文件”|“另存为模板”命令，如图6-1所示。

图6-1 打开网页文档

02 弹出“另存模板”对话框，在对话框中的“站点”下拉列表中选择“6.1.1”，“另存为”文本框中输入“moban”，如图6-2所示。

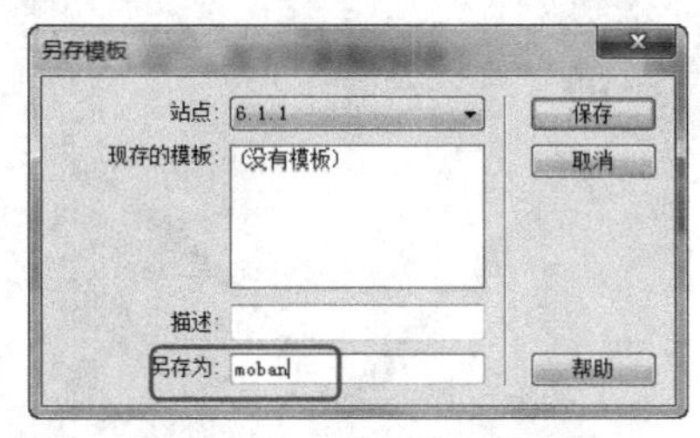

图6-2 “另存模板”对话框

03 单击“保存”按钮，弹出Adobe Dreamweaver CC提示对话框，如图6-3所示，单击“是”按钮，即可将现有文档另存为模板。

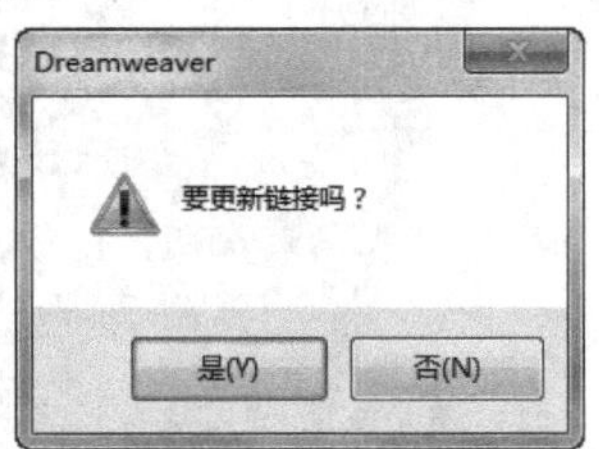

图6-3 Adobe Dreamweaver CC提示对话框

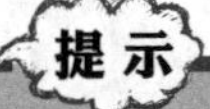

不要随意移动模板到Templates文件夹之外，或者将任何非模板文件放在Templates文件夹中。此外，不要将Templates文件夹移动到本地根文件夹之外，以免引用模板时路径出错。

6.1.2 课堂练一练——创建可编辑区域

可编辑区域就是基于模板文档的未锁定区域，是网页套用模板后，可以编辑的区域。在创建模板后，模板的布局就固定了，如果要在模板中针对某些内容进行修改，即可为该内容创建可编辑区。创建可编辑区域的具体操作步骤如下。

01 打开网页文档，如图6-4所示。

02 将光标置于要创建可编辑区域的位置，执行“插入”|“模板对象”|“可编辑区域”命令，弹出“新建可编辑区域”对话框，如图6-5所示。

图6-4 打开文档

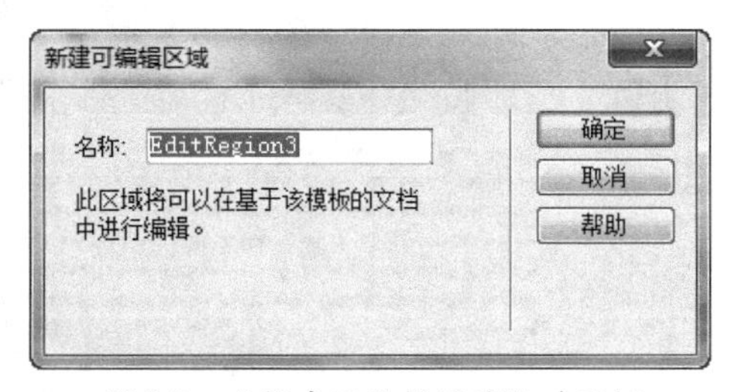

图6-5 “新建可编辑区域”对话框

03 单击“确定”按钮，创建可编辑区域，如图6-6所示。

图6-6 创建可编辑区域

提示

作为一个模板，Dreamweaver会自动锁定文档中的大部分区域。模板设计者可以定义基于模板的文档中哪些区域是可编辑的，创建模板时，可编辑区域和锁定区域都可以更改。但是，在基于模板的文档中，模板用户只能在可编辑区域中进行修改，至于锁定区域则无法进行任何操作。

提示

模板中除了可以插入最常用的“可编辑区域”外，还可以插入一些其他类型的区域，它们分别为：“可选区域”、“重复区域”、“可编辑的可选区域”和“重复表格”。

★ “可选区域”是用户在模板中指定为可选的区域，用于保存有可能在基于模板的文档中出现的内容。使用可选区域，可以显示和隐藏特别标记的区域，在这些区域中用户将无法编辑内容。

★ “重复区域”是可以根据需要在基于模板的页面中复制任意次数的模板区域。使用重复区域，可以通过重复特定项目来控制页面布局，如目录项、说明布局或者重复数据行。重复区域本身不是可编辑区域，要使重复区域中的内容可编辑，请在重复区域内插入可编辑区域。

★ “可编辑的可选区域”是可选区域的一种，模板可以设置显示或隐藏所选区域，并且可以编辑该区域中的内容，该可编辑的区域是由条件语句控制的。

★ “重复表格”是重复区域的一种，使用重复表格可以创建包含重复行的表格格式的可编辑区域，可以定义表格属性并设置哪些表格单元格可编辑。

6.2 应用模板创建网页

模板实际上也是一种文档，它的扩展名为.dwt，存放在根目录下的Templates文件夹中，如果该Templates文件夹在站点中尚不存在，Dreamweaver将在保存新建模板时自动将其创建。模板创建好之后，就可以应用模板快速、高效地设计风格一致的网页，下面通过图6-7所示的效果讲述应用模板创建网页，具体操作步骤如下。

图6-7 利用模板创建网页

原始文件：原始文件/CH06/6.2/Templates/moban.dwt

最终文件：最终文件/CH06/6.2/index1.html

提示

在创建模板时，可编辑区和锁定区域都可以进行修改。但是，在利用模板创建的网页中，只能在可编辑区中进行更改，而无法修改锁定区域中的内容。

01 执行“文件”|“新建”命令，弹出“新建文档”对话框，在对话框中选择“网站模板”|“6.2”|“moban”选项，如图6-8所示。

02 单击“创建”按钮，利用模板创建网页，如图6-9所示。

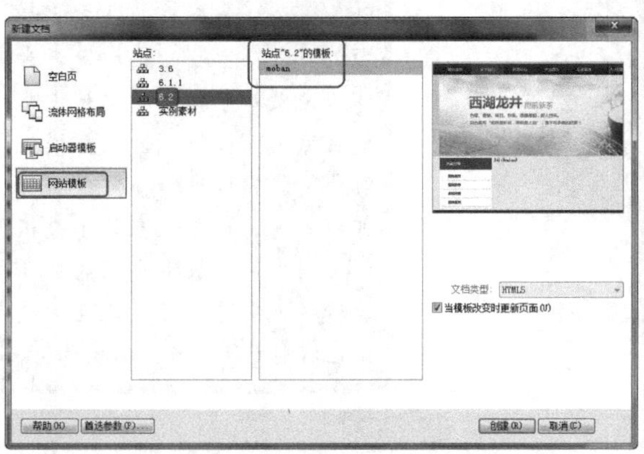

图6-8 “新建文档”对话框

图6-9 利用模板创建网页

03 将光标置于要可编辑区域中，执行“插入”|“表格”命令，弹出“表格”对话框，在对话框中将“行数”设置为2，“列”设置为1，“表格宽度”设置为100%，如图6-10所示。

04 单击“确定”按钮，插入表格，如图6-11所示。

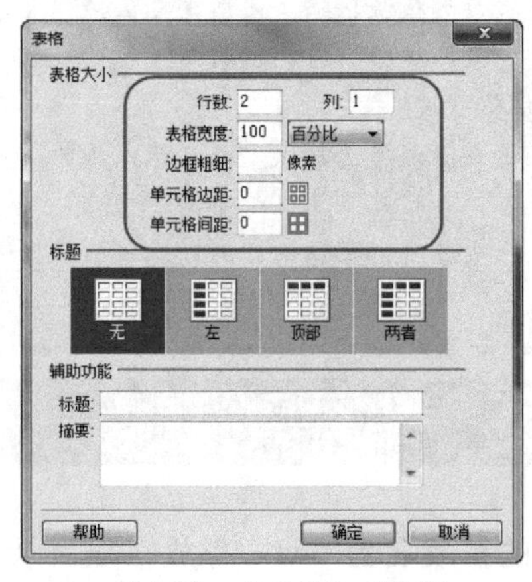

图6-10 “表格”对话框

图6-11 插入表格

05 将光标置于表格的第1行单元格中，执行“插入”|“图像”|“图像”命令，弹出“选择图像源文件”对话框，在对话框中选择图像文件guanyu.jpg，如图6-12所示。

06 单击“确定”按钮，插入图像，如图6-13所示。

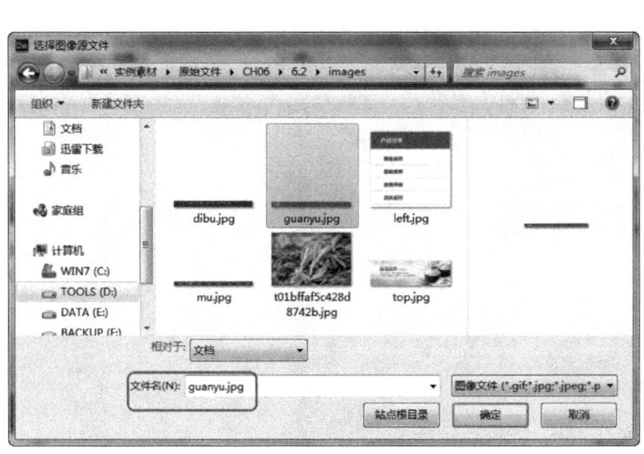

图6-12 “选择图像源文件”对话框

图6-13 插入图像

07 将光标置于表格的第2行单元格中，执行“插入”|“表格”命令，插入1行1列的表格，如图6-14所示。

08 将光标置于刚插入表格的单元格中，输入相应的文字，如图6-15所示。

图6-14 插入表格

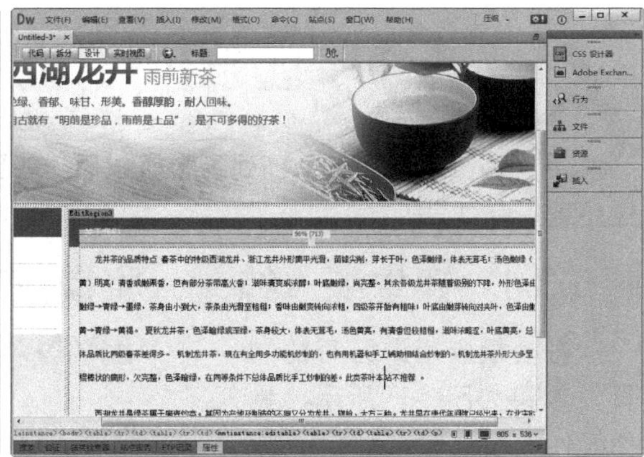

图6-15 输入文字

09 将光标置于文字中，执行“插入”|“图像” |“图像”命令，插入图像images/cha.jpg，如图6-16所示。

10 选中插入的图像，单击鼠标右键，在弹出的下拉菜单中选择“对齐”|“右对齐”命令，如图6-17所示。

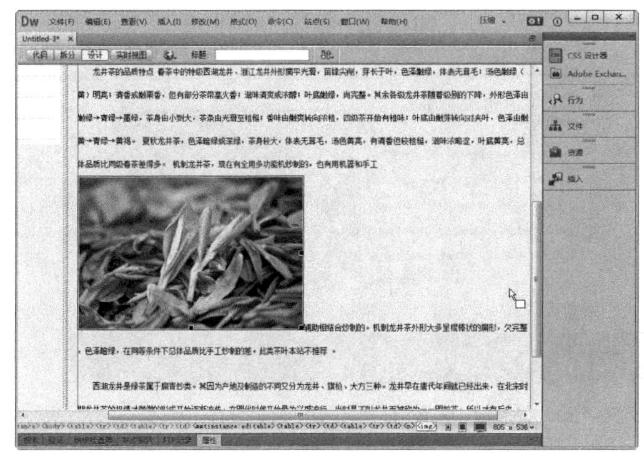

图6-16 插入图像

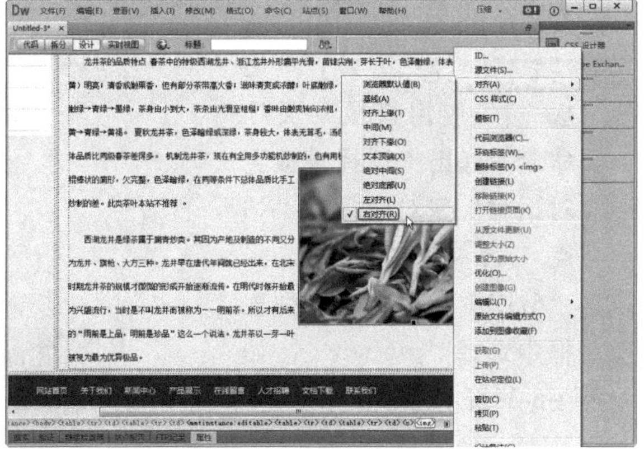

图6-17 设置对齐方式

11 执行“文件”|“保存”命令，弹出“另存为”对话框，在对话框中的“文件名”文本框中输入名称，如图6-18所示。

12 单击“保存”按钮，保存文档，按F12键，在浏览器中预览，效果如图6-7所示。

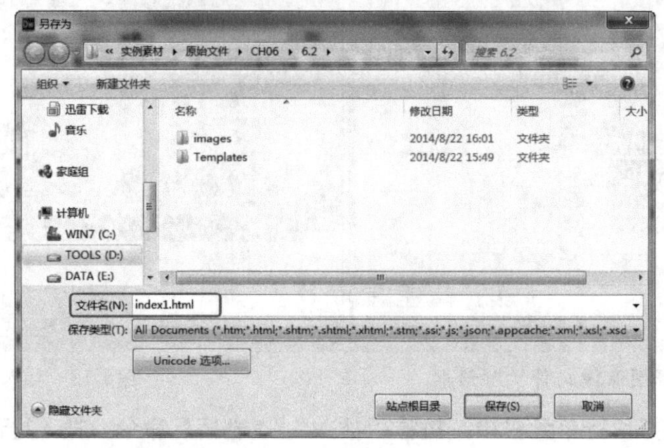

图6-18 “另存为”对话框

6.3 将模板应用到已有的网页及删除模板

创建了模板以后，还要知道怎么去管理模板，例如删除模板、把模板应用到现有页面等。

6.3.1 课堂练一练——将模板应用到已有的网页

将模板应用到已有的网页，效果如图6-19所示，具体操作步骤如下。

原始文件：原始文件/CH06/6.3.1/index.html

最终文件：最终文件/CH06/6.3.1/index1.html

01 打开网页文档，如图6-20所示。

02 执行“修改”|“模板”|“应用模板到页”命令，弹出“选择模板”对话框，在对话框的“站点”下拉列表中选择“6.3.1”，“模板”列表框中选择“moban”，如图6-21所示。

图6-19 将模板应用到已有的网页效果

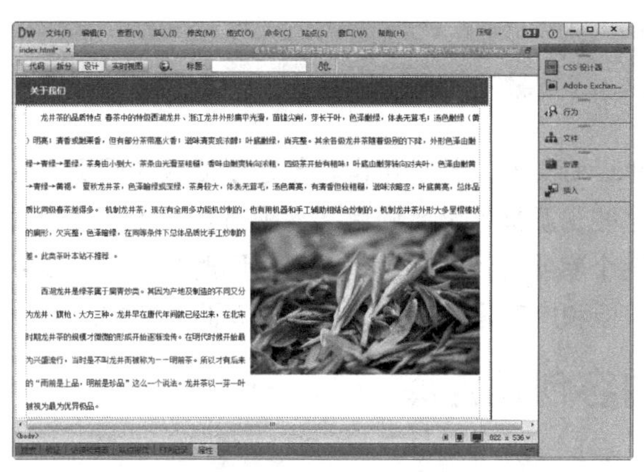

图6-20　打开文档

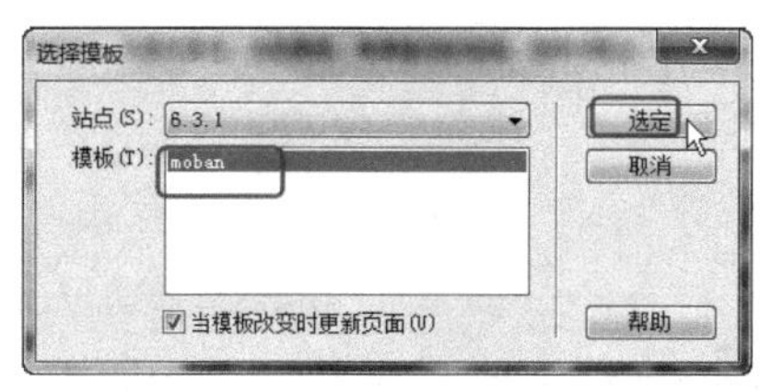

图6-21　“选择模板”对话框

03 单击“选定”按钮，弹出“不一致的区域名称”对话框，在对话框中进行相应的设置，如图6-22所示。

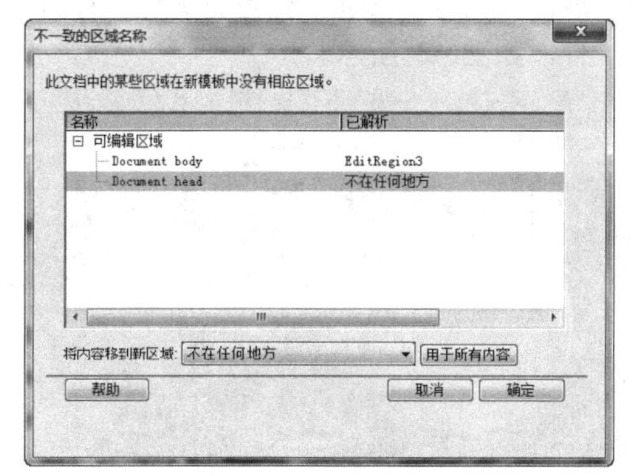

图6-22　“不一致的区域名称”对话框

04 单击“确定”按钮，将模板应用到已有的网页，如图6-23所示。

图6-23　应用模板

提 示

打开已有的网页，在“资源”面板中选中一个模板，然后将其拖动到文档窗口中，或者单击左下角的“应用”按钮，即可将模板应用到已有的网页。

提 示

将模板应用到网页后，如果对其结果不满意，执行“编辑”|“撤销”命令，将网页恢复到原来的样子。

6.3.2　删除模板

将站点中不用的模板删除的具体操作步骤如下。

01 在“资源”面板中选中要删除的模板文件。

02 单击“资源”面板右下角的“删除”按钮，或单击鼠标右键，在弹出的菜单中选择“删除”命令，如图6-24所示。

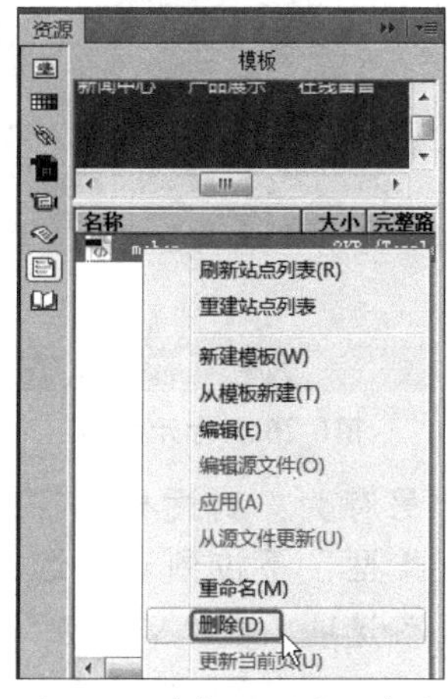

图6-24　选择“删除”命令

03 选择选项后，弹出图6-25所示的Adobe Dreamweaver CC提示对话框，提示是否要删除文件。

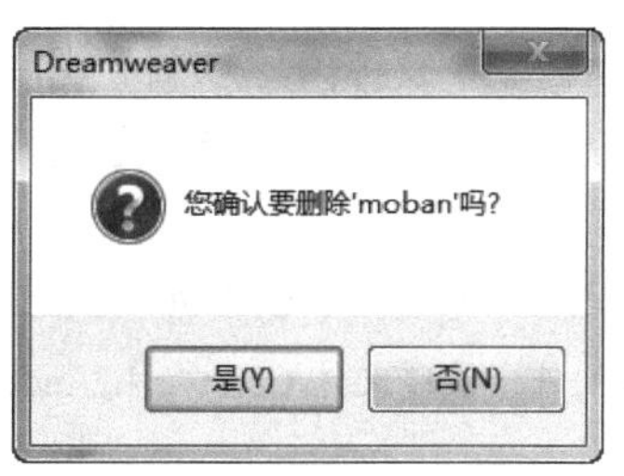

图6-25　Adobe Dreamweaver CC提示对话框

04 单击“是”按钮，即可将模板从站点中删除。

6.4 创建和应用库

库是一种特殊的Dreamweaver文件，其中包含已创建以便放在网页上的单独的“资源”或“资源”副本的集合，库里的这些资源被称为库项目。库项目是可以在多个页面中重复使用的存储页面的对象元素，每当更改某个库项目的内容时，都可以同时更新所有使用了该项目的页面。不难发现，在更新这一点上，模板和库都是为了提高工作效率而存在的。

6.4.1 课堂练一练——将现有内容创建为库

在库中，读者可以存储各种各样的页面元素，如图像、表格、声音和Flash影片等。将现有内容创建库的具体操作步骤如下。

原始文件：原始文件/CH06/6.4.1/index.html

最终文件：最终文件/CH06/6.4.1/top.lbi

01 打开网页文档，执行“文件”|“另存为”命令，如图6-26所示。

图6-26 打开文档

02 弹出“另存为”对话框，在对话框中的“保存类型”下拉列表中选择“库文件(.lbi)”选项，在“文件名”文本框中输入“top.lbi”，如图6-27所示。

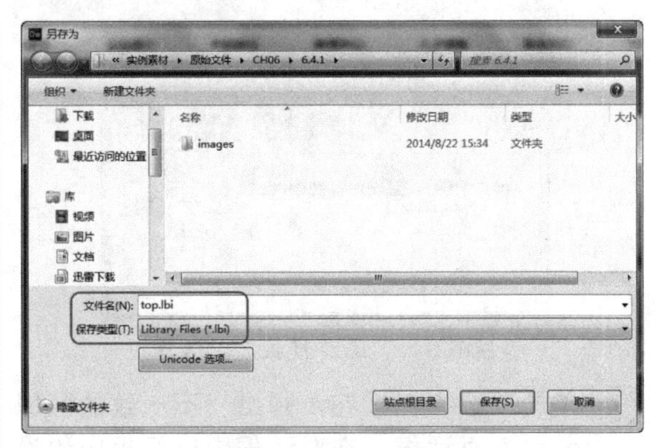

图6-27 “另存为”对话框

03 单击“保存”按钮，即可将文件保存为库文件，如图6-28所示。

图6-28 保存为库文件

6.4.2 课堂练一练——在网页中应用库

库是一种存放整个站点中重复使用或频繁更新的页面元素（如图像、文本和其他对象）的文件，这些元素被称为库项目。如果使用了库，就可以通过改动库更新所有采用库的网页，不用一个一个地修改网页元素或重新制作网页。下面在图6-29所示的网页中应用库效果，具体操作步骤如下。

原始文件：原始文件/CH06/6.4.2/index.html

最终文件：最终文件/CH06/6.4.2/index1.html

图6-29　在网页中应用库效果

01 打开网页文档，执行“窗口”|“资源”命令，如图6-30所示。

图6-30　打开网页文档

02 打开“资源”面板，在面板中单击“库”按钮📖，显示库项目，如图6-31所示。

图6-31　显示库项目

03 将光标置于要插入库的位置，选中top，单击左下角的“插入”按钮，插入库项目，如图6-32所示。

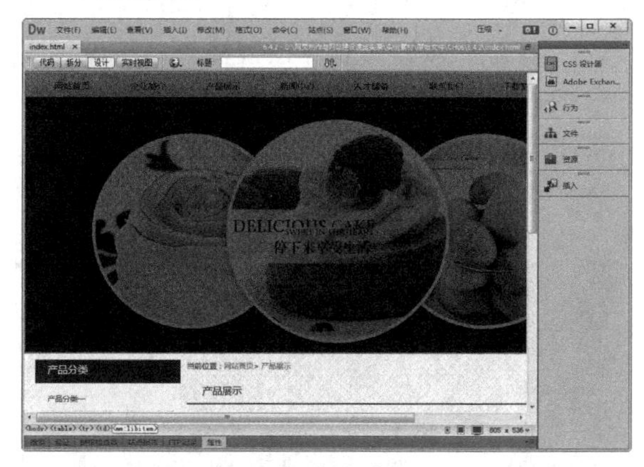

图6-32　插入库项目

> **提示**
>
> 如果希望仅仅添加库项目内容对应的代码，而不希望它作为库项目出现，则可以按住Ctrl键，再将相应的库项目从“资源”面板中拖到文档窗口。这样插入的内容就以普通文档的形式出现。

04 保存文档，按F12键在浏览器中预览，效果如图6-29所示。

6.5 Dreamweaver的插件扩展功能

插件是Dreamweaver中最迷人的地方。正如使用图像处理软件一样，可利用滤镜特效让图像的处理效果更神奇；又如玩游戏，可利用俗称的外挂软件，让游戏玩起来更简单。所以在Dreamweaver中使用插件，将使网页制作更轻松，功能更强大，效果更绚丽。

6.5.1 Dreamweaver插件简介

插件也叫扩展，插件管理器是开放的应用程序接口，开发人员可以通过HTML和JavaScript对其进行扩展。

Dreamweaver的真正特殊之处在于它强大的无限扩展性。Dreamweaver中的插件可用于扩展Dreamweaver的功能。Dreamweaver中的插件主要有3种：Command命令、Object对象、Behavior行为。在Dreamweaver中插件的扩展名为.mxp。开发Dreamweaver的Adobe公司专门在网站上开辟了Adobe Extension Manager，为用户提供交流自己插件的场所。

6.5.2 课堂练一练——安装插件

安装插件的具体操作步骤如下。

01 执行“开始”|“所有程序”|“Adobe”|“Adobe Extension Manager CS6”命令，打开“Adobe Extension Manager CS6”对话框，如图6-33所示。

02 单击“安装新扩展”按钮，打开“选取要安装的扩展”对话框，如图6-34所示。在对话框中选取要安装的扩展包文件（.mxp）或者插件信息文件（.mxi），单击“打开”按钮，也可以直接双击扩展包文件，自动启动扩展管理器进行安装。

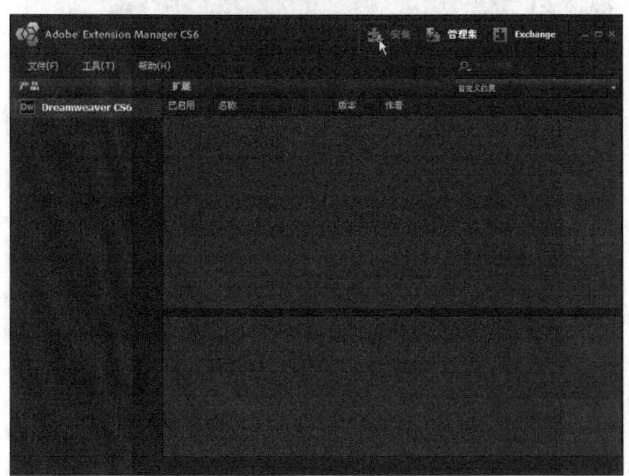

图6-33 “Adobe Extension Manager CS6”对话框

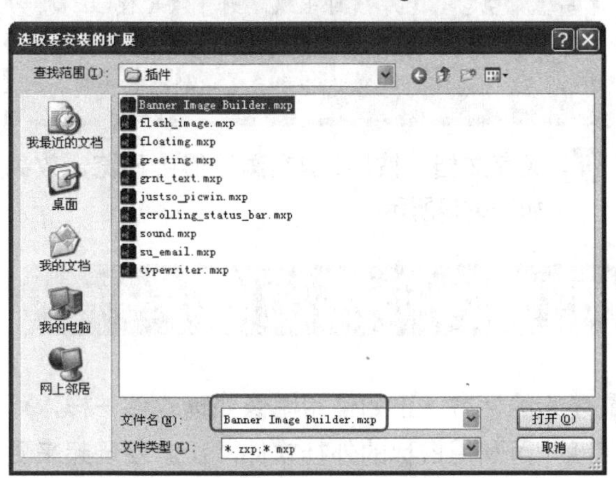

图6-34 “选取要安装的扩展”对话框

03 打开“安装声明”对话框，单击“接受”按钮，继续安装插件，如图6-35所示。如果已经安装了另一个版本（较旧或较新，甚至相同版本）的插件，扩展管理器会询问是否替换已安装的插件，单击“是”按钮，将替换已安装的插件。

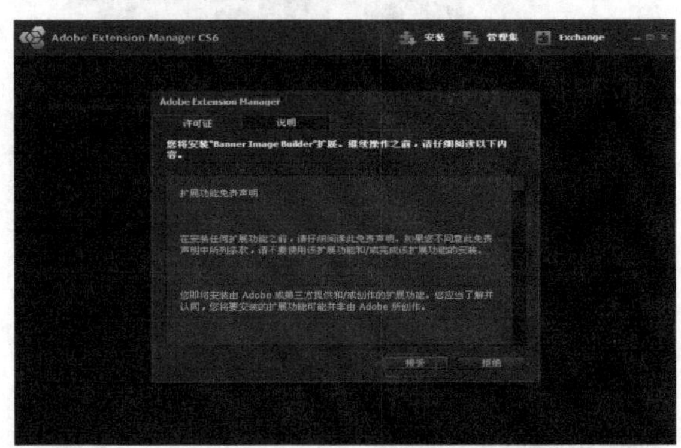

图6-35 “安装声明”对话框

提示

执行“命令”|“扩展管理”命令，打开“Adobe Extension Manager CS6”对话框。

04 打开“提示”对话框，单击“安装”按钮，如图6-36所示。

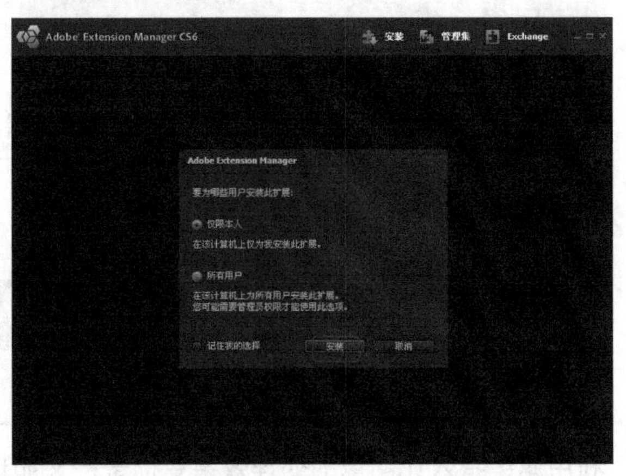

图6-36 提示对话框

05 提示插件安装成功，即可完成插件的安装，如图6-37所示。

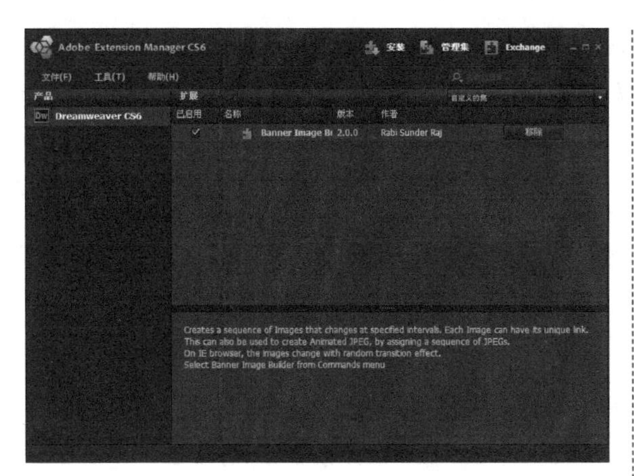

图6-37　插件安装成功

提 示

通常，安装新的插件都将改变Dreamweaver的菜单系统，即会对menu.xml文件进行修改。在安装时，扩展管理器会为menus.xml文件创建一个meuns.xbk的备份。这样如果meuns.xml文件再被一个插件意外地破坏，就可以用meuns.xbk替换meuns.xml，将菜单系统恢复为先前的状态。

6.6 实战应用

在网页中使用模板可以统一整个站点的页面风格，使用库项目可以对页面的局部统一风格，在制作网页时使用库和模板可以节省大量的工作时间，并且对日后的升级带来很大的方便。下面通过实例讲述模板的创建和应用，并且通过实例讲述插件的应用。

6.6.1 实战1——创建企业网站模板

创建企业网站模板的效果如图6-38所示，具体操作步骤如下。

最终文件：最终文件/CH06/实战1/moban.dwt

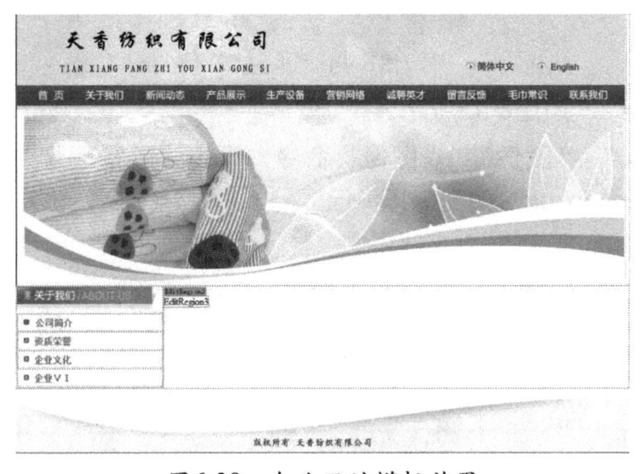

图6-38　企业网站模板效果

01 执行“文件”|“新建”命令，弹出“新建文档”对话框，在对话框中选择“空模板”|“HTML模板”|“无”选项，如图6-39所示。

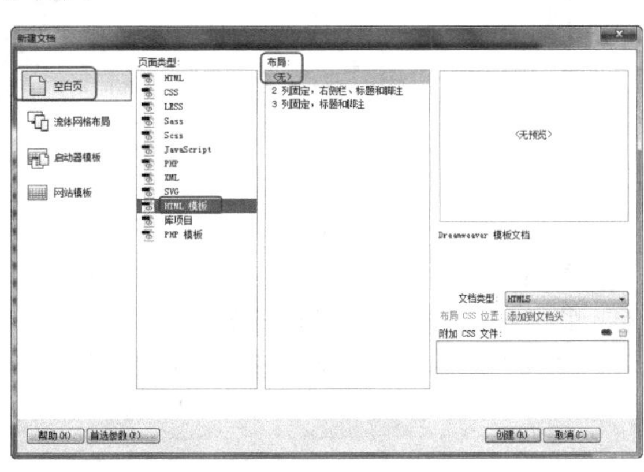

图6-39　“新建文档”对话框

02 单击“创建”按钮，创建一个空白文档网页，如图6-40所示。

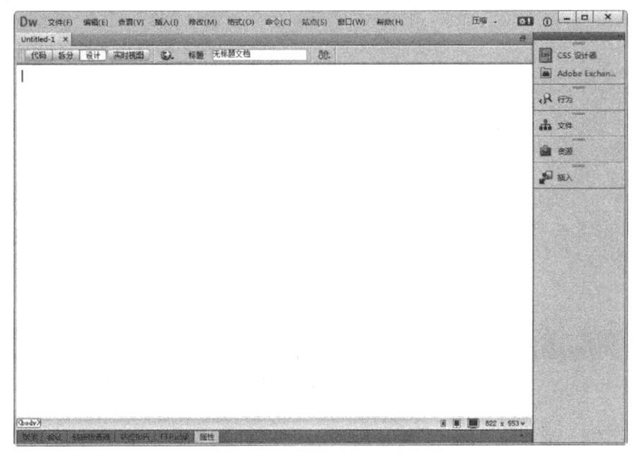

图6-40　新建文档

03 执行“文件”|“保存”命令，弹出Adobe Dreamweaver CC提示对话框，如图6-41所示。

04 单击“确定”按钮，弹出“另存模板”对话框，在对话框的“另存为”文本框中输入名称，如图6-42所示。

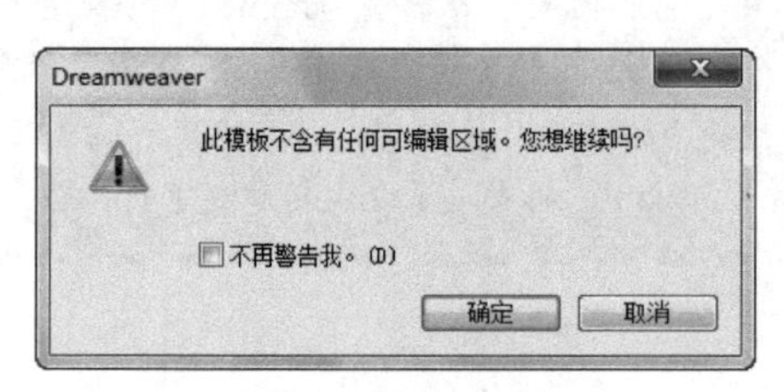

图6-41　提示对话框

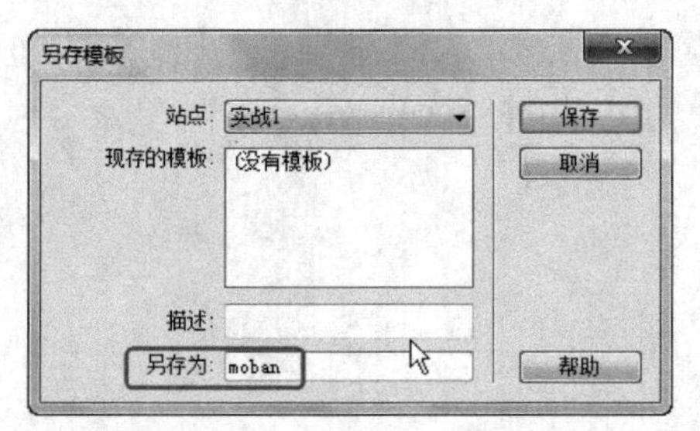

图6-42　“另存模板”对话框

05 将光标置于页面中，执行“修改”|“页面属性”命令，弹出“页面属性”对话框，在对话框中将“上边距”、“下边距”、“左边距”、“右边距”分别设置为0，如图6-43所示。

06 单击“确定”按钮，修改页面属性，执行“插入”|“表格”命令，弹出“表格”对话框，在对话框中将“行数”设置为3，“列”设置为1，“表格宽度”设置为997像素，如图6-44所示。

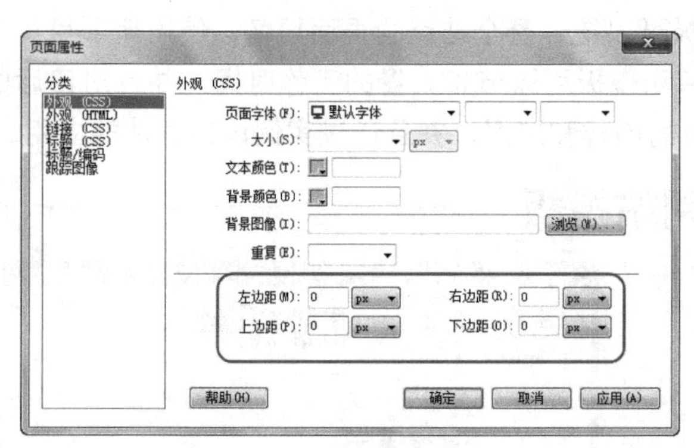

图6-43　“页面属性”对话框

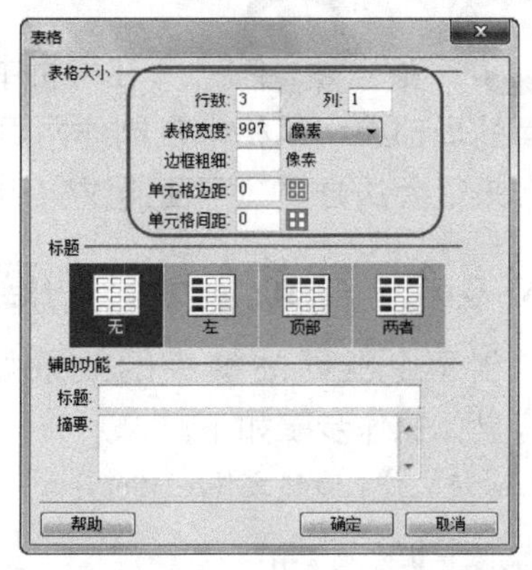

图6-44　“表格”对话框

07 单击“确定”按钮，插入表格，此表格记为表格1，如图6-45所示。

08 将光标置于表格1的第1行单元格中，执行“插入”|“图像”|“图像”命令，弹出“选择图像源文件”对话框，在对话框中选择图像文件../images/top.jpg，如图6-46所示。

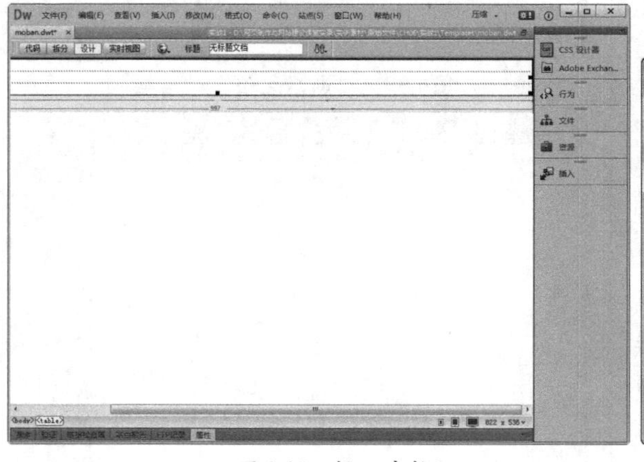

图6-45　插入表格1

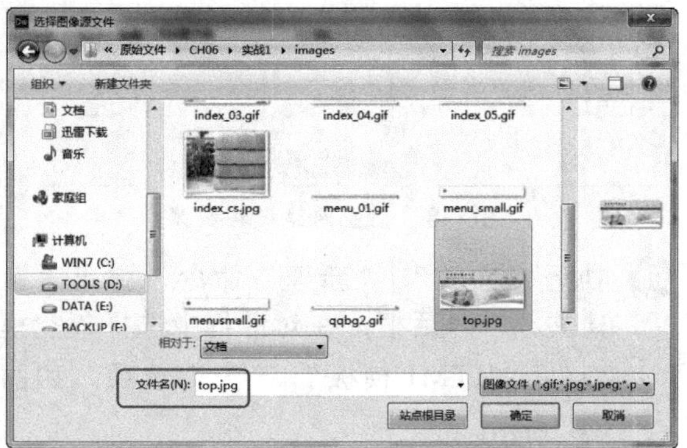

图6-46　“选择图像源文件”对话框

09 单击“确定”按钮，插入图像，如图6-47所示。

10 将光标置于表格1的第2行单元格中，执行“插入”|“表格”命令，插入1行2列的表格，此表格记为表格2，如图6-48所示。

图6-47 插入图像

图6-48 插入表格2

11 将光标置于表格2的第1列单元格中，执行“插入”|“表格”命令，插入2行1列的表格，此表格记为表格3，如图6-49所示。

12 将光标置于表格3的第1行单元格中，执行“插入”|“图像” |“图像”命令，插入图像../images/channel_1.gif，如图6-50所示。

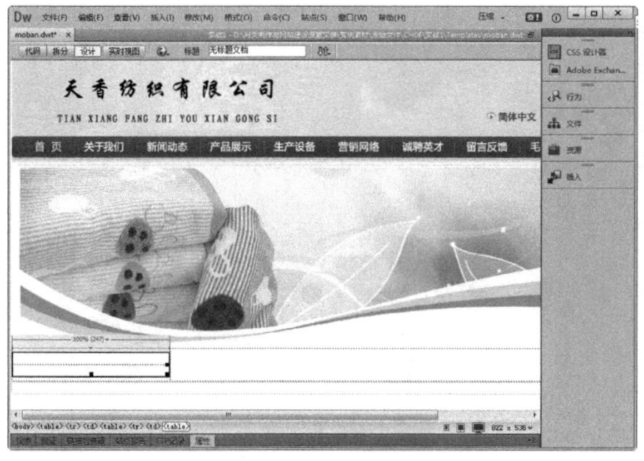

图6-49 插入表格3

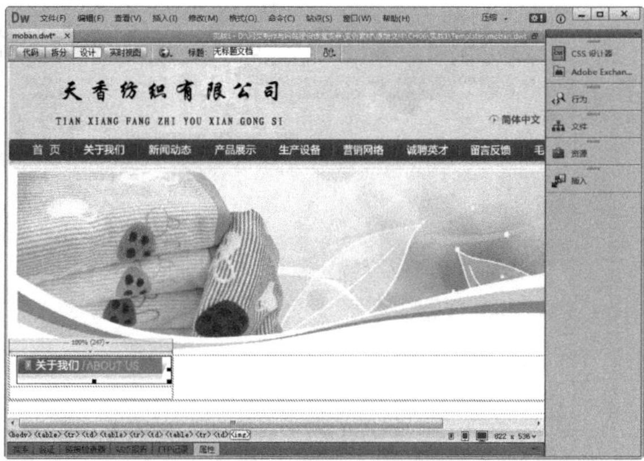

图6-50 插入图像

13 将光标置于表格3的第2行单元格中，执行“插入”|“表格”命令，插入4行1列的表格，此表格记为表格4，如图6-51所示。

14 将光标置于表格4的第1行单元格中，打开代码视图，在代码中输入背景图像代码“height="30"background=../images/menusmall.gif”，如图6-52所示。

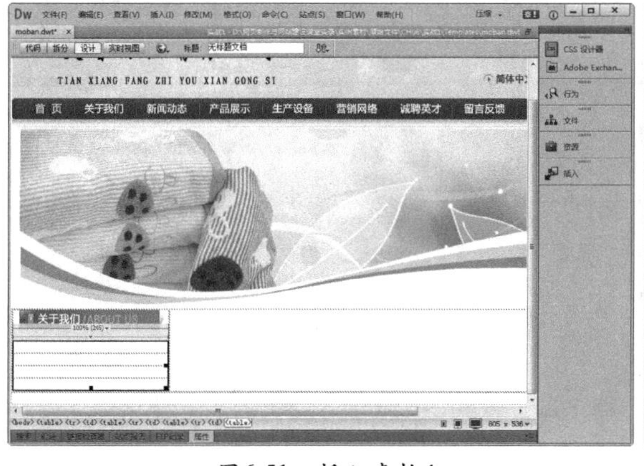

图6-51 插入表格4

图6-52 输入代码

15 返回设计视图，可以看到插入的背景图像，如图6-53所示。

16 将光标置于背景图像上，输入相应的文字，如图6-54所示。

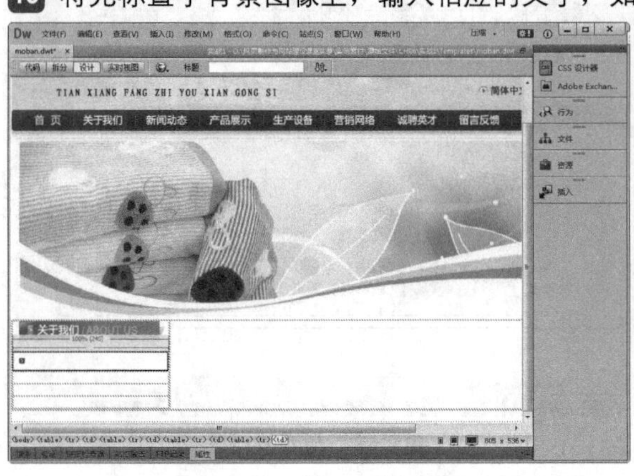

图6-53　输入背景图像

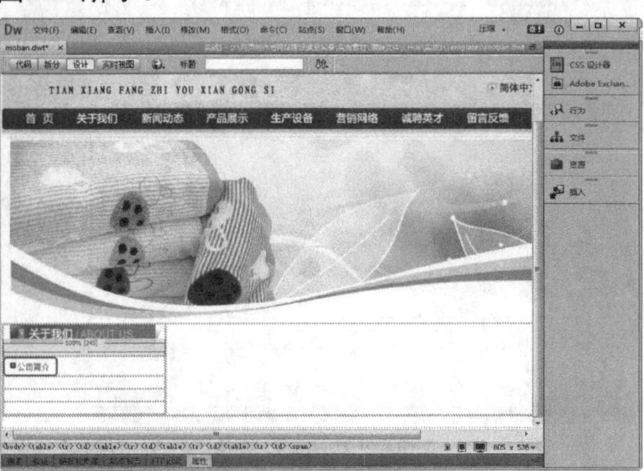

图6-54　输入文字

17 同步骤14~16，在表格4的其他单元格中输入相应的内容，如图6-55所示。

18 将光标置于表格2的第2列单元格中，执行“插入”|“模板对象”|“可编辑区域”命令，弹出“新建可编辑区域”对话框，在“名称”文本框中输入名称，如图6-56所示。

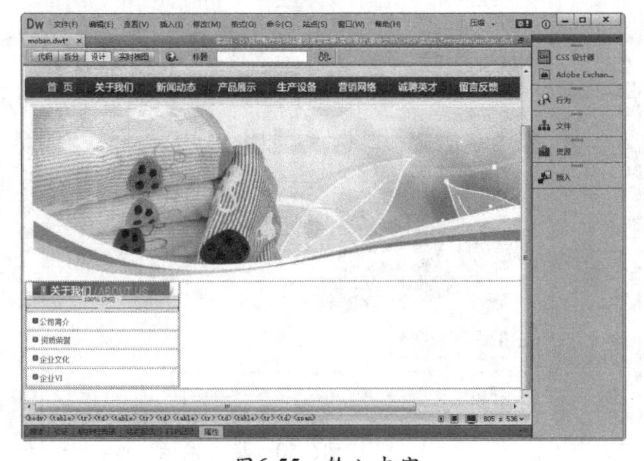

图6-55　输入内容

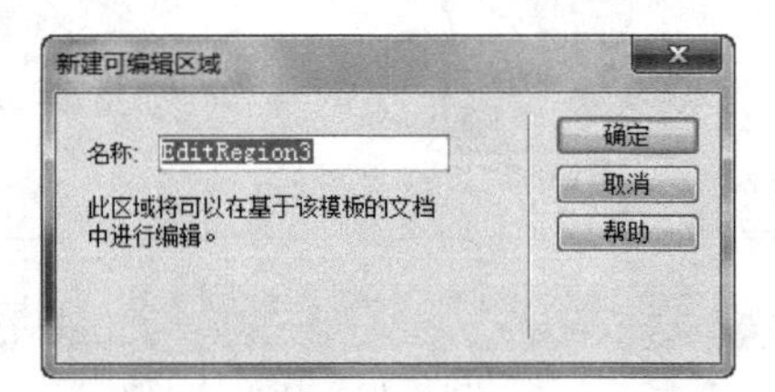

图6-56　“新建可编辑区域”对话框

19 单击“确定”按钮，插入可编辑区域，如图6-57所示。

20 将光标置于表格1的第3行单元格中，执行“插入”|“图像”|“图像”命令，插入图像../images/dibu.jpg，如图6-58所示。

图6-57　插入可编辑区域

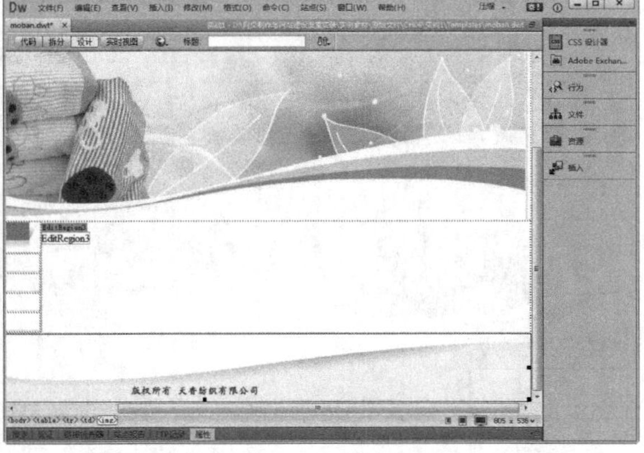

图6-58　插入图像

21 保存文档，按F12键，在浏览器中预览，效果如图6-38所示。

6.6.2 实战2——利用模板创建网页

利用模板创建网页的效果如图6-59所示，具体操作步骤如下。

原始文件：原始文件/CH06/实战2/moban.dwt

最终文件：最终文件/CH06/实战2/index1.html

图6-59 利用模板创建网页效果

01 执行“文件”|“新建”命令，弹出“新建文档”对话框，在对话框中选择“模板中的页”|“站点实战2”|“moban”选项，如图6-60所示。

02 单击“创建”按钮，利用模板创建文档，如图6-61所示。

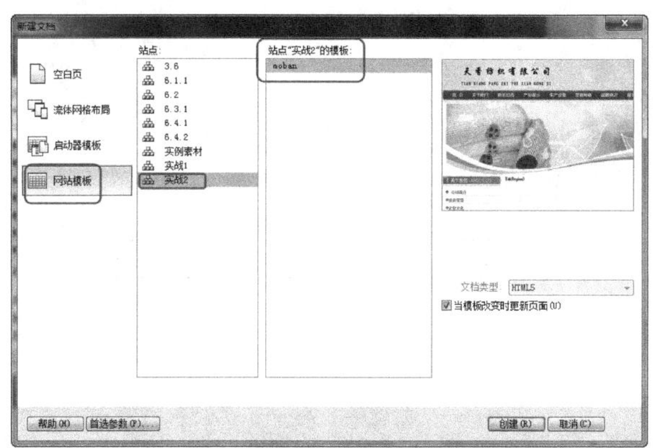

图6-60 “新建文档”对话框

图6-61 利用模板创建文档

03 执行“文件”|“保存”命令，弹出“另存为”对话框，在对话框中的“文件名”文本框中输入名称，如图6-62所示。单击“保存”按钮，保存文档。

04 将光标置于可编辑区域中，执行“插入”|“表格”命令，弹出“表格”对话框，将“行数”设置为1，“列”设置为2，如图6-63所示。

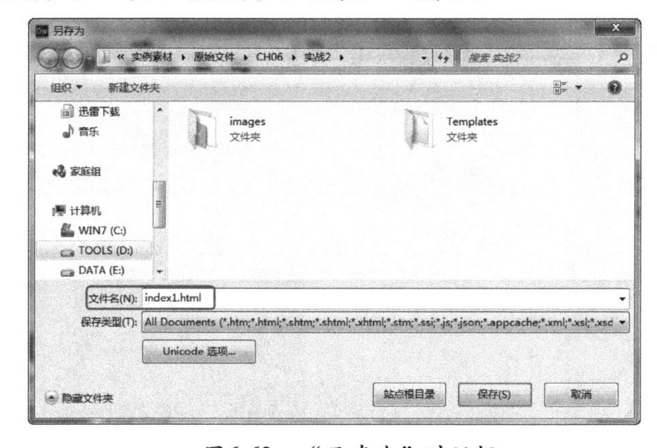

图6-62 “另存为”对话框

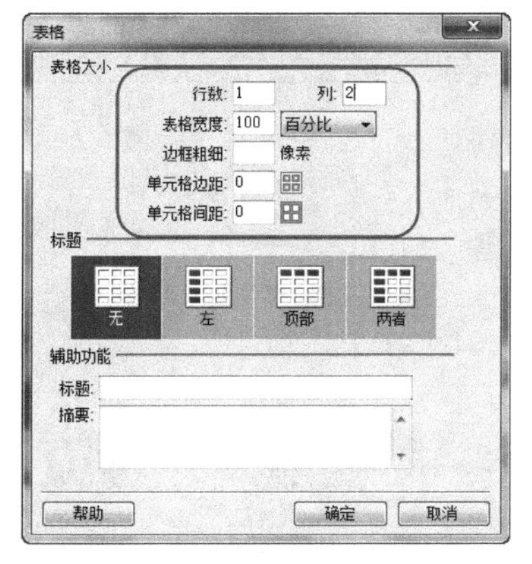

图6-63 “表格”对话框

05 单击“确定”按钮，插入表格，此表格记为表格1，如图6-64所示。

06 将光标置于表格1的第1列单元格中，打开代码视图，输入背景图像代码“background=images/bg.gif”，如图6-65所示。

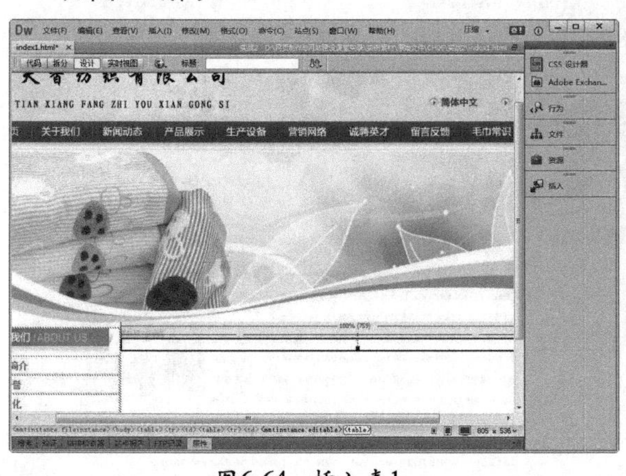

图6-64 插入表1

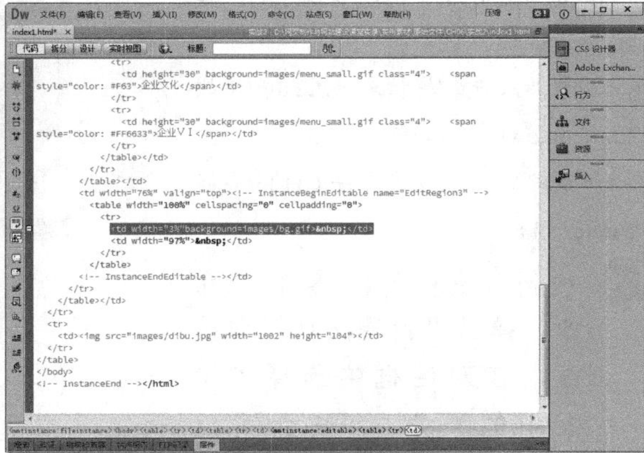

图6-65 输入代码

07 返回设计视图可以看到插入的背景图像，如图6-66所示。

08 将光标置于表格1的第2列单元格中，执行“插入”|“表格”命令，插入3行1列的表格，此表格记为表格2，如图6-67所示。

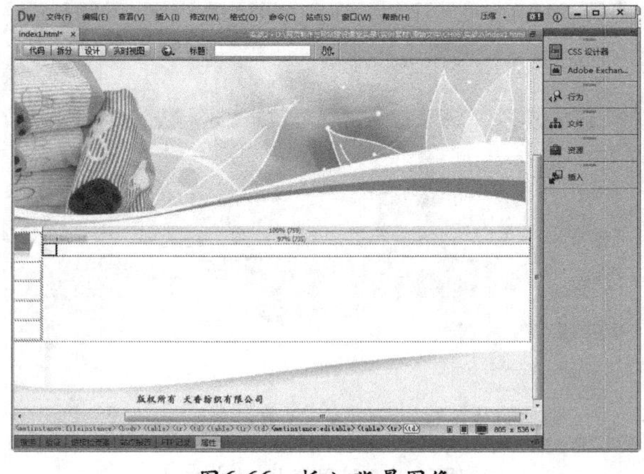

图6-66 插入背景图像

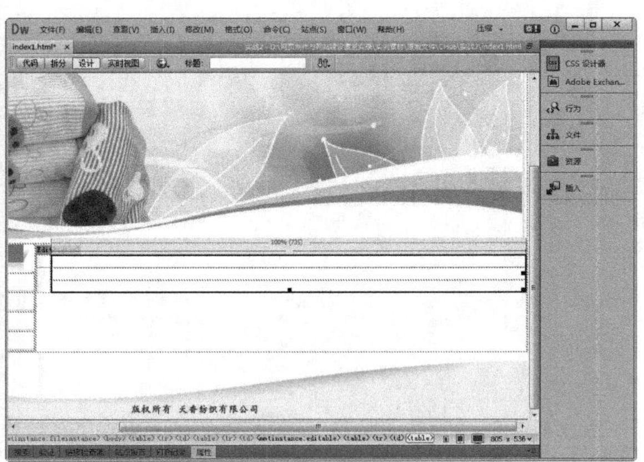

图6-67 插入表格2

09 将光标置于表格2的第1行单元格中，将单元格的“背景颜色”设置为“#FFF8E1”，并在单元格中输入相应的文字，如图6-68所示。

10 将光标置于表格2的第2行单元格中，执行“插入”|“图像” |“图像”命令，插入图像images/info_small_2.gif，如图6-69所示。

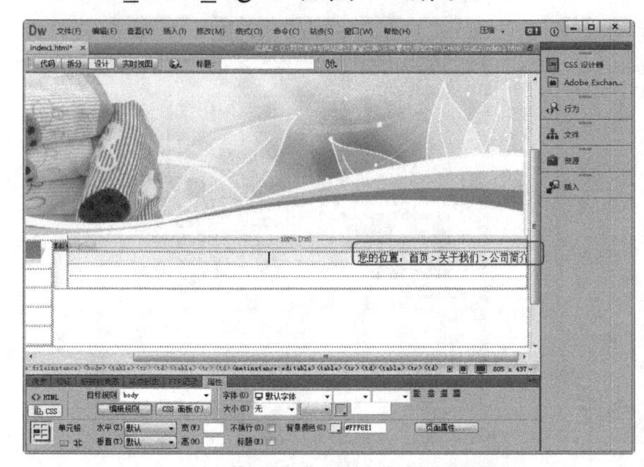

图6-68 输入文字

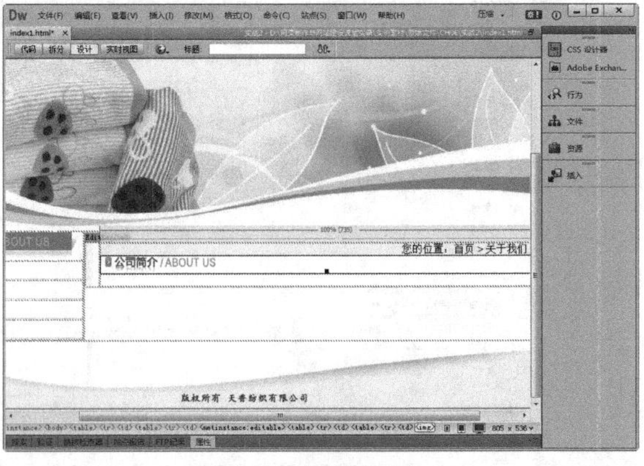

图6-69 插入图像

11 将光标置于表格2的第3行单元格中，执行“插入”|“表格”命令，插入1行1列的表格，此表格记为表格3，如图6-70所示。

12 将光标置于表格3的单元格中，输入相应的文字，如图6-71所示。

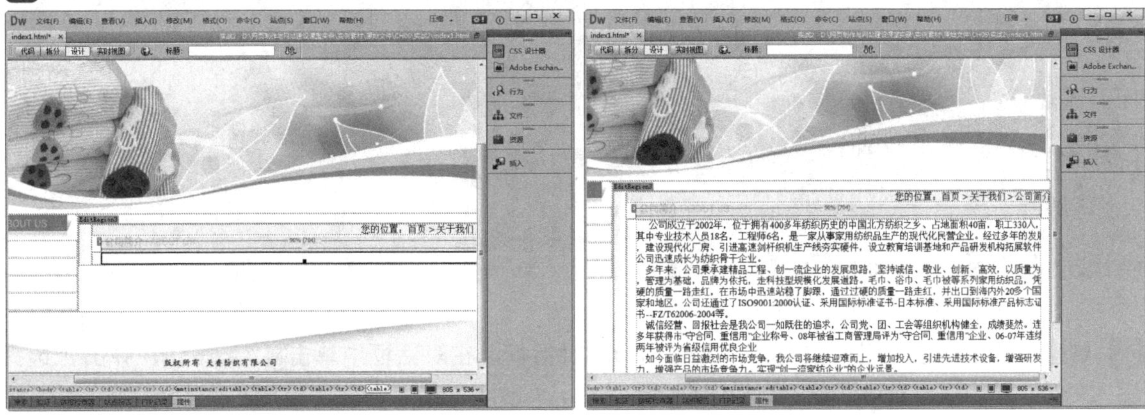

图6-70 插入表格3　　图6-71 输入文字

13 将光标置于文字中，执行“插入”|“图像”|“图像”命令，插入图像images/index_cs.jpg，如图6-72所示。

14 保存文档，完成利用模板创建网页文档的制作，效果如图6-59所示。

图6-72 插入图像

6.6.3 实战3——使用插件制作背景音乐网页

带背景音乐的网页可以增加吸引力，不但可以使用行为和代码提示实现，利用插件也可以实现。下面通过实例讲述使用插件制作背景音乐的网页效果，如图6-73所示，具体操作步骤如下。

原始文件：原始文件/CH06/实战3/index.html

最终文件：最终文件/CH06/实战3/index1.html

图6-73 背景音乐网页效果

01 执行“开始”|“所有程序”|“Adobe”|“Adobe Extension Manager CS6”命令，打开“Adobe Extension Manager CS6”对话框，根据提示安装插件，如图6-74所示。

02 打开网页文档，如图6-75所示。

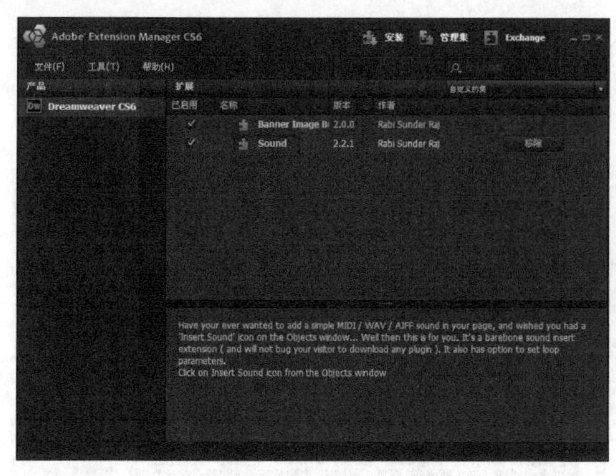

图6-74 安装插件

图6-75 打开网页文档

03 单击“常用”插入栏中按钮，弹出Sound对话框，在对话框中单击Browse按钮，弹出“选择文件”对话框，在对话框中选择一个声音文件，如图6-76所示。

04 单击“确定”按钮，将文件添加到文本框中，如图6-77所示。

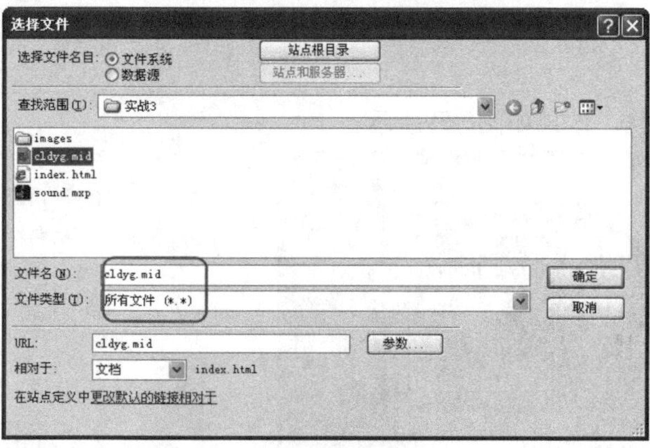

图6-76 “选择文件”对话框

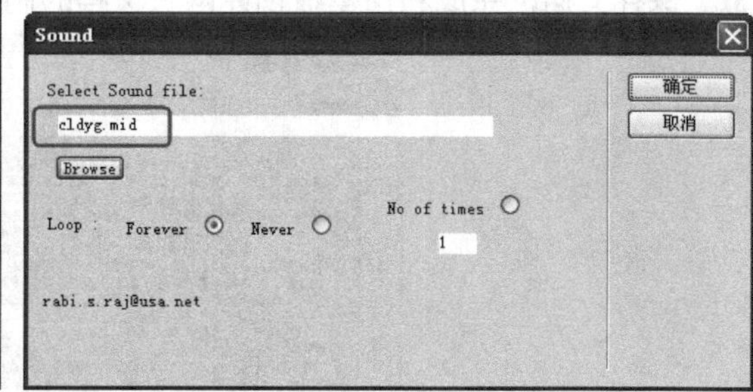

图6-77 “Sound”对话框

05 单击“确定”按钮，添加声音，保存文档，按F12键在浏览器中预览，效果如图6-73所示。

6.6.4 实战4——利用插件制作不同时段显示不同问候语

下面通过实例讲述利用插件制作不同时段显示不同问候语效果，如图6-78所示，具体操作步骤如下。

原始文件：原始文件/CH06/实战4/index.html

最终文件：最终文件/CH06/实战4/index1.html

图6-78 不同时段显示不同问候语效果

01 执行“开始”|“所有程序”|“Adobe”|“Adobe Extension Manager CS6”命令，打开“Adobe Extension Manager CS6”对话框，根据一步步提示，安装插件，如图6-79所示。

02 打开网页文档，将“常用”插入栏切换到CN Insert Greeting插入栏，单击CN Insert Greeting插入栏中的按钮，如图6-80所示。

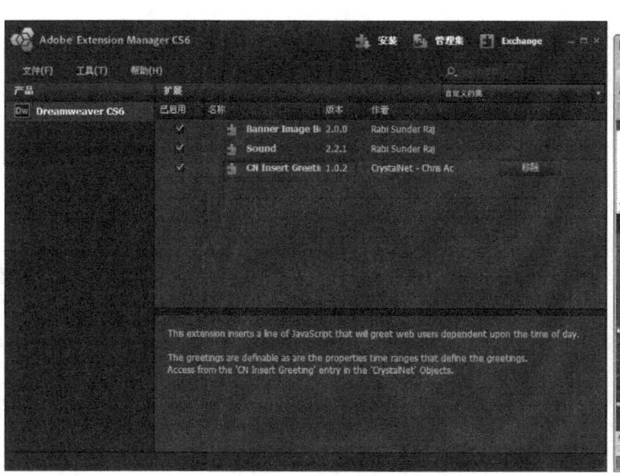

图6-79 安装插件

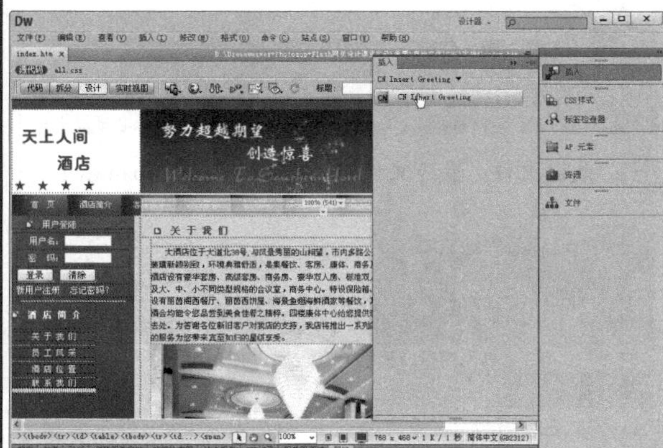

图6-80 打开文档

03 弹出CN Insert Greeting对话框，在对话框中进行相应的设置，如图6-81所示。

04 单击“确定”按钮，弹出Dreamweaver提示对话框，如图6-82所示。

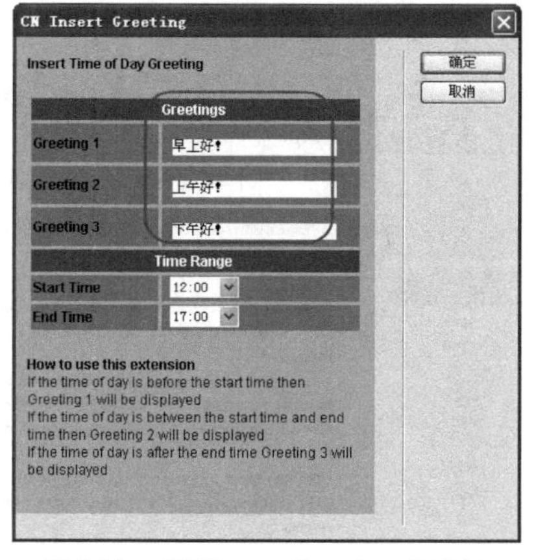

图6-81 CN Insert Greeting对话框

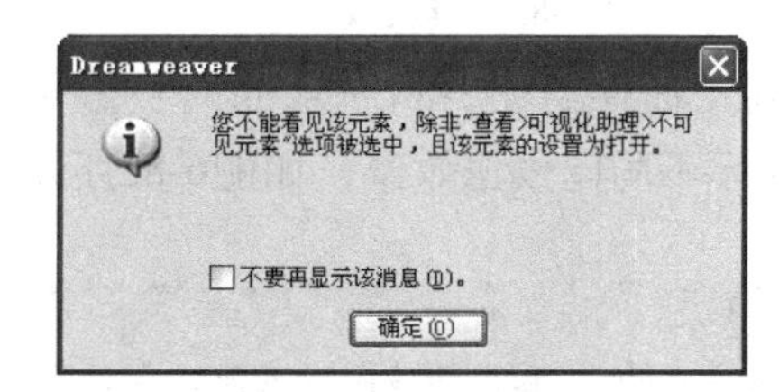

图6-82 提示对话框

05 单击“确定”按钮。保存文档，按F12键在浏览器中预览，效果如图6-78所示。

提示

Dreamweaver重新启动前不可访问；可能会提示退出然后重新启动该应用程序。

6.7 课后练习

一、填空题

1. 模板实际上也是一种文档，它的扩展名为________，存放在根目录下的________文件夹中。

2. ________是一种特殊的Dreamweaver文件，其中包含已创建以便放在网页上的单独的“资源”或“资源”副本的集合，库里的这些资源被称为________。

二、操作题

1. 创建图6-83所示的模板效果。

提示

参考6.1创建模板。

最终文件：最终文件/CH06/操作题1/moban.dwt

图6-83 模板效果

2. 利用插件给图6-84所示的网页添加不同时段显示不同问候语效果，如图6-85所示。

提示

参考实战4——利用插件制作不同时段显示不同问候语。

原始文件：原始文件/CH06/操作题2/index.html

最终文件：最终文件/CH06/操作题2/index1.html

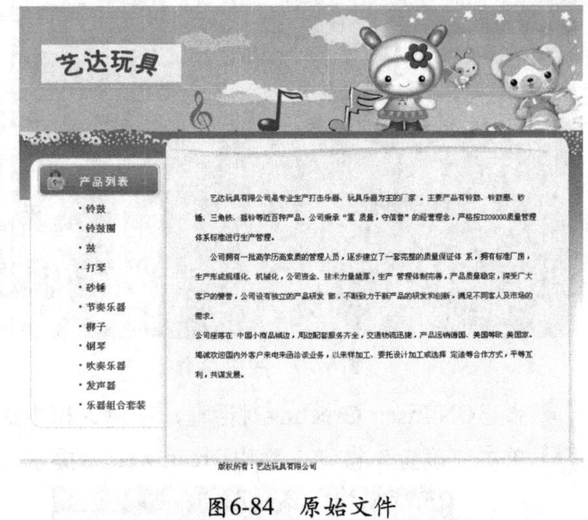

图6-84 原始文件

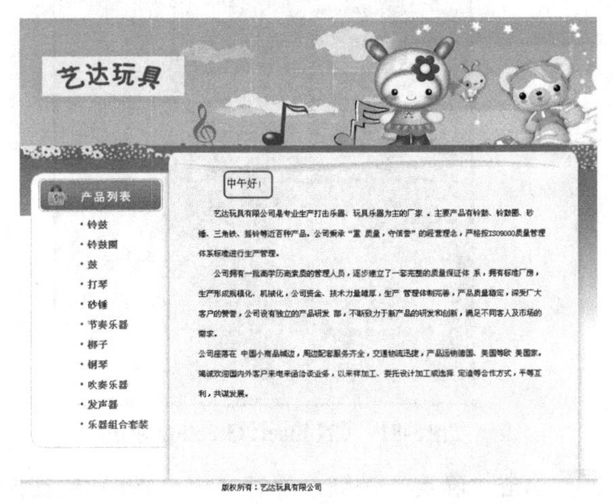

图6-85 不同时段显示不同问候语效果

6.8 本章小结

本章学习了Dreamweaver用于提高网站工作效率的强大工具——模板、库和插件。模板和库有相似的功能，有了它们就能够实现网页风格的统一、内容快速更新等。另外书中最后通过几个实例中介绍了另外一种提高网页制作效率的工具——扩展插件，这里只是起到一种抛砖引玉的参考作用，读者在实际的制作时并不一定要使用它们，如果需要更多的扩展插件，可以登录Adobe的官方网站或第三方扩展插件支持网页来进行查找和下载。

第7章 使用CSS+DIV布局美化网页

本章导读

CSS+DIV布局的最终目的是搭建完善的页面架构，通过新的符号Web标准的构建形成来提高网站设计的效率、可用性及其他实质性的优势，全站的CSS应用就成为了CSS布局应用的一个关键环节。

技术要点

- ★ 熟悉CSS样式表
- ★ 掌握设置CSS样式表属性
- ★ 掌握链接到或导出外部CSS样式表
- ★ 掌握CSS和DIV布局
- ★ 掌握CSS布局方法

7.1 了解CSS样式表

CSS（Cascading Style Sheet，层叠样式表）是一种制作网页必不可少的技术之一，现在已经为大多数的浏览器所支持。实际上，CSS是一系列格式规格或样式的集合，主要用于控制页面的外观，是目前网页设计中的常用技术与手段。

CSS具有强大的页面美化功能。通过CSS，可以控制许多仅使用HTML标记无法控制的属性，并能轻而易举地实现各种特效。

CSS的每一个样式表都是由相对应的样式规则组成的，使用HTML中的<style>标签可以将样式规则加入到HTML中。<style>标签位于HTML的head部分，其中也包含网页的样式规则。可以看出，CSS的语句是可以内嵌在HTML文档内的。所以，编写CSS的方法和编写HTML的方法是一样的，代码如下。

```
<html>
<head>
<meta http-equiv="Content-Type" content="text/html; charset=gb2312" />
<title></title>
<style type="text/css">
<!--
.y {
    font-size: 12px;
    font-style: normal;
    line-height: 20px;
    color: #FF0000;
    text-decoration: none;
}
-->
</style>
</head>
<body>
</body>
</html>
```

CSS还具有便利的自动更新功能。在更新CSS样式时，所有使用该样式的页面元素的格式都会自动更新为当前所设定的新样式。

7.2 设置CSS样式表属性

控制网页元素外观的CSS样式用来定义字体、颜色、边距和字间距等属性，可以使用Dreamweaver来对所有的CSS属性进行设置。CSS属性被分为9大类：类型、背景、区块、方框、边框、列表、定位、扩展和过渡，下面分别进行介绍。

7.2.1 设置类型属性

在CSS样式定义对话框左侧的“分类”列表框中选择“类型”选项，在右侧可以设置CSS样式的类型参数，如图7-1所示。

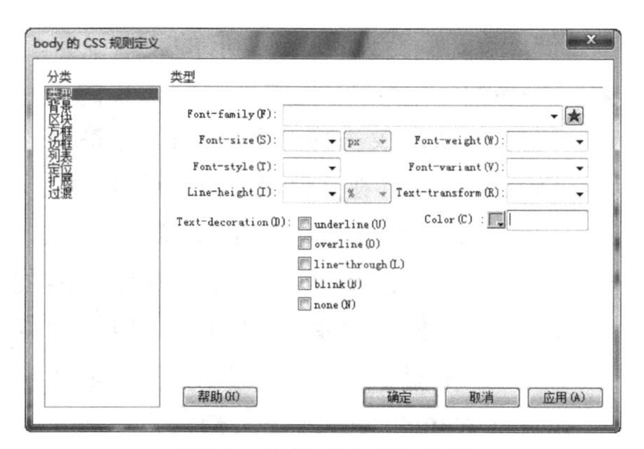

图7-1 选择“类型”选项

在“类型”中的各选项参数如下。

★ Font-family：用于设置当前样式所使用的字体。

★ Font-size：定义文本大小。可以通过选择数字和度量单位来选择文本的特定大小，也可以选择相对大小。

★ Font-style：将“正常”、“斜体”或“偏斜体”指定为字体样式。默认设置是“正常”。

★ Line-height：设置文本所在行的高度。该设置传统上称为“前导”。选择“正常”自动计算字体大小的行高，或输入一个确切的值，并选择一种度量单位。

★ Text-decoration：向文本中添加下划线、上划线或删除线，或使文本闪烁。正常文本的默认设置是“无”。“链接”的默认设置是“下划线”。将“链接”设置为“无”时，可以通过定义一个特殊的类删除链接中的下划线。

★ Font-weight：对字体应用特定或相对的粗体量。“正常”等于400，“粗体”等于700。

★ Font-variant：设置文本的小型大写字母变量。Dreamweaver不在文档窗口中显示该属性。

★ Text-transform：将选定内容中的每个单词的首字母大写或将文本设置为全部大写或小写。

★ Color：设置文本颜色。

7.2.2 设置背景属性

使用“CSS规则定义”对话框的“背景”类别可以定义CSS样式的背景设置。可以对网页中的任何元素应用背景属性。如图7-2所示。

图7-2 选择“背景”选项

在CSS的“背景”选项中可以设置以下参数。

★ Background-color：设置元素的背景颜色。

★ Background-image：设置元素的背景图像。可以直接输入图像的路径和文件，也可以单击“浏览”按钮选择图像文件。

★ Background-Repeat：确定是否及如何重复背景图像。包含4个选项：“不重复”指在元素开始处显示一次图像；“重复”指在元素的后面水平和垂直平铺图像；“横向重复”和“纵向重复”分别显示图像的水平带区和垂直带区。图像被剪辑以适合元素的边界。

★ Background-attachment：确定背景图像是固定在它的原始位置还是随内容一起滚动。

★ Background-position (X)和Background-position (Y)：指定背景图像相对于元素的初始位置，这可以用于将背景图像与页面中心垂直和水平对齐。如果附件属性为“固定”，则位置相对于文档窗口而不是元素。

7.2.3 设置区块属性

使用“CSS规则定义”对话框的“区块”类别可以定义标签和属性的间距和对齐设置，对话框中

左侧的“分类”列表中选择“区块”选项，在右侧可以设置相应的CSS样式，如图7-3所示。

图7-3 选择“区块”选项

在CSS的“区块”各选项中参数如下。

★ Word-spacing：设置单词的间距，若要设置特定的值，在下拉列表框中选择“值”，然后输入一个数值，在第二个下拉列表框中选择度量单位。

★ Letter-spacing：增加或减小字母或字符的间距。若要减小字符间距，指定一个负值，字母间距设置覆盖对齐的文本设置。

★ Vertical-align：指定应用它的元素的垂直对齐方式。仅当应用于<img>标签时，Dreamweaver才在文档窗口中显示该属性。

★ Text-align：设置元素中的文本对齐方式。

★ Text-indent：指定第一行文本缩进的程度。可以使用负值创建凸出，但显示取决于浏览器。仅当标签应用于块级元素时，Dreamweaver才在文档窗口中显示该属性。

★ White-space：确定如何处理元素中的空白。从下面3个选项中选择：“正常”指收缩空白；“保留”的处理方式与文本被包括在<pre>标签中一样（即保留所有空白，包括空格、制表符和回车）；“不换行”指定仅当遇到
标签时文本才换行。Dreamweaver不在文档窗口中显示该属性。

★ Display：指定是否及如何显示元素。

7.2.4 设置方框属性

使用“CSS规则定义”对话框的“方框”类别可以为用于控制元素在页面上的放置方式的标签和属性定义设置。可以在应用填充和边距设置时将设置应用于元素的各个边，也可以使用“全部相同”设置将相同的设置应用于元素的所有边。

CSS的“方框”类别可以为控制元素在页面上的放置方式的标签和属性定义设置，如图7-4所示。

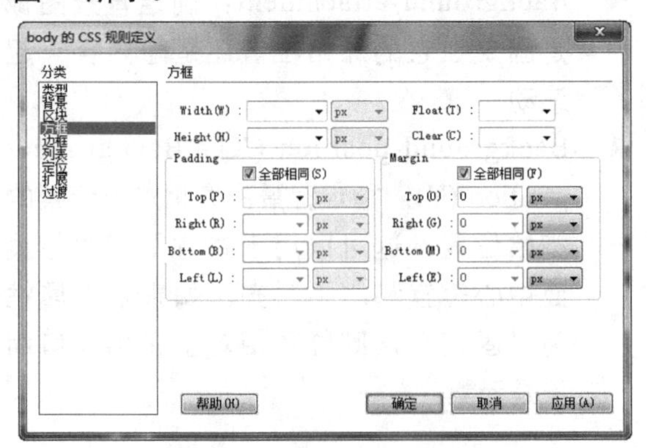

图7-4 选择“方框”选项

在CSS的“方框”各选项中参数如下。

★ Width和Height：设置元素的宽度和高度。

★ Float：设置其他元素在哪个边围绕元素浮动。其他元素按通常的方式环绕在浮动元素的周围。

★ Clear：定义不允许AP Div的边。如果清除边上出现AP Div，则带清除设置的元素将移到该AP Div的下方。

★ Padding：指定元素内容与元素边框（如果没有边框，则为边距）之间的间距。取消选择“全部相同”选项可设置元素各个边的填充；“全部相同”选项将相同的填充属性应用于元素的Top、Right、Bottom和Left侧。

★ Margin：指定一个元素的边框（如果没有边框，则为填充）与另一个元素之间的间距。仅当应用于块级元素（段落、标题和列表等）时，Dreamweaver才在文档窗口中显示该属性。取消选择“全部相同”选项可设置元素各个边的边距；“全部相同”将相同的边距属性应用于元素的Top、Right、Bottom和Left侧。

7.2.5 设置边框属性

CSS的“边框”类别可以定义元素周围边框的设置，如图7-5所示。

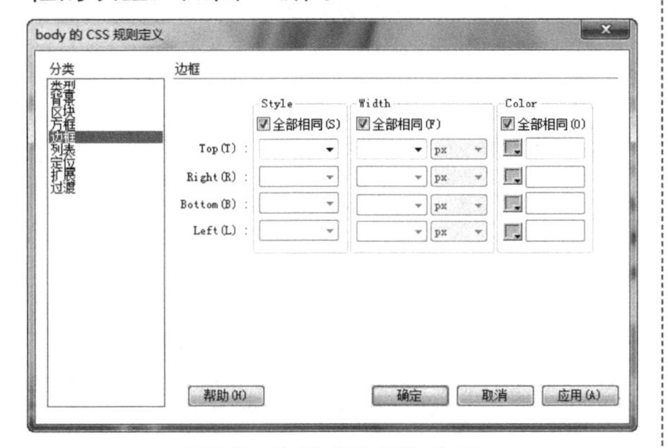

图7-5 选择“边框”选项

在CSS的“边框”各选项中参数如下。

★ Style：设置边框的样式外观。样式的显示方式取决于浏览器。Dreamweaver在文档窗口中将所有样式呈现为实线。取消选择“全部相同”选项可设置元素各个边的边框样式；“全部相同”选项将相同的边框样式属性应用于元素的Top、Right、Bottom和Left侧。

★ Width：设置元素边框的粗细。取消选择“全部相同”选项可设置元素各个边的边框宽度；“全部相同”选项将相同的边框宽度应用于元素的Top、Right、Bottom和Left侧。

★ Color：设置边框的颜色。可以分别设置每个边的颜色。取消选择“全部相同”选项可设置元素各个边的边框颜色；“全部相同”选项将相同的边框颜色应用于元素的Top、Right、Bottom和Left侧。

7.2.6 设置列表属性

CSS的“列表”类别为列表标签定义列表设置，如图7-6所示。

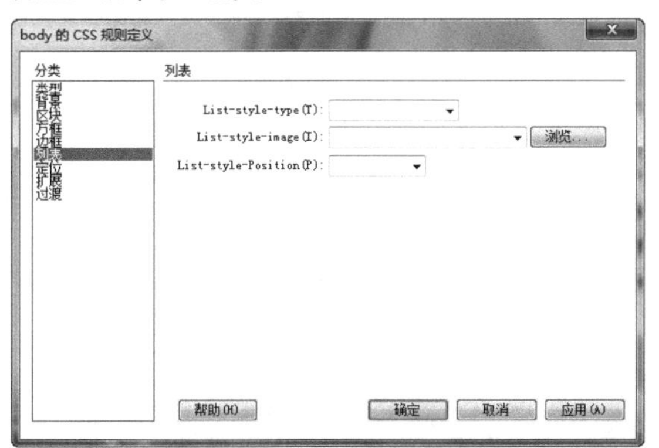

图7-6 选择“列表”选项

在CSS的“列表”各选项中参数如下。

★ List-style-type：设置项目符号或编号的外观。

★ List-style-image：可以为项目符号指定自定义图像。单击“浏览”按钮选择图像，或输入图像的路径。

★ List-style-Position：设置列表项文本是否换行和缩进（外部），以及文本是否换行到左边距（内部）。

7.2.7 设置定位属性

CSS的“定位”样式属性使用“层”首选参数中定义层的默认标签，将标签或所选文本块更改为新层，如图7-7所示。

在CSS的“定位”选项中各参数如下。

★ Position：在CSS布局中，Position发挥着非常重要的作用，很多容器的定位是用Position来完成。Position属性有4个可选值，它们分别是static、absolute、fixed和relative。

“absolute”：能够很准确地将元素移动

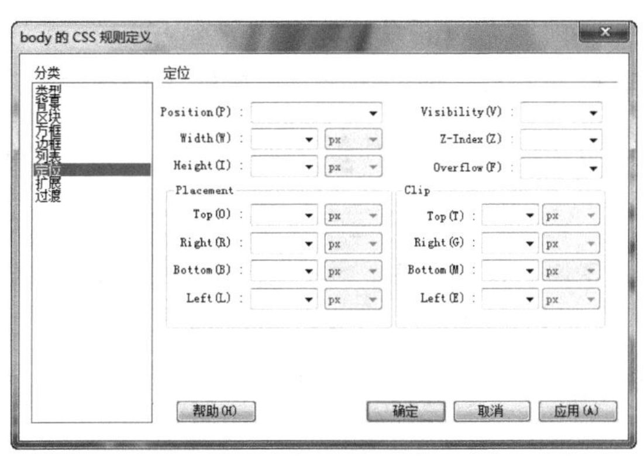

图7-7 选择“定位”选项

到你想要的位置，绝对定位元素的位置。

“fixed”：相对于窗口的固定定位。

“relative”：相对定位是相对于元素默认的位置的定位。

“static”：该属性值是所有元素定位的默认情况，在一般情况下，我们不需要特别地去声明它，但有时候遇到继承的情况，我们不愿意见到元素所继承的属性影响本身，因而可以用position:static取消继承，即还原元素定位的默认值。

★ Visibility：如果不指定可见性属性，则默认情况下大多数浏览器都继承父级的值。

★ Placement：指定AP Div的位置和大小。

★ Clip：定义AP Div的可见部分。如果指定了剪辑区域，可以通过脚本语言访问它，并操作属性以创建像擦除这样的特殊效果。通过使用“改变属性”行为可以设置这些擦除效果。

7.2.8 设置扩展属性

“扩展”样式属性包含两部分，如图7-8所示。

★ Page-break-before：这个属性的作用是为打印的页面设置分页符。

★ Page-break-after：检索或设置对象后出现的页分割符。

★ Cursor：指针位于样式所控制的对象上时改变指针图像。

★ Filter：对样式所控制的对象应用特殊效果。

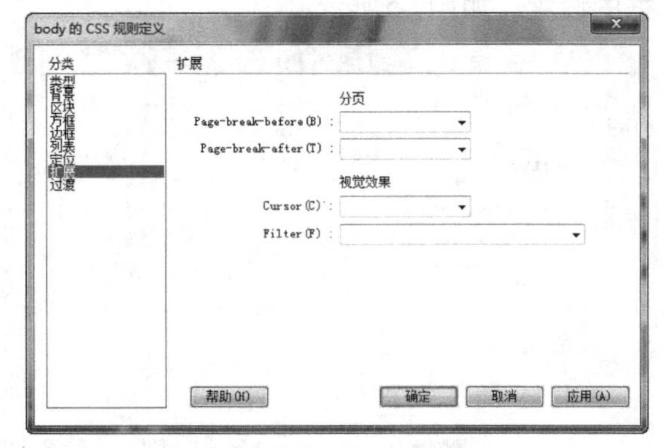

图7-8 选择“扩展”选项

7.2.9 设置过渡样式

“过渡”样式可以将元素从一种样式或状态更改为另一种样式或状态。“过渡”样式属性如图7-9所示。

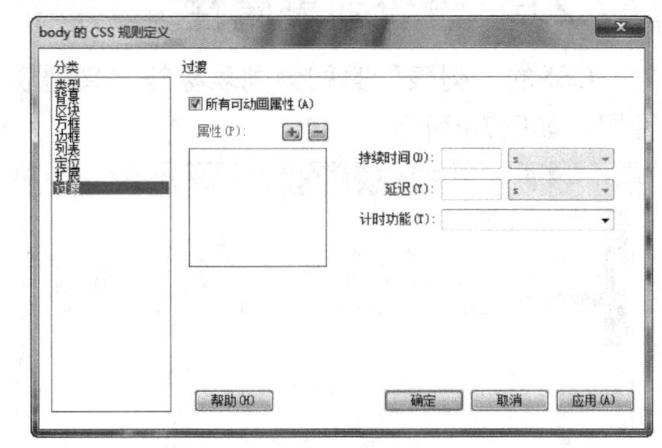

图7-9 选择“过渡”选项

7.3 链接到或导出外部CSS样式表

链接外部样式表可以方便地管理整个网站中的网页风格，它让网页的文字内容与版面设计分开，只要在一个CSS文档中定义好网页的外观风格，所有链接到此CSS文档的网页，便会按照定义好的风格显示。

7.3.1 课堂练一练——创建内部样式表

内部样式表只包含在当前操作的网页文档中，并只应用于相应的网页文档，因此，在制作背景网页的过程中，可以随时创建内部样式表，创建CSS内部样式表的具体操作步骤如下。

01 执行“窗口”|“CSS样式”命令，打开“CSS样式”面板，如图7-10所示。

02 在“CSS样式”面板中单击“新建”按钮，如图7-11所示。

图7-10 “CSS样式”面板　图7-11　单击“新建”按钮

在“CSS样式”面板的底部排列有几个按钮，含义如下所述。

附加样式表：在HTML文档中链接一个外部的CSS文件。

新建CSS样式：编辑新的CSS样式文件。

编辑样式表：编辑原有的CSS规则。

删除CSS样式：删除选中的已有的CSS规则。

03 弹出“新建CSS规则”对话框，如图7-12所示。

图7-12 “新建CSS规则”对话框

在对话框中，如果在“选择器类型”下拉列表中选择“标签”选项，则在“选择器名称”下方的下拉列表中可以选择一个HTML标签，也可以直接输入这个标签，如图7-13所示。

“规则定义”下拉列表框用来设置新建的CSS语句的位置。CSS样式按照使用方法可以分为内部样式和外部样式。如果想把CSS语句新建在网页内部，可以选择“仅限该文档”选项。如果在“选择器类型”下拉列表中选择“复合内容”选项，则要在“选择器名称”下拉列表中选择一种选择器名称，也可以直接输入一种选择器名称，如图7-14所示。

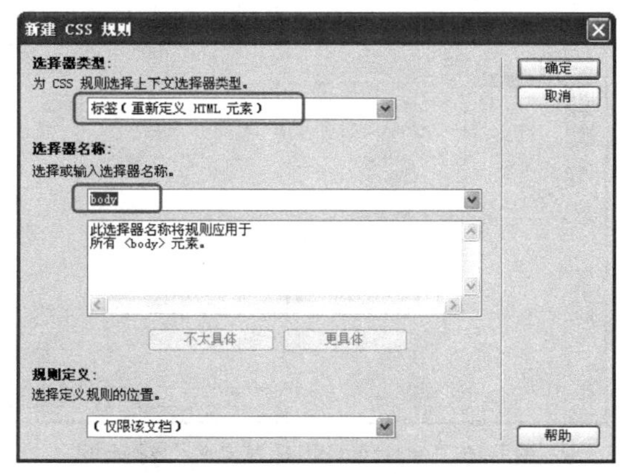

图7-13　在“选择器类型”中选择“标签”选项

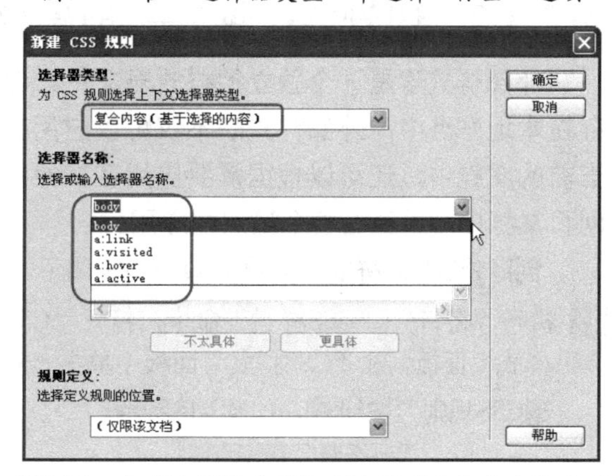

图7-14　在“选择器类型”中选择“复合内容”选项

04 在“选择器类型”下拉列表中选择“类”选项，然后在“选择器名称”中输入“.style”。由于创建的是CSS样式内部样式表，所以在“规则定义”下拉列表中选择“仅限该文档”选项，如图7-15所示。

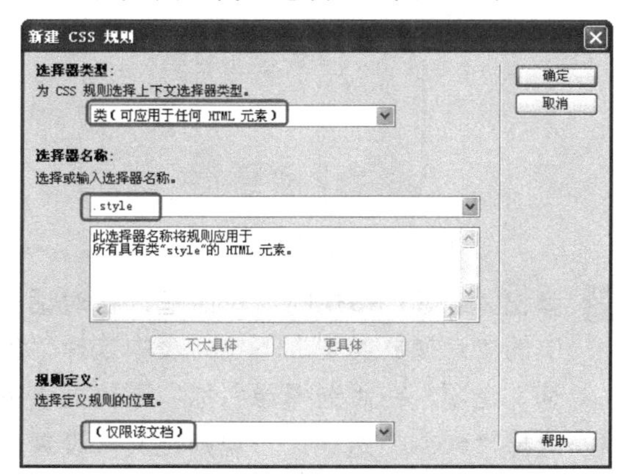

图7-15　选择“类”选项并输入选择器名称

05 单击“确定”按钮，弹出“.style的CSS规则定义”对话框，在对话框中将“Font-family”设置为宋体，“Font-size”设置为12像素，“Line-height”设置为150%，“Color”设置为“#000000”，如图7-16所示。

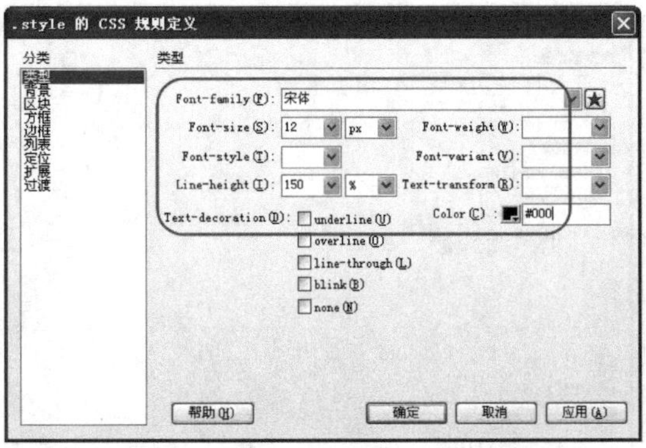

图7-16 “.style的CSS规则定义”对话框

06 单击“确定”按钮，在“CSS样式”面板中可以看到新建的样式表和属性，如图7-17所示。

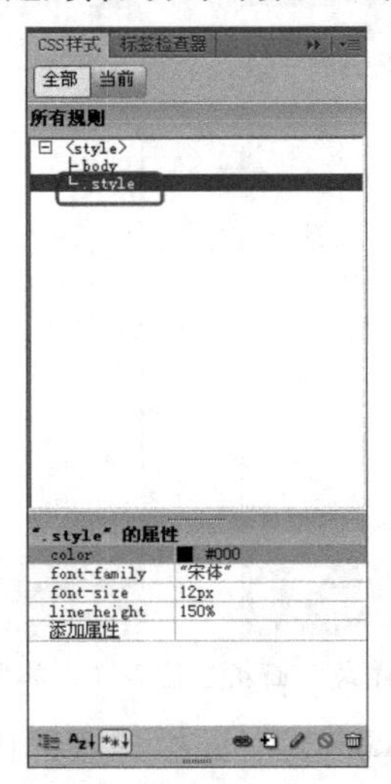

图7-17 新建的内部样式表

7.3.2 课堂练一练——创建外部样式表

外部样式表是一个独立的样式表文件，保存在本地站点中，外部样式表不仅可以应用在当前的文档中，还可以根据需要应用在其他的网页文档中，甚至在整个站点中应用。

创建外部CSS样式表的具体操作步骤如下。

01 执行“窗口”|“CSS样式”命令，打开“CSS样式”面板。在“CSS样式”面板中单击“新建CSS规则”按钮，如图7-18所示。

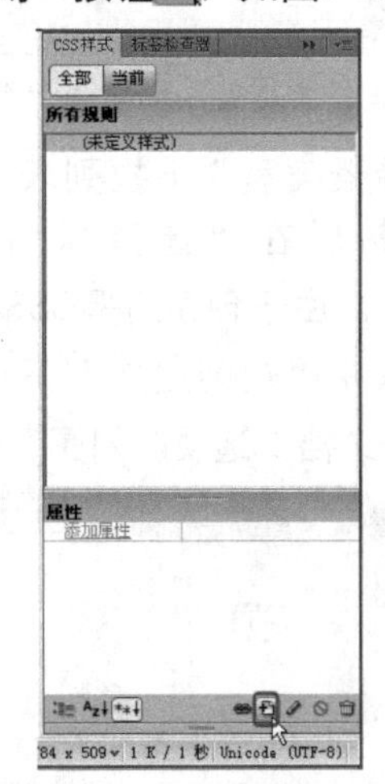

图7-18 “CSS样式”面板

02 弹出“新建CSS规则”对话框，在对话框中的“选择器类型”下拉列表中选择“标签”选项，在“选择器名称”下拉列表中选择“body”选项，“规则定义”设置为“新建样式表文件”，如图7-19所示。

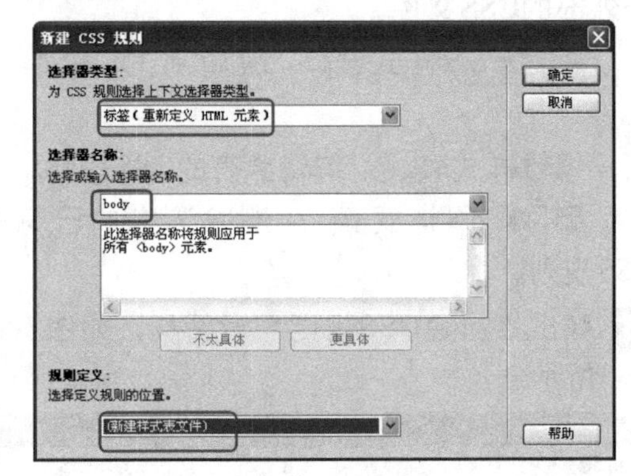

图7-19 “新建CSS规则”对话框

03 单击“确定”按钮，弹出图7-20所示的“将样式表文件另存为”对话框，在“文件名”文本框中输入样式表文件的名称，并在“相对于”下拉列表中选择“文档”选项。

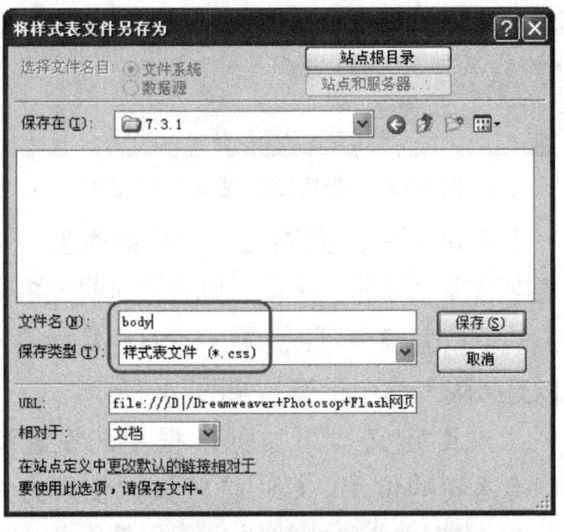

图7-20 “将样式表文件另存为”对话框

04 单击“保存”按钮，弹出图7-21所示的对话框，在对话框中进行相应的设置。

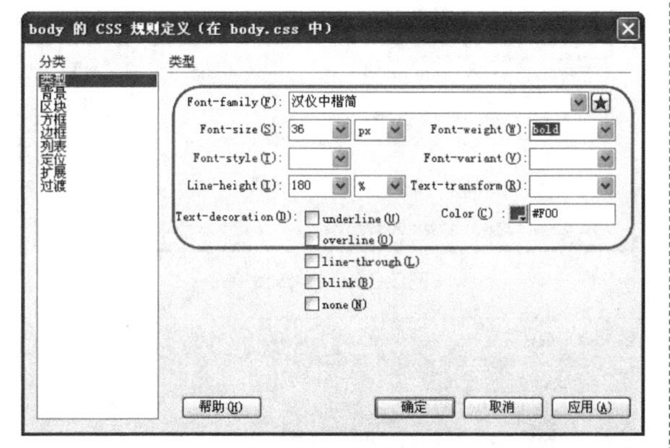

图7-21 “body的CSS规则定义”对话框

05 单击“确定”按钮，在文档窗口中可以看到新建的外部样式表文件，如图7-22所示。

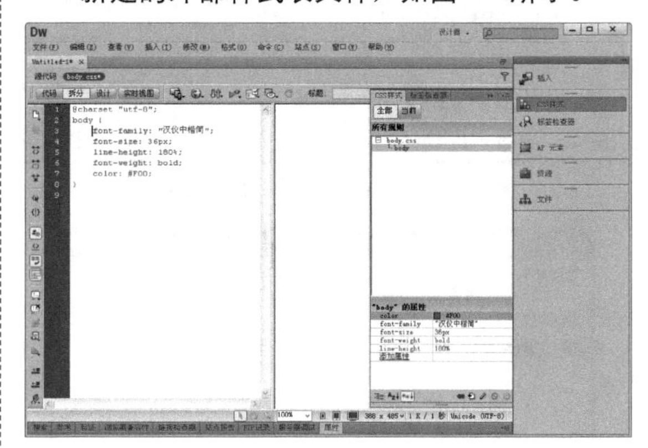

图7-22 新建的外部样式表文件

7.3.3 课堂练一练——链接外部样式表

编辑外部CSS样式表时，链接到该CSS样式表的所有文档将会全部更新，以反映所做的修改。用户可以导出文档中包含的CSS样式以创建新的CSS样式表，然后附加或链接到外部样式表以应用那里所包含的样式。链接外部样式表的效果如图7-23所示，具体的操作步骤如下。

原始文件：原始文件/CH07/7.3.3/index.html

最终文件：最终文件/CH07/7.3.3/index1.html

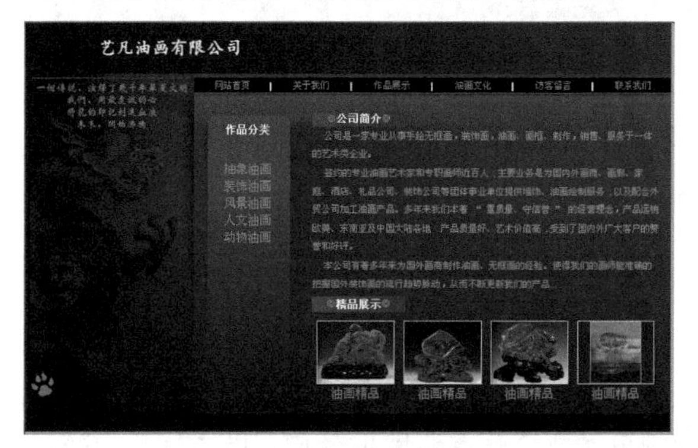

图7-23 链接外部样式表的效果

01 打开网页文档，执行“窗口”|“CSS样式”命令，如图7-24所示。

02 打开“CSS样式”面板，在面板中单击鼠标右键，在弹出的快捷菜单中执行“附加样式表”命令，如图7-25所示。

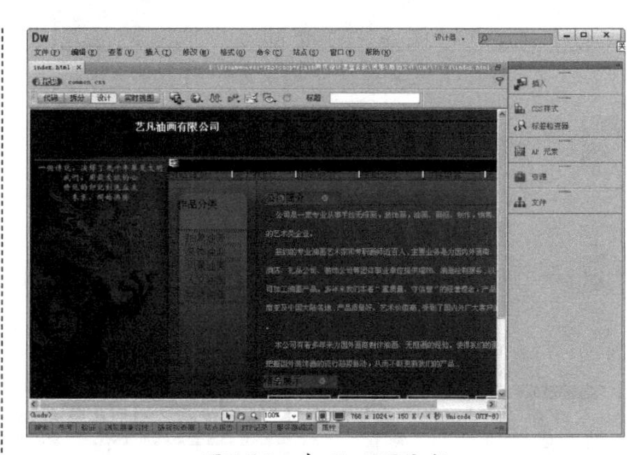

图7-24 打开网页文档

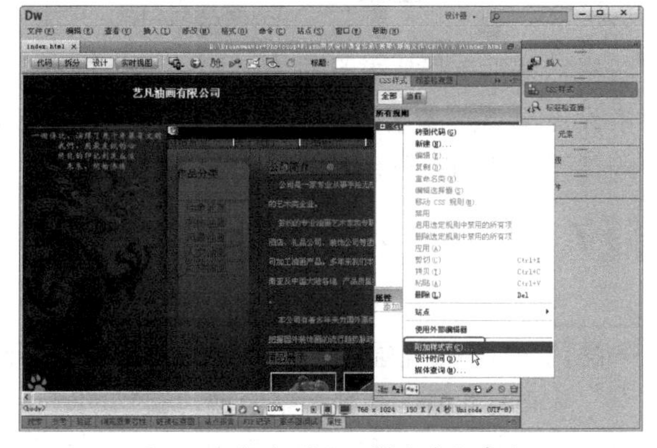

图7-25 执行“附加样式表”命令

03 弹出“链接外部样式表”对话框，在该对话框中单击“文件/URL”下拉列表框右侧的“浏览”按钮，如图7-26所示。

04 弹出“选择样式表文件”对话框，在对话框中选择“images”文件夹中的“common.css”文件，如图7-27所示。

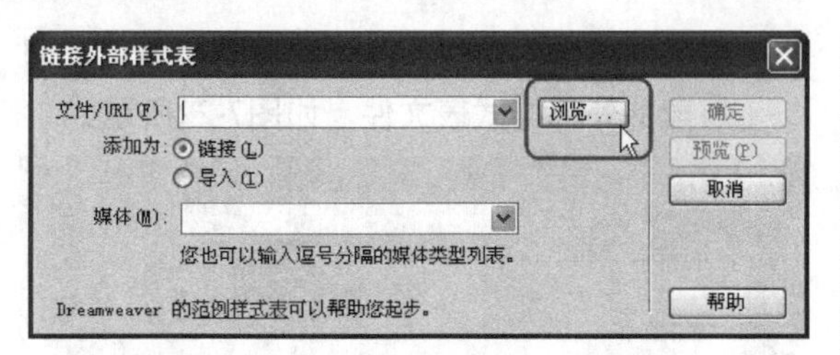

图7-26 “链接外部样式表”对话框

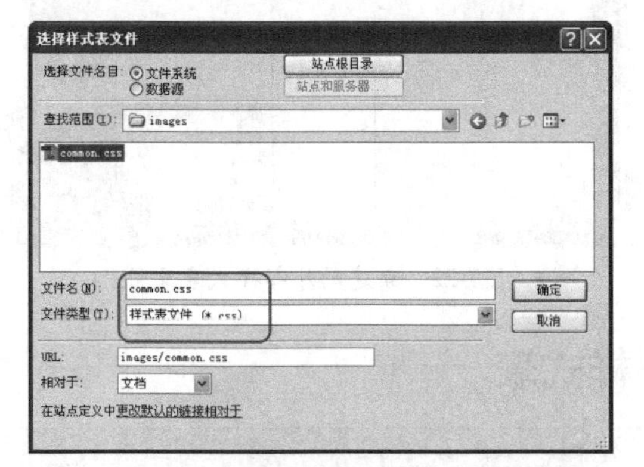

图7-27 “选择样式表文件”对话框

05 单击“确定”按钮，将文件添加到对话框中，在“添加为”栏选中“链接”单选项，如图7-28所示。

06 单击“确定”按钮，在“CSS样式”面板中可以看到链接到的外部样式表，如图7-29所示。

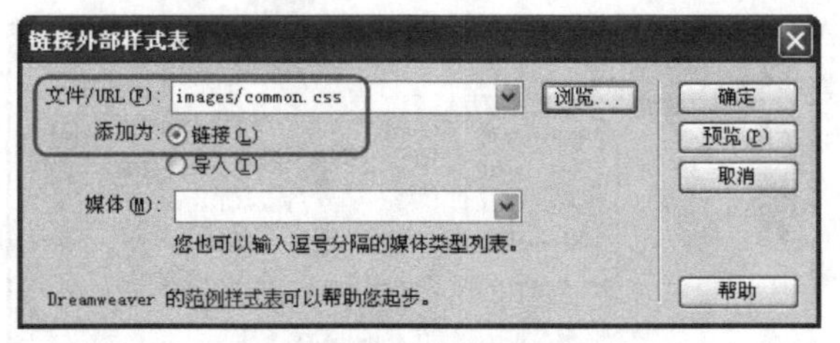

图7-28 添加文件

图7-29 链接外部样式表

07 保存网页，按F12键在浏览器中预览，如图7-23所示。

7.4 CSS和DIV布局

许多的Web站点都使用基于表格的布局显示页面信息。表格对于显示表格数据很有用，并且很容易在页面上创建。但表格还会生成大量难于阅读和维护的代码。许多设计者首选基于CSS的布局，正是因为基于CSS的布局所包含的代码数量要比具有相同特性的基于表格的布局使用的代码数量少很多。

7.4.1 什么是Web标准

Web标准是由W3C和其他标准化组织制定的一套规范集合，Web标准的目的在于创建一个统一的用于Web表现层的技术标准，以便于通过不同浏览器或终端设备向最终用户展示信息内容。

Web标准由一系列规范组成，目前的Web标准主要由三大部分组成：结构（Structure）、表现（Presentation）和行为（Behavior）。真正符合Web标准的网页设计是指能够灵活使用Web标准对Web内容进行结构、表现与行为的分离。

1. 结构

结构对网页中用到的信息进行分类与整理。在结构中用到的技术主要包括HTML、XML和XHTML。

2. 表现

表现用于对信息进行版式、颜色和大小等形式控制。在表现中用到的技术主要是CSS层叠样式表。

3. 行为

行为是指文档内部的模型定义及交互行为的编写，用于编写交互式的文档。在行为中用到的技术主要包括DOM和ECMAScript。

★ DOM（Document Object Model）文档对象模型

DOM是浏览器与内容结构之间的沟通接口，它可以访问页面上的标准组件。

★ ECMAScript脚本语言

ECMAScript是标准脚本语言，它用于实现具体的界面上对象的交互操作。

7.4.2 Div与Span、Class与ID的区别

Div标记早在HTML3.0时代就已经出现，但那时并不常用，直到CSS的出现，才逐渐发挥出它的优势。而Span标记直到HTML 4.0时才被引入，它是专门针对样式表而设计的标记。

Div简单而言是一个区块容器标记，即<div>与</div>之间相当于一个容器，可以容纳段落、标题、表格、图片，乃至章节、摘要和备注等各种HTML元素。因此，可以把<div>与</div>中的内容视为一个独立的对象，用于CSS的控制。声明时只需要对Div进行相应的控制，其中的各标记元素都会因此而改变。

Span是行内元素，Span的前后是不会换行的，它没有结构的意义，纯粹是应用样式，当其他行内元素都不合适时，可以使用Span。

7.4.3 为什么要使用CSS+Div布局

掌握基于CSS的网页布局方式，是实现Web标准的基础。在主页制作时采用CSS技术，可以有效地对页面的布局、字体、颜色、背景和其他效果实现更加精确的控制。只要对相应的代码做一些简单的修改，就可以改变网页的外观和格式。采用CSS布局有以下优点。

★ 大大缩减页面代码，提高页面浏览速度，缩减带宽成本。

★ 结构清晰，容易被搜索引擎搜索到。

★ 缩短改版时间，只要简单地修改几个CSS文件就可以重新设计一个有成百上千页面的站点。

★ 强大的字体控制和排版能力。

★ CSS非常容易编写，可以像写HTML代码一样轻松地编写CSS。

★ 提高易用性，使用CSS可以结构化HTML，如<p>标记只用来控制段落，<heading>标记只用来控制标题，<table>标记只用来表现格式化的数据等。

★ 表现和内容相分离，将设计部分分离出来放在一个独立样式文件中。

★ 更方便搜索引擎的搜索，用只包含结构化内容的HTML代替嵌套的标记，搜索引擎将更有效地搜索到内容。

★ table的布局中，垃圾代码会很多，一些修饰的样式及布局的代码混合在一起，很不直观。而div更能体现样式和结构相分离，结构的重构性强。

★ 可以将许多网页的风格格式同时更新，不用再一页一页地更新了。可以将站点上所有的网页风格都使用一个CSS文件进行控制，只要修改这个CSS文件中相应的行，整个站点的所有页面都会随之发生变动。

7.5 CSS布局方法

无论使用表格还是CSS，网页布局都是把大块的内容放进网页的不同区域里面。有了CSS，最常用来组织内容的元素就是<div>标签。CSS排版是一种很新的排版理念，首先要将页面使用<div>整体划分几个板块，然后对各个板块进行CSS定位，最后在各个板块中添加相应的内容。

7.5.1 将页面用Div分块

在利用CSS布局页面时，首先要有一个整体的规划，包括整个页面分成哪些模块，各个模块之间的父子关系等。以最简单的框架为例，页面由Banner、主体内容（content）、菜单导航（links）和脚注（footer）几个部分组成，各个部分分别用自己的id来标识，如图7-30所示。

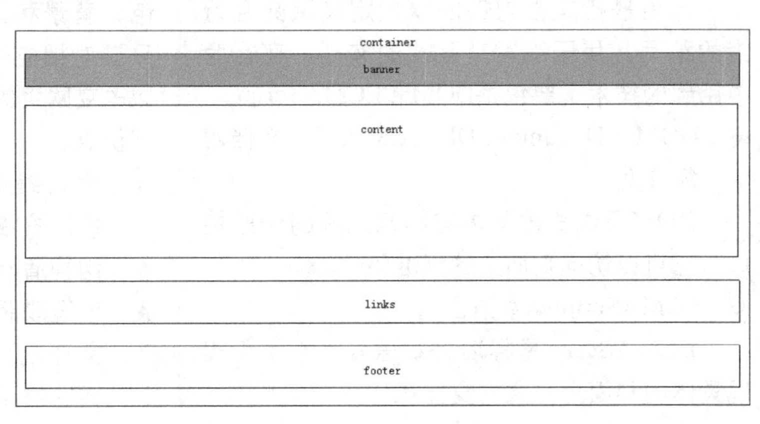

图7-30 页面内容框架

其页面中的HTML框架代码如下所示。

```
  <div id="container">container
  <div id="banner">banner</div>
    <div id="content">content</div>
    <div id="links">links</div>
    <div id="footer">footer</div>
</div>
```

实例中每个板块都是一个<div>，这里直接使用CSS中的id来表示各个板块，页面的所有Div块都属于container，一般的Div排版都会在最外面加上这个父Div，便于对页面的整体进行调整。对于每个Div块，还可以再加入各种元素或行内元素。

7.5.2 用CSS定位各块的位置

当页面的内容已经确定后，则需要根据内容本身考虑整体的页面布局类型，例如单栏、双栏、三栏等，这里采用的布局如图7-31所示。

由图7-13可以看出，在页面外部有一个整体的框架container，banner位于页面整体框架中的最上方，content与links位于页面的中部，其中content占据着页面的绝大部分。最下面是页面的脚注footer。

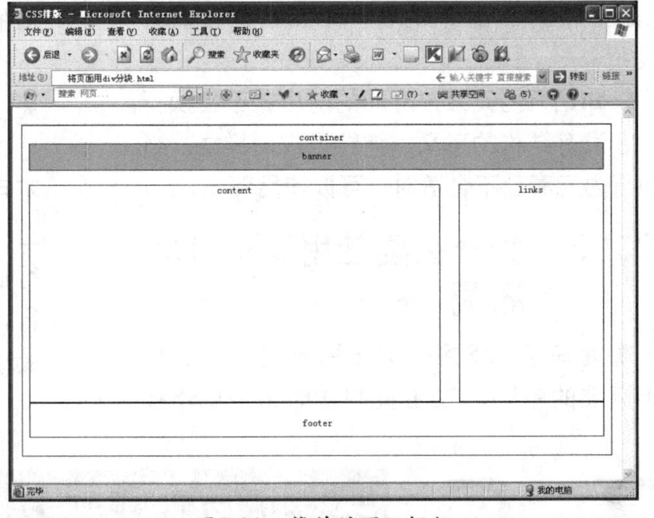

图7-31 简单的页面框架

7.6 CSS的基本语法

CSS的语法结构仅由3部分组成，分别为选择符、样式属性和值，基本语法如下。

选择符{样式属性:取值;样式属性:取值;样式属性:取值;…… }

选择符（Selector）指这组样式编码所要针对的对象，可以是一个XHTML标签，如<body>、<hl>，也可以是定义了特定id或class的标签，如“#main”选择符表示选择<div id=main>，即一个被指定了main为id的对象。浏览器将对CSS选择符进行严格的解析，每一组样式均会被浏览器应用到对应的对象上。

属性（Property）是CSS样式控制的核心，对于每一个XHTML中的标签，CSS都提供了丰富的样式属性，如颜色、大小、定位和浮动方式等。

值（Value）是指属性的值，有两种形式，一种是指定范围的值，如float属性，只可以使用left、right和none3种值；另一种为数值，如width，能够取值于0～9999px，或通过其他数学单位来指定。

在实际应用中，往往使用以下类似的应用形式：

Body {background-color:blue}

表示选择符为body，即选择了页面中的<body>标记，属性为background-color，这个属性用于控制对象的背景色，而值为blue。页面中的body对象的背景色通过使用这组CSS编码，被定义为蓝色。

7.7 实战应用

使用CSS样式可以灵活并更好地控制页面外观，即从精确的布局定位到特定的字体和文本样式。下面通过实例介绍如何在网页中创建及应用CSS样式。

7.7.1 实战1——CSS样式美化文字

利用CSS可以固定字体大小，使网页中的文本始终不随浏览器改变而发生变化，总是保持着原有的大小，应用CSS固定字体大小的效果如图7-32所示，具体的操作步骤如下。

图7-32 应用CSS美化字体的效果

原始文件：原始文件/CH07/实战1/index.html

最终文件：最终文件/CH07/实战1/ index1.html

01 打开网页文档，执行“窗口”|“CSS样式”命令，如图7-33所示。

图7-33 打开网页文档

02 打开“CSS样式”面板，在“CSS样式”面板中单击鼠标右键，在弹出的快捷菜单中执行“新建”命令，如图7-34所示。

03 弹出“新建CSS规则”对话框，在对话框中的“选择器类型”中选择“类”，在“选择器名称”中输入名称，在“规则定义”中选择“仅限该文档”，如图7-35所示。

图7-34 执行“新建”命令

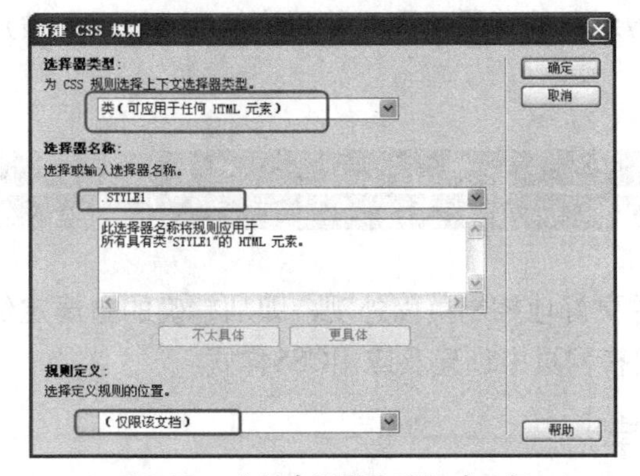

图7-35 “新建CSS规则”对话框

04 单击“确定”按钮，弹出“.STYLE1的CSS规则定义”对话框，在对话框中将“Font-family”设置为宋体，“Font-size”设置为12像素，“Color”设置为#060，“Line-height”设置为200%，如图7-36所示。

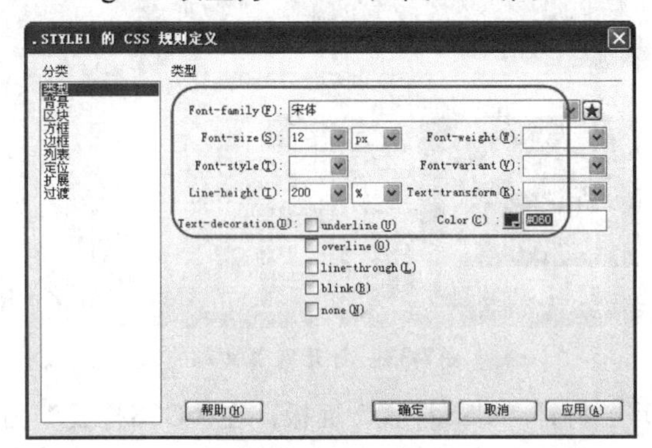

图7-36 “.STYLE1的CSS规则定义”对话框

05 单击“确定”按钮，新建CSS样式，选中应用样式的文本，单击鼠标的右键，在弹出的快捷菜单中执行“应用”命令，如图7-37所示。

06 保存文档，按F12键在浏览器中浏览，效果如图7-32所示。

图7-37 应用CSS样式

7.7.2 实战2——应用CSS样式制作阴影文字

滤镜能对样式所控制的对象应用特殊效果（包括模糊和反转），使用CSS样式制作阴影文字的效果如图7-38所示，具体的操作步骤如下。

原始文件：原始文件/CH07/实战2/index.html

最终文件：最终文件/CH07/实战2/index1.html

图7-38 使用CSS样式制作阴影文字的效果

01 打开网页文档，将光标置于页面中，如图7-39所示。

02 执行“插入”|“表格”命令，插入1行1列

的表格，“表格宽度”设置为30%，单击“确定”按钮，插入表格，如图7-40所示。

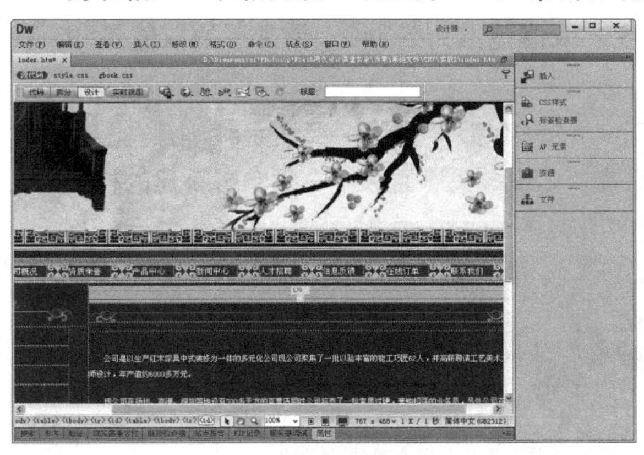

图7-39 打开网页文档

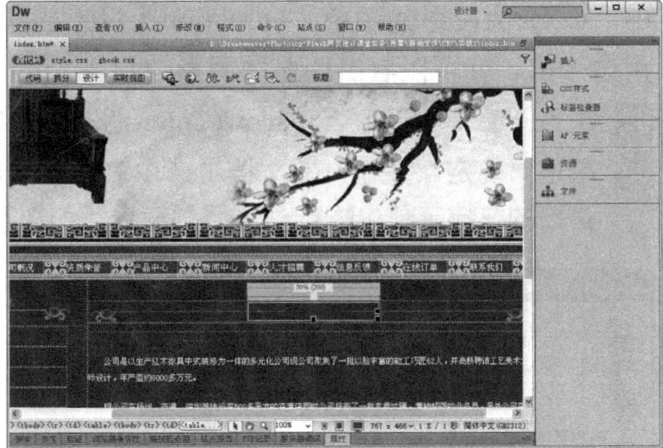

图7-40 插入表格

03 将光标置于表格内，输入文字，执行“窗口”|“CSS样式”命令，如图7-41所示。

04 打开“CSS样式”面板，在“CSS样式”面板中单击鼠标右键，在弹出的快捷菜单中执行“新建”命令，弹出“新建CSS规则”对话框，在“选择器名称”文本框中输入“.yinying”，在“选择器类型”中选择“类”，“规则定义”选择“仅限该文档”，如图7-42所示。

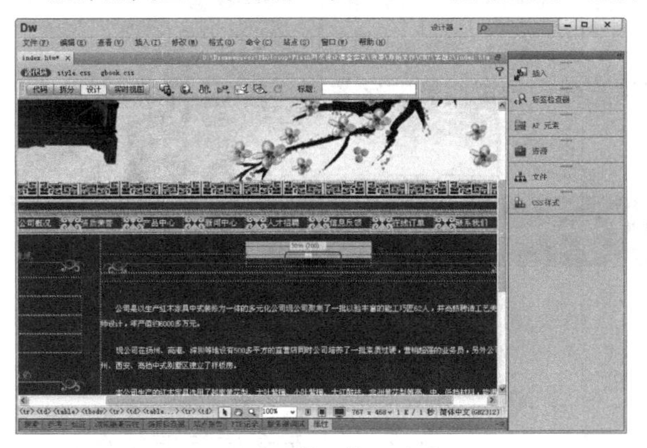

图7-41 输入文字

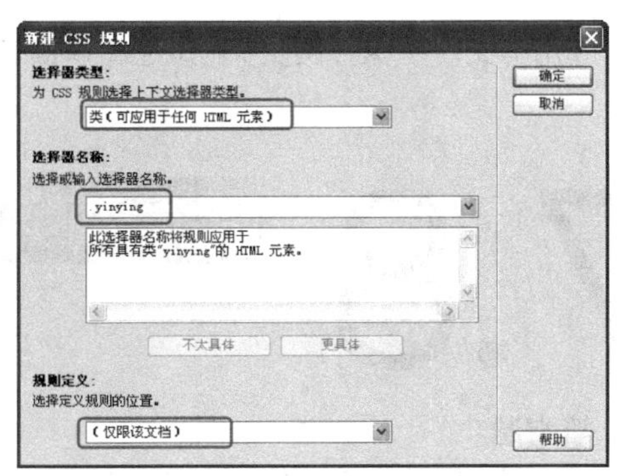

图7-42 “新建CSS规则”对话框

05 单击“确定”按钮，弹出“. yinying的CSS规则定义”对话框，选择“分类”中的“类型”选项，“Font-family”设置为宋体，“Font-size”设置为30,“Font-weight”设置为bold，“color”设置为#FFF，如图7-43所示。

06 单击“应用”按钮，再选择“分类”中的“扩展”选项，“Filter”设置为“Shadow(Color=？, Direction=？)”，如图7-44所示。

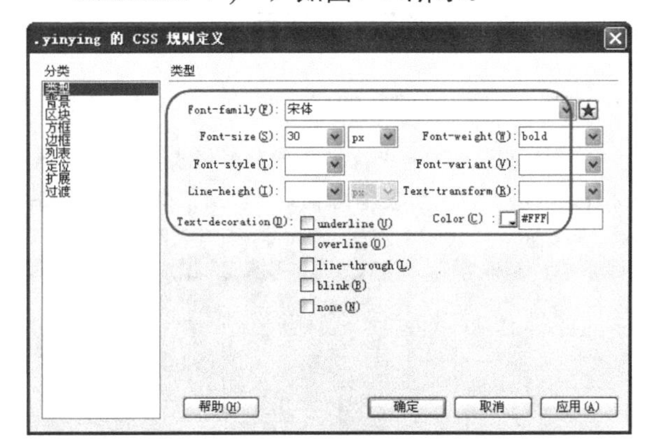

图7-43 “.yinying的CSS规则定义”对话框

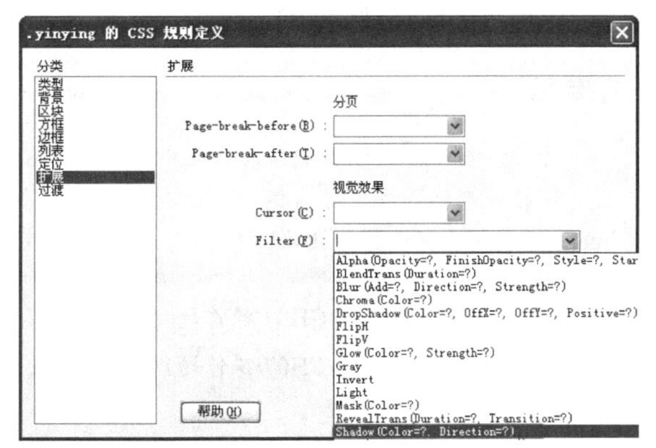

图7-44 选择“Shadow”选项

Shadow滤镜可以使文字产生阴影效果，其语法格式为：Shadow(Color=?，Direction=?)，其中，Color为投影的颜色，Direction为投影的角度，取值范围为0~360，最常用的取值是50，采用这个值，就可以看出明显的阴影效果。

07 在“Filter”中设置“Shadow(Color=#ccc333, Direction=100)”，如图7-45所示。

08 单击“确定”按钮，在文档中选中表格，然后在“CSS样式”面板中右键单击新建的样式，在弹出的快捷菜单中执行“应用”命令，如图7-46所示。

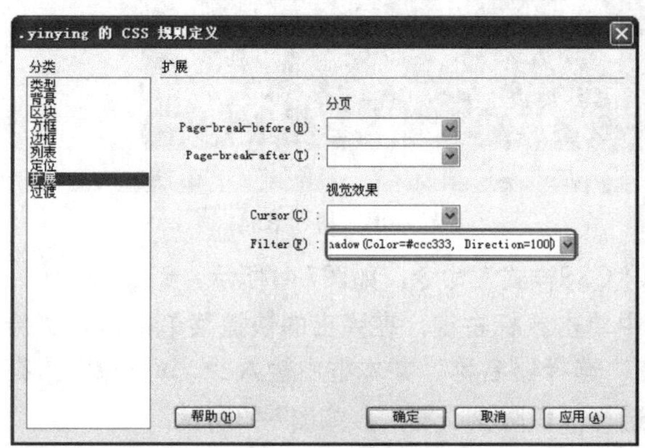

图7-45 设置阴影

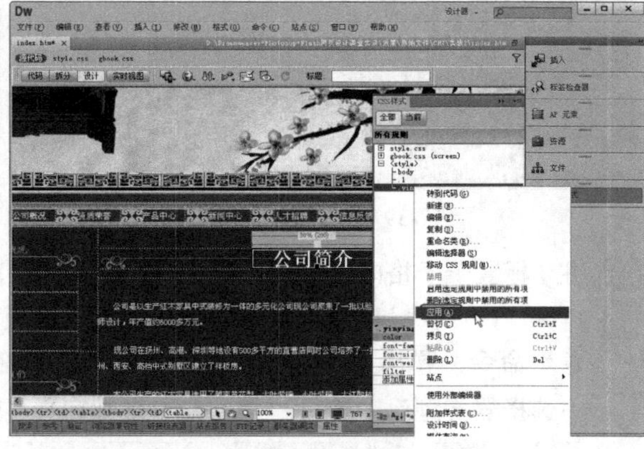

图7-46 选择应用

09 应用样式后，保存网页文档，按F12键在浏览器中预览阴影文字效果，如图7-38所示。

7.8 课后练习

一、填空题

1．控制网页元素外观的CSS样式用来定义字体、颜色、边距和字间距等属性，可以使用Dreamweaver来对所有的CSS属性进行设置。CSS属性被分为9大类：__________、__________、__________、__________、__________、__________、__________、__________、和__________。

2．CSS的语法结构仅由3部分组成，分别为________、________和________。

二、操作题

1. 利用链接外部CSS样式表给图7-47所示的网页应用样式，如图7-48所示。

提 示

打开“CSS样式”面板，在面板中单击鼠标右键，在弹出的快捷菜单中执行“附加样式表”命令，弹出“链接外部样式表”对话框，在该对话框中单击“文件/URL”下拉列表框右侧的“浏览”按钮，选择images文件夹中的link.css文件。

原始文件：原始文件/CH07/操作题1/index.htm

最终文件：最终文件/CH07/操作题1/index1.htm

图7-47 原始文件

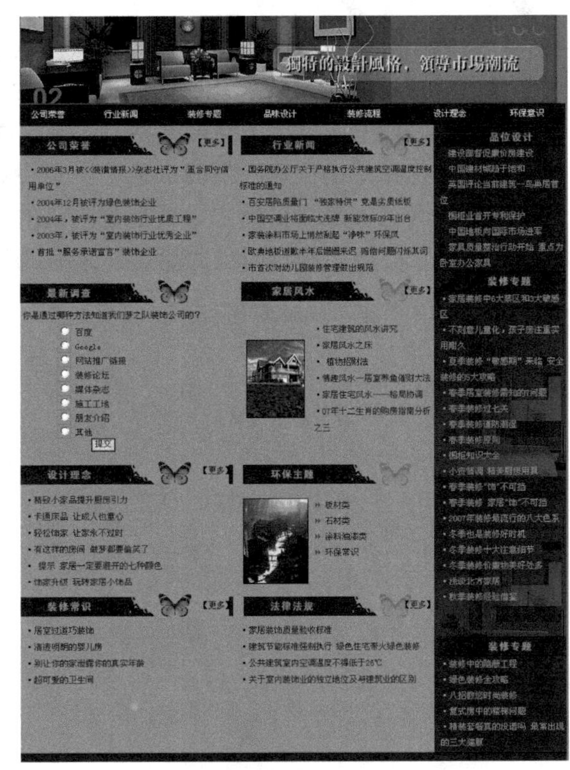

图7-48 链接外表样式表效果

2. 利用CSS滤镜给图7-49所示的“公司简介”文字创建动感阴影文字，如图7-50所示。

提 示

在“CSS规则定义”对话框中，选择“分类”中的“扩展”选项，设置Filter滤镜即可。

原始文件：原始文件/CH07/操作题2/index.htm

最终文件：最终文件/CH07/操作题2/index1.htm

图7-49 原始文件

图7-50 应用CSS动感阴影文字效果

7.9 本章小结

设计网页的第一步是设计布局，好的网页布局会令访问者耳目一新，同样也可以使访问者比较容易在站点上找到他们所需要的信息。无论使用表格还是CSS，网页布局都是把大块的内容放进网页的不同区域里面。

传统表格布局的快速与便捷加速了网页设计师对于页面创意的激情，而忽视了代码的理性分析。迄今为止，表格仍然主导着视觉丰富的网站的设计方式，但它却阻碍了一种更好的、更有亲和力的、更灵活的，而且功能更强大的CSS布局方法。

第8章 利用行为轻松实现网页特效

本章导读

Dreamweaver CC提供了快速制作网页特效的行为，可以让即使不会编程的设计者也能制作出漂亮的特效，本章将学习行为的使用。行为是Dreamweaver内置的JavaScript程序库。在页面中使用行为可以让不懂得编程的人也能将JavaScript程序添加到页面中，从而制作出具有动态效果与交互效果的网页。

技术要点

- ★ 熟悉行为的概述
- ★ 认识事件
- ★ 认识动作
- ★ 掌握行为的使用方法

8.1 特效中的行为和事件

在Dreamweaver中，行为是事件和动作的组合。事件是特定的时间或是用户在某时所发出的指令后紧接着发生的，而动作是事件发生后，网页所要做出的反应。

8.1.1 网页事件

事件用于指定选定的行为动作在何种情况下发生。如想应用单击图像时跳转到指定网站的行为，则需要把事件指定为单击瞬间onClick。表8-1所示是Dreamweaver中常见的事件。

表8-1 Dreamweaver中常见的事件

内　容	事　件
onAbort	在浏览器窗口中停止加载网页文档的操作时发生的事件
onMove	移动窗口或框架时发生的事件
onLoad	选定的对象出现在浏览器上时发生的事件
onResize	访问者改变窗口或帧的大小时发生的事件
onUnLoad	访问者退出网页文档时发生的事件
onClick	用鼠标单击选定元素的一瞬间发生的事件
onBlur	鼠标指针移动到窗口或帧外部，即在这种非激活状态下发生的事件
onDragDrop	拖动并放置选定元素的那一瞬间发生的事件
onDragStart	拖动选定元素的那一瞬间发生的事件
onFocus	鼠标指针移动到窗口或帧上，激活之后发生的事件
onMouseDown	单击鼠标右键一瞬间发生的事件
onMouseMove	鼠标指针指向字段并在字段内移动时发生的事件
onMouseOut	鼠标指针经过选定元素之外时发生的事件
onMouseOver	鼠标指针经过选定元素上方时发生的事件
onMouseUp	单击鼠标右键，然后释放时发生的事件
onScroll	访问者在浏览器上移动滚动条时发生的事件
onKeyDown	当访问者按下任意键时发生的事件
onKeyPress	当访问者按下和释放任意键时发生的事件
onKeyUp	在键盘上按下特定键并释放时发生的事件
onAfterUpdate	更新表单文档内容时发生的事件
onBeforeUpdate	改变表单文档项目时发生的事件
onChange	访问者修改表单文档的初始值时发生的事件
onReset	将表单文档重设置为初始值时发生的事件
onSubmit	访问者传送表单文档时发生的事件
onSelect	访问者选定文本字段中的内容时发生的事件
onError	在加载文档的过程中，发生错误时发生的事件
onFilterChange	运用于选定元素的字段发生变化时发生的事件
Onfinish Marquee	用功能来显示的内容结束时发生的事件
Onstart Marquee	开始应用功能时发生的事件

8.1.2 网页行为

所谓的动作就是设定更换图片、弹出警告信息框等特殊的JavaScript效果。在设定的事件发生时运行动作。表8-2所示是Dreamweaver提供的常见动作。

表8-2 Dreamweaver提供的常见动作

动　作	内　容
调用JavaScript	调用JavaScript函数
改变属性	改变选择对象的属性
检查插件	确认是否设有运行网页的插件
拖动AP元素	允许在浏览器中自由拖动AP Div
转到URL	可以转到特定的站点或网页文档上
跳转菜单	可以创建若干个链接的跳转菜单
跳转菜单开始	在跳转菜单中选定要移动的站点之后，只有单击GO按钮才可以移动到链接的站点上
打开浏览器窗口	在新窗口中打开URL
弹出消息	设置的事件发生之后，弹出警告信息
预先载入图像	为了在浏览器中快速显示图片，事先下载图片之后显示出来
设置框架文本	在选定的帧上显示指定的内容
设置状态栏文本	在状态栏中显示指定的内容
设置文本域文字	在文本字段区域显示指定的内容
显示-隐藏元素	显示或隐藏特定的AP Div
交换图像	发生设置的事件后，用其他图片来取代选定的图片
恢复交换图像	在运用交换图像动作之后，显示原来的图片
检查表单	在检查表单文档有效性的时候使用

8.2 使用Dreamweaver内置行为

8.2.1 课堂练一练——交换图像

“交换图像”动作是将一幅图像替换成另外一幅图像，一个交换图像其实是由两幅图像组成的。下面通过实例讲述创建交换图像，鼠标未经过图像时的效果，如图8-1所示，当鼠标经过图像时的效果如图8-2所示，具体操作步骤如下。

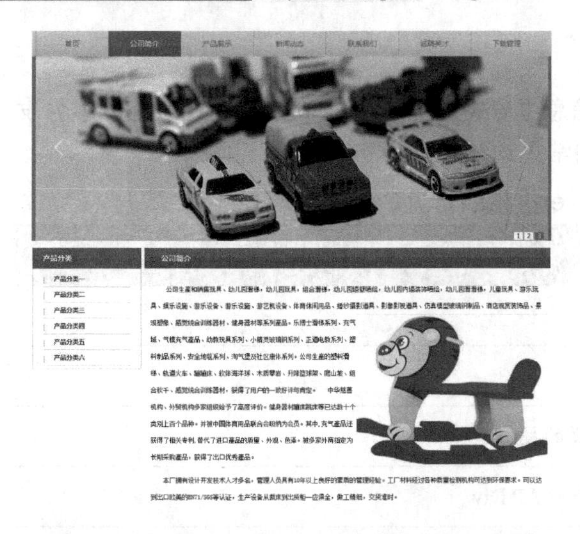

图8-1 未经过图像时的效果

图8-2 鼠标经过图像时的效果

原始文件：原始文件/CH08/8.2.1/index.html

最终文件：最终文件/CH08/8.2.1/index1.html

01 打开网页文档，如图8-3所示。

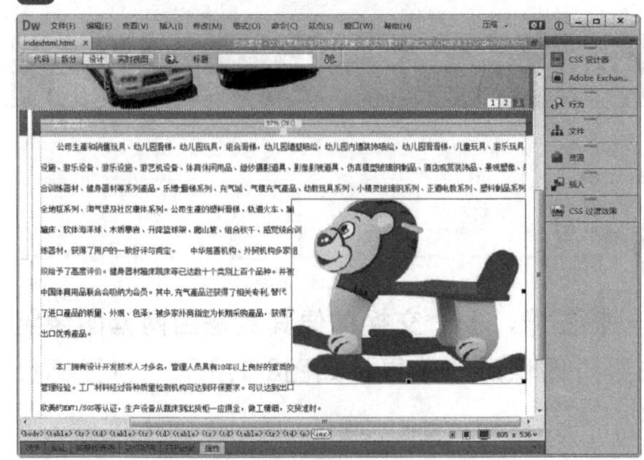

图8-3 打开网页文档

02 打开“行为”面板，在面板中单击“添加行为”按钮 +，在弹出的菜单中选择“交换图像”选项，如图8-4所示。

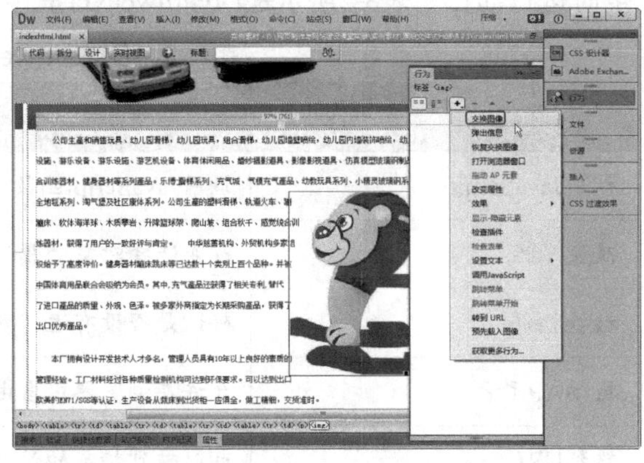

图8-4 选择“交换图像”选项

03 弹出“交换图像”对话框，在对话框中单击“设定原始档为”文本框右边的“浏览”按钮，如图8-5所示。

04 在弹出的“选择图像源文件”对话框中选择预载入的图像images/02.jpg，如图8-6所示。

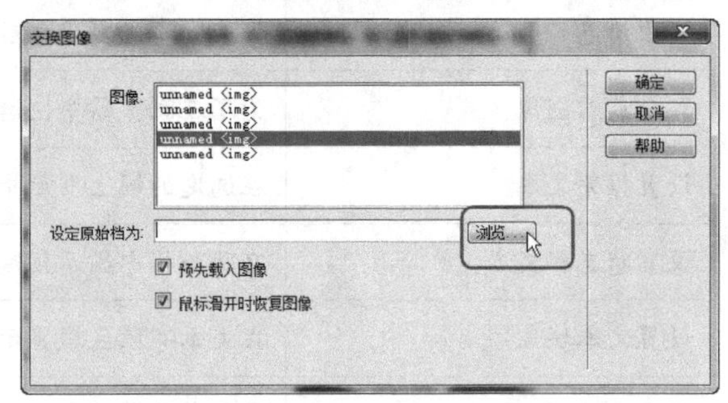

图8-5 “交换图像”对话框

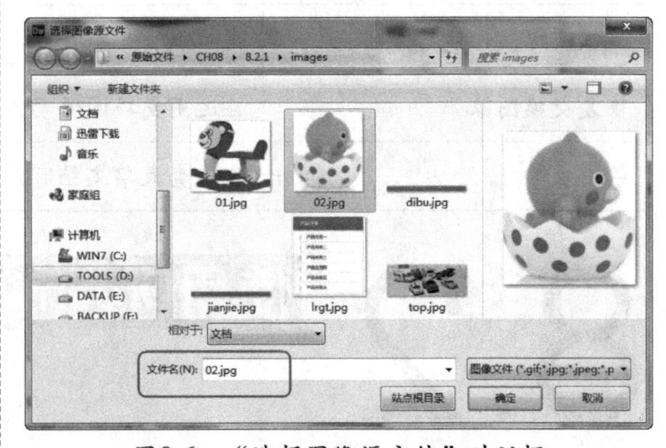

图8-6 “选择图像源文件”对话框

知识要点

“交换图像”对话框中可以进行如下设置。

★ 图像：在列表中选择要更改其源的图像。

★ 设定原始档为：单击“浏览”按钮选择新图像

文件，文本框中显示新图像的路径和文件名。

★ 预先载入图像：勾选该复选框，这样在载入网页时，新图像将载入到浏览器的缓冲中，防止当图像该出现时由于下载而导致的延迟。

★ 鼠标滑开时恢复图像：勾选该复选框表示当鼠标离开图片时，图片会自动恢复为原始图像。

05 单击“确定”按钮，添加到文本框中，如图8-7所示。

06 单击“确定”按钮，添加行为到“行为”面板中，如图8-8所示。

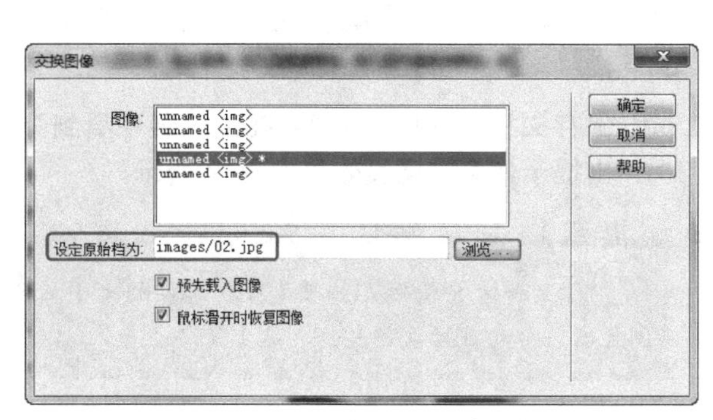

图8-7 “交换图像”对话框

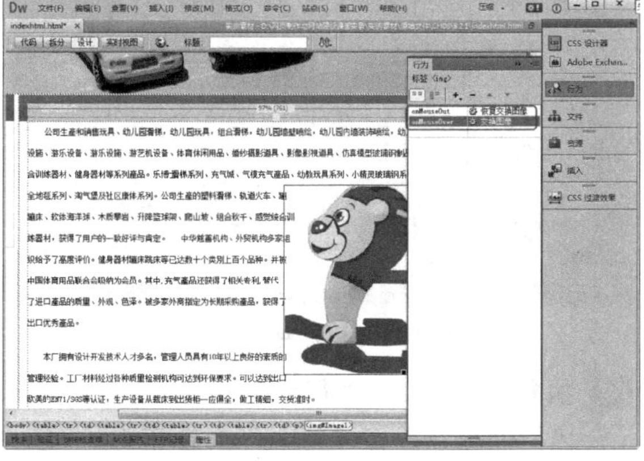

图8-8 添加行为到“行为”面板

提示

“交换图像”动作自动预先载入在“交换图像”对话框中选择“预先载入图像”选项时所有高亮显示的图像，因此当使用“交换图像”时不需要手动添加预先载入图像。

07 保存文档，按F12键在浏览器中预览，鼠标指针未接近图像时的效果如图8-1所示，鼠标指针接近图像时的效果如图8-2所示。

指点迷津

如果没有为图像命名，“交换图像”动作仍将起作用；当将该行为附加到某个对象时，它将为未命名的图像自动命名。但是，如果所有图像都预先命名，则在“交换图像”对话框中更容易区分它们。

8.2.2 课堂练一练——弹出提示信息

弹出信息显示一个带有指定信息的警告窗口，因为该警告窗口只有一个“确定”按钮，所以使用此动作可以提供信息，而不能为用户提供选择。创建弹出提示信息网页的效果如图8-9所示，具体操作步骤如下。

图8-9 弹出提示信息效果

原始文件：原始文件/CH08/8.2.2/index.html

最终文件：最终文件/CH08/8.2.2/index1.html

01 打开网页文档，单击文档窗口中的<body>标签，如图8-10所示。

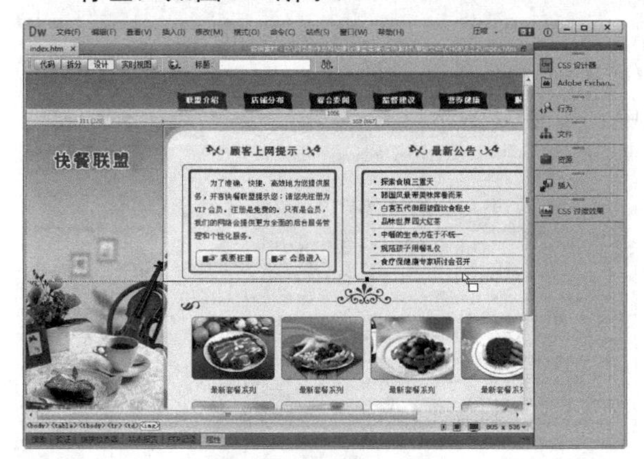

图8-10 打开网页文档

02 执行|“窗口”|“行为”命令，打开“行为”面板，单击“行为”面板中的“添加行为”按钮 +，在弹出菜单中选择“弹出信息”选项，如图8-11所示。

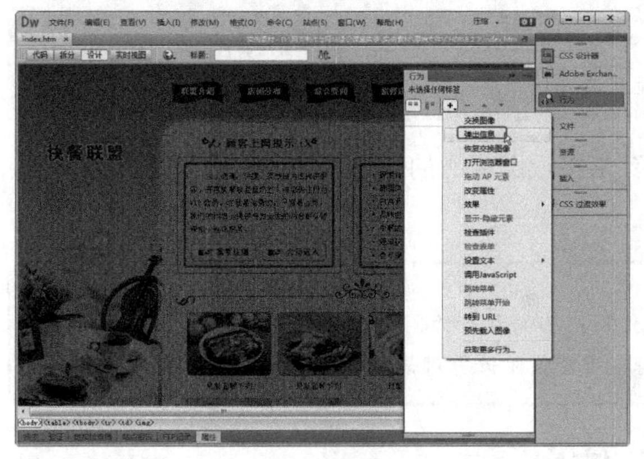

图8-11 选择“弹出信息”选项

03 弹出“弹出信息”对话框，输入文本“您好，欢迎光临我们的网站!”，如图8-12所示。

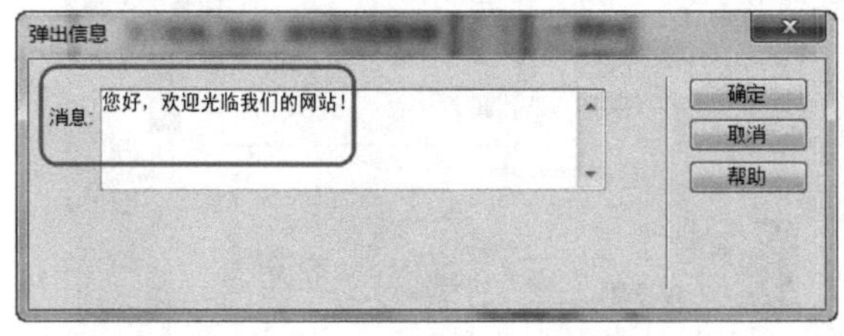

图8-12 “弹出信息”对话框

04 单击“确定”按钮，添加行为，如图8-13所示。

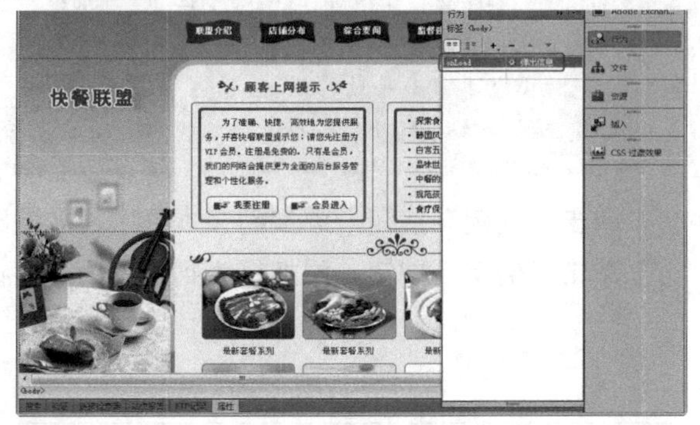

图8-13 添加行为

05 保存文档，按F12键即可在浏览器中看到弹出提示信息，网页效果如图8-9所示。

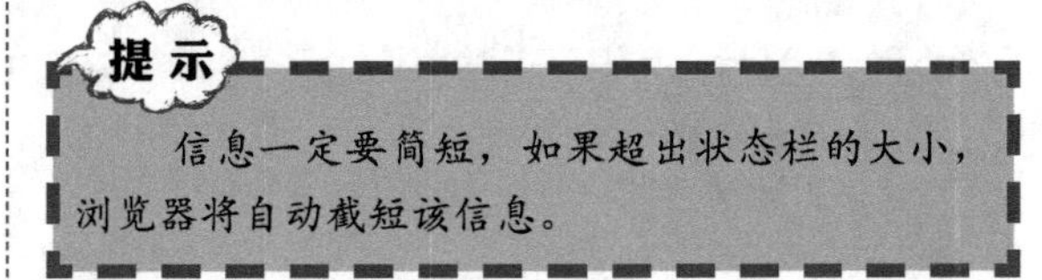

提 示

信息一定要简短，如果超出状态栏的大小，浏览器将自动截短该信息。

8.2.3 课堂练一练——打开浏览器窗口

使用“打开浏览器窗口”动作在打开当前网页的同时，还可以再打开一个新的窗口。创建打开浏览器窗口网页的效果如图8-14所示，具体操作步骤如下。

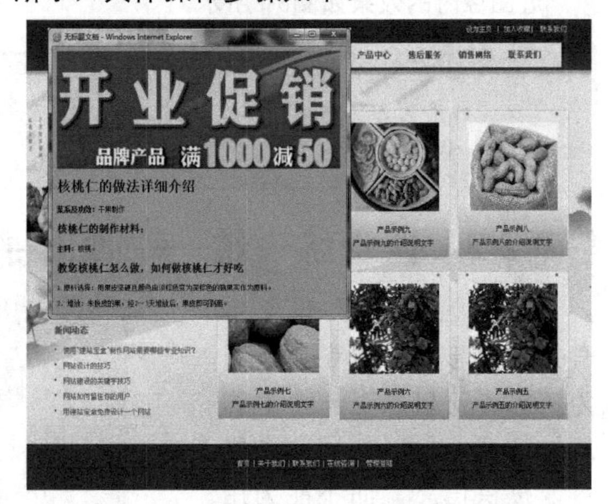

图8-14 打开浏览器窗口网页的效果

原始文件：原始文件/CH08/8.2.3/index.html

最终文件：最终文件/CH08/8.2.3/index1.html

01 打开网页文档，单击文档窗口中的<body>标签，如图8-15所示。

02 打开“行为”面板，在“行为”面板中单击

“添加行为”按钮+，在弹出的菜单中选择“打开浏览器窗口”命令，如图8-16所示。

图8-15 打开网页文档

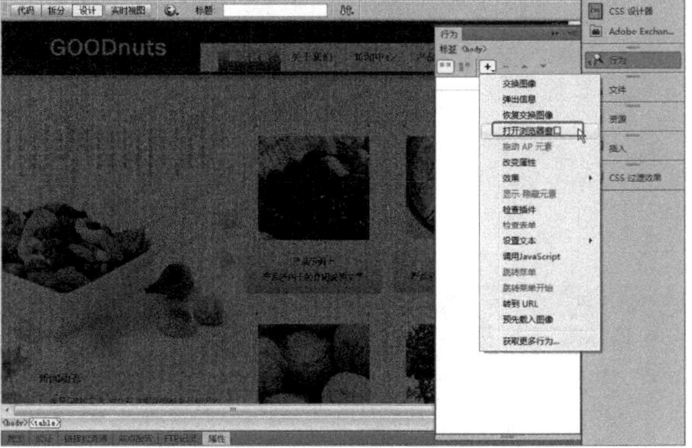
图8-16 选择“打开浏览器窗口”命令

提示

按Shift+F4快捷键也可以打开“行为”面板。

03 选中命令后，弹出“打开浏览器窗口”对话框，如图8-17所示。

04 在对话框中单击“要显示的URL”文本框右边的“浏览”按钮，弹出“选择文件”对话框，在对话框中选择guanggao.html，如图8-18所示。

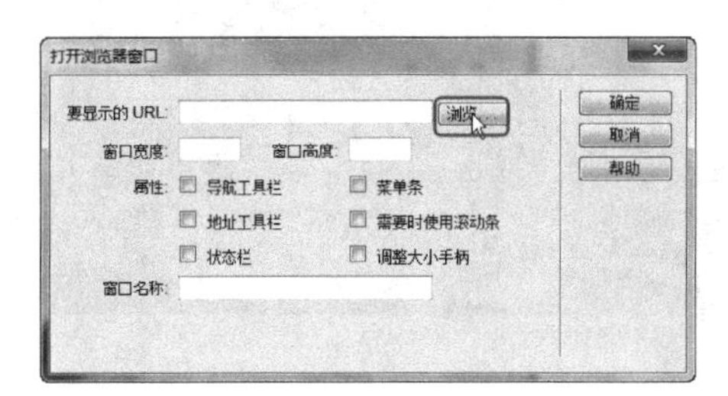

图8-17 “打开浏览器窗口”对话框

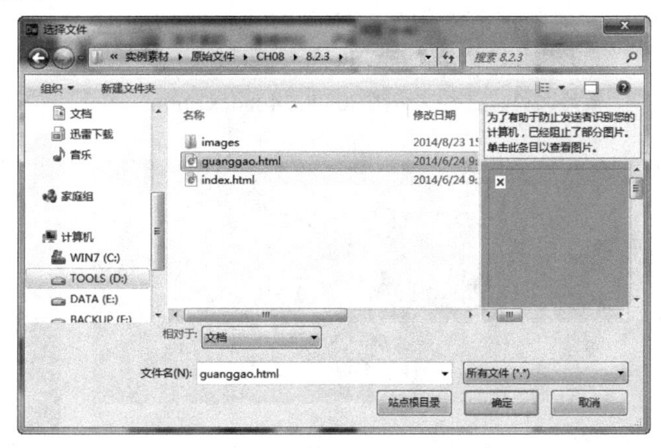

图8-18 “选择文件”对话框

指点迷津

在“打开浏览器窗口”对话框中可以进行如下设置。

★ 要显示的URL：填入浏览器窗口中要打开链接的路径，可以单击“浏览”按钮找到要在浏览器窗口打开的文件。

★ 窗口宽度：设置窗口的宽度。

★ 窗口高度：设置窗口的高度。

★ 属性：设置打开浏览器窗口的一些参数。选中“导航工具栏”为包含导航条；选中“菜单条”为包含菜单条；选中“地址工具栏”后在打开浏览器窗口中显示地址栏；选中“需要时使用滚动条”，如果窗口中内容超出窗口大小，则显示滚动条；选中“状态栏”后可以在弹出窗口中显示滚动条；选中“调整大小手柄”，浏览者可以调整窗口大小。

★ 窗口名称：给当前窗口命名。

05 单击“确定”按钮，添加到文本框，将“宽”设置为560，“高”设置为500，“窗口名称”中输入名称，“属性”选择“调整大小手柄”，如图8-19所示。

06 单击“确定”按钮，将行为添加到“行为”面板中，如图8-20所示。保存文档，按F12键在浏览器中可以预览效果。

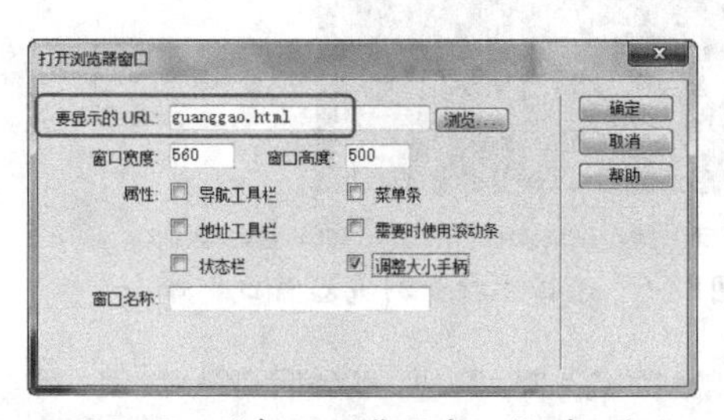

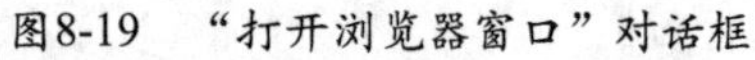

图8-19 “打开浏览器窗口”对话框

图8-20 添加行为

8.2.4 课堂练一练——转到URL

“转到URL”动作是设置链接的时候使用的动作。通常的链接是在单击后跳转到相应的网页文档中，但是“转到URL”动作在把鼠标放上后或者双击时，都可以设置不同的事件来加以链接。跳转前的效果和跳转后的效果分别如图8-21和图8-22所示，具体操作步骤如下。

原始文件：原始文件/CH08/8.2.4/index.html

最终文件：最终文件/CH08/8.2.4/index1.html

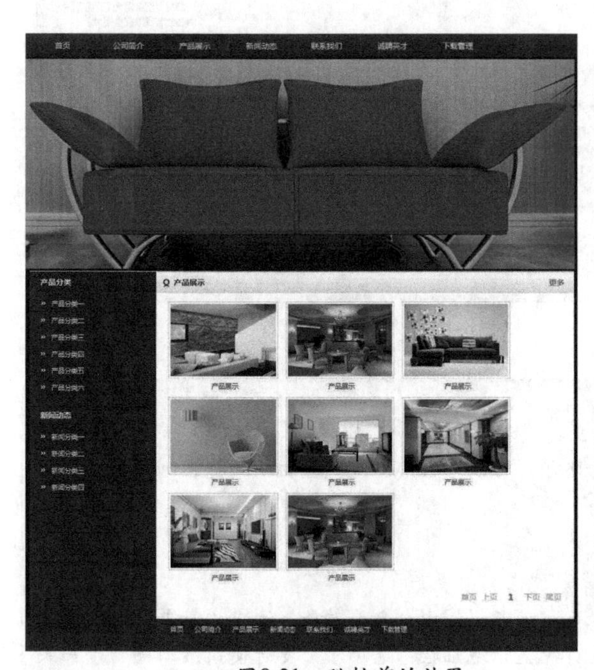

图8-21 跳转前的效果

图8-22 跳转后的效果

01 打开网页文档，单击文档窗口中的<body>标签，执行“窗口”|“行为”命令，如图8-23所示。

02 打开“行为”面板，在面板中单击“添加行为”按钮 +，在弹出的菜单中选择“转到URL”命令，如图8-24所示。

03 选择命令后，弹出“转到URL”对话框，在对话框中单击URL文本框右边的“浏览”按钮，如图8-25所示。

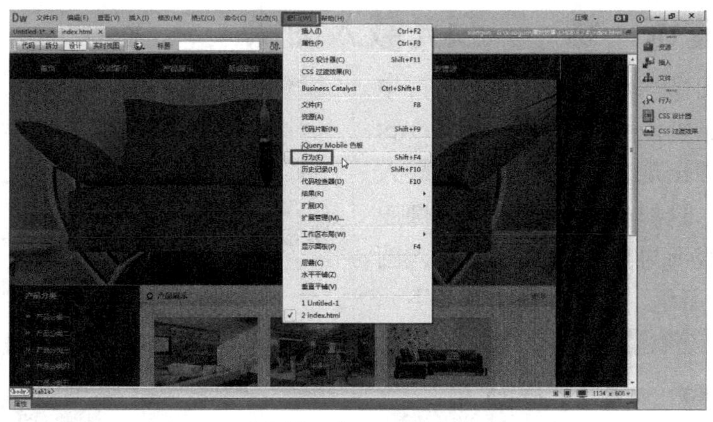

图8-23 打开网页文档

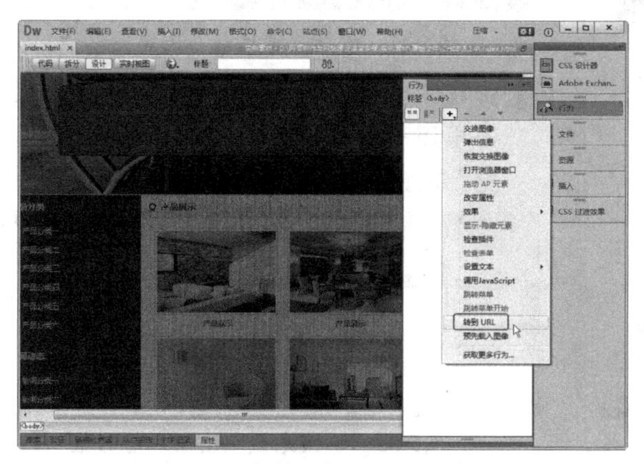

图8-24 选择“转到URL”选项

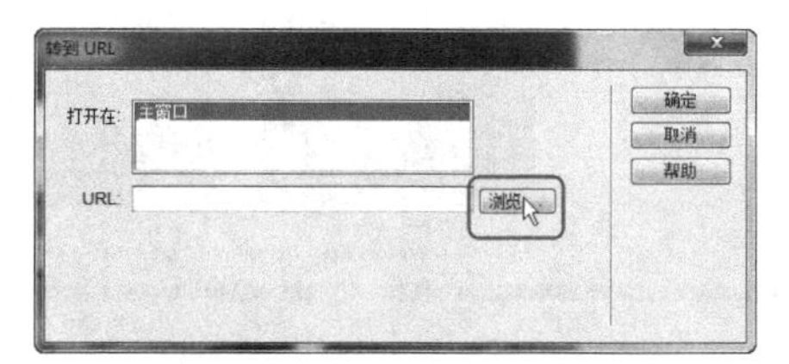

图8-25 “转到URL”对话框

04 弹出“选择文件”对话框，在对话框中选择文件index1.htm，如图8-26所示。

图8-26 “选择文件”对话框

知识要点

“转到URL”对话框中可以进行如下设置。

★ 打开在：选择打开链接的窗口。如果是框架网页，选择打开链接的框架。

★ URL：输入链接的地址，也可以单击“浏览”按钮，在本地硬盘中查找链接的文件。

05 单击“确定”按钮，添加到文本框中，如图8-27所示。

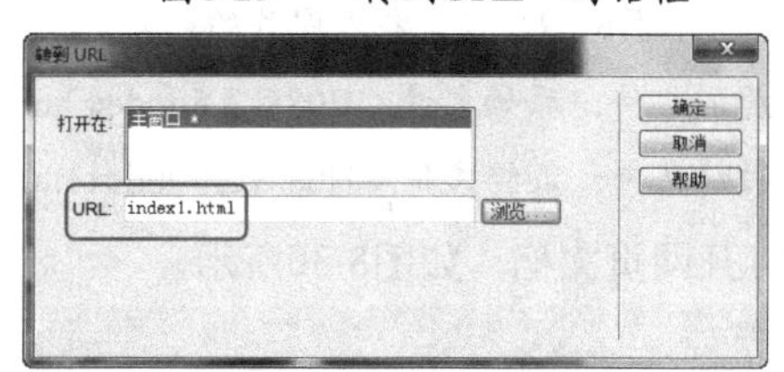

图8-27 设置“转到URL”对话框

06 单击“确定”按钮，将行为添加到“行为”面板中，如图8-28所示。

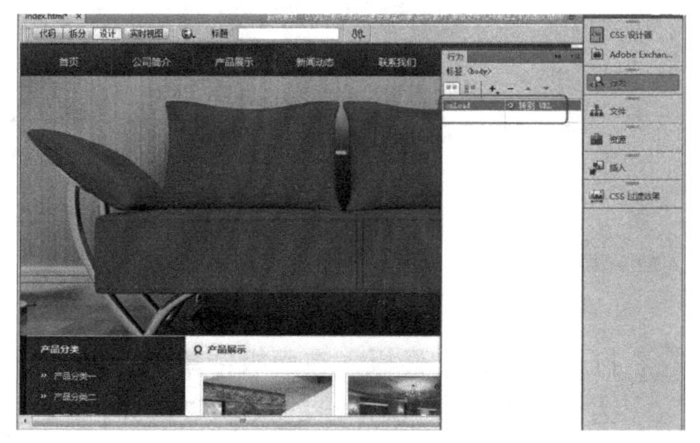

图8-28 添加到“行为”面板

07 保存文档，按F12键在浏览器中预览，跳转前的效果和跳转后的效果分别如图8-21和图8-22所示。

8.2.5 课堂练一练——预先载入图像

“预先载入图像”动作将不会使网页中选中的图像（如那些将通过行为或JavaScript调入的图像）立即出现，而是先将它们载入到浏览器缓存中。这样做可以防止当图像应该出现时由于下载而导致延迟。预先载入图片的效果如图8-29所示，具体操作步骤如下。

图8-29 预先载入图片的效果

原始文件：原始文件/CH08/8.2.5/index.html

最终文件：最终文件/CH08/8.2.5/index1.html

01 打开网页文档，如图8-30所示。

图8-30 打开网页文档

02 打开“行为”面板，在面板中单击“添加行为”按钮 +，在弹出的菜单中选择“预先载入图像”动作选项，如图8-31所示。

图8-31 选择“预先载入图像”选项

03 弹出“预先载入图像”对话框，在对话框中单击“图像源文件”文本框右边的“浏览”按钮，如图8-32所示。

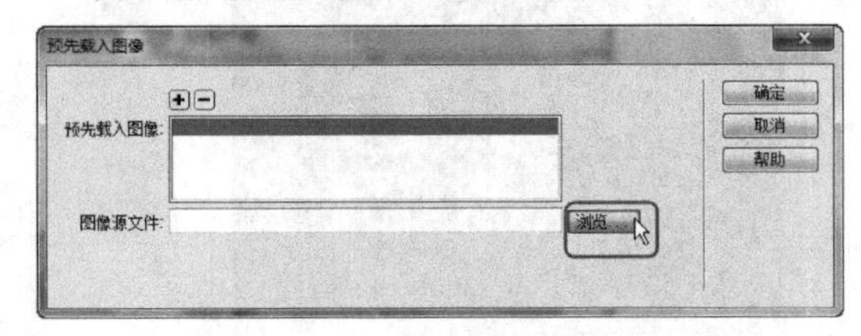

图8-32 “预先载入图像”对话框

04 在弹出的“选择图像源文件”对话框中选择预载入的图像，如图8-33所示。

图8-33 “选择图像源文件”对话框

05 单击“确定”按钮，添加到文本框中，如图8-34所示。

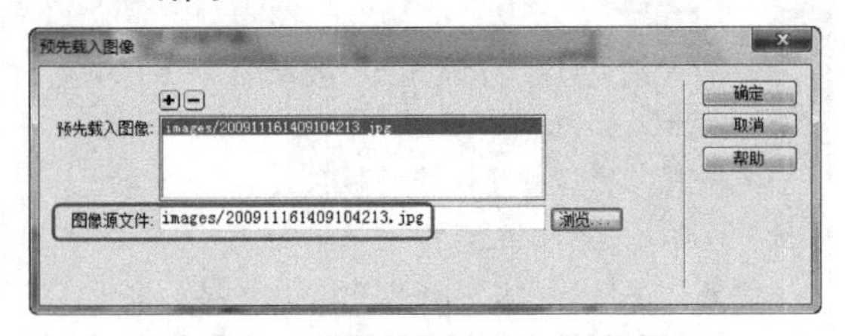

图8-34 “预先载入图像”对话框

06 单击“确定”按钮，添加行为到“行为”面板中，如图8-35所示。

07 保存文档，按F12键在浏览器中预览，效果如图8-29所示。

图8-35 添加行为到“行为”面板

8.2.6 课堂练一练——检查表单

“检查表单”动作检查指定文本域的内容以确保用户输入了正确的数据类型。使用onBlur事件将此动作分别附加到各文本域，在用户填写表单时对文本域进行检查；或使用onSubmit事件将其附加到表单，在用户单击“提交”按钮时同时对多个文本域进行检查。将此动作附加到表单，防止表单提交到服务器后文本域包含无效的数据。“检查表单”动作的效果如图8-36所示，具体操作步骤如下。

图8-36 检查表单效果

原始文件：原始文件/CH08/8.2.6/index.html

最终文件：最终文件/CH08/8.2.6/index1.html

01 打开网页文档，选中表单域，执行“窗口”|“行为”命令，如图8-37所示。

02 打开“行为”面板，在面板中单击“添加行为”按钮 +，在弹出菜单中选择“检查表单”命令，如图8-38所示。

图8-37 打开网页文档

图8-38 选择“检查表单”命令

03 选择命令后，弹出“检查表单”对话框，在对话框中进行相应的设置，如图8-39所示。

04 单击“确定”按钮，添加到“行为”面板中，将事件设置为onSubmit，如图8-40所示。

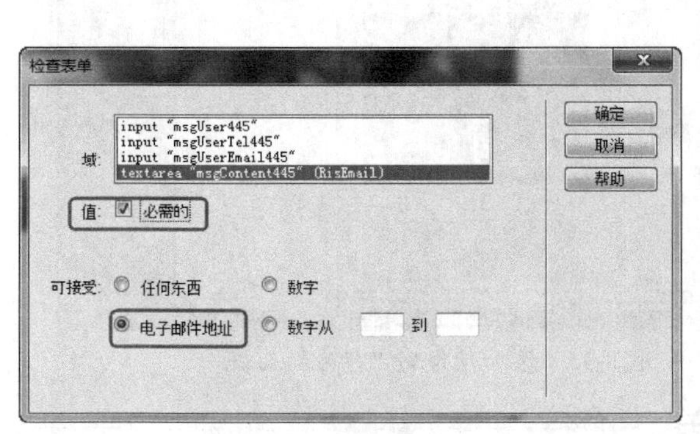

图8-39 “检查表单”对话框

图8-40 添加到“行为”面板

知识要点

该对话框的默认状态中“可接受”选项组中可以进行如下设置。

★ 任何东西：如果该文本域是必需的但不需要包含任何特定类型的数据，则使用“任何东西”选项。

★ 电子邮件地址：使用“电子邮件地址”选项检查该域是否包含一个@符号。

★ 数字：使用“数字”选项检查该文本域是否只包含数字。

★ 数字从：使用“数字从”选项检查该文本域是否包含特定范围内的数字。

05 保存文档，按F12键在浏览器中预览效果。当在文本域中输入不规则电子邮件地址和姓名时，表单将无法正常提交到后台服务器，这时会出现提示信息框，并要求重新输入，如图8-36所示。

8.2.7 课堂练一练——设置状态栏文本

“设置状态栏文本”用于设置状态栏中显示的信息，在适当的触发事件触发后，在状态栏中显示信息。下面通过实例讲述状态栏文本的设置，效果如图8-41所示，具体操作步骤如下。

原始文件：原始文件/CH08/8.2.7/index.html

最终文件：最终文件/CH08/8.2.7/index1.html

图8-41 设置状态栏文本的效果

01 打开网页文档，单击文档窗口中左下脚的<body>标签，如图8-42所示。

02 打开“行为”面板，单击“添加行为”按钮 +，在弹出的菜单中选择“设置文本”|“设置状态栏文本”命令，如图8-43所示。

提示

“设置状态栏文本”动作作用与弹出信息动作很相似，不同的是如果使用消息框来显示文本，访问者必须单击“确定”按钮才可以继续浏览网页中的内容。而在状态栏中显示的文本信息不会影响访问者的浏览速度。浏览者会常常忽略状态栏中的消息，如果消息非常重要，则考虑将其显示为弹出式消息或层文本。

图8-42 打开网页文档　　　　图8-43 选择“设置状态栏文本”选项

03 弹出“设置状态栏文本”对话框，在“消息”文本框中输入文本“欢迎光临我们的网站！”，如图8-44所示。

04 单击“确定”按钮，将行为添加到“行为”面板中，如图8-45所示。

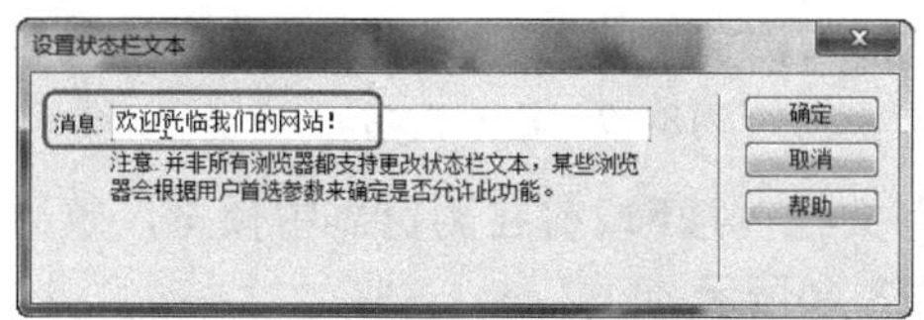

图8-44 “设置状态栏文本”对话框　　　　图8-45 添加行为

提 示

在“设置状态栏文本”对话框中的“消息”文本框中输入消息。保持该消息简明扼要。如果消息不能完全放在状态栏中，浏览器将截断消息。

05 保存文档，按F12键在浏览器中预览，效果如图8-41所示。

8.3 利用脚本制作特效网页

在网页制作中，JavaScript是常见的脚本语言，它可以嵌入到HTML中，在客户端执行，是动态特效网页设计的最佳选择，同时也是浏览器普遍支持的网页脚本语言。

8.3.1 课堂练一练——制作滚动公告网页

滚动公告栏也称滚动字幕。滚动公告栏的应用将使得整个网页更有动感，显得很有生气，如图8-46所示。制作流动公告栏的具体操作步骤如下。

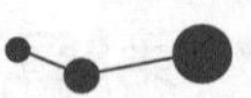

图8-46 滚动公告效果

原始文件：原始文件/CH08/8.3.1/index.html

最终文件：最终文件/CH08/8.3.1/index1.html

01 打开网页文档，选中文字，如图8-47所示。

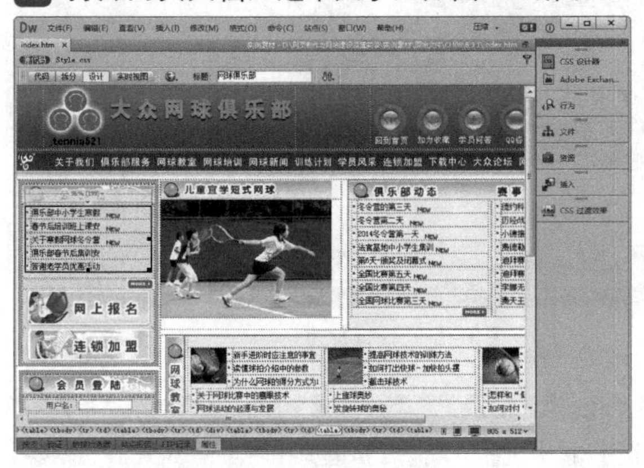

图8-47 打开网页文档

02 打开“代码”视图状态，在文字的前面加上一段代码，如图8-48所示。

```
<marquee behavior="scroll" direction="up"
width="199" height="130"
scrollAmount="1" scrollDelay="1">
```

03 在文字的后边加上代码“</marquee>”，如图8-49所示。

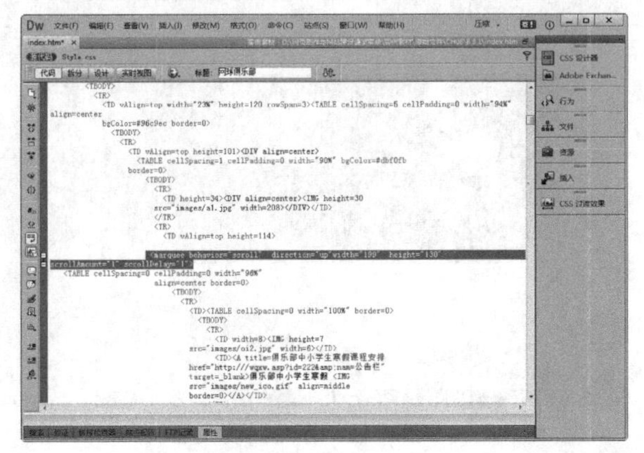

图8-48 输入代码

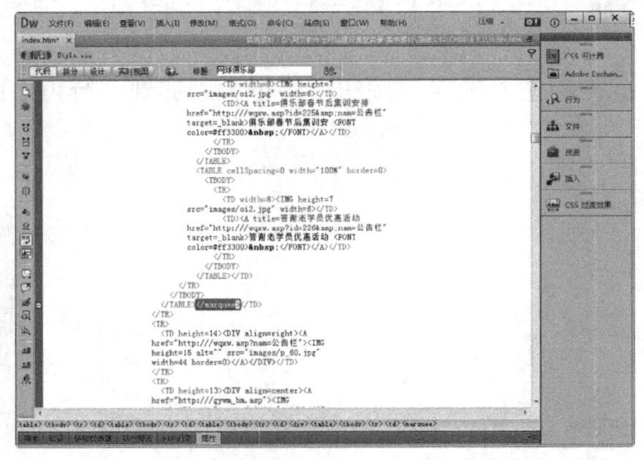

图8-49 输入代码

04 保存文档，按F12键在浏览器中预览，效果如图8-46所示。

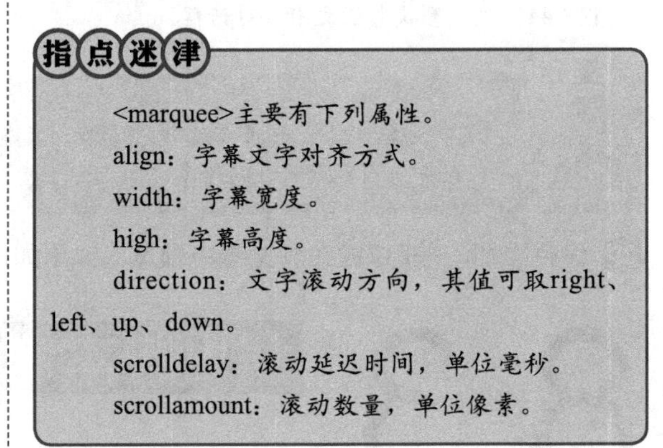

指点迷津

<marquee>主要有下列属性。

align：字幕文字对齐方式。

width：字幕宽度。

high：字幕高度。

direction：文字滚动方向，其值可取right、left、up、down。

scrolldelay：滚动延迟时间，单位毫秒。

scrollamount：滚动数量，单位像素。

8.3.2 课堂练一练——制作自动关闭网页

下面制作应用JavaScript函数实现关闭网页窗口功能，效果如图8-50所示，具体的操作步骤如下。

图8-50　应用JavaScript函数实现窗口关闭效果

原始文件：原始文件/CH08/8.3.2/index.html

最终文件：最终文件/CH08/8.3.2/index1.html

01 打开网页文档，如图8-51所示。

图8-51　打开网页文档

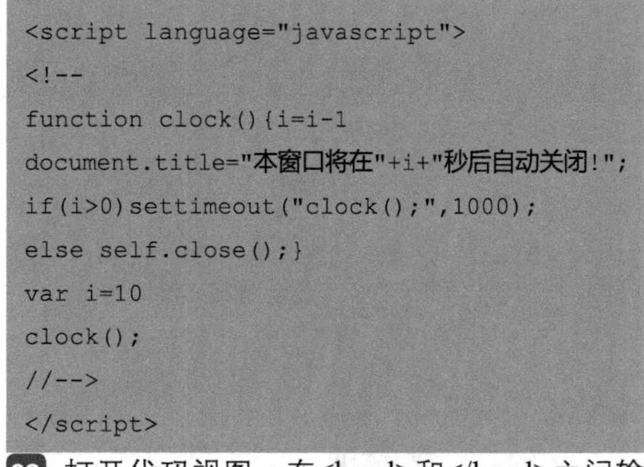

```
<script language="javascript">
<!--
function clock(){i=i-1
document.title="本窗口将在"+i+"秒后自动关闭!";
if(i>0)settimeout("clock();",1000);
else self.close();}
var i=10
clock();
//-->
</script>
```

02 打开代码视图，在<head>和</head>之间输入以下代码，如图8-52所示。

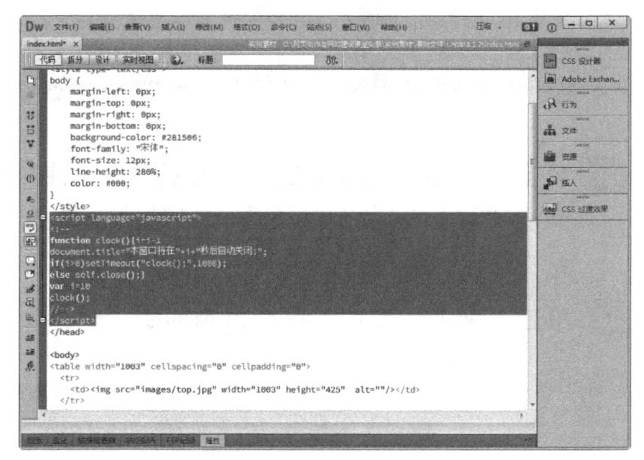

图8-52　输入代码

03 保存文档，按F12键在浏览器中预览，效果如图8-50所示。

8.4 课后练习

一、填空题

1. 在Dreamweaver中，行为是________和_______的组合。_______是特定的时间或是用户在某时所发出的指令后紧接着发生的，而________是事件发生后，网页所要做出的反应。

2. 使用______________动作在打开当前网页的同时，还可以再打开一个新的窗口。

二、操作题

1. 给图8-53所示的网页创建弹出提示信息效果，如图8-54所示。

原始文件：原始文件/CH08/操作题1/index.html

最终文件：最终文件/CH08/操作题1/index1.html

图8-53 起始文件

图8-54 弹出提示信息效果

01 单击“行为”面板中的“添加行为”按钮 +，在弹出的菜单中选择“弹出提示信息”命令，弹出“弹出信息”对话框，在对话框中的“消息”文本框中输入“您好，欢迎光临我们的网站！”，如图8-55所示。

02 单击“确定”按钮，将行为添加到“行为”面板中，如图8-56所示。

图8-55 “弹出信息”对话框

图8-56 添加到“行为”面板

2. 给图8-57所示的网页创建打开浏览器窗口网页的效果，如图8-58所示。

原始文件：原始文件/CH08/操作题2/index.html

最终文件：最终文件/CH08/操作题2/index1.html

图8-57 起始文件

图8-58 打开浏览器窗口效果

01 打开网页文档，执行“窗口”|“行为”命令。

02 单击文档窗口中的<body>标签，打开“行为”面板，在“行为”面板中单击“添加行为”按钮，在弹出的菜单中选择“打开浏览器窗口”选项。

03 选中选项后，弹出“打开浏览器窗口”对话框，如图8-59所示。

04 在对话框中单击“要显示的URL”文本框右边的“浏览”按钮，弹出“选择文件”对话框，在对话框中选择tu.jpg，如图8-60所示。

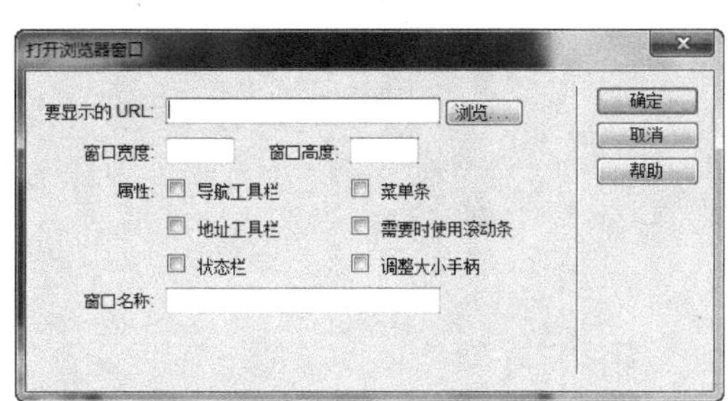

图8-59 “打开浏览器窗口”对话框

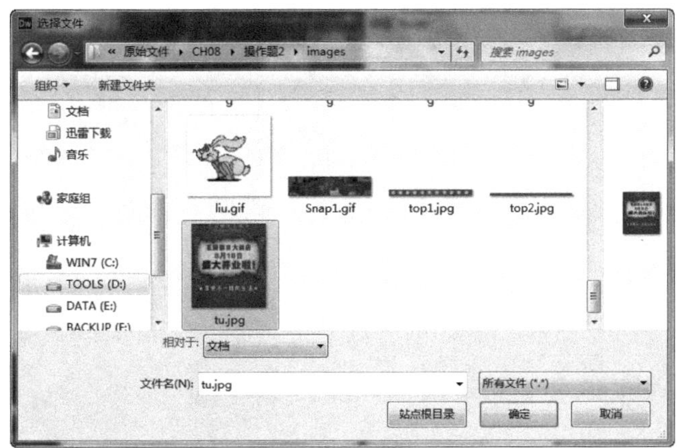

图8-60 “选择文件”对话框

05 单击“确定”按钮，添加到文本框，在对话框中进行相应的设置，如图8-61所示。

06 单击“确定”按钮，将行为添加到“行为”面板中，如图8-62所示。

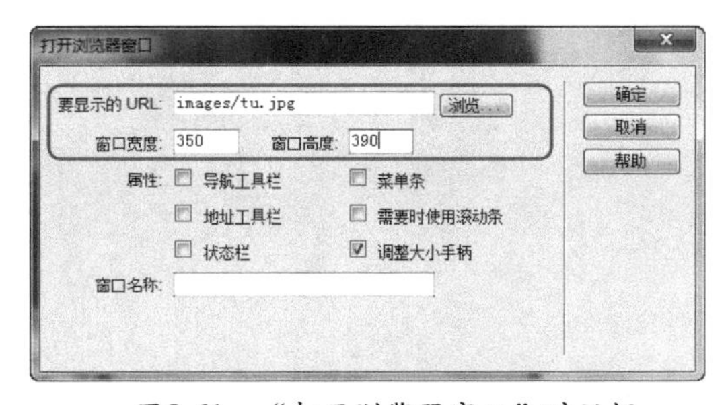

图8-61 “打开浏览器窗口”对话框

图8-62 添加行为

8.5 本章小结

本章中主要讲解了“行为”的基本概念，以及Dreamweaver内置的“行为”的操作方法。对于“行为”本身，读者在使用时一定要注意确保合理和恰当，并且一个网页中不要使用过多的“行为”。只有这样，设计才能够得到事半功倍的效果。

第9章 添加表单与动态网页基础

本章导读

在网站中，表单是实现网页上数据传输的基础，其作用就是实现访问者与网站之间的交互功能。利用表单，可以根据访问者输入的信息，自动生成页面反馈给访问者，还可以为网站收集访问者输入的信息。表单可以包含允许进行交互的各种对象，包括文本域、列表框、复选框、单选按钮、图像域、按钮及其他表单对象。本章就来讲述表单对象的使用和表单网页的常见技巧。

技术要点

★　了解表单概述

★　掌握插入输入类表单对象

★　掌握制作网站注册页面

9.1 表单概述

9.1.1 关于表单

表单是由窗体和控件组成的，一个表单一般应该包含用户填写信息的输入框、提交和按钮等，这些输入框和按钮称为控件，表单很像容器，它能够容纳各种各样的控件。

一个完整的表单设计应该很明确地分为两个部分：表单对象部分和应用程序部分，它们分别由网页设计师和程序设计师来设计完成。其过程是这样的，首先由网页设计师制作出一个可以让浏览者输入各项资料的表单页面，这部分属于在显示器上可以看得到的内容，此时的表单只是一个外壳而已，不具有真正工作的能力，需要后台程序的支持。接着由程序设计师通过ASP或者CGI程序，来编写处理各项表单资料和反馈信息等操作所需的程序，这部分浏览者虽然看不见，但却是表单处理的核心。

9.1.2 表单元素介绍

Dreamweaver作为一种可视化的网页设计软件，现在我们学习它的表单，只需学习到表单在页面中的界面设计这部分即可，至于后续的程序处理部分，还是交给专门的程序设计师吧。

表单用<form></form>标记来创建，在<form></form>标记之间的部分都属于表单的内容。<form>标记具有action、method和target属性。

★ action的值是处理程序的程序名，如<form action="URL ">，如果这个属性是空值（""），则当前文档的URL将被使用，当用户提交表单时，服务器将执行这个程序。

★ method属性用来定义处理程序从表单中获得信息的方式，可取GET或POST中的一个。GET方式是处理程序从当前html文档中获取数据，这种方式传送的数据量是有所限制的，一般限制在1KB（255字节）以下。POST方式传送的数据比较大，它是当前的html文档把数据传送给处理程序，传送的数据量要比使用GET方式的大得多。

★ target属性用来指定目标窗口或目标帧。

9.2 插入输入类表单对象

可以使用Dreamweaver创建带有文本域、密码域、单选按钮、复选框、选择、按钮，以及其他输入类型的表单，这些输入类型又被称为表单对象。

9.2.1 课堂小实例——插入表单域

使用表单必须具备的条件有两个：一个是含有表单元素的网页文档，另一个是具备服务器端的表单处理应用程序或客户端脚本程序，它能够处理用户输入到表单的信息。下面创建一个基本的表单，具体操作步骤如下。

01 启动Dreamweaver CC，打开网页文档，如图9-1所示。将光标置于文档中要插入表单的位置。

02 执行“插入”|“表单”|“表单”命令，如图9-2所示。

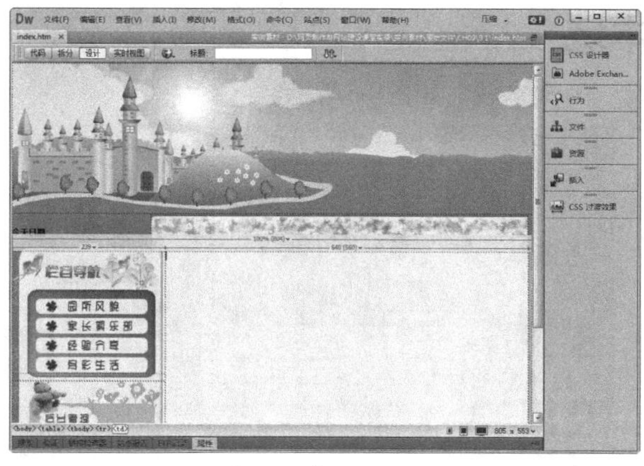

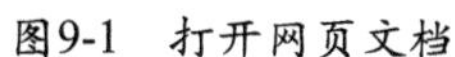

图9-1 打开网页文档

图9-2 执行“表单”命令

03 执行命令后，页面中就会出现红色的虚线，这虚线就是表单，如图9-3所示。

04 选中表单，在“属性”面板中，设置表单的属性，如图9-4所示。

图9-3 插入表单

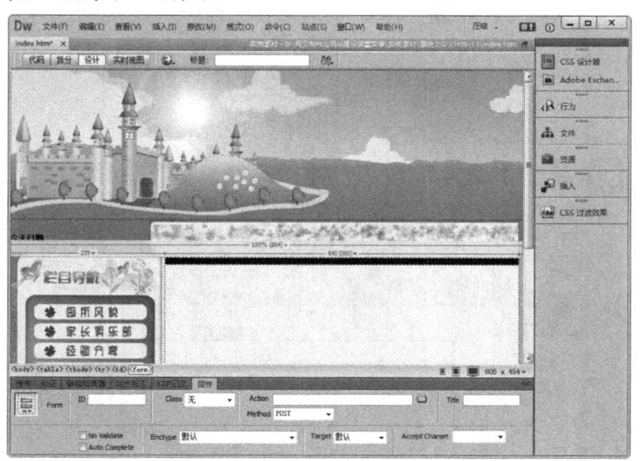

图9-4 表单的属性面板

知识要点

在表单的“属性”面板中可以设置以下参数。

★ Form ID：输入标识该表单的唯一名称。

★ Action：指定处理该表单的动态页或脚本的路径。可以在“动作”文本框中输入完整的路径，也可以单击文件夹图标浏览应用程序。如果读者并没有相关程序支持的话，也可以使用E-Mail的方式来传输表单信息，这种方式需要在“动作”文本框中键入“mailto:电子邮件地址”的内容，比如“mailto:jsxson@sohu.com”，表示提交的信息将会发送到作者的邮箱中。

★ Method：在Method下拉列表中，选择将表单数据传输到服务器的传送方式，包括3个选项。读者可以选择速度快但携带数据量小的GET方法，或者数据量大的POST方法。一般情况下应该使用POST方法，这在数据保密方面也有好处。

POST：用标准输入方式将表单内的数据传送给服务器，服务器用读取标准输入的方式读取表单内的数据。

GET：将表单内的数据附加到URL后面传送给服务器，服务器用读取环境变量的方式读取表单内的数据。

Method：用浏览器默认的方式，一般默认为GET。

★ Enctype：用来设置发送数据的MIME编码类型，一般情况下应选择“application/x- www-form-urlencoded”。

★ Target：使用“目标”下拉列表指定一个窗口，这个窗口中显示应用程序或者脚本程序将表单处理完成后所显示的结果。

★ “_blank”：反馈网页将在新开窗口里打开。

★ “_parent”：反馈网页将在副窗口里打开。

★ “_self”：反馈网页将在原窗口里打开。

★ “_top”：反馈网页将在顶层窗口里打开。

★ “Class”：在“类”下拉列表中选择要定义的表单样式。

9.2.2 课堂小实例——插入文本域

文本域接受任何类型的字母数字输入内容。文本域主要用于单行信息的输入，创建文本域的具体操作步骤如下。

01 将光标置于表单中，执行“插入”|“表格”命令，弹出“表格”对话框，在对话框中将“行数”设置为9，“列”设置为2，如图9-5所示。

图9-5 “表格”对话

02 单击“确定”按钮，插入表格，如图9-6所示。

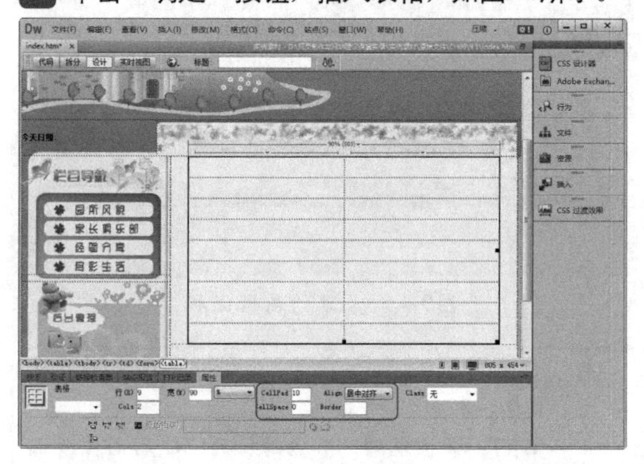

图9-6 插入表格

03 将光标置于表格的第1行第1列单元格中，输入相应的文字，如图9-7所示。

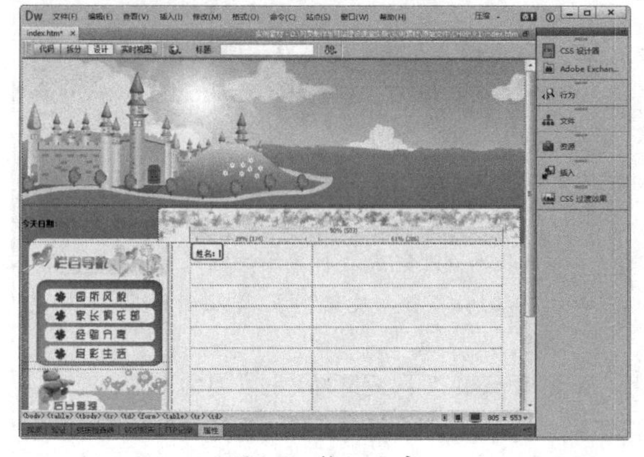

图9-7 输入文字

04 将光标置于表格的第1行第2列单元格中，执行“插入”|“表单”|“文本”命令，插入文本域，如图9-8所示。

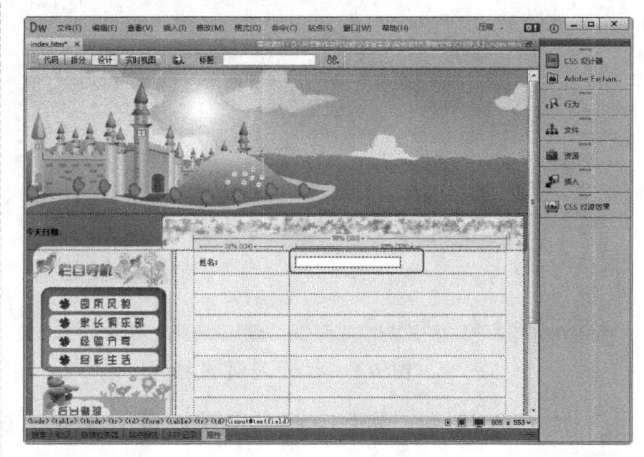

图9-8 插入文本域

05 选中插入的文本域，打开属性面板，在面板中设置文本域的相关属性，如图9-9所示。

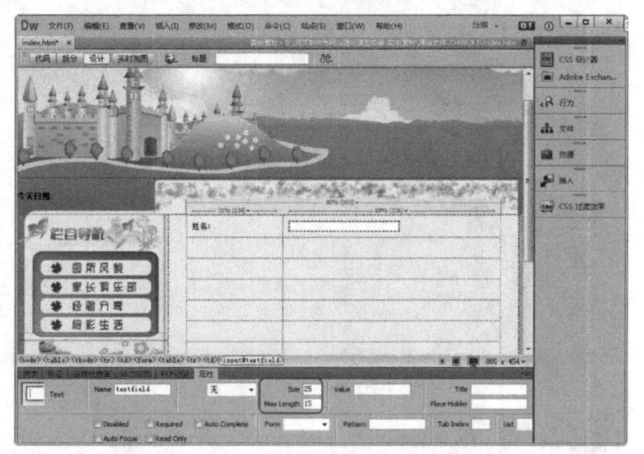

图9-9 文本域的属性面板

指点迷津

在文本域属性面板中主要有以下参数。

★ Name：在文本框中为该文本域指定一个名称，每个文本域都必须有一个唯一的名称。文本域名称不能包含空格或特殊字符，可以使用字母、数字、字符和下画线“_”的任意组合。所选名称最好与输入的信息有关系。

★ size：设置文本域可显示的字符宽度。

★ MaxLength：设置单行文本域中最多可输入的字符数。使用“最多字符数”将邮政编码限制为6位数，将密码限制为10个字符等。如果将“最多字符数”文本框保留为空白，则可以输入任意数量的文本，如果文本超过字符宽度，文本将滚动显示。如果输入超过最大字符数，则表单产生警告声。

★ pattern：可用于指定 JavaScript 正则表达式模式以验证输入。省略前导斜杠和结尾斜杠。

★ List: 可用于编辑属性检查器中未列出的属性。

9.2.3 课堂小实例——插入密码域

使用密码域输入的密码及其他信息在发送到服务器时并未进行加密处理。所传输的数据可能会以字母数字文本形式被截获并被读取。因此，始终应对要确保安全的数据进行加密。创建密码域的具体操作步骤如下。

01 将光标置于表格的第2行第1列中，输入相应的文字，如图9-10所示。

02 将光标置于表格的第2行第2列单元格中，执行“插入”|“表单”|“密码”命令，插入密码域，如图9-11所示。

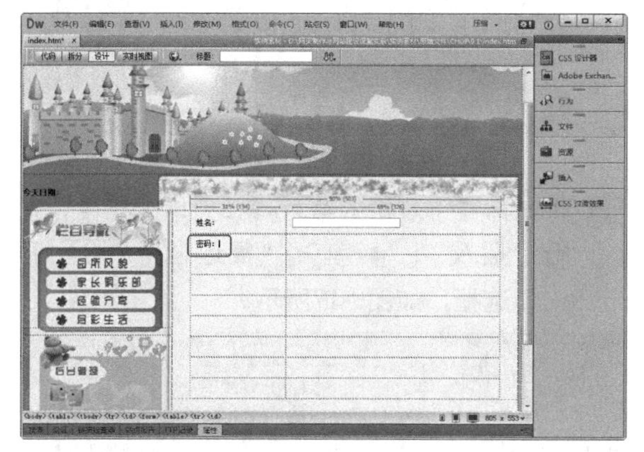

图9-10　输入文字

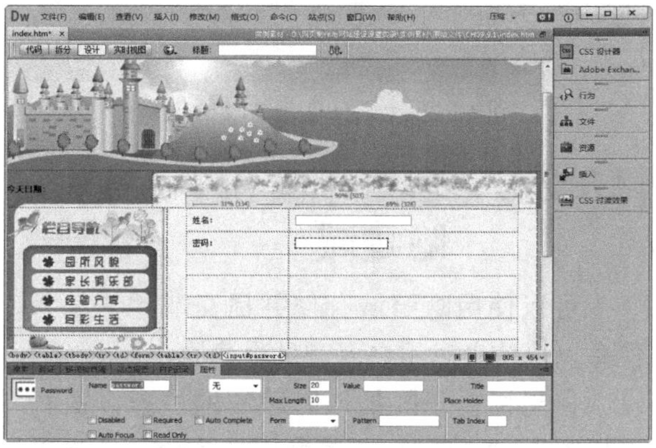

图9-11　插入密码域

高手支招

最好对不同内容的文本域进行不同数量的限制，防止个别浏览者恶意输入大量数据，维护系统的稳定性。如用户名可以设置为30个字符，密码可以设置为20个字符，邮政编码可以设置为6个字符等。

9.2.4 课堂小实例——插入多行文本域

如果希望创建多行文本域，则需要使用文本区域。插入文本区域的具体操作步骤如下。

01 将光标置于第8行第1列单元格中，输入相应的文字，如图9-12所示。

02 将光标置于第8行第2列中，执行“插入”|“表单”|“文本区域”命令，插入文本区域，如图9-13所示。

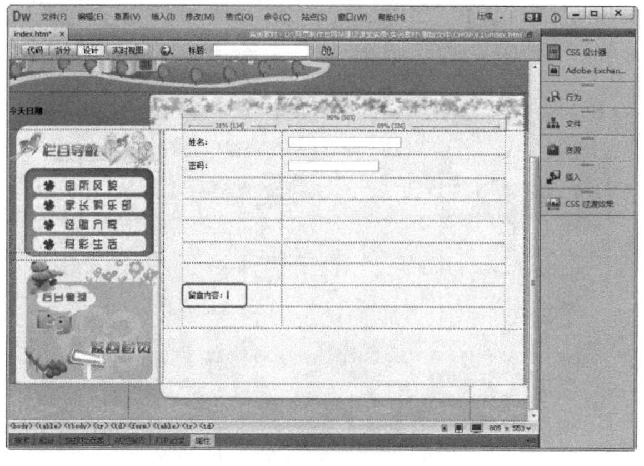

图9-12　输入相应的文字

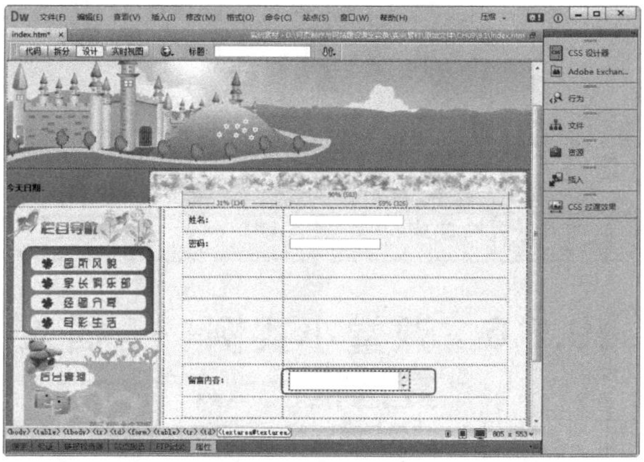

图9-13　插入文本区域

03 选中插入的文本区域，打开属性面板，在面板中设置其属性，如图9-14所示。

在“表单”插入栏中单击“文本区域”按钮，可插入多行文本域。

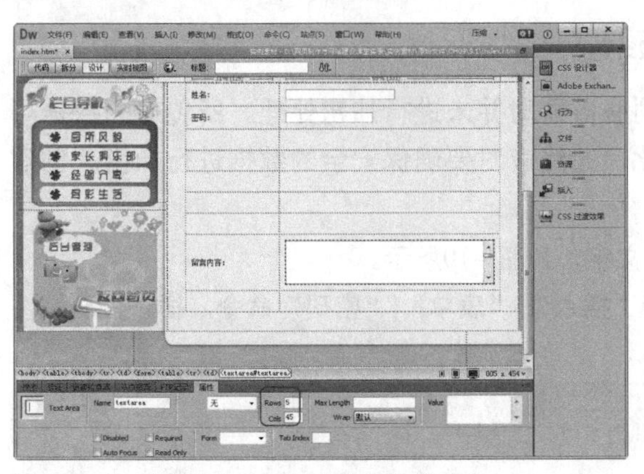

图9-14　文本区域的属性面板

9.2.5　课堂小实例——插入隐藏域

可以使用隐藏域存储并提交非用户输入信息，该信息对用户而言是隐藏的。

将光标置于要插入隐藏域的位置，执行“插入”|“表单”|“隐藏域”命令，插入隐藏域，如图9-15所示。

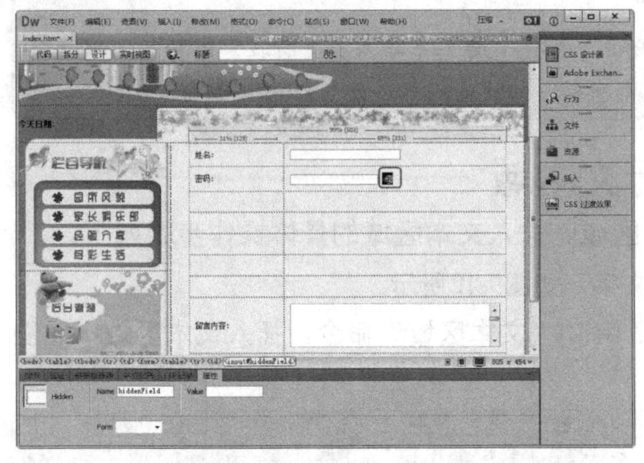

图9-15　插入隐藏域

指点迷津

单击“表单”插入栏中的“隐藏域”按钮，也可以插入隐藏域。

9.2.6　课堂小实例——插入复选框

复选框允许用户在一组选项中选择多个选项，每个复选框都是独立的，所以必须有一个唯一的名称。插入复选框的具体操作步骤如下。

01 将光标置于表格的第3行第1列单元格中，输入文字“爱好：”，如图9-16所示。

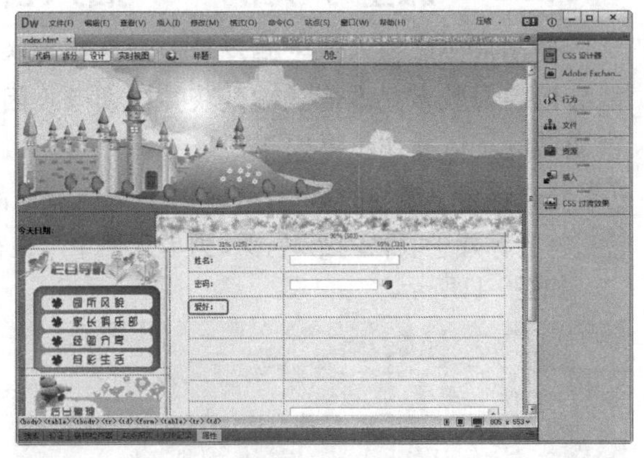

图9-16　输入文字

02 将光标置于表格的第3行第2列单元格中，执行“插入”|“表单”|“复选框”命令，插入复选框，如图9-17所示。

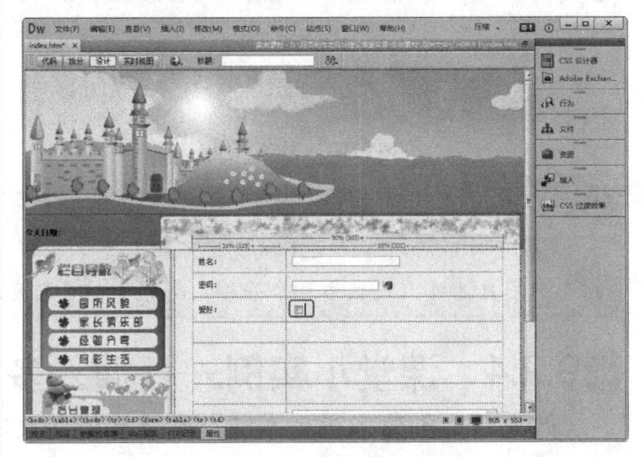

图9-17　插入复选框

03 选中复选框，在属性面板中设置复选框的属性，如图9-18所示。

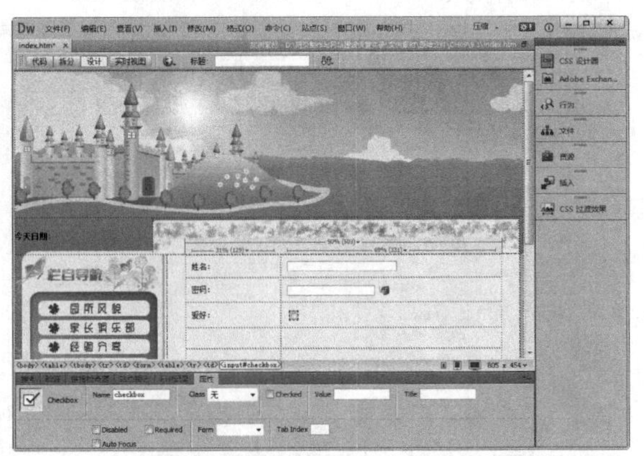

图9-18　复选框的属性面板

04 将光标置于复选框的右边，输入文字“看书”，如图9-19所示。

05 将光标置于文字的右边，插入其他的复选框，并输入相应的文字，如图9-20所示。

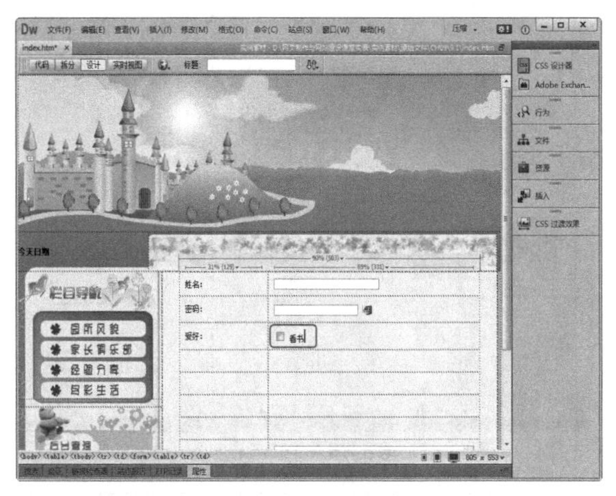
图9-19　输入文字

图9-20　插入其他复选框

9.2.7　课堂小实例——插入单选按钮

单选按钮只允许从多个选项中选择一个选项。单选按钮通常成组地使用，在同一个组中的所有单选按钮必须具有相同的名称。插入单选按钮的具体操作步骤如下。

01 将光标置于表格的第4行第1列单元格中，输入文字“性别：”，如图9-21所示。

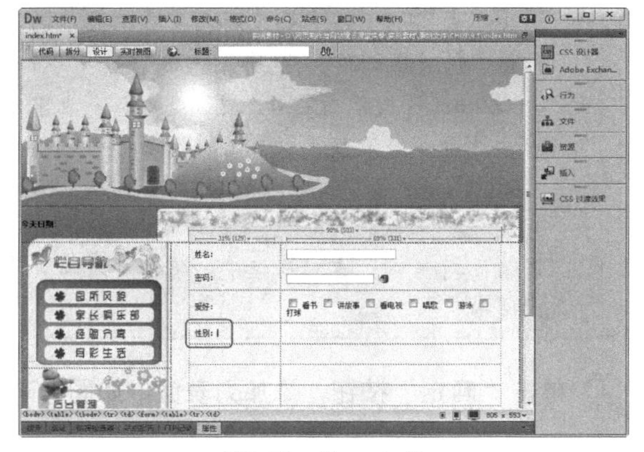
图9-21　输入文字

02 将光标置于第4行第2列单元格中，执行“插入”|“表单”|“单选按钮”命令，插入单选按钮，如图9-22所示。

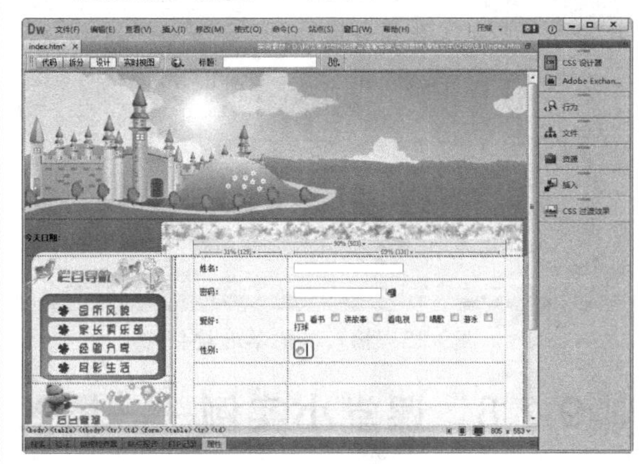
图9-22　插入单选按钮

03 选中插入的单选按钮，打开属性面板，在属性面板中设置相关属性，如图9-23所示。

04 将光标置于单选按钮的右边，输入文字“男”，如图9-24所示。

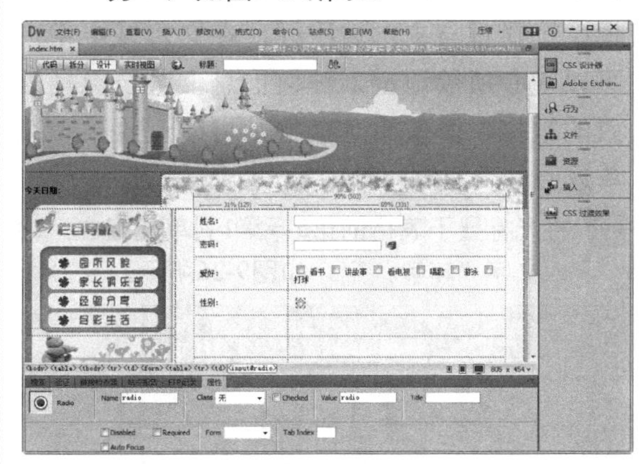
图9-23　单选按钮的属性面板

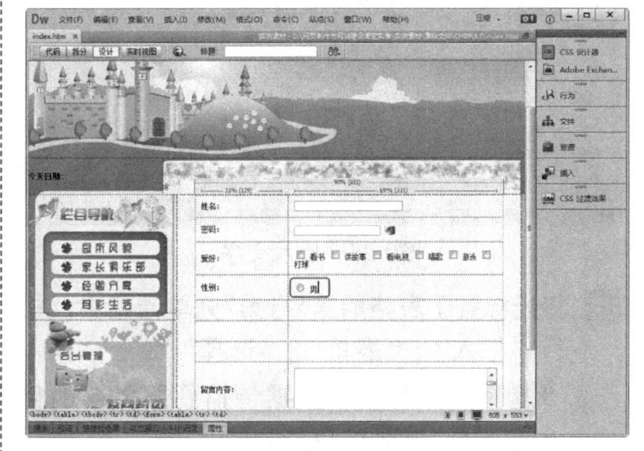
图9-24　输入文字

05 按照步骤2～4的方法，插入第二个单选按钮，并输入文字，如图9-25所示。

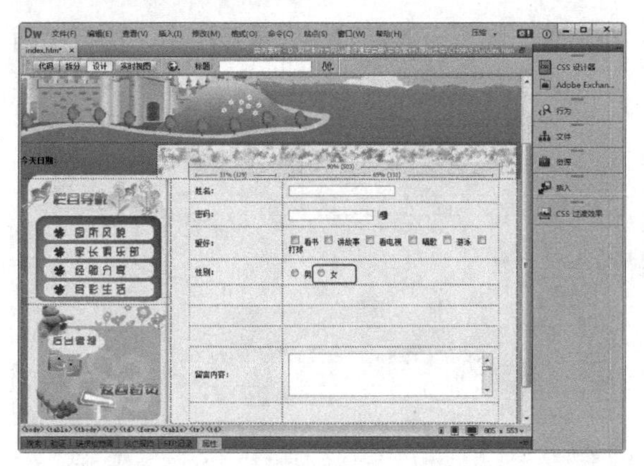

图9-25　插入其他单选按钮

9.2.8　课堂小实例——插入选择

选择框使访问者可以从列表中选择一个或多个项目。当空间有限，但需要显示许多项目时，选择框非常有用。如果想要对返回给服务器的值予以控制，也可以使用选择框。选择框与文本域不同，在文本域中用户可以随心所欲地键入任何信息，甚至包括无效的数据，而使用选择框则可以设置某个菜单返回的确切值。具体操作步骤如下。

01 将光标置于表格的第5行第1列单元格中，输入文字“年龄：”，如图9-26所示。

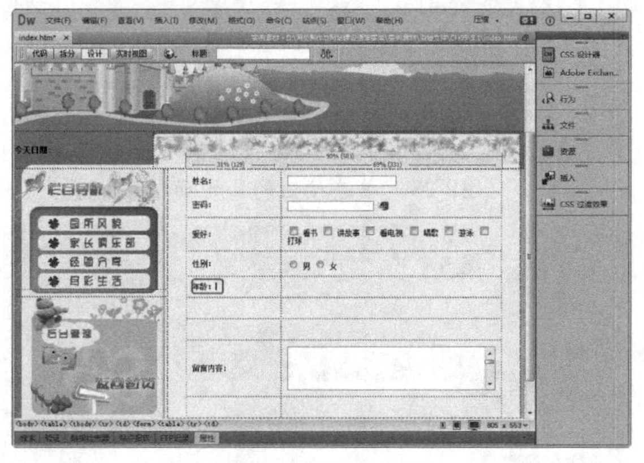

图9-26　输入文字

02 将光标置于表格的第5行第2列单元格中，执行“插入”|“表单”|“选择”命令，插入“选择”（将表单数据传输到服务器的传送方式），如图9-27所示。

03 选中“选择”，在属性面板中单击 列表值... 按钮，如图9-28所示。

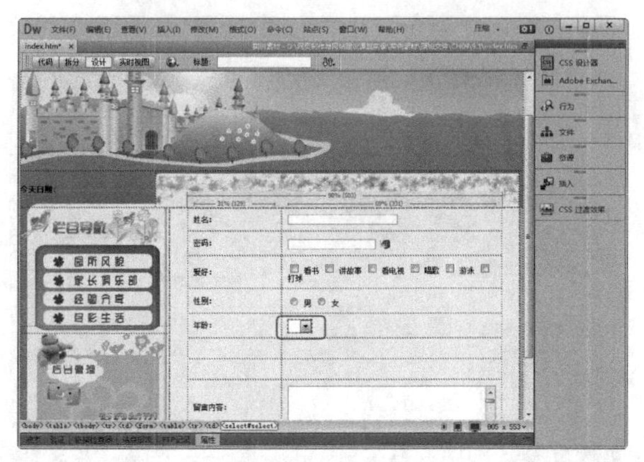

图9-27　插入选择

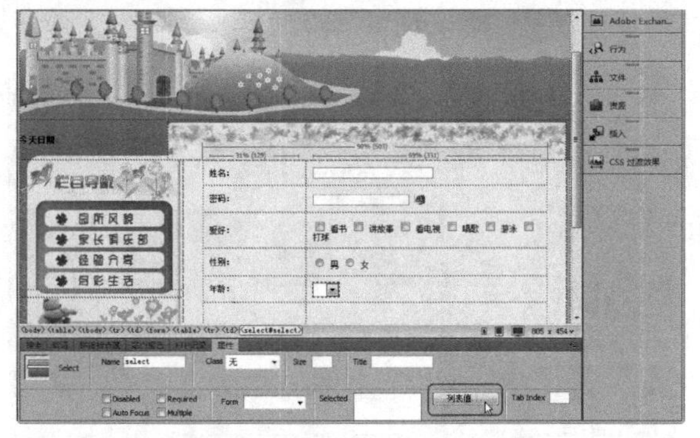

图9-28　单击“列表值”按钮

04 弹出“列表值”对话框，在对话框中单击 + 按钮添加相应的内容，如图9-29所示。

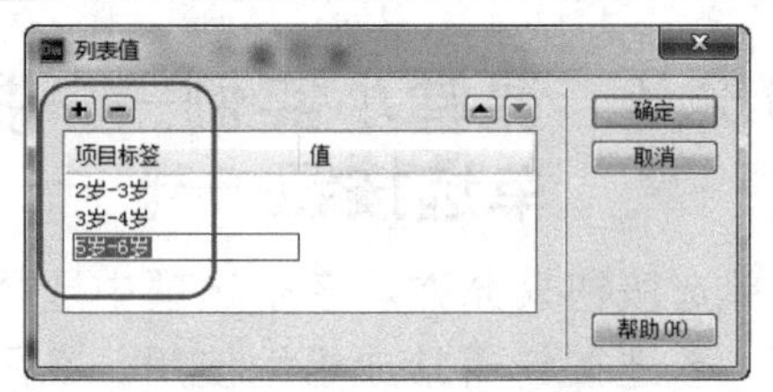

图9-29　“列表值”对话框

指点迷津

列表/菜单的属性面板中主要有以下参数。

★ Name：在其文本框中输入列表/菜单的名称。

★ Size：设可用于指定要在列表菜单中显示的行数。仅当选择列表类型时才可用。

★ Selected：可用于指定用户是否可以从列表中一次选择多个选项。仅当选择列表类型时才可用。

★ 列表值：单击此按钮 列表值... ，弹出“列表值”对话框，在对话框中向菜单中添加菜单选项。

05 单击“确定”按钮，添加列表值，如图9-30

所示。

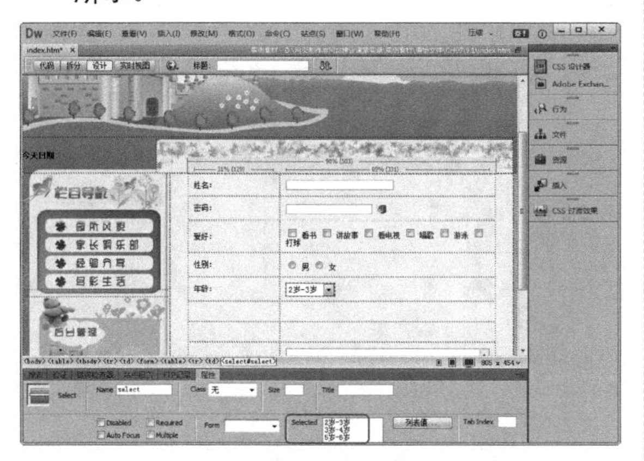

图9-30 添加列表值

9.2.9 课堂小实例——插入Url

创建Url的具体操作步骤如下。

01 将光标置于表格的第6行第1列单元格中，输入文字“相关页面：”，如图9-31所示。

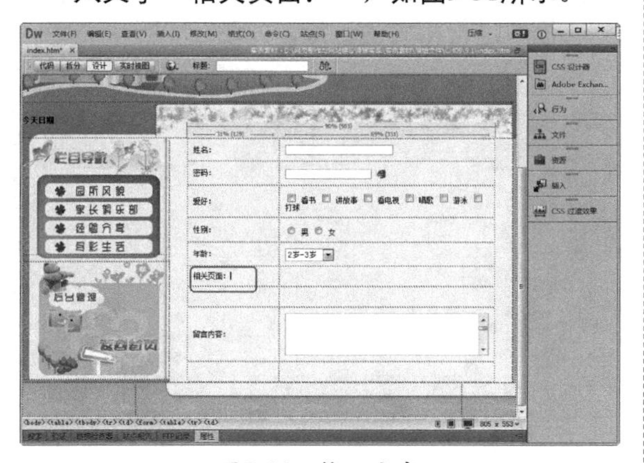

图9-31 输入文字

02 将光标置于第6行第2列单元格中，执行“插入”|“表单”|“URL”命令，如图9-32所示。

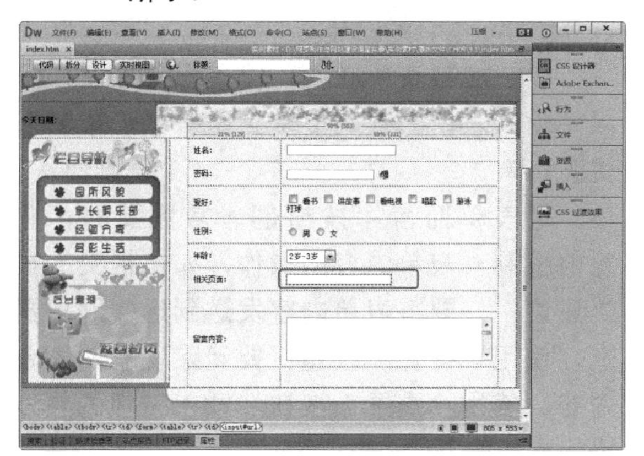

图9-32 插入Url

03 选中插入的Url，打开属性面板，在面板中进行相应的设置，如图9-33所示。

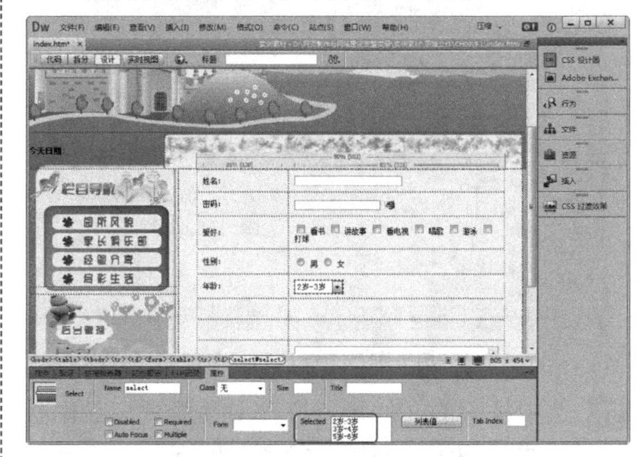

图9-33 Url的属性面板

指点迷津

单击“表单”插入栏中的Url按钮，也可以插入Url。

9.2.10 课堂小实例——插入文件域

可以创建文件域，文件域使浏览者可以选择其计算机上的文件，如字处理文档或图像文件，并将该文件上传到服务器。文件域的外观与文本域类似，只是文件域还包含一个“浏览”按钮。浏览者可以手动输入要上传的文件的路径，也可以使用“浏览”按钮定位并选择该文件。具体操作步骤如下。

01 将光标置于表格第7行第1列单元格中，输入文字“上传图片：”，如图9-34所示。

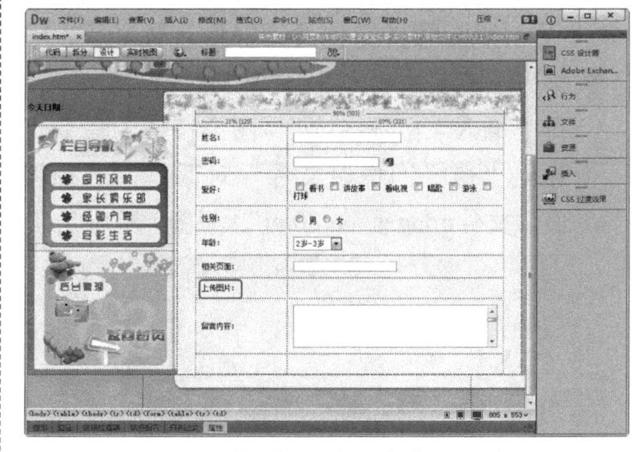

图9-34 输入文字

02 将光标置于第7行第2列单元格中，执行“插入”|“表单”|“文件”命令，插入文件域，如图9-35所示。

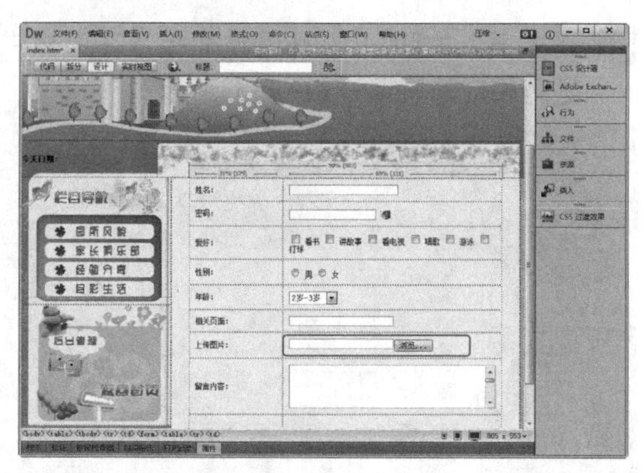

图9-35 插入文件域

03 选中插入的文件域，打开属性面板，在面板中进行相应的设置，如图9-36所示。

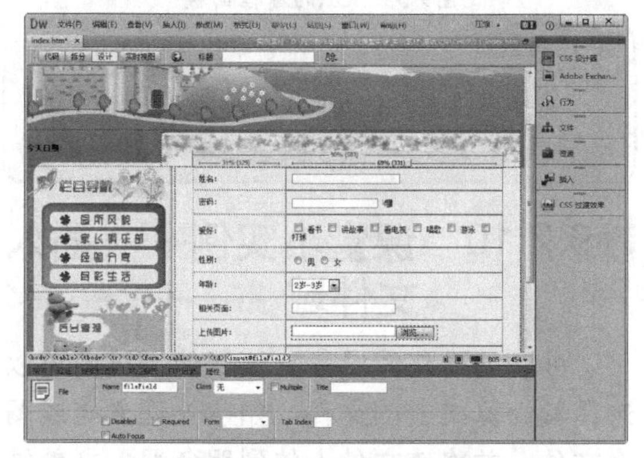

图9-36 文件域的属性面板

9.2.11 课堂小实例——插入图像按钮

在Dreamweaver中，可以使用指定的图像作为按钮。如果使用图像来执行任务而不是提交数据，则需要将某种行为附加到表单对象上。创建图像按钮的具体操作步骤如下。

01 将光标置于表格的第9行第2列单元格中，执行“插入”|“表单”|“图像按钮”命令，弹出“选择图像源文件”对话框，选择图像源文件images/5n_20.gif，如图9-37所示。

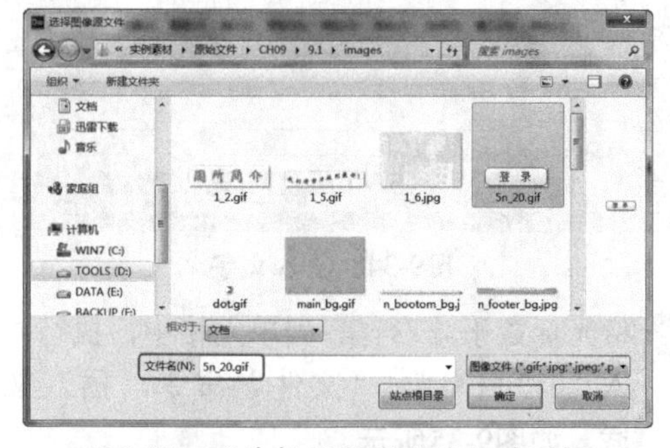

图9-37 “选择图像源文件”对话框

02 单击“确定”按钮，插入图像按钮，如图9-38所示。

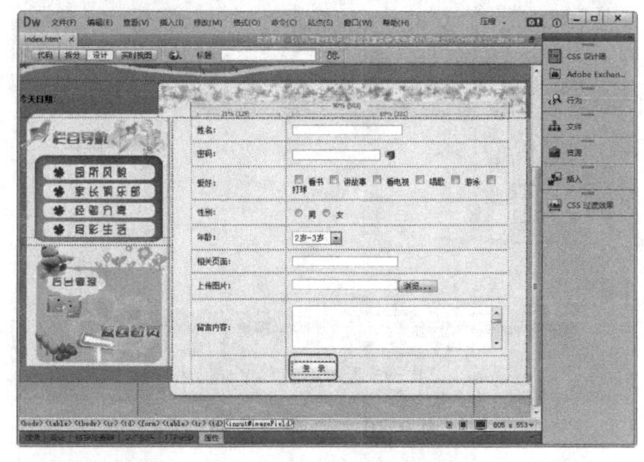

图9-38 插入图像按钮

指点迷津

单击“表单”插入栏中的“图像按钮”按钮，也可以插入图像按钮。

03 选中插入的图像按钮，打开属性面板，在面板中进行相应的设置，如图9-39所示。

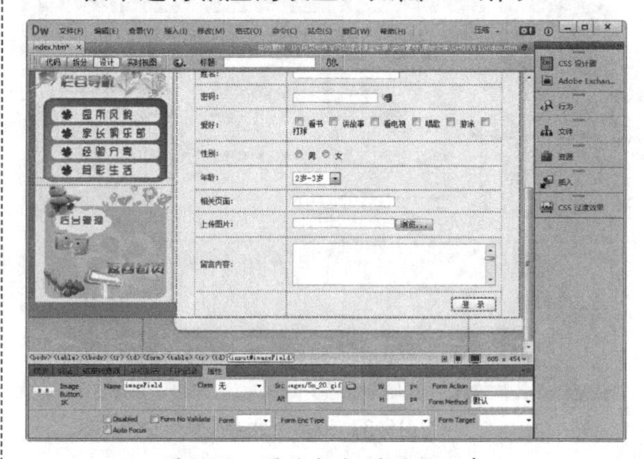

图9-39 图像按钮的属性面板

9.2.12 课堂小实例——插入按钮

按钮控制表单操作，使用表单按钮，可以将输入表单的数据提交到服务器，或者重置该表单。

对表单而言，按钮是非常重要的，它能够控制对表单内容的操作，如“提交”或“重置”。要将表单内容发送到远端服务器上，使用“提交”按钮；要清除现有的表单内容，使用“重置”按钮。插入按钮的具体操作步骤如下。

01 将光标置于表格的第9行第2列单元格中，执行“插入”|“表单”|“提交按钮”命令，插入提交按钮，如图9-40所示。

02 选中插入的按钮，打开属性面板，在面板中可以设置相关属性，如图9-41所示。

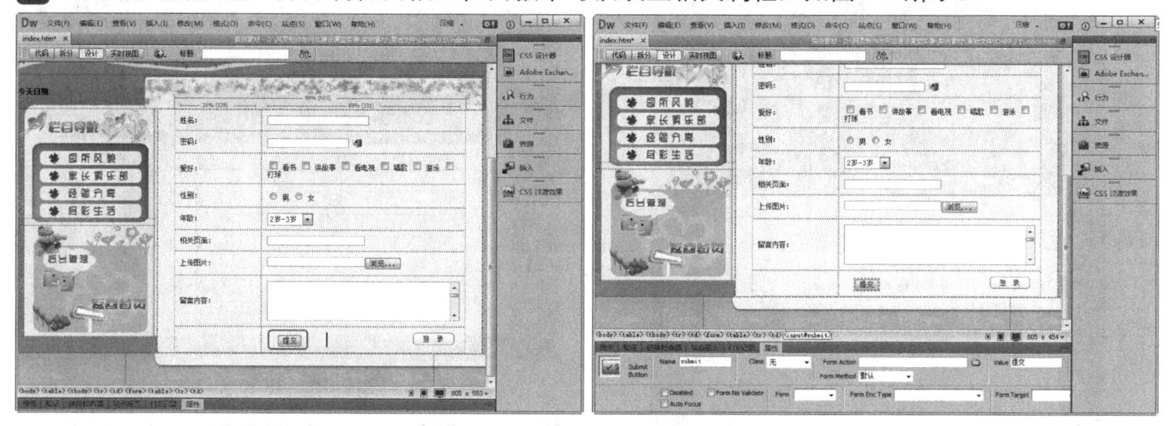

图9-40 插入提交按钮　　　　图9-41 提交按钮的属性面板

指点迷津

单击“表单”插入栏中的“提交按钮”按钮，也可以插入提交按钮。

03 将光标置于提交按钮右边，执行“插入”|“表单”|“重置按钮”命令，插入重置按钮，并在属性面板中设置相关属性，如图9-42所示。

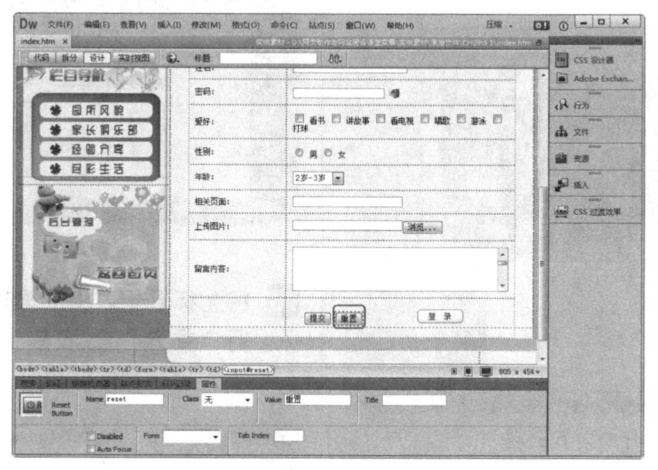

图9-42 插入“重置”按钮

04 保存文档，完成表单对象的制作。

指点迷津

单击“表单”插入栏中的“重置按钮”按钮，也可以插入“重置”按钮。

9.3 实战应用——制作网站注册页面

表单是网站的管理者与访问者进行交互的重要工具，一个没有表单的页面传递信息的能力是有限的，所以表单经常用来制作用户登录、会员注册及信息调查等页面。

在实际中，这些表单对象很少单独使用，一般一个表单中会有各种类型的表单对象，以便于浏览者对不同类型的问题做出最方便、快捷的回答。因此，在这一节中，我们将会带着读者，一步一步亲手制作一个完整的电子邮件表单，效果如图9-43所示，具体的操作步骤如下。

原始文件：原始文件/CH09/9.3/index.htm

最终文件：最终文件/CH09/9.3/index1.htm

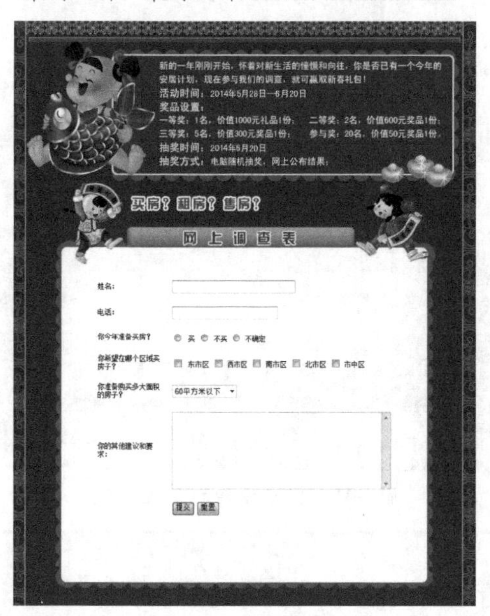

图9-43　电子邮件表单效果

01 打开网页文档，将光标置于页面中，如图9-44所示。

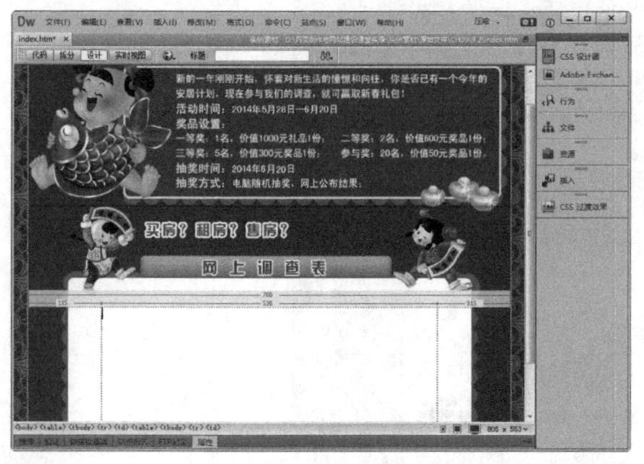

图9-44　打开网页文档

02 执行“插入”|“表单”|“表单”命令，插入表单，如图9-45所示。

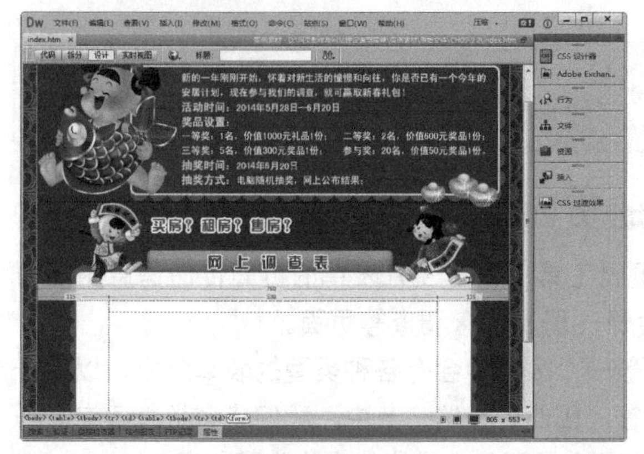

图9-45　插入表单

03 将光标置于表单中，执行“插入”|“表格”命令，插入7行2列的表格，如图9-46所示。

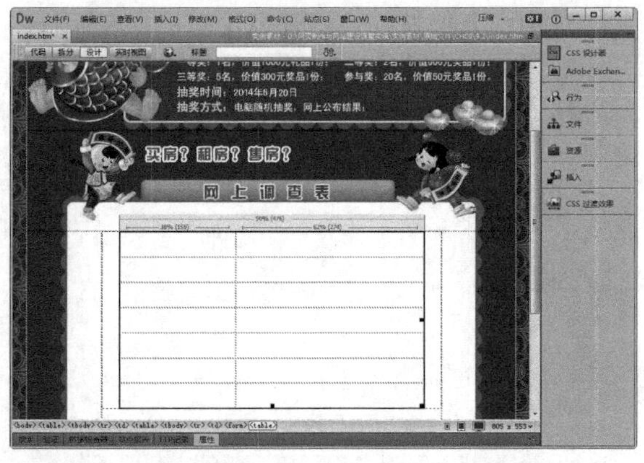

图9-46　插入表格

04 将光标置于表格的第1行第1列单元格中，输入相应的文字，如图9-47所示。

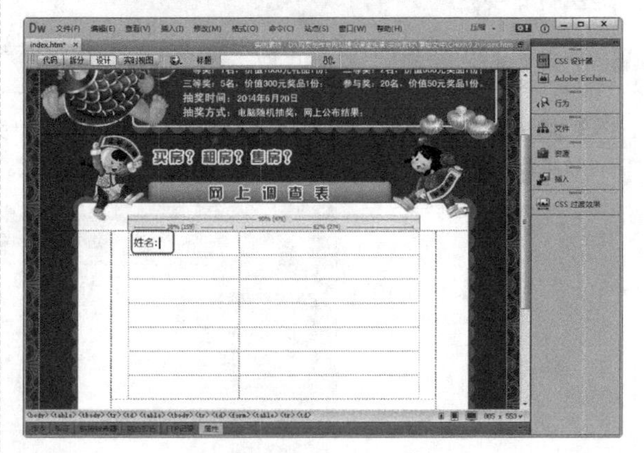

图9-47　输入文字

05 将光标置于表格的第1行第2列单元格中，执行“插入”|“表单”|“文本”命令，插入文本域，如图9-48所示。

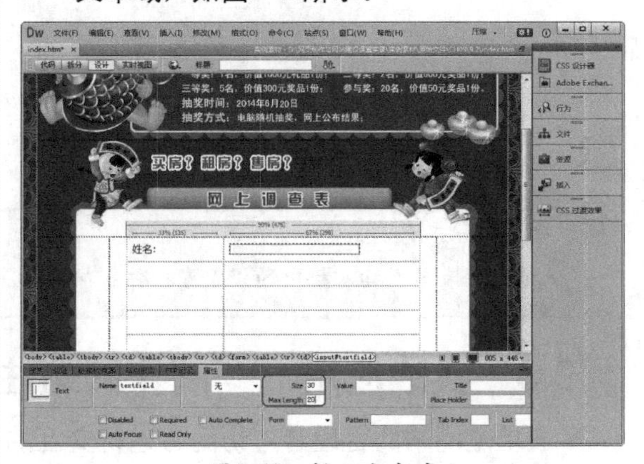

图9-48　插入文本域

06 将光标置于表格的第2行第1列单元格中，输入相应的文字，如图9-49所示。

07 将光标置于表格的第2行第2列单元格中，执

行“插入”|“表单”|“Tel”命令，插入Tel域，如图9-50所示。

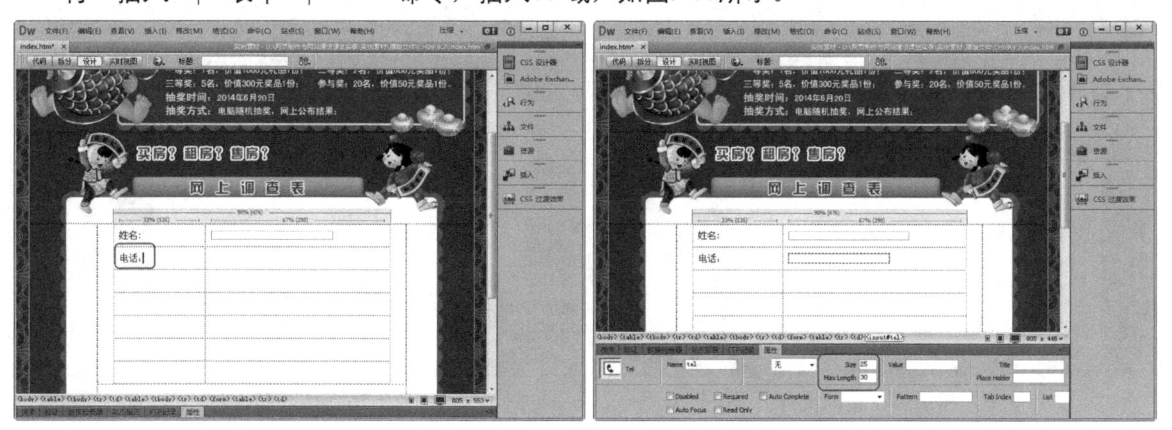

图9-49　输入文字　　　　图9-50　插入

08 将光标置于表格的第3行第1列单元格中，输入相应的文字，如图9-51所示。

09 将光标置于表格的第3行第2列单元格中，执行“插入”|“表单”|“单选按钮”命令，插入单选按钮，如图9-52所示。

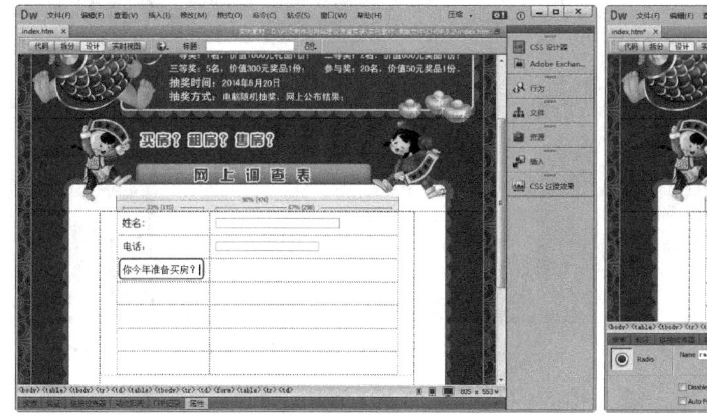

图9-51　输入文字

图9-52　插入单选按钮

10 将光标置于单选按钮的右边，输入相应的文字，如图9-53所示。

11 将光标置于文字的右边，插入其他单选按钮，并输入相应的文字，如图9-54所示。

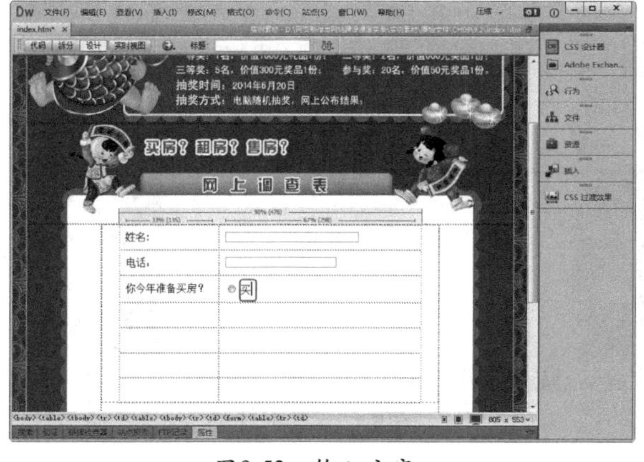

图9-53　输入文字

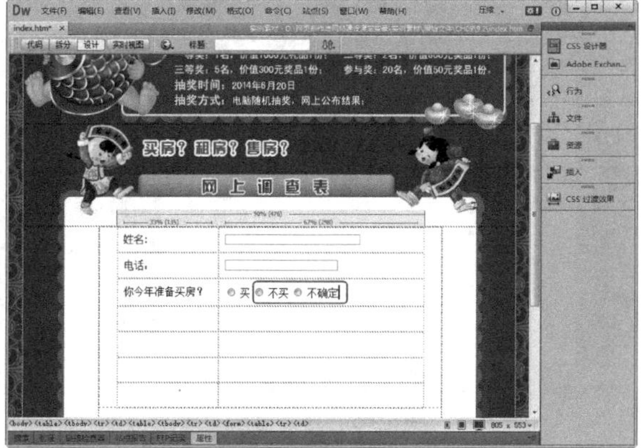

图9-54　插入单选按钮

12 将光标置于表格的第4行第1列单元格中，输入相应的文字，如图9-55所示。

13 将光标置于表格的第4行第2列单元格中，执行“插入”|“表单”|“复选框”命令，插入复选框，如图9-56所示。

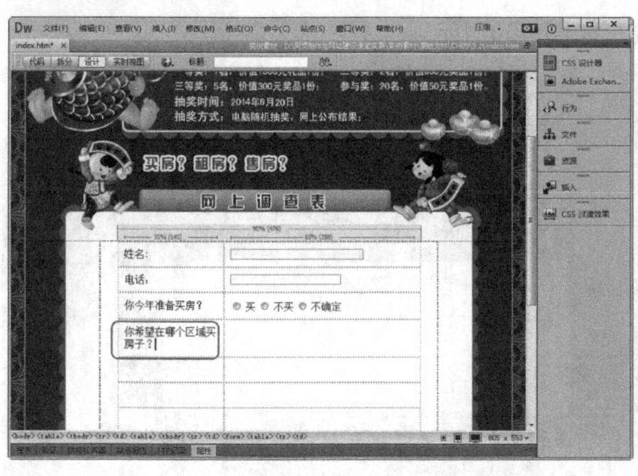

图9-55 输入文字

图9-56 插入复选框

14 将光标置于复选框的右边，输入相应的文字，如图9-57所示。

15 将光标置于文字的右边，插入其他的复选框，并输入相应的文字，如图9-58所示。

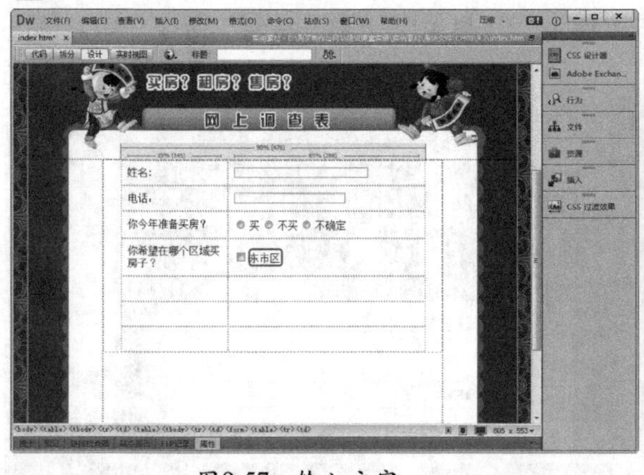

图9-57 输入文字

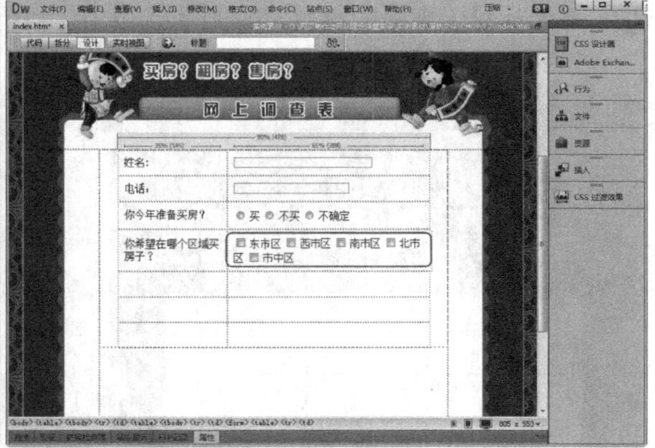

图9-58 插入其他复选框

16 将光标置于表格的第5行第1列单元格中，输入相应的文字，如图9-59所示。

17 将光标置于表格的第5行第2列单元格中，执行“插入”|“表单”|“选择”命令，插入“选择”，如图9-60所示。

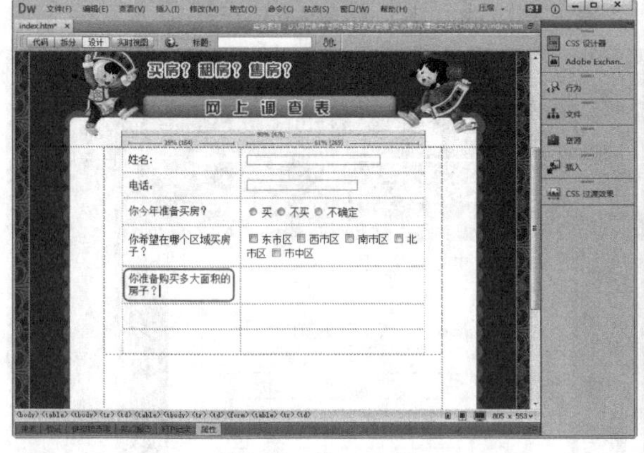

图9-59 输入文字

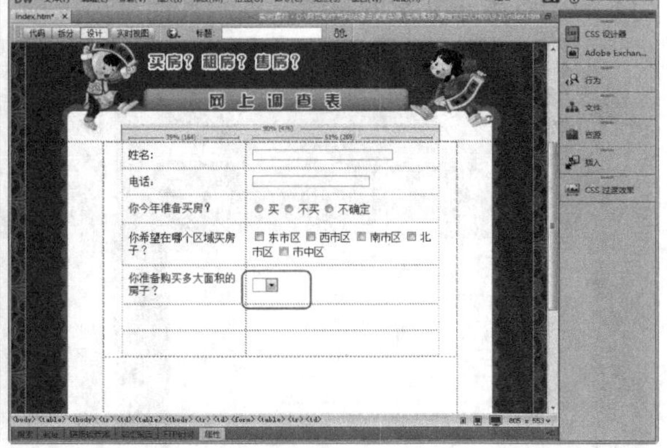

图9-60 插入选择

18 选择插入的“选择”，打开属性面板，在面板中单击“列表值”按钮，打开“列表值”对话框，在对话框中添加列表值，如图9-61所示。

19 单击“确定”按钮，添加列表值，如图9-62所示。

图9-61 “列表值”对话框

图9-62 添加列表值

20 将光标置于表格的第6行第1列单元格中，输入相应的文字，如图9-63所示。

21 将光标置于表格的第6行第2列单元格中，执行“插入”|“表单”|“文本区域”命令，插入文本区域，如图9-64所示。

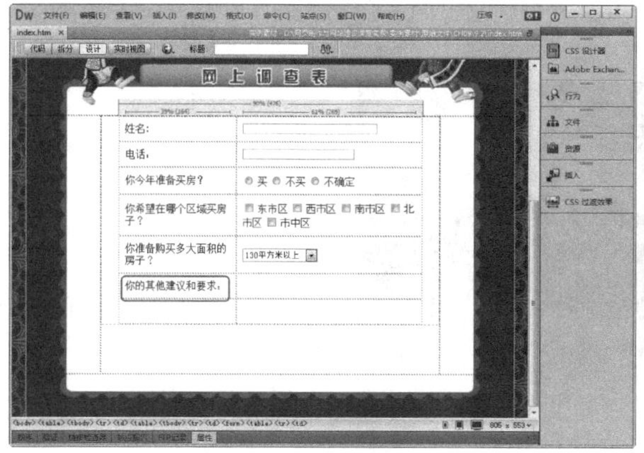

图9-63 输入文字

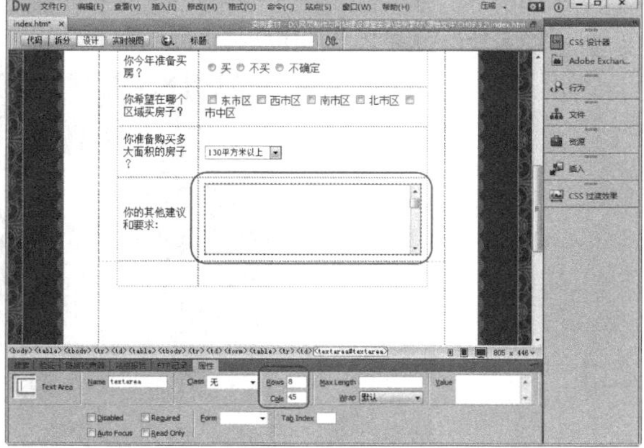

图9-64 插入文本区域

22 将光标置于表格的第7行第2列单元格中，执行“插入”|“表单”|“提交按钮”命令，插入“提交”按钮，如图9-65所示。

23 将光标置于提交按钮的右边，执行“插入”|“表单”|“重置按钮”命令，插入“重置”按钮，并在属性面板中设置相关属性，如图9-66所示。

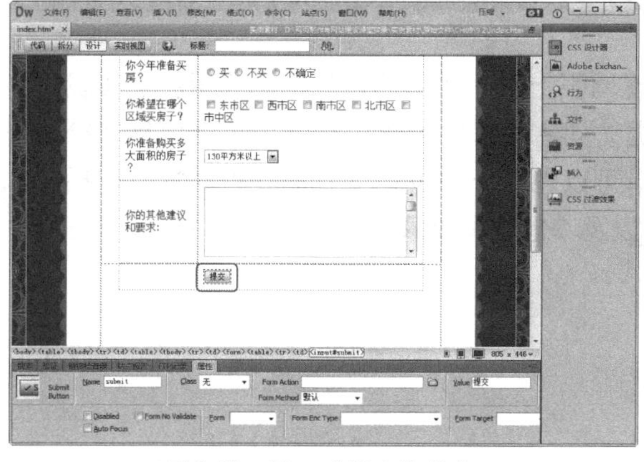

图9-65 插入“提交”按钮

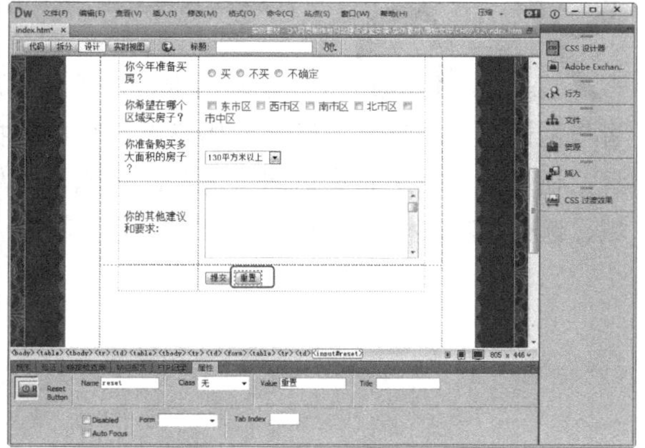

图9-66 插入“重置”按钮

24 保存文档，完成表单对象的制作，效果如图9-43所示。

9.4 课后练习

一、填空题

（1）可以使用Dreamweaver创建带有________、________、________、________、________、________及其他输入类型的表单，这些输入类型又被称为表单对象。

（2）__________允许用户在一组选项中选择多个选项，每个__________都是独立的，所以必须有一个唯一的名称。

二、操作题

制作一个图9-67所示的表单网页。

提示

参考9.3节创建表单。

原始文件：\原始文件/CH09/操作题/index.html

最终文件：\最终文件/CH09/操作题/index1.html

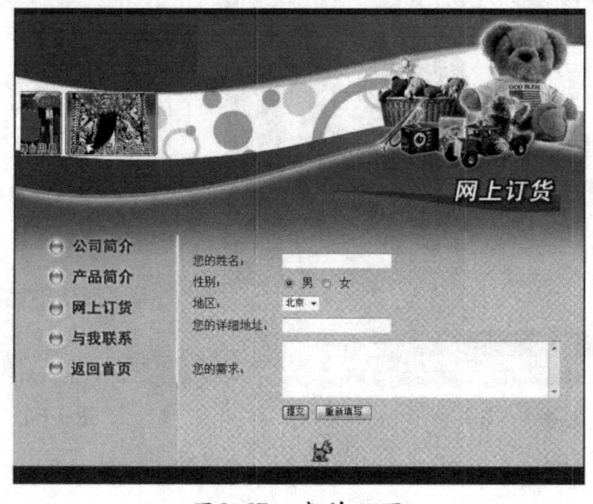

图9-67 表单网页

9.5 本章小结

在网站中，表单是实现网页上数据传输的基础，其作用就是实现访问者与网站之间的交互功能。利用表单，可以根据访问者输入的信息，自动生成页面反馈给访问者，还可以为网站收集访问者输入的信息。表单可以包含允许进行交互的各种对象，包括文本域、选择、复选框、单选按钮、图像域、按钮，以及其他表单对象。本章主要讲述表单的使用。

第10章 HTML5入门基础

本章导读

HTML5是一种网络标准，相比现有的HTML4.01 和XHTML 1.0，可以实现更强的页面表现性能，同时充分调用本地的资源，实现不输于App的功能效果。HTML5带给了浏览者更好的视觉冲击，同时让网站程序员更好地与HTML语言“沟通”。虽然现在HTML5还没有完善，但是对于以后的网站建设拥有更好的发展。

技术要点

★ 认识HTML5

★ 掌握HTML5与HTML4的区别

★ 掌握HTML5新增的结构元素和非结构元素

★ 掌握新增的属性和废除的属性

10.1 认识HTML5

HTML5的发展越来越迈向成熟，很多的应用已经逐渐出现在日常生活中了，不只让传统网站上的互动Flash逐渐地被HTML5的技术取代，更重要的是可以通过HTML5的技术来开发跨平台的手机软件，让许多开发者感到十分兴奋。

HTML最早是作为显示文档的手段出现的。再加上JavaScript，它其实已经演变成了一个系统，可以开发搜索引擎、在线地图、邮件阅读器等各种Web应用。虽然设计巧妙的Web应用可以实现很多令人赞叹的功能，但开发这样的应用远非易事。多数都得手动编写大量JavaScript代码，还要用到JavaScript工具包，乃至在Web服务器上运行的服务器端Web应用。要让所有这些方面在不同的浏览器中都能紧密配合不出差错是一个挑战。由于各大浏览器厂商的内核标准不一样，使得Web前端开发者通常在兼容性问题而引起的bug上要浪费很多的精力。

HTML5是2010年正式推出来的，随便就引起了世界上各大浏览器开发商的极大热情，不管是Fire Fox、chrome、IE9等。那HTML5为什么会如此受欢迎呢？

在新的HTML5语法规则当中，部分的JavaScript代码将被HTML5的新属性所替代，部分的DIV的布局代码也将被HTML5变为更加语义化的结构标签，这使得网站前段的代码变得更加精炼、简洁和清晰，让代码的开发者也更加一目了然代码所要表达的意思。

HTML5是一种设计来组织Web内容的语言，其目的是通过创建一种标准的和直观的标记语言，来把Web设计和开发变得容易起来。HTML5提供了各种切割和划分页面的手段，允许你创建的切割组件不仅能用来逻辑地组织站点，而且能够赋予网站聚合的能力。这是HTML5富于表现力的语义和实用性美学的基础，HTML5赋予设计者和开发者各种层面的能力来向外发布各式各样的内容，从简单的文本内容到丰富的、交互式的多媒体无不包括在内。图10-1所示为HTML5技术用来实现的动画特效。

图10-1　HTML5技术用来实现动画特效

HTML5提供了高效的数据管理、绘制、视频和音频工具，其促进了Web上的和便携式设备的跨浏览器应用的开发。HTML5允许更大的灵活性，支持开发非常精彩的交互式网站。其还引入了新的标签和增强性的功能，其中包括了一个优雅的结构、表单的控制、API、多媒体、数据库支持和显著提升的处理速度等。图10-2所示为HTML5制作的游戏。

图10-2 HTML5制作的游戏

HTML5中的新标签都是高度关联的，标签封装了它们的作用和用法。HTML的过去版本更多地是使用非描述性的标签，然而，HTML5拥有高度描述性的、直观的标签，其提供了丰富的能够立刻让人识别出内容的内容标签。例如，被频繁使用的<div>标签已经有了两个增补进来的<section>和<article>标签。<video>、<audio>、<canvas>和<figure>标签的增加也提供了对特定类型内容更加精确的描述。图10-3所示为由HTML5、CSS3和JS代码所编写的美观的网站后台界面。

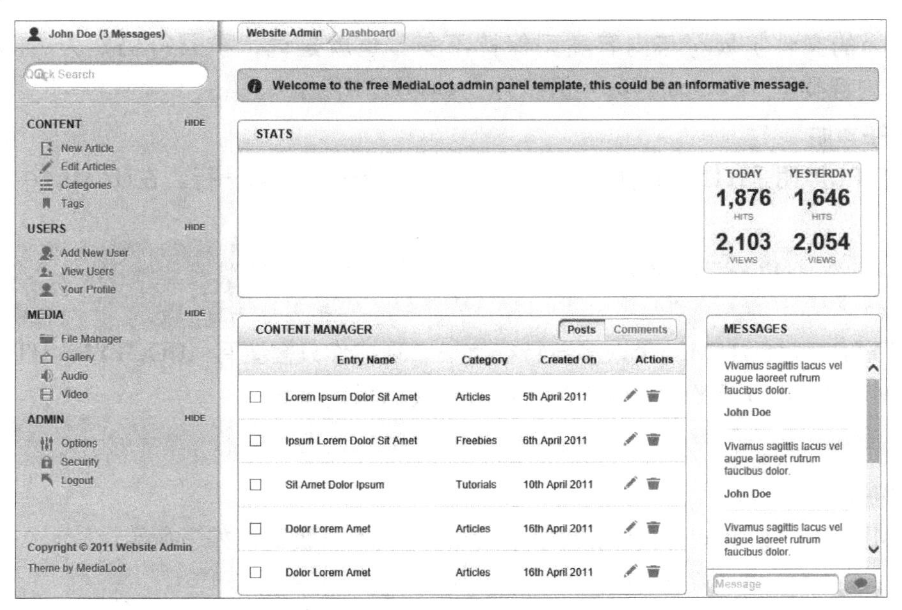

图10-3 由HTML5、CSS3和JS编写的网站后台界面

HTML5取消了HTML4.01的一部分被CSS取代的标记，提供了新的元素和属性。部分元素对于搜索引擎能够更好地索引整理，对于小屏幕的设置和视障人士起到更好的帮助。HTML5还采用了最新的表单的输入对象，还引入了微数据，这一使用机器可以识别的标签标注内容的方法，使语义Web的处理更为简单。

10.2 HTML5与HTML4的区别

HTML5是最新的HTML标准，HTML5语言更加精简，解析的规则更加详细。在针对不同的浏览器，即使语法错误也可以显示出同样的效果。下面列出的就是一些HTML4和HTML5之间主要的不同之处。

10.2.1 HTML5的语法变化

HTML的语法是在SGML语言的基础上建立起来的。但是SGML语法非常复杂，要开发能够解析SGML语法的程序也很不容易，所以很多浏览器都不包含SGML的分析器。因此，虽然HTML基本遵从SGML的语法，但是对于HTML的执行在各浏览器之间并没有一个统一的标准。

在这种情况下，各浏览器之间的互兼容性和互操作性在很大程度上取决于网站或网络应用程序的开发者们在开发上所做的共同努力，而浏览器本身始终是存在缺陷的。

在HTML5中提高Web浏览器之间的兼容性是它的一个很大的目标，为了确保兼容性，就要有一个统一的标准。因此，在HTML5中，就围绕着这个Web标准，重新定义了一套在现有的HTML的基础上修改而来的语法，使它运行在各浏览器时各浏览器都能够符合这个通用标准。

因为关于HTML5语法解析的算法也都提供了详细的记载，所以各Web浏览器的供应商们可以把HTML5分析器集中封装在自己的浏览器中。最新的Firefox（默认为4.0以后的版本）与WebKit浏览器引擎中都迅速地封装了供HTML5使用的分析器。

10.2.2 HTML 5中的标记方法

下面我们来看看在HTML5中的标记方法。

1. **内容类型**（ContentType）

HTML5的文件扩展符与内容类型保持不变。也就是说，扩展符仍然为“.HTML”或“.htm”，内容类型（ContentType）仍然为“text/HTML”。

2. DOCTYPE**声明**

DOCTYPE声明是HTML文件中必不可少的，它位于文件第一行。在HTML4中，它的声明方法如下：

```
<!DOCTYPE HTML PUBLIC "-//W3C//DTD XHTML 1.0 Transitional//EN"
"http://www.w3.org/TR/xHTML1/DTD/xHTML1-transitional.dtd">
```

DOCTYPE声明是HTML5里众多新特征之一。现在你只需要写<!DOCTYPE HTML>，这就行了。HTML5中的DOCTYPE声明方法（不区分大小写）如下：

```
<!DOCTYPE HTML>
```

3. **指定字符编码**

在HTML4中，使用meta元素的形式指定文件中的字符编码，如下所示：

```
<meta http-equiv="Content-Type" content="text/HTML;charset=UTF-8">
```

在HTML 中，可以使用对元素直接追加charset属性的方式来指定字符编码，如下所示：

```
<meta charset="UTF-8">
```

在HTML5中这两种方法都可以使用，但是不能同时混合使用两种方式。

10.2.3 HTML 5语法中的3个要点

HTML5中规定的语法，在设计上兼顾了与现有HTML之间最大程度的兼容性。下面就来看看具体的HTML5语法。

1. **可以省略标签的元素**

在HTML5中，有些元素可以省略标签，具体来讲有如下3种情况。

01 必须写明结束标签。

area、base、br、col、command、embed、hr、img、input、keygen、link、meta、param、 source、track、wbr。

02 可以省略结束标签。

li、dt、dd、p、rt、rp、optgroup、option、colgroup、thead、tbody、tfoot、tr、td、th。

03 可以省略整个标签。

HTML、head、body、colgroup、tbody。

需要注意的是，虽然这些元素可以省略，但实际上却是隐形存在的。

例如：“<body>”标签可以省略，但在DOM树上它是存在的，可以永恒访问到“document.body”。

2. 取得boolean值的属性

取得布尔值（Boolean）的属性，例如disabled和readonly等，通过默认属性的值来表达“值为true”。

此外，在写明属性值来表达“值为true”时，可以将属性值设为属性名称本身，也可以将值设为空字符串。

```
<!--以下的checked属性值皆为true-->
<input type="checkbox" checked>
<input type="checkbox" checked="checked">
<input type="checkbox" checked="">
```

3. 省略属性的引用符

在HTML4中设置属性值时，可以使用双引号或单引号来引用。

在HTML5中，只要属性值不包含空格、“<”、“>”、“'”、“"”、“`”、“=”等字符，都可以省略属性的引用符。

实例如下：

```
<input type="text">
<input type='text'>
<input type=text>
```

10.2.4 HTML5与HTML4在搜索引擎优化上的对比

随着HTML5的到来，传统的<div id="header">和<div id="footer">无处不在的代码方法现在即将变成自己的标签，如<Header>和<footer>。

图10-4所示为传统的DIV+CSS写法，图10-5所示为HTML5的写法。

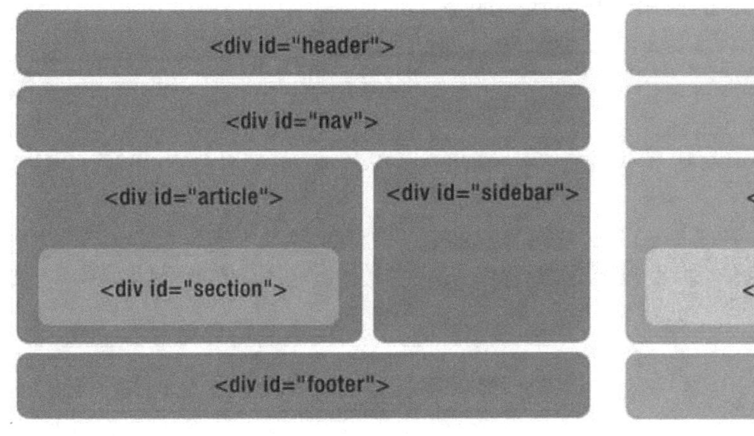

图10-4 传统的DIV+CSS写法

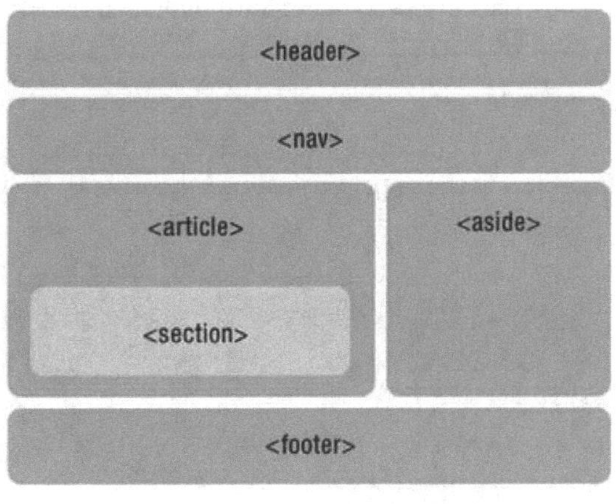

图10-5 HTML5的写法

从图10-4和图10-5可以看出HTML5的代码可读性更高了，也更简洁了，内容的组织相同，但每个元素有一个明确的清晰的定义，搜索引擎也可以更容易地抓取网页上的内容。HTML5标准对于SEO有什么优势呢?

1．使搜索引擎更加容易抓去和索引

对于一些网站，特别是那些严重依赖于Flash的网站，HTML5是一个大福音。如果整个网站都是Flash的，就一定会看到转换成HTML5的好处。首先，搜索引擎的蜘蛛将能够抓取站点内容。所有嵌入到动画中的内容将全部可以被搜索引擎读取。

2．提供更多的功能

使用HTML5的另一个好处就是它可以增加更多的功能。对于HTML5的功能性问题，我们可以从全球几个主流站点对它的青睐就可以看出。社交网络大亨Facebook已经推出他们期待已久的基于HTML5的iPad应用平台，每天都有不断的基于HTML5的网站和HTML5特性的网站被推出。保持站点处于新技术的前沿，也可以很好地提高用户的友好体验。

3．可用性的提高，提高用户的友好体验

最后我们可以从可用性的角度上看，HTML5可以更好地促进用户于网站间的互动情况。多媒体网站可以获得更多的改进，特别是在移动平台上的应用，使用HTML5可以提供更多高质量的视频和音频流。

10.3 新增的主体结构元素

在HTML 5中，为了使文档的结构更加清晰明确，容易阅读，增加了很多新的结构元素，如页眉、页脚、内容区块等结构元素。

10.3.1 课堂练一练——article元素

article元素可以灵活使用，article元素可以包含独立的内容项，所以可以包含一个论坛帖子、一篇杂志文章、一篇博客文章、用户评论等。这个元素可以将信息各部分进行任意分组，而不论信息原来的性质。

作为文档的独立部分，每一个article元素的内容都具有独立的结构。为了定义这个结构，可以利用前面介绍的<header>和<footer>标签的丰富功能。它们不仅仅能够用在正文中，也能够用于文档的各个节中。

下面以一篇文章讲述article元素的使用，具体代码如下。

```
<article>
    <header>
        <h1>不能改变世界，就要改变自己去适应环境</h1>
        <p>发表日期：<time pubdate="pubdate">2014/07/09</time></p>
    </header>
    <p>人生不如意十之八九，我们不能祈望总是一帆风顺。当我们的生活、工作遇到坎坷和挫折时，我们应该如何面对呢？有的人逆境而上，最后取得丰硕的成果；有的人随波逐流，最终碌碌无为。其实这取决于人们各自不同的心态。换一个角度，换一个态度去看问题，你会看到事物的不同方面。
  <br>
    一个人要想改变命运，最重要的是要改变自己。在相同的境遇下，不同的人会有不同的命运。要明白，命运不是由上天决定的，而是由你自己决定的。</p>
    <footer>
```

```
    <p>
<small>版权所有@英华科技。</small>
</p>
    </footer>
</article>
```

在header元素中嵌入了文章的标题部分，在h1元素中是文章的标题“不能改变世界，就要改变自己去适应环境”，文章的发表日期在p元素中。在标题下部的p元素中是文章的正文，在结尾处的footer元素中是文章的版权。对这部分内容使用了article元素。在浏览器中效果如图10-6所示。

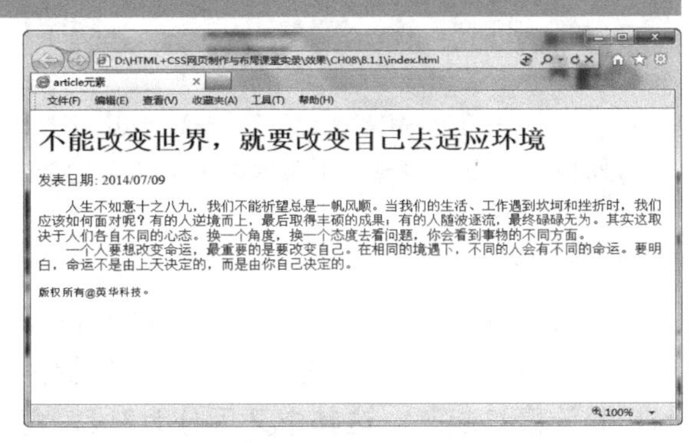

图10-6　article元素

另外，article元素也可以用来表示插件，它的作用是使插件看起来好像内嵌在页面中一样。

```
<article>
<h1>article表示插件</h1>
<object>
<param name="allowFullScreen" value="true">
<embed src="#" width="600" height="395"></embed>
</object>
</article>
```

一个网页中可能有多个独立的article元素，每一个article元素都允许有自己的标题与脚注等从属元素，并允许对自己的从属元素单独使用样式。如一个网页中的样式可能如下所示：

```
header{display:block;
color:green;
text-align:center;}
article header{color:red;
text-align:left;}
```

10.3.2 课堂练一练——section元素

section元素用于对网站或应用程序中页面上的内容进行分块。一个section元素通常由内容及其标题组成。但section元素也并非一个普通的容器元素，当一个容器需要被重新定义样式或者定义脚本行为的时候，还是推荐使用Div控制。

```
<section>
    <h1>水果</h1>
    <p>水果是指多汁且有甜味的植物果实，不但含有丰富的营养且能够帮助消化。水果有降血压、减缓衰老、减肥瘦身、皮肤保养、明目、抗癌、降低胆固醇等保健作用... ... </p>
</section>
```

下面是一个带有section元素的article元素例子。

```
<article>
    <h1>水果</h1>
    <p>水果是指多汁且有甜味的植物果实，不但含有丰富的营养且能够帮助消化。水果有降血压、减缓衰老、减肥瘦身、皮肤保养、明目、抗癌、降低胆固醇等保健作用... ...</p>
```

```
    <section>
        <h2>葡萄</h2>
        <p>"水晶明珠"是人们对葡萄的爱称，因为它果色艳丽、汁多味美、营养丰富、果实含糖量达10%~30%，并含有多种微量元素，又有增进人体健康和治疗神经衰弱及过度疲劳的功效；... ...</p>
    </section>
    <section>
        <h2>橘子</h2>
        <p>橘子有好几种品种，但是一般常见的还是椪柑。这种橘子果实外皮肥厚，由汁泡和种子构成。橘子色彩鲜艳、酸甜可口，是秋冬季常见的美味佳果。富含丰富的维生素c，对人体有着很大的好处。... ...</p>
    </section>
</article>
```

从上面的代码可以看出，首页整体呈现的是一段完整独立的内容，所以我们要用article元素包起来，这其中又可分为3段，每一段都有一个独立的标题，使用了两个section元素为其分段。这样使文档的结构显得清晰。在浏览器中效果如图10-7所示。

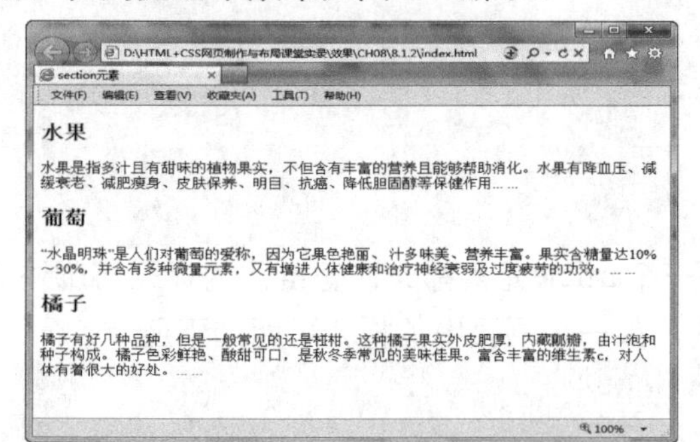

图10-7 带有section元素的article元素实例

article元素和section元素有什么区别呢？在HTML5中，article元素可以看成是一种特殊种类的section元素，它比section元素更强调独立性。即section元素强调分段或分块，而article强调独立性。如果一块内容相对来说比较独立、完整的时候，应该使用article元素，但是如果想将一块内容分成几段的时候，应该使用section元素。

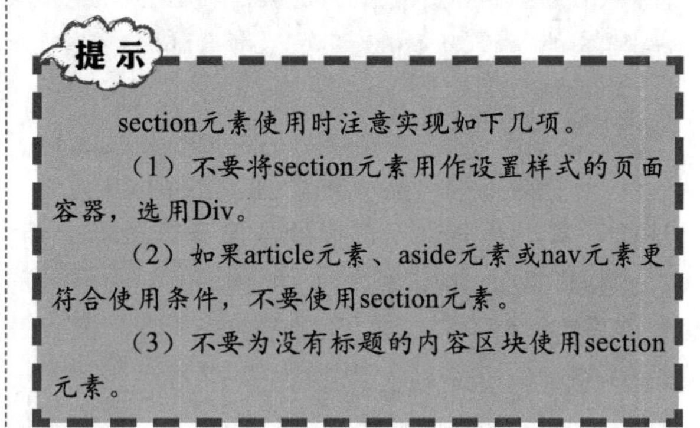

提示

section元素使用时注意实现如下几项。

（1）不要将section元素用作设置样式的页面容器，选用Div。

（2）如果article元素、aside元素或nav元素更符合使用条件，不要使用section元素。

（3）不要为没有标题的内容区块使用section元素。

10.3.3 课堂练一练——nav元素

nav元素在HTML5中用于包裹一个导航链接组，用于显式地说明这是一个导航组，在同一个页面中可以同时存在多个nav。

并不是所有的链接组都要被放进nav元素，只需要将主要的、基本的链接组放进nav元素即可。例如，在页脚中通常会有一组链接，包括服务条款、首页、版权声明等，这时使用footer元素是最恰当的。

一直以来，习惯于使用形如<div id="nav">或<ul id="nav">这样的代码来编写页面的导航，在HTML5中，可以直接将导航链接列表放到<nav>标签中：

```
<nav>
<ul>
<li><a href="index.html">Home</a></li>
<li><a href="#">About</a></li>
<li><a href="#">Blog</a></li>
</ul>
</nav>
```

导航，顾名思义，就是引导的路线，那么具有引导功能的都可以认为是导航。导航可以是页与页之间导航，也可以是页内的段与段之间导航。

```
<!doctype html>
<title>页面之间导航</title>
<header>
  <h1>网站页面之间导航<h1>
     <nav>
       <ul>
         <li><a href="index.html">首页</a></li>
         <li><a href="about.html">关于我们</a></li>
         <li><a href="bbs.html">在线论坛</a></li>
     </ul>
     </nav>
  </h1></h1>
  </header>
```

这个实例是页面之间的导航，nav元素中包含了3个用于导航的超级链接，即“首页”、“关于我们”和“在线论坛”。该导航可用于全局导航，也可放在某个段落，作为区域导航。运行代码如图10-8所示。

下面的实例是页内导航，运行代码如图10-9所示。

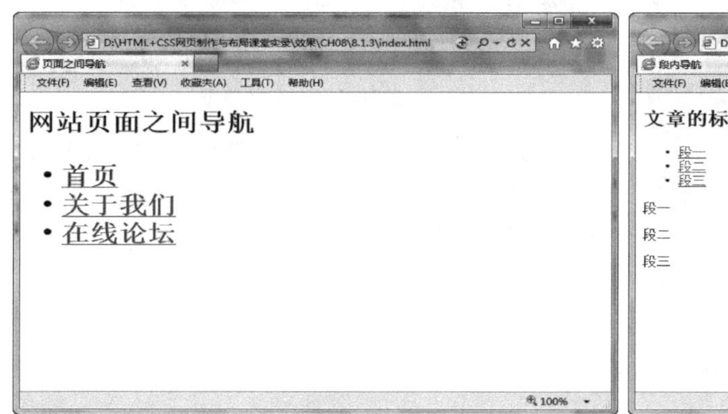

图10-8　页面之间导航

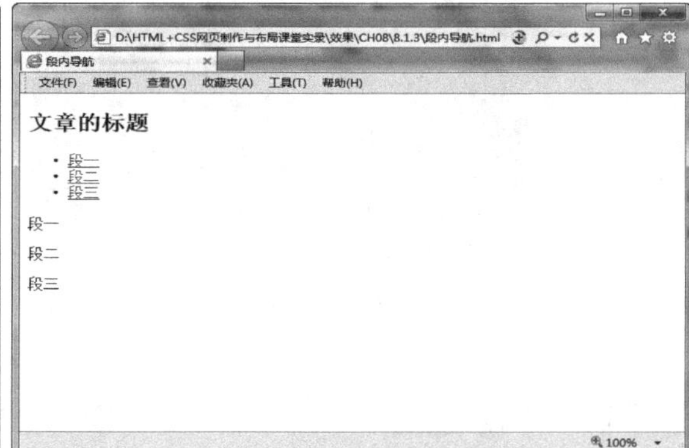

图10-9　页内导航

```
<!doctype html>
<title>段内导航</title>
<header>
</header>
<article>
       <h2>文章的标题</h2>
       <nav>
           <ul>
              <li><a href="#p1">段一</a></li>
```

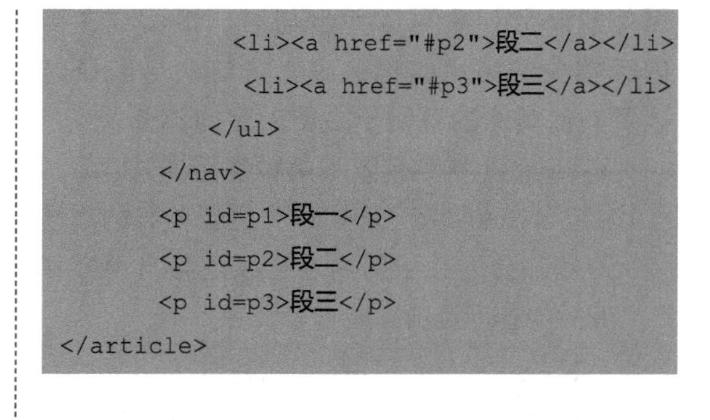

```
              <li><a href="#p2">段二</a></li>
              <li><a href="#p3">段三</a></li>
           </ul>
       </nav>
       <p id=p1>段一</p>
       <p id=p2>段二</p>
       <p id=p3>段三</p>
</article>
```

nav元素使用在哪行位置呢？

顶部传统导航条：现在主流网站上都有不同层级的导航条，其作用是将当前画面跳转到网站的其他主要页面上去。图10-10所示为顶部传统网站导航条。

图10-10　顶部传统网站导航条

侧边导航：现在很多企业网站和购物类网站上都有侧边导航，图10-11所示为左侧导航。

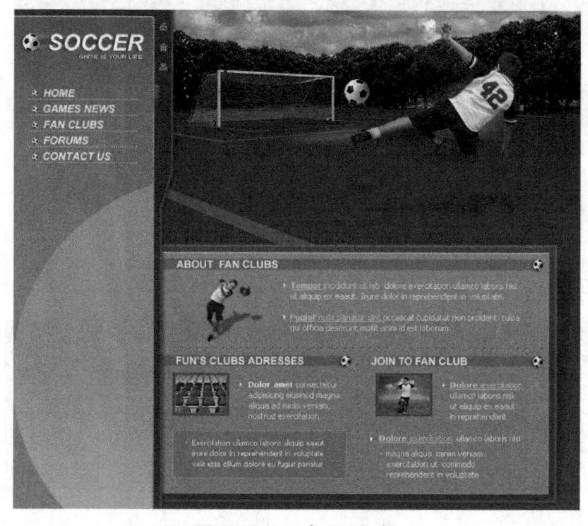

图10-11　左侧导航

页内导航：页内导航的作用是在本页面几个主要的组成部分之间进行跳转，如图10-12所示为页内导航。

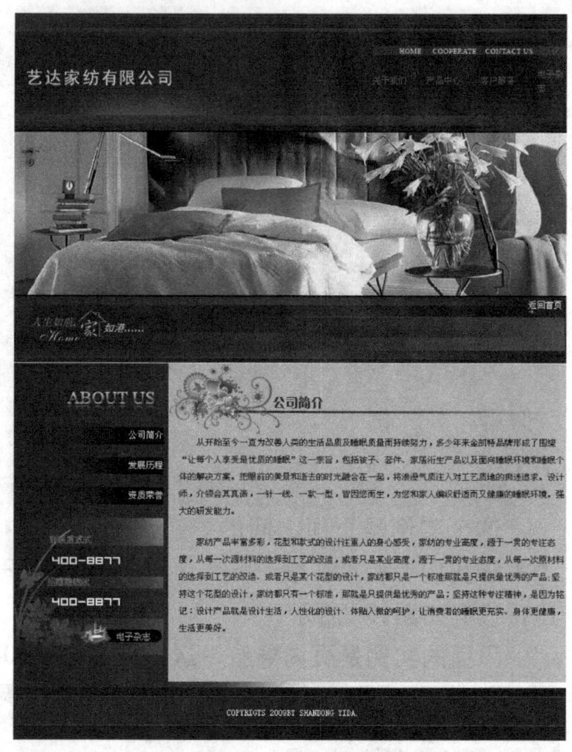

图10-12　页内导航

在HTML 5中不要用menu元素代替nav元素。过去有很多Web应用程序的开发员喜欢用menu元素进行导航，menu元素是用在Web应用程序中的。

10.3.4课堂练一练——aside元素

aside元素用来表示当前页面或文章的附属信息部分，它可以包含与当前页面或主要内容相关的引用、侧边栏、广告、导航条，以及其他类似的有别于主要内容的部分。

aside元素主要有以下两种使用方法。

（1）包含在article元素中作为主要内容的附属信息部分，其中的内容可以是与当前文章有关的参考资料、名词解释等。

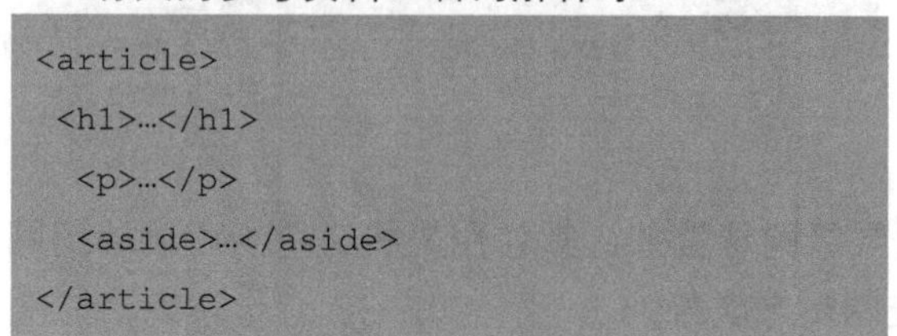

```
<article>
 <h1>…</h1>
  <p>…</p>
  <aside>…</aside>
</article>
```

（2）在article元素之外使用作为页面或站点全局的附属信息部分。最典型的是侧边栏，其中的内容可以是友情链接、文章列表、广告单元等。代码如下所示，运行代码如图10-13所示。

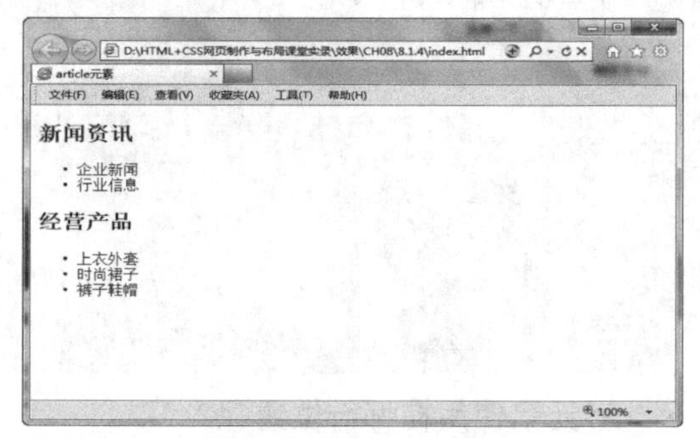

图10-13　aside元素实例

```
<aside>
 <h2>新闻资讯</h2>
 <ul>
```

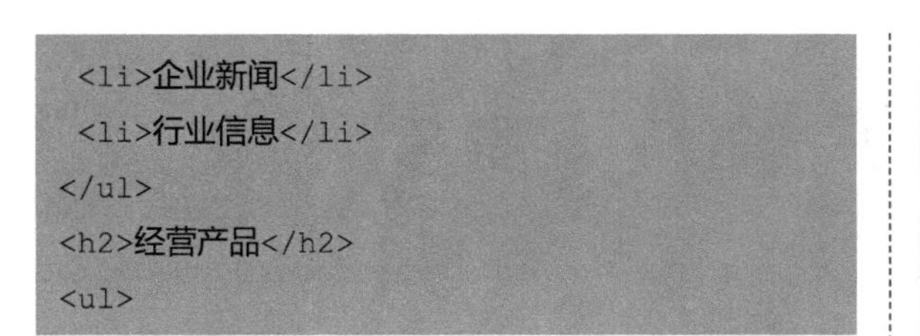

```
  <li>企业新闻</li>
  <li>行业信息</li>
</ul>
<h2>经营产品</h2>
<ul>
```

```
    <li>上衣外套</li>
    <li>时尚裙子</li>
    <li>裤子鞋帽</li>
  </ul>
</aside>
```

10.4 新增的非主体结构元素

除了以上几个主要的结构元素之外，HTML5内还增加了一些表示逻辑结构或附加信息的非主体结构元素。

10.4.1 课堂练一练——header元素

header元素是一种具有引导和导航作用的结构元素，通常用来放置整个页面或页面内的一个内容区块的标题，header内也可以包含其他内容，例如表格、表单或相关的Logo图片。

在架构页面时，整个页面的标题常放在页面的开头，header标签一般都放在页面的顶部。可以用如下所示的形式书写页面的标题：

```
<header>
<h1>页面标题</h1>
</header>
```

在一个网页中可以拥有多个header元素，可以为每个内容区块加一个header元素。

```
<header>
    <h1>网页标题</h1>
</header>
<article>
    <header>
        <h1>文章标题</h1>
    </header>
    <p>文章正文</p>
</article>
```

在HTML5中，一个header元素通常包括至少一个headering元素（h1-h6），也可以包括hgroup、nav等元素。

下面是一个网页中的header元素使用实例，运行代码如图10-14所示。

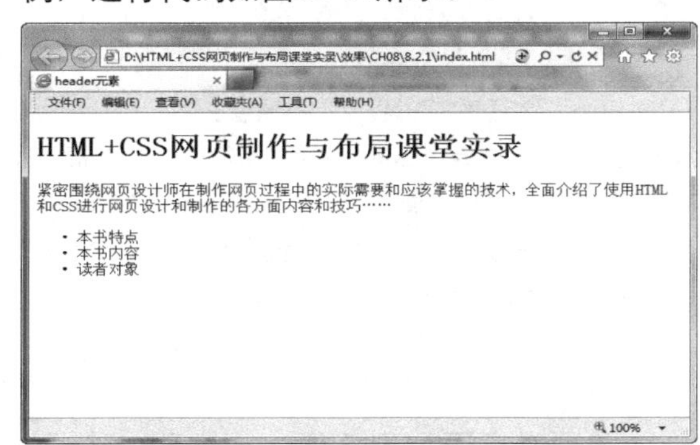

图10-14　header元素使用实例

```
<header>
  <hgroup>
    <h1> HTML+CSS网页制作与布局课堂实录</h1>
    <p>紧密围绕网页设计师在制作网页过程中的实际需要和应该掌握的技术，全面介绍了使用HTML和CSS进行网页设计和制作的各方面内容和技巧……</p>
  </hgroup>
  <nav>
    <ul>
      <li>本书特点</li>
      <li>本书内容</li>
```

```
      <li>读者对象</li>
    </ul>
  </nav>
</header>
```

10.4.2 课堂练一练——hgroup元素

header元素位于正文开头，可以在这些元素中添加<h1>标签，用于显示标题。基本上，<h1>标签已经足够用于创建文档各部分的标题行。但是，有时候还需要添加副标题或其他信息，以说明网页或各节的内容。

hgroup元素是将标题及其子标题进行分组的元素。hgroup元素通常会将h1～h6元素进行分组，一个内容区块的标题及其子标题算一组。

通常，如果文章只有一个主标题，是不需要hgroup元素的。但是，如果文章有主标题，主标题下有子标题，就需要使用hgroup元素了。如下所示hgroup元素实例代码，运行代码如图10-15所示。

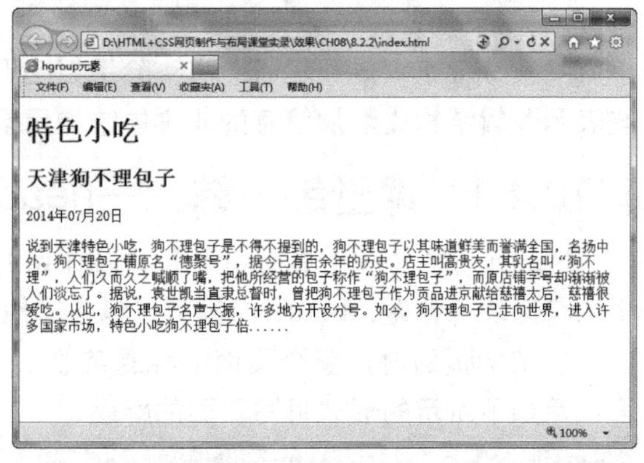

图10-15　hgroup元素实例

```
<article>
    <header>
        <hgroup>
            <h1>特色小吃</h1>
            <h2>天津狗不理包子</h2>
        </hgroup>
        <p><time datetime="2014-07-20">2014年07月20日</time></p>
    <p>说到天津特色小吃，狗不理包子是不得不提到的，狗不理包子以其味道鲜美而誉满全国，名扬中外。狗不理包子铺原名"德聚号"，距今已有百余年的历史。店主叫高贵友，其乳名叫"狗不理"，人们久而久之喊顺了嘴，把他所经营的包子称作"狗不理包子"，而原店铺字号却渐渐被人们淡忘了。据说，袁世凯当直隶总督时，曾把狗不理包子作为贡品进京献给慈禧太后，慈禧很爱吃。从此，狗不理包子名声大振，许多地方开设分号。如今，狗不理包子已走向世界，进入许多国家市场，特色小吃狗不理包子备受宾客欢迎。……</p>
    </header>
</article>
```

如果有标题和副标题，或在同一个<header>元素中加入多个H标题，那么就需要使用<hgroup>元素。

10.4.3 课堂练一练——footer元素

footer通常包括其相关区块的脚注信息，如作者、相关阅读链接及版权信息等。footer元素和header元素使用基本上一样，可以在一个页面中使用多次，如果在一个区段后面加入footer元素，那么它就相当于该区段的尾部了。

在HTML 5出现之前，通常使用类似下面这样的代码来写页面的页脚：

```
<div id="footer">
    <ul>
        <li>版权信息</li>
```

```
        <li>站点地图</li>
        <li>联系方式</li>
    </ul>
<div>
```

在HTML5中，可以不使用div，而用更加语义化的footer来写：

```
<footer>
    <ul>
        <li>版权信息</li>
        <li>站点地图</li>
        <li>联系方式</li>
    </ul>
</footer>
```

footer元素即可以用作页面整体的页脚，也可以作为一个内容区块的结尾，例如可以将<footer>直接写在<section>或是<article>中，如下所示。

在article元素中添加footer元素：

```
<article>
    文章内容
    <footer>
        文章的脚注
    </footer>
</article>
```

在section元素中添加footer元素：

```
<section>
    分段内容
    <footer>
        分段内容的脚注
    </footer>
</section>
```

10.4.4 课堂练一练——address元素

address元素通常位于文档的末尾，address元素用来在文档中呈现联系信息，包括文档创建者的名字、站点链接、电子邮箱、真实地址、电话号码等。address不只是用来呈现电子邮箱或真实地址这样的“地址”概念，而应该包括与文档创建人相关的各类联系方式。

下面是address元素实例。

```
<!DOCTYPE html>
<html>
<head>
<meta http-equiv="Content-Type" content="text/html; charset=gb2312" />
        <title>address元素实例</title>
</head>
<body>
        <address>
<a href="mailto:example@example.com">webmaster</a><br />
重庆网站建设公司<br />
xxx区xxx号<br />
</address>
</body>
</html>
```

浏览器中显示地址的方式与其周围的文档不同，IE、Firefox和Safari浏览器以斜体显示地址，如图10-16所示。

还可以把footer元素、time元素与address元素结合起来使用，具体代码如下。

```
<footer>
    <div>
        <address>
            <a title="文章作者：李杰">
```

```
        李杰</a>
    </address>
    发表于<time datetime="2014-07-20">2014年07月20日</time>
  </div>
</footer>
```

在这个示例中，把文章的作者信息放在了address元素中，把文章发表日期放在了time元素中，把address元素与time元素中的总体内容作为脚注信息放在了footer元素中。如图10-17所示。

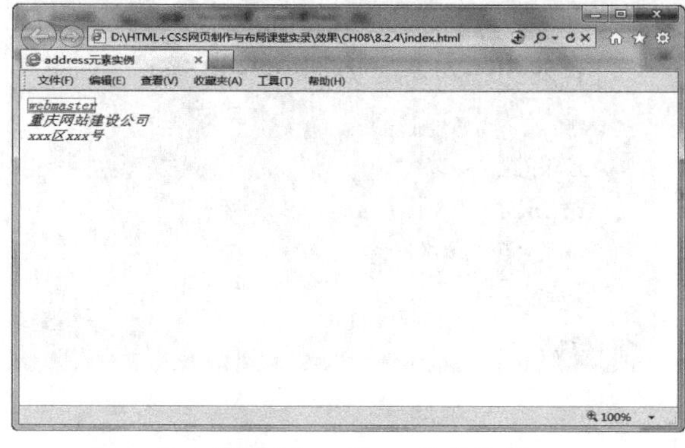

图10-16 address元素实例

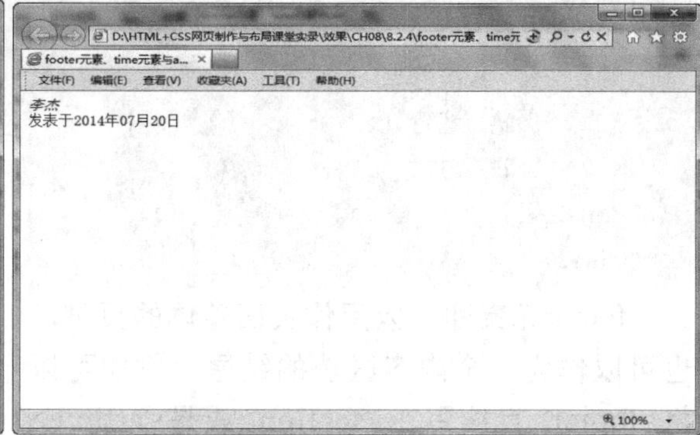

图10-17 footer元素、time元素与address元素结合

10.5 新增的行内的语义元素

HTML5增加了一些行内语义元素：mark、time、meter、progress。

（1）mark：定义有记号的文本。

（2）time：定义日期/时间。

（3）meter：定义预定义范围内的度量。

（4）progress：定义运行中的进度。

mark元素用来标记一些不是特别需要强调的文本。

```
<!DOCTYPE HTML>
<HTML>
<head>
<title>mark元素</title>
</head>
<body>
<p>今天别忘记了买<mark>牛奶</mark>。</p>
</body>
</HTML>
```

运行代码，在浏览器中浏览，如图10-18所示，<mark>与</mark>标签之间的文字“牛奶”添加了记号。

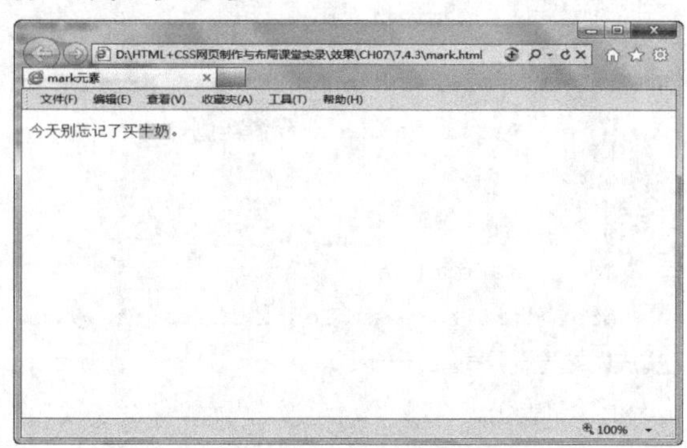

图10-18 mark元素实例

time元素用于定义时间或日期。该元素可以代表24小时中的某一时刻，在表示时刻时，允许有时间差。在设置时间或日期时，只需将该元素的属性datetime设为相应的时间或日期即可。

实例代码：

```
<p id="p1">
  <time datetime="2014-4-10">今天是2014年4月10日</time>
<p>
<p id="p2">
  <time datetime="2014-4-10T20:00">现在时间是2014年4月10日晚上8点</time>
<p>
<p id="p3">
  <time datetime="2014-12-31">公司最新车型将于今年年底上市</time>
</p>
<p id="p4">
  <time datetime="2014-4-1" pubdate="true">本消息发布于2014年4月1日</time>
</p>
</body>
```

<p>元素ID号为“p1”中的<time>元素，表示的是日期。页面在解析时，获取的是属性datetime中的值，而标记之间的内容只是用于显示在页面中。

<p>元素ID号为“p2”中的<time>元素，表示的是日期和时间，它们之间使用字母“T”进行分隔。

<p>元素ID号为“p3”中的<time>元素，表示的是将来时间。

<p>元素ID号为“p4”中的<time>元素，表示的是发布日期。为了在文档中将这两个日期进行区分，在最后一个<time>元素中增加了pubdate属性，表示此日期为发布日期。

运行代码，在浏览器中浏览如图10-19所示。

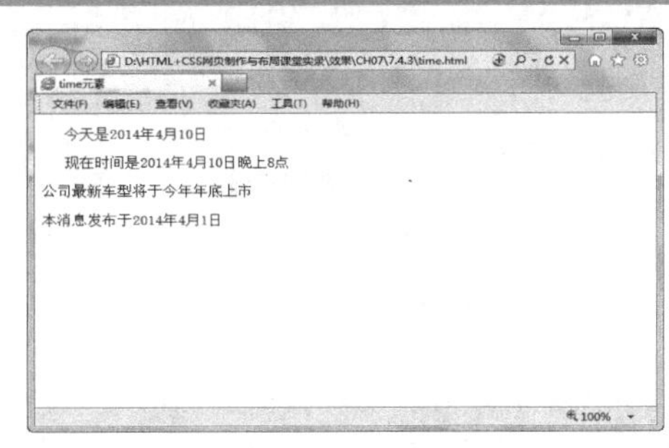

图10-19　time元素实例

progress是HTML5中新增的状态交互元素，用来表示页面中的某个任务完成的进度（进程）。例如下载文件时，文件下载到本地的进度值，可以通过该元素动态展示在页面中，展示的方式既可以使用整数（如1～100），也可以使用百分比（如10%～100%）。

下面通过一个实例介绍progress元素在文件下载时的使用。

```
<!DOCTYPE HTML>
<HTML>
<head>
<meta charset="utf-8" />
<title>progress元素在下载中的使用</title>
<style type="text/css">
body { font-size:13px}
p {padding:0px; margin:0px }
.inputbtn {
border:solid 1px #ccc;
background-color:#eee;
line-height:18px;
font-size:12px
}
</style>
```

```
</head>
<body>
<p id="pTip">开始下载</p>
<progress value="0" max="100" id="proDownFile"></progress>
<input type="button" value="下载"      class="inputbtn" onClick="Btn_Click();">
<script type="text/javascript">
var intValue = 0;
var intTimer;
var objPro = document.getElementById('proDownFile');
var objTip = document.getElementById('pTip');   //定时事件
function Interval_handler() {
intValue++;
objPro.value = intValue;
if (intValue >= objPro.max) {  clearInterval(intTimer);
objTip.innerHTML = "下载完成!"; }
else {
objTip.innerHTML = "正在下载" + intValue + "%";
 }
 }   //下载按钮单击事件
function Btn_Click(){
   intTimer = setInterval(Interval_handler, 100);
   }
   </script>
</body>
</HTML>
```

为了使progress元素能动态展示下载进度，需要通过JavaScript代码编写一个定时事件。在该事件中，累加变量值，并将该值设置为progress元素的value属性值；当这个属性值大于或等于progress元素的max属性值时，则停止累加，并显示“下载完成！”的字样；否则，动态显示正在累加的百分比数。如图10-20所示。

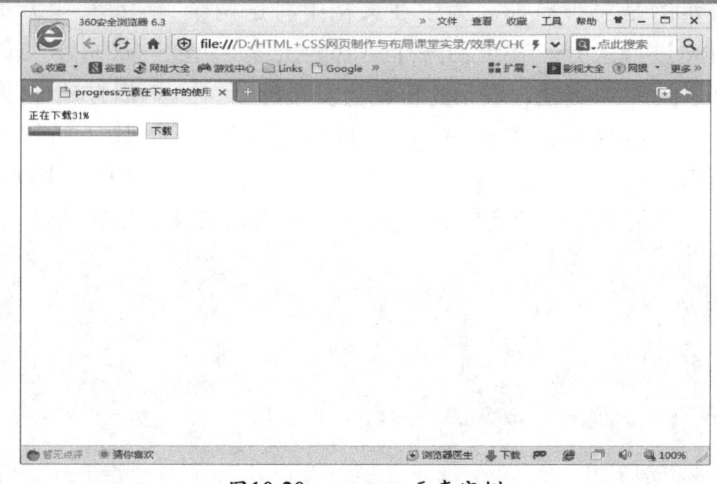

图10-20　progress元素实例

Meter元素用于表示在一定数量范围中的值，如投票中，候选人各占比例情况及考试分数等。下面通过一个实例介绍meter元素在展示投票结果时的使用。

实例代码：

```
<!DOCTYPE HTML>
<HTML>
<head>
<meta charset="utf-8" />
```

```
<title>meter元素</title>
<style type="text/css">
body {  font-size:13px }
</style>
</head>
<body>
<p>共有100人参与投票，投票结果如下：</p>
<p>王兵：
<meter value="0.40" optimum="1"high="0.9" low="1" max="1" min="0"></meter>
<span> 40% </span>
</p>
<p>李明：
<meter value="60" optimum="100"  high="90" low="10" max="100" min="0">
</meter>
<span> 70% </span>
</p>
</body>
</HTML>
```

候选人“李明”所占的比例是百分制中的60，最低比例可能为0，但实际最低为10；最高比例可能为100，但实际最高为90，如图10-21所示。

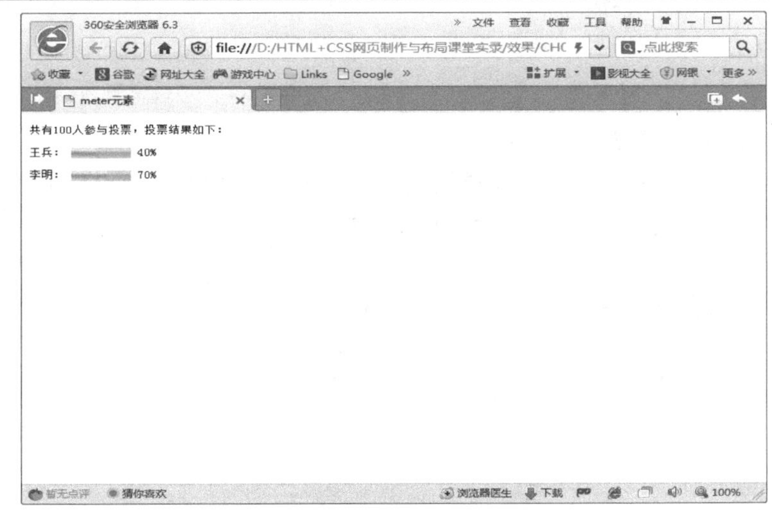

图10-21　meter元素实例

10.6 新增的input元素的类型

在网站页面的时候，难免会碰到表单的开发，用户输入的大部分内容都是在表单中完成提交到后台的。在HTML5中，也提供了大量的表单功能。

在HTML5中，对input元素进行了大幅度的改进，使得我们可以简单地使用这些新增的元素来实现需要JavaScript来实现的功能。

1. url类型

input元素里的url类型是一种专门用来输入url地址的文本框。如果该文本框中内容不是url地址格式的文字，则不允许提交。例如：

```
<form>
```

```
    <input name="urls" type="url" value="http://www.linyikongtiao.com "/>
    <input type="submit" value="提交"/>
</form>
```

设置此类型后，从外观上来看与普通的元素差不多，可是如果你将此类型放到表单中之后，当单击“提交”按钮，如果此输入框中输入的不是一个URL地址，将无法提交，如图10-22所示。

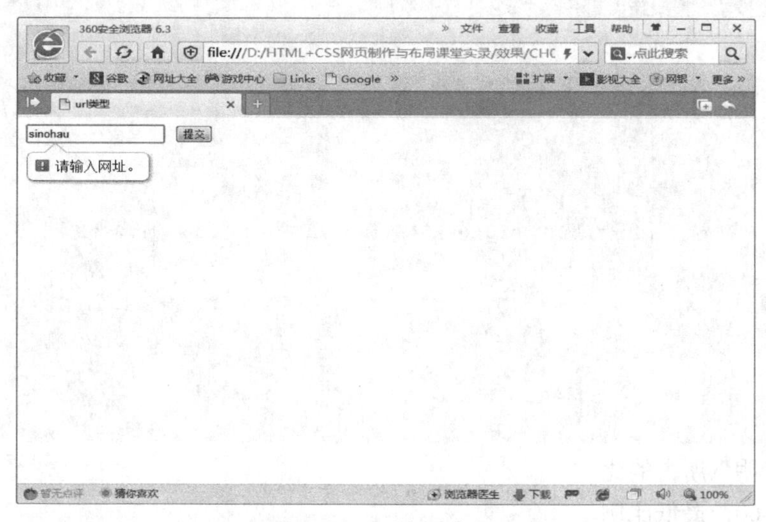

图10-22　url类型实例

2. email类型

如果将上面的URL类型的代码中的type修改为email，那么在表单提交的时候，会自动验证此输入框中的内容是否为email格式，如果不是，则无法提交。代码如下：

```
<form>
  <input name="email" type="email" value=" http://www.linyikongtiao.com/"/>
  <input type="submit" value="提交"/>
</form>
```

如果用户在该文本框中输入的不是email地址的话，则会提醒不允许提交，如图10-23所示。

图10-23　email类型实例

3. date类型

input元素里的date类型在开发网页过程中是非常多见的。例如我们经常看到的购买日期、发布时间、订票时间。这种date类型的时间是以日历的形式来方便用户输入的。

```
<form>
   <input id="lykongtiao _date" name="linyikongtiao.com" type="date"/>
   <input type="submit" value="提交"/>
 </form>
```

在HTML4中，需要结合使用JavaScript才能实现日历选择日期的效果，在HTML5中，只需要设置input为date类型即可，提交表单的时候也不需要验证数据了，如图10-24所示。

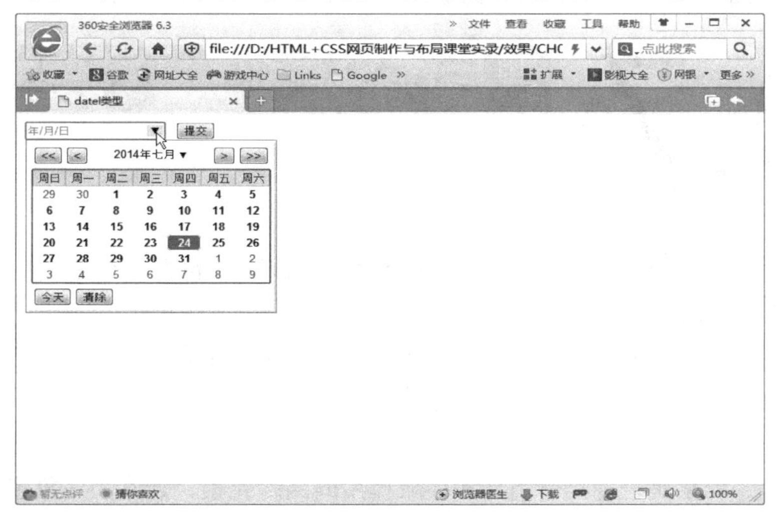

图10-24　date类型实例

4．time类型

input里的time类型是专门用来输入时间的文本框，并且会在提交时会对输入时间的有效性进行检查。它的外观可能会根据不同类型的浏览器而出现不同的表现形式。

```
<form>
   <input id=" linyikongtiao_time" name=" linyikongtiao.com" type="time"/>
   <input type="submit" value="提交"/>
</form>
```

time类型是用来输入时间的，在提交的时候检查是否输入了有效的时间，如图10-25所示。

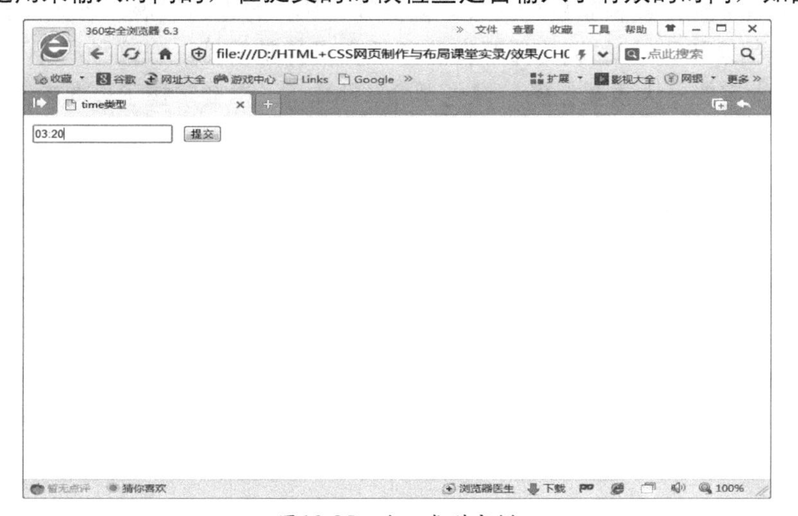

图10-25　time类型实例

5. dateTime类型

datetime类型是一种专门用来输入本地日期和时间的文本框，同样，它在提交的时候也会对数据进行检查。目前主流浏览器都不支持datetime类型。

```
<form>
    <input id=" linyikongtiao_datetime" name=" linyikongtiao.com" type="datetime"/>
    <input type="submit" value="提交"/>
</form>
```

10.7 课后练习

一、填空题

1. ____________元素可以包含独立的内容项，所以可以包含一个论坛帖子、一篇杂志文章、一篇博客文章、用户评论等。

2. ____________元素在HTML5中用于包裹一个导航链接组，用于显式地说明这是一个导航组，在同一个页面中可以同时存在多个____________。

二、选择题

1. __________元素是一种具有引导和导航作用的结构元素，通常用来放置整个页面或页面内的一个内容区块的标题。

A. address　　B. header　　C. aside

2. _________通常包括其相关区块的脚注信息，如作者、相关阅读链接及版权信息等。

A. hgroup　　B. address　　C. footer

10.8 本章小结

本章主要讲述了认识HTML 5、HTML 5与HTML 4的区别、HTML 5新增结构元素和非结构元素。随着HTML 5的迅猛发展，各大浏览器开发公司如Google、微软、苹果和Opera的浏览器开发业务都变得异常繁忙。在这种局势下，学习HTML 5无疑成为Web开发者的一大重要任务，谁先学会HTML 5，谁就掌握了迈向未来Web平台的一把钥匙。

第11章 动态网站设计基础

本章导读

动态网页技术的出现使得网站从展示平台变成了网络交互平台。Dreamweaver的可视化工具可以开发动态站点，而不必编写复杂的代码。动态网页以数据库技术为基础，可以大大降低网站维护的工作量。本章主要学习动态网页平台的搭建、数据库连接的创建、编辑数据表记录、添加服务器行为。

技术要点

★ 熟悉动态网页的特点与制作过程

★ 了解如何搭建本地服务器

★ 掌握创建数据库连接

★ 掌握编辑数据表记录

★ 掌握添加服务器行为

11.1 动态网页的特点与制作过程

动态网页一般都是以数据库支持为基础，便于维护，提高工作效率，并能够根据用户的要求和选择做出动态改变。本节介绍动态网页的特点、工作原理和核心技术。

11.1.1 动态网页特点

动态网页是与静态网页相对应的，也就是说，网页URL的后缀不是.htm、.html、.shtml、.xml等静态网页的常见形式，而是以.asp、.jsp、.php、.perl、.cgi等形式为后缀，并且在动态网页网址中有一个标志性的符号——“？”。

这里说的动态网页，与网页上的各种动画、滚动字幕等视觉上的“动态效果”没有直接关系，动态网页也可以是纯文字内容的，也可以是包含各种动画的内容，这些只是网页具体内容的表现形式，无论网页是否具有动态效果，采用动态网站技术生成的网页都称为动态网页。

从网站浏览者的角度来看，无论是动态网页还是静态网页，都可以展示基本的文字和图片信息，但从网站开发、管理、维护的角度来看就有很大的差别。将动态网页的一般特点简要归纳如下。

（1）动态网页以数据库技术为基础，可以大大降低网站维护的工作量。

（2）采用动态网页技术的网站可以实现更多的功能，如用户注册、用户登录、在线调查、用户管理、订单管理等。

（3）动态网页实际上并不是独立存在于服务器上的网页文件，只有当用户请求时服务器才返回一个完整的网页。

（4）动态网页中的“？”对搜索引擎检索存在一定的问题，搜索引擎一般不可能从一个网站的数据库中访问全部网页，或者出于技术方面的考虑，搜索蜘蛛不去抓取网址中“？”后面的内容，因此采用动态网页的网站在进行搜索引擎推广时，需要做一定的技术处理才能适应搜索引擎的要求。

11.1.2 动态网页工作原理

动态网页技术的工作原理是：使用不同技术编写的动态页面保存在Web服务器内，当客户端用户向Web服务器发出访问动态页面的请求时，Web服务器将根据用户所访问页面的后缀名确定该页面所使用的网络编程技术，然后把该页面提交给相应的解释引擎；解释引擎扫描整个页面找到特定的定界符，并执行位于定界符内的脚本代码以实现不同的功能，如访问数据库，发送电子邮件，执行算术或逻辑运算等，最后把执行结果返回Web服务器；最终，Web服务器把解释引擎的执行结果连同页面上的HTML内容及各种客户端脚本一同传送到客户端。图11-1所示为动态网页的工作原理图。

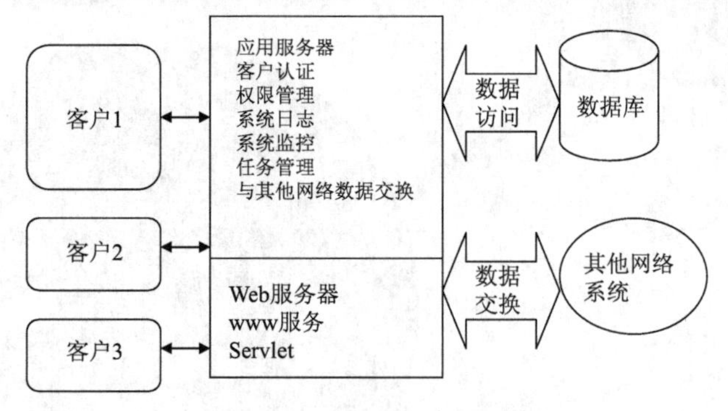

图11-1 动态网页的工作原理图

11.1.3 动态网站技术核心

动态网站的工作方式其实很简单。那么是不是动态网页学习和开发就轻松了呢？显然不是这样的。要使动态网站动起来，其中会需要多种技术进行支撑。简单概括就是：数据传输、数据存储和服务管理。

1. 数据传输

有的读者可能会想到，HTTP不是专门负责数据传输的吗？是的。但是HTTP仅是一个应用层的自然协议。如何获取HTTP请求消息还必须使用一种技术来实现。

可以选用一种编程语言（如C、Java等）来设置和接收HTTP请求和响应消息的构成，但是这种过程是非常费时、费力，也是易错的劳动，对于广大初学者来说简直就是望尘莫及。

如果能够提供现成的技术，封装对HTTP请求和响应消息的控制，岂不是简化了开发，降低学习的门槛。而服务器技术的一个核心功能就是负责对HTTP请求和响应消息的控制。例如，在ASP中，我们直接调用Request和Response这两个对象，然后利用它们包含的属性和方法就可以完成HTTP请求和响应的控制。在其他服务器技术中，也都提供这些基本功能，但是所使用的对象和方法可能略有不同。

2. 数据存储

数据传输是动态网站的基础。但是如何存储数据也是动态网站必须解决的核心技术之一。也许你可能想到利用HTTP协议实现在不同页面之间传输信息。是的，但是这仅解决了信息传输的基本途经，但不是最佳方式。试想，在会员管理网站中，为了保证每一位登录会员都能够通过每个页面的验证，我们可能需要在HTTP中不断附加每位登录会员的信息，这本身就是件很麻烦的事情。如果登录会员很多，无疑会增加HTTP传输的负担，甚至造成网络的堵塞，更为要命的是这很容易造成整个网络传输的混乱。

显然如果使用HTTP来完成所有信息的共享和传输问题是很不现实的，也是行不通的。最理想的方法是服务器能够提供一种技术来存储不同类型的数据。例如，根据信息的应用范围可以分为：应用程序级变量（存储的信息为所有人共享）和会话级变量（存储的信息仅为某个用户使用）。一般服务器技术都能够提供服务器内存管理，在服务器内存里划分出不同区域，专门负责存储不同类型的变量，以实现数据的共享和传递。另外，一般服务器技术都会提供Cookie技术，以便把用户信息保存到用户本地的计算机中，使用时再随时从客户端调出来，从而实现信息的长久保存和再利用。

3. 服务管理

如果说解决动态网站的数据传输和存储这两个基本问题，动态网站的条件基本成立了。但是要希望动态网站能够稳健地运行，还需要一套技术来维持这种运行状态。这套技术就是服务器管理，实际上这也是服务器技术中最复杂的功能。

当然，我们这里所说的服务管理仅仅是狭义的管理概念，它仅包括服务器参数设置，动态网站环境设置，以及网站内不同功能模块之间的协同管理。例如，网站物理路径和相对路径的管理、服务器安全管理、网站默认值管理、扩展功能管理和辅助功能管理，以及一些管理工具支持等。

你可以想象一下，如果没有服务器管理技术的支持，整个服务器可能只能运行一个网站（或一个Web应用程序），动态网页也无法准确定位自己的位置。整个网站处于一片混乱、混沌状态。例如，在ASP服务器技术中，我们可以利用Server对象来管理各种功能，如网页定位、环境参数设置、安装扩展插件等。

11.2 动态网站技术类型

实际上目前常用的3类服务器技术就是ASP（Active Server Pages，活动服务器网页）、JSP（JavaServer Pages，Java服务器网页）、PHP（Hypertext Preprocessor，超文本预处理程序）。这些技术的核心功能都是相同的，但是它们基于的开发语言不同，实现功能的途径也存在差异。如果当你掌握了一种服务器技术，再学习另一种服务器技术，就会发现简单多了。这些服务器技术都可以设计出常用动态网页功能，对于一些特殊功能，虽然不同服务器技术支持程度不同，操作的难易程度也略有差别，甚至还有些功能必须借助各种外部扩展才可以实现。

11.2.1 ASP

ASP是Active Server Page的缩写，意为“动态服务器页面”。ASP是微软公司开发的代替CGI脚本程序的一种应用,它可以与数据库和其他程序进行交互，是一种简单、方便的编程工具。ASP的网页文件的格式是.asp，现在常用于各种动态网站中。ASP是一种服务器端脚本编写环境，可以用来创建和运行动态网页或Web应用程序。ASP采用VB Script和JavaScript脚本语言作为开发语言，当然也可以嵌入其他脚本语言。ASP服务器技术只能在Windows系统中使用。

ASP网页具有以下特点。

（1）利用ASP可以实现突破静态网页的一些功能限制，实现动态网页技术。

（2）ASP文件是包含在HTML代码所组成的文件中的，易于修改和测试。

（3）服务器上的ASP解释程序会在服务器端执行ASP程序，并将结果以HTML格式传送到客户端浏览器上，因此使用各种浏览器都可以正常浏览ASP所产生的网页。

（4）ASP提供了一些内置对象，使用这些对象可以使服务器端脚本功能更强。例如可以从Web浏览器中获取用户通过HTML表单提交的信息，并在脚本中对这些信息进行处理，然后向Web浏览器发送信息。

（5）ASP可以使用服务器端ActiveX组件来执行各种各样的任务，例如存取数据库、发送Email或访问文件系统等。

（6）由于服务器是将ASP程序执行的结果以HTML格式传回客户端浏览器，因此使用者不会看到ASP所编写的原始程序代码，可防止ASP程序代码被窃取。

（7）方便连接Access与SQL数据库。

（8）开发需要有丰富的经验，否则会留出漏洞，让黑客利用进行注入攻击。

11.2.2 PHP

PHP也是一种比较流行的服务器技术，它最大的优势就是开放性和免费服务。你不用花费一分钱，就可以从PHP官方站点（http://www.php.net）下载PHP服务软件，并不受限制地获得源码，甚至可以从中加进自己的功能。PHP服务器技术能够兼容不同的操作系统。PHP页面的扩展名为.php。

PHP有以下特性。

（1）开放的源代码：所有的PHP源代码事实上都可以得到。

（2）PHP是免费的：和其他技术相比，PHP本身免费且是开源代码。

（3）PHP的快捷性：程序开发快，运行快，技术本身学习快。因为PHP可以被嵌入于HTML语言，它相对于其他语言，编辑简单，实用性强，更适合初学者。

（4）跨平台性强：由于PHP是运行在服务器端的脚本，可以运行在UNIX、Linux、

Windows下。

（5）效率高：PHP消耗相当少的系统资源。

（6）图像处理：用PHP动态创建图像。

（7）面向对象：在PHP4、PHP5 中，面向对象方面都有了很大的改进，现在PHP完全可以用来开发大型商业程序。

（8）专业专注：PHP支持脚本语言为主，同为类C语言。

11.2.3 JSP

JSP是Sun公司倡导、许多公司参与一起建立的一种动态网页技术标准。JSP可以在Serverlet和JavaBean技术的支持下，完成功能强大的Web应用开发。另外，JSP也是一种跨多个平台的服务器技术，几乎可以执行于所有平台。

JSP技术是用Java语言作为脚本语言的，JSP网页为整个服务器端的Java库单元提供了一个接口来服务于HTTP的应用程序。

在传统的网页HTML文件(*.htm,*.html)中加入Java程序片段和JSP标记(tag)，就构成了JSP网页(*.jsp)。Web服务器在遇到访问JSP网页的请求时，首先执行其中的程序片段，然后将执行结果以HTML格式返回给客户。程序片段可以操作数据库、重新定向网页及发送email等，这就是建立动态网站所需要的功能。

JSP的优点如下所述。

（1）对于用户界面的更新，其实就是由 Web Server进行的，所以给人的感觉更新很快。

（2）所有的应用都是基于服务器的，所以它们可以时刻保持最新版本。

（3）客户端的接口不是很繁琐，对于各种应用易于部署、维护和修改。

11.2.4 ASP、PHP和JSP比较

ASP、PHP和JSP这三大服务器技术具有很多共同的特点，如下所述。

（1）都是在HTML源代码中混合其他脚本语言或程序代码。其中HTML源代码主要负责描述信息的显示结构和样式，而脚本语言或程序代码则用来描述需要处理的逻辑。

（2）程序代码都是在服务器端经过专门的语言引擎解释执行之后，然后把执行结果嵌入到HTML文档中，最后再一起发送给客户端浏览器。

（3）ASP、PHP和JSP都是面向Web服务器的技术，客户端浏览器不需要任何附加的软件支持。

当然，它们也存在很多不同，例如：

（1）JSP代码被编译成Servlet，并由Java虚拟机解释执行，这种编译操作仅在对JSP页面的第一次请求时发生，以后就不再需要编译。而ASP和PHP则每次请求都需要进行编译。因此，从执行速度上来说，JSP的效率当然最高。

（2）目前国内的PHP和ASP应用最为广泛。由于JSP是一种较新的技术，国内使用较少。但是在国外，JSP已经是比较流行的一种技术，尤其电子商务类网站多采用JSP。

（3）由于免费的PHP缺乏规模支持，使得它不适合应用于大型电子商务站点，而更适合一些小型商业站点。ASP和JSP则没有PHP的这个缺陷。ASP可以通过微软的COM技术获得ActiveX扩展支持，JSP可以通过Java Class和EJB获得扩展支持。同时升级后的ASP.NET更是获得.NET类库的强大支持，编译方式也采用了JSP的模式，功能可以与JSP相抗衡。

总之，ASP、PHP和JSP三者都有自己的用户群，它们各有所长，读者可以根据三者的特点选择一种适合自己的语言。

11.3 搭建本地服务器

要建立具有动态的Web应用程序，必需建立一个Web服务器，选择一门Web应用程序开发语言，为了应用的深入还需要选择一款数据库管理软件。同时，因为是在Dreamweaver中开发的，还需要建立一个Dreamweaver站点，该站点能够随时调试动态页面。因此创建一个这样的动态站点，需要Web服务器+Web开发程序语言+数据库管理软件+Dreamweaver动态站点。

11.3.1 安装IIS

IIS（Internet Information Server，互联网信息服务）是一种Web服务组件，它提供的服务包括Web服务器、FTP服务器、NNTP服务器和SMTP服务器，这些服务分别用于网页浏览、文件传输、新闻服务和邮件发送等方面。使用这个组件提供的功能，使得在网络（包括互联网和局域网）上发布信息成了一件很简单的事情。

安装IIS的具体操作步骤如下。

01 在Windows7系统下，执行“开始”|“控制面板”|“程序”命令，弹出如图11-2所示的页面。

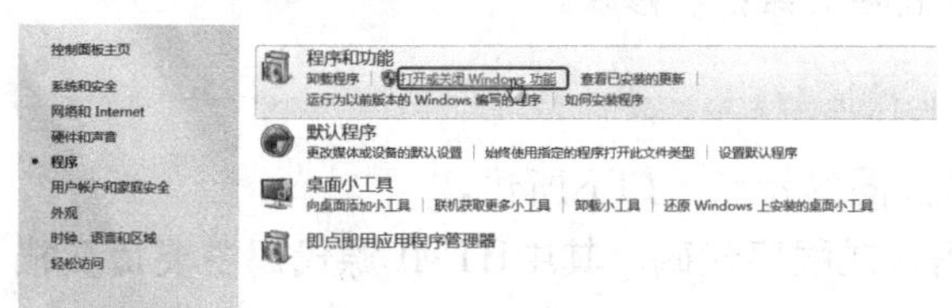

图11-2 打开或关闭Windows功能

02 弹出“Windows功能”对话框，可以看到有些事需要手动选择的，勾选需要安装的功能复选框，如图11-3所示。

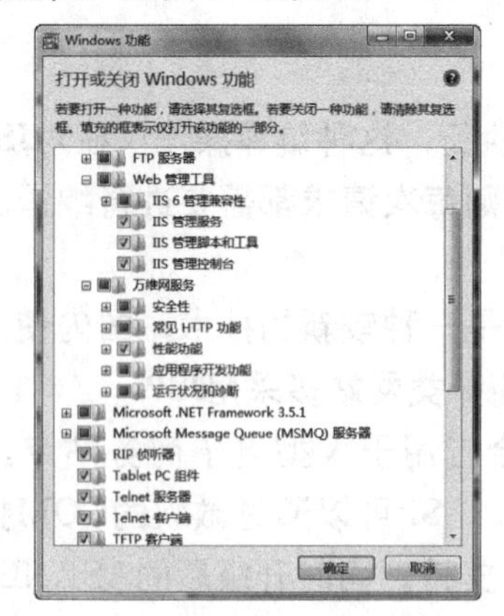

图11-3 “Windows功能”对话框

03 单击“确定”按钮，弹出图11-4所示的“Microsoft Windows”对话框。

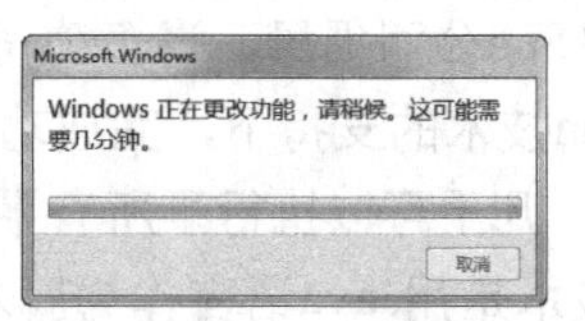

图11-4 IIS子组件的选择画面

04 安装完成后，再次进入“控制面板”，选择“管理工具”选项，双击“Internet信息服务(IIS)管理器”选项，进入IIS设置，如图11-5所示。

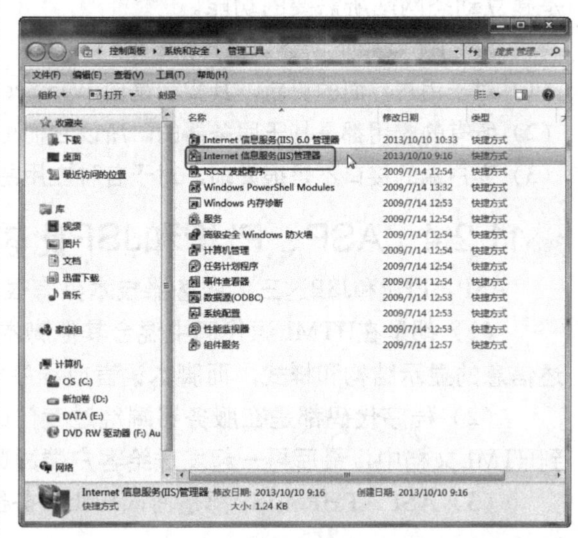

图11-5 进入IIS设置

05 选择Default Web Site，并双击ASP的选项，如图11-6所示。

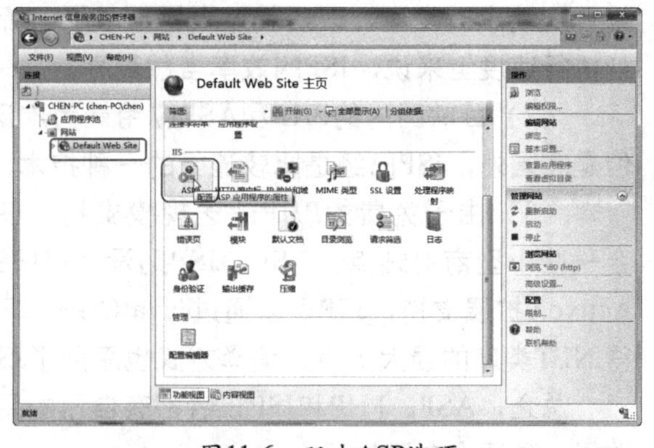

图11-6 双击ASP选项

06 IIS7中ASP父路径是没有启用的，要选择True，即可开启父路径，如图11-7所示。

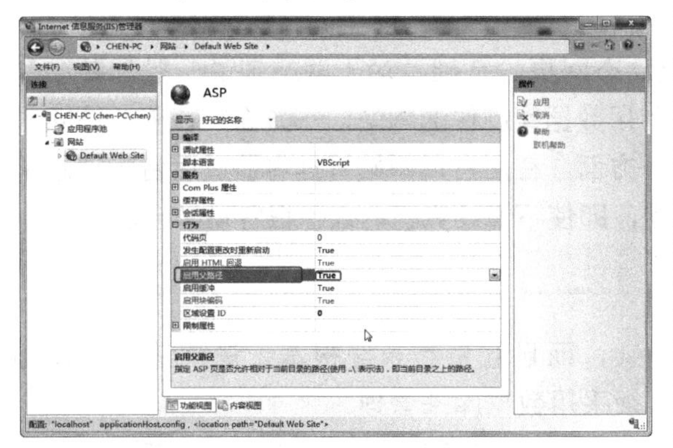

图11-7 可开启父路径

07 单击右侧的“高级设置”超链接，弹出“高级设置”对话框，设置“物理路径”，如图11-8所示。

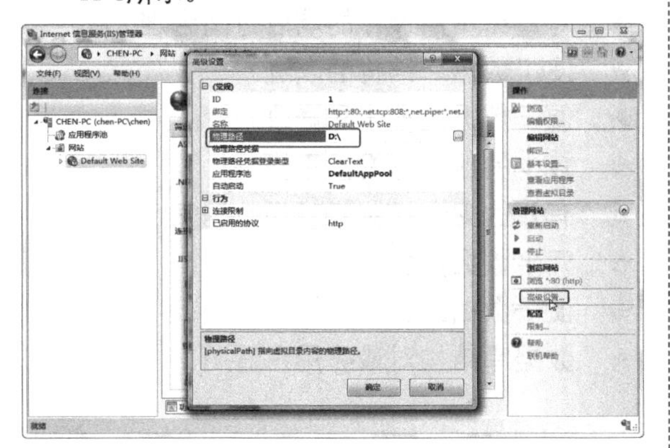

图11-8 设置“物理路径”

08 单击“编辑网站”下面的“编辑”按钮，弹出“网站绑定”对话框，单击右侧的“编辑”按钮，设置网站的端口，如图11-9所示。

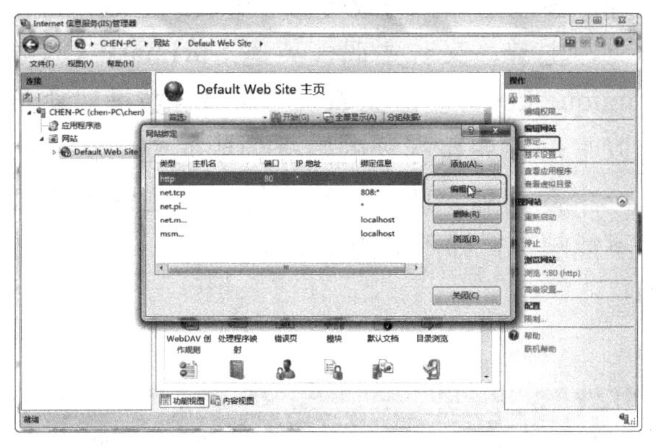

图11-9 “网站绑定”对话框

11.3.2 配置Web服务器

01 单击“Internet信息服务（IIS）管理器”对话框中的“默认文档”按钮，如图11-10所示。

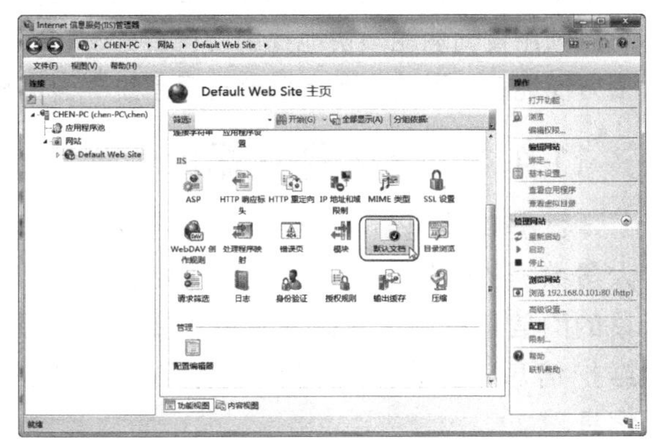

图11-10 单击“默认文档”按钮

02 在打开的页面中单击右侧的“添加”超链接，如图11-11所示。

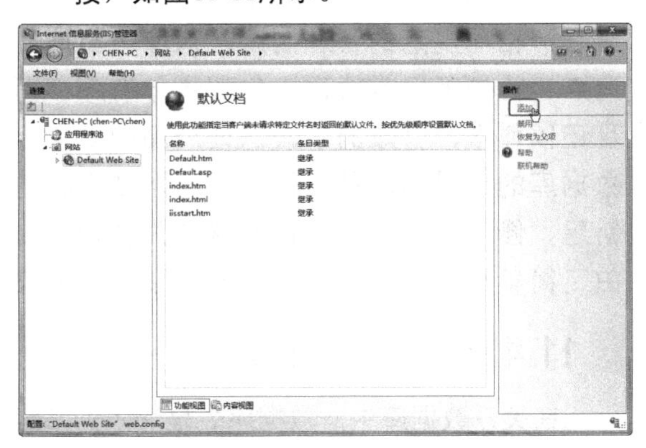

图11-11 单击右侧的“添加”超链接

03 弹出“添加默认文档”对话框，在“名称”文本框中输入名称，单击“确定”按钮即可，如图11-12所示。

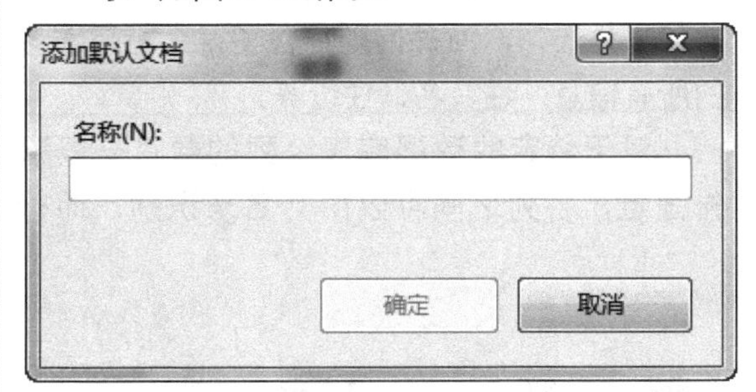

图11-12 “添加默认文档”对话框

11.4 数据库相关术语

数据库是创建动态网页的基础。对于网站来说一般都要准备一个用于存储、管理和获取客户信息的数据库。利用数据库制作的网站，一方面，在前台访问者可以利用查询功能很快地找到自己要的资料；另一方面，在后台，网站管理者通过后台管理系统很方便地管理网站，而且后台管理系统界面很直观，即使不懂计算机的人也很容易学会使用。

11.4.1 什么是数据库

数据库就是计算机中用于存储、处理大量数据的软件，一些关于某个特定主题或目的的信息集合。数据库系统主要目的在于维护信息，并在必要时提供协助取得这些信息。

互联网的内容信息绝大多数都是存储在数据库中，可以将数据库看作是一家制造工厂的产品仓库，专门用于存放产品，仓库具有严格而规范的管理制度，入库、出库、清点、维护等日常管理工作都十分有序，而且还以科学、有效的手段保证产品的安全。数据库的出现和应用使得客户对网站内容的新建、修改、删除、搜索变得更为轻松、自由、简单和快捷。网站的内容既繁多，又复杂，而且数量和长度根本无法统计，所以必须采用数据库来管理。

成功的数据库系统应具备的特点如下所述。

★ 功能强大。

★ 能准确地表示业务数据。

★ 容易使用和维护。

★ 对最终用户操作的响应时间合理。

★ 便于数据库结构的改进。

★ 便于数据的检索和修改。

★ 较少的数据库维护工作。

★ 有效的安全机制能确保数据安全。

★ 冗余数据最少或不存在。

★ 便于数据的备份和恢复。

★ 数据库结构对最终用户透明。

11.4.2 数据库表

在关系数据库中，数据库表是一系列二维数组的集合，用来代表和储存数据对象之间的关系。它由纵向的列和横向的行组成，例如一个有关作者信息的名为 authors 的表中，每个列包含的是所有作者的某个特定类型的信息，比如“姓氏”，而每行则包含了某个特定作者的所有信息：姓、名、住址等。

对于特定的数据库表，列的数目一般事先固定，各列之间可以由列名来识别。而行的数目可以随时、动态变化。

关系键是关系数据库的重要组成部分。关系键是一个表中的一个或几个属性，用来标识该表的每一行或与另一个表产生联系。

主键，又称主码（英语：primary key或unique key）。数据库表中对储存数据对象予以唯一和完整标识的数据列或属性的组合。一个数据列只能有一个主键，且主键的取值不能缺失，即不能为空值（Null）。

11.5 常见的数据库管理系统

目前有许多数据库产品，如Microsoft Access、Microsoft SQL Server和Oracle等产品各以自己特有的功能，在数据库市场上占有一席之地。下面简要介绍几种常用的数据库管理系统。

1. Oracle

Oracle是一个最早商品化的关系型数据库管理系统，也是应用广泛、功能强大的数据库管理系统。Oracle作为一个通用的数据库管理系统，不仅具有完整的数据管理功能，还是一个分布式数据库系统，支持各种分布式功能，特别是支持Internet应用。作为一个应用开发环境，Oracle提供了一套界面友好、功能齐全的数据库开发工具。Oracle使用PL/SQL语言执行各种操作，具有可开放性、可移植性、可伸缩性等功能。特别是在Oracle 8中，支持面向对象的功能，如支持类、方法、属性等，使得Oracle产品成为一种对象/关系型数据库管理系统。

2. Microsoft SQL Server

Microsoft SQL Server是一种典型的关系型数据库管理系统，可以在许多操作系统上运行，它使用Transact-SQL语言完成数据操作。由于Microsoft SQL Server是开放式的系统，其他系统可以与它进行完好的交互操作。目前最新版本的产品为Microsoft SQL Server 2000，它具有可靠性、可伸缩性、可用性、可管理性等特点，为用户提供完整的数据库解决方案。

3. Microsoft Access

作为Microsoft Office组件之一的Microsoft Access是在Windows环境下非常流行的桌面型数据库管理系统。使用Microsoft Access不用编写任何代码，只需通过直观的可视化操作就可以完成大部分数据管理任务。在Microsoft Access数据库中，包括许多组成数据库的基本要素。这些要素是存储信息的表、显示人机交互界面的窗体、有效检索数据的查询、信息输出载体的报表、提高应用效率的宏、功能强大的模块工具等。它不仅可以通过ODBC与其他数据库相连，实现数据交换和共享，还可以与Word、Excel等办公软件进行数据交换和共享，并且通过对象链接与嵌入技术在数据库中嵌入和链接声音、图像等多媒体数据。

Access更适合一般的企业网站，因为开发技术简单，而且在数据量不是很大的网站上，检索速度快。不用专门去分离出数据库空间，数据库和网站在一起，节约了成本。而一般的大型政府、门户网站，由于数据量比较大，所以选用SQL数据库，可以提高海量数据检索的速度。

11.6 创建Access数据库

与其他关系型数据库系统相比，Access提供的各种工具既简单又方便，更重要的是Access提供了更为强大的自动化管理功能。

下面以Access为例讲述数据库的创建，具体操作步骤如下。

知识要点

数据库是计算机中用于储存、处理大量数据的软件。在创建数据库时，将数据存储在表中，表是数据库的核心。在数据库的表中可以按照行或列来表示信息。表的每一行称为一个“记录”，而表中的每一列称为一个“字段”，字段和记录是数据库中最基本的术语。

01 启动Access软件，执行“文件”|“新建”命令，打开“新建文件”面板，如图11-13所示，在面板中单击“空数据库”超链接。

02 弹出“文件新建数据库”对话框，在对话框中选择数据库保存的位置，在“文件名”文本框中输入liuyan，如图11-14所示。

图11-13 “新建文件”面板

图11-14 “文件新建数据库”对话框

03 单击“创建”按钮，弹出图11-15所示的窗口，双击“使用设计器创建表”，弹出“表1：表”对话框，在“字段名称”和“数据类型”文本框中分别输入图11-16所示的字段。

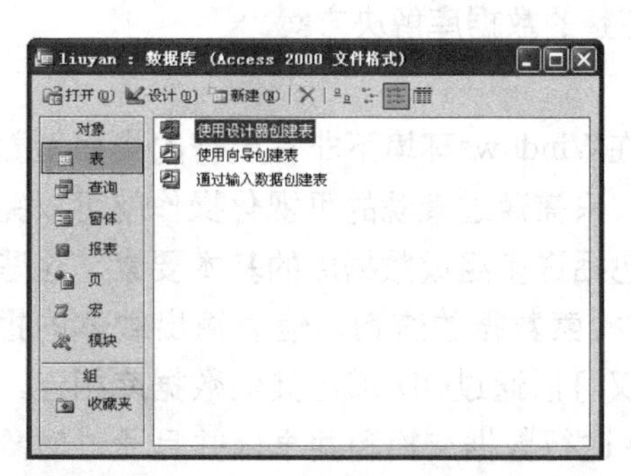

图11-15 双击“使用设计器创建表”

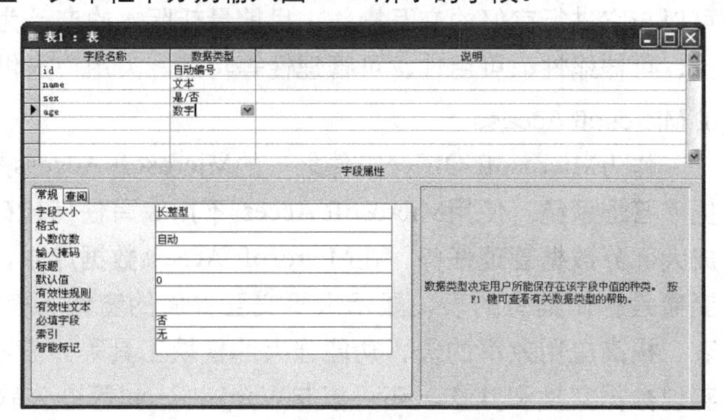

图11-16 输入字段

知识要点

Access为数据库提供了“文本”、“备注”、“数字”、“日期/时间”、“货币”、“自动编号”、“是/否”、“OLE对象”、“超链接”、“查阅向导”等10种数据类型，每种数据类型的说明如下。

★ 文本数据类型：可以输入文本字符，如中文、英文、数字、字符、空白。

★ 备注数据类型“可以输入文本字符，但他不同于文字类型，它可以保存约64K字符。

★ 数字数据类型：用来保存如整数、负整数、小数、长整数等数值数据。

★ 日期/时间数据类型：用来保存和日期、时间有关的数据。

★ 货币数据类型：适用于无须很精密计算的数值数据，例如，单价、金额等。

★ 自动编号数据类型：适用于自动编号类型，可以在增加一笔数据时自动加1，产生一个数字的字段，自动编号后，用户无法修改其内容。

★ 是/否数据类型：关于逻辑判断的数据，都可以设定为此类型。

★ OLE对象数据类型：为数据表链接诸如电子表格、图片、声音等对象。

★ 超链接数据类型：用来保存超链接数据，如网址、电子邮件地址。

★ 查阅向导数据类型：用来查询可预知的数据字段或特定数据集。

04 设计完表后关闭设计表窗口，弹出图11-17所示的对话框，提示“是否保存对表1设计的更改”，单击“是”按钮，弹出图11-18所示的“另存为”对话框，在对话框中输入表的名称。

图11-17 提示是否保存表

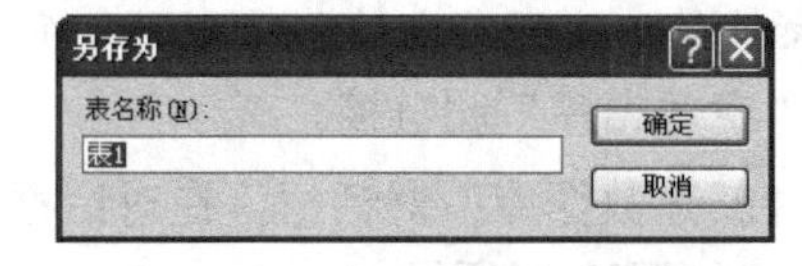

图11-18 “另存为”对话框

05 单击“确定”按钮，弹出图11-19所示的对话框，单击“是”按钮即可插入主键，此时在数据库中可以看到新建的表，如图11-20所示。

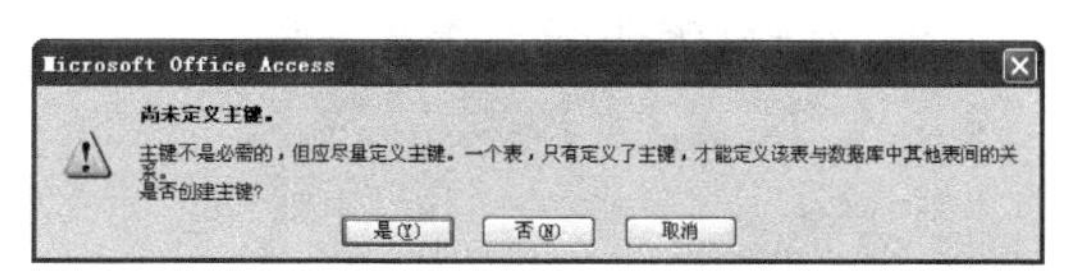

图11-19 弹出提示信息

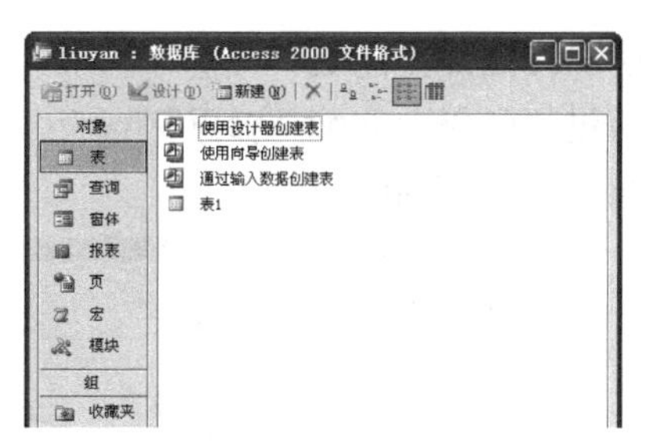

图11-20 新建的表

11.7 创建数据库连接

动态页面最主要的就是结合后台数据库，自动更新网页，所以离开数据库的网页也就谈不上什么动态页面。任何内容的添加、删除、修改、检索都是建立在连接基础上进行的，可以想象连接的重要性了。

要在ASP中使用ADO对象来操作数据库，首先要创建一个指向该数据库的ODBC连接。在Windows系统中，ODBC的连接主要通过ODBC数据源管理器来完成。下面就以Windows 7为例讲述ODBC数据源的创建过程，具体操作步骤如下。

01 执行“控制面板”|“系统和安全”|“管理工具”|“数据源（ODBC）”命令，弹出“ODBC数据源管理器”对话框，在对话框中切换到“系统DSN”选项卡，如图11-21所示。

02 单击“添加”按钮，弹出“创建新数据源”对话框，选择图11-22所示的设置后，单击“完成”按钮。

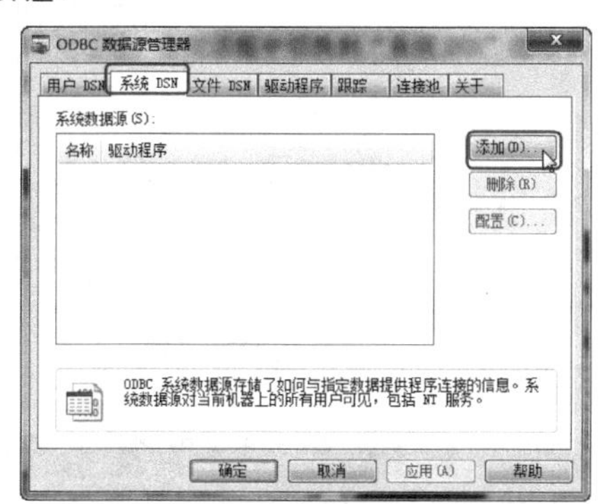

图11-21 “系统DSN”选项

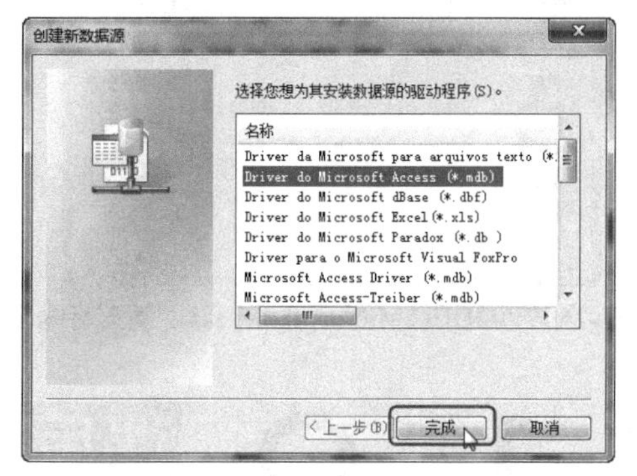

图11-22 “创建新数据源”对话框

提示

64位Windows 7的操作系统里ODBC无法添加“修改”配置，添加数据源时只有SQL Server可选，如图11-23所示。

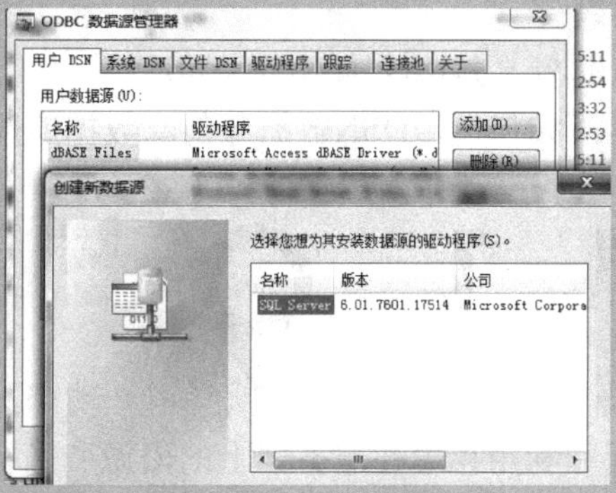

图11-23 添加数据源

解决方法如下所述。

通过“C:/Windows/SysWOW64/odbcad32.exe”启动32位版本ODBC管理工具，便可解决，效果如图11-24所示。

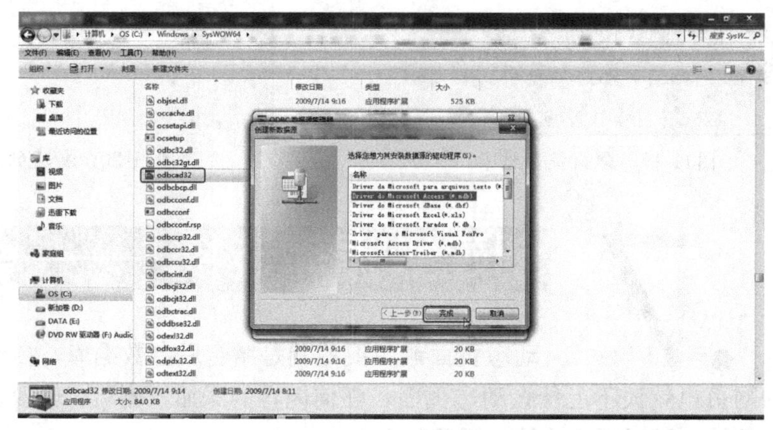

图11-24　完成效果

03 弹出图11-25所示的“ODBC Microsoft Access安装”对话框，选择数据库的路径，在“数据源名”文本框中输入数据源的名称，单击“确定”按钮，在图11-26所示的对话框中可以看到创建的数据源mdb。

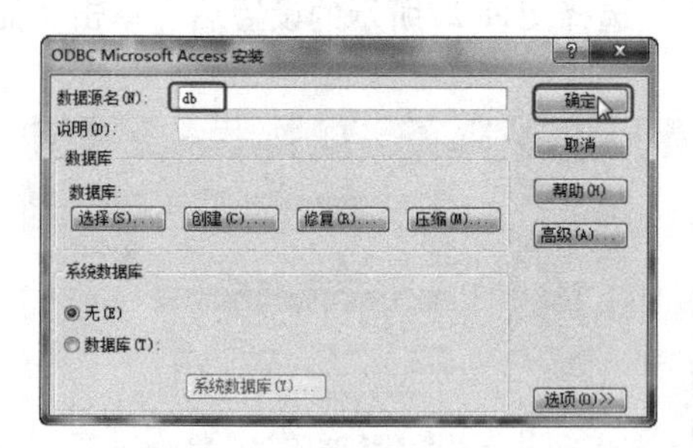

图11-25　“ODBC Microsoft Access安装”对话框

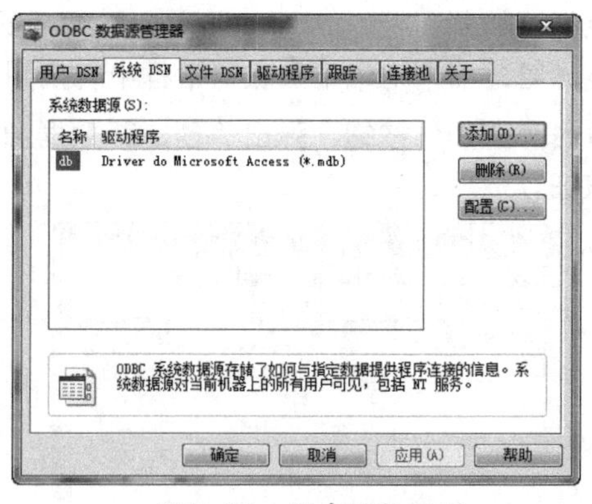

图11-26　创建的数据源

11.8 课后习题

简答题

1. 什么是IIS，如何安装IIS？
2. 如何使用DSN数据源创建数据库连接？

11.9 本章小结

动态页面最主要的作用在于能够让用户通过浏览器来访问、管理和利用存储在服务器上的资源和数据，特别是数据库中的数据。本章主要学习了动态网页的特点与制作过程、搭建本地服务器。

第12章 动态网站开发语言ASP

本章导读

ASP是Active Server Page的缩写，意为“活动服务器网页”。ASP是微软公司开发的代替CGI脚本程序的一种应用，它可以与数据库和其他程序进行交互，是一种简单、方便的编程工具。ASP的网页文件的格式是.asp，现在常用于各种动态网站中。它能很好地将脚本语言、HTML标记语言和数据库结合在一起，创建网站中各种动态应用程序。可以使用数据库将信息资料进行收集；可以通过网页程序来操控数据库；可以随时随地发布最新的消息和内容；可以快速查找需要的信息资料。

技术要点

★ 了解ASP的基本概念

★ 熟悉ASP的工作原理

★ 掌握ASP中内置对象的使用

12.1 ASP概述

ASP是嵌入网页中的一种脚本语言，它可以是HTML标记、文本和脚本命令的任意组合。ASP文件名的格式是.asp，而不是传统的.htm。

12.1.1 ASP简介

ASP是一种服务器端脚本编写环境，可以用来创建和运行动态网页或Web应用程序。ASP网页可以包含HTML标记、普通文本、脚本命令及COM组件等。利用ASP可以向网页中添加交互式内容，也可以创建使用HTML网页作为用户界面的Web应用程序。与HTML相比，ASP网页具有以下特点。

★ 利用ASP可以实现突破静态网页的一些功能限制，实现动态网页技术。

★ ASP文件是包含在HTML代码所组成的文件中的，易于修改和测试。

★ 服务器上的ASP解释程序会在服务器端制定ASP程序，并将结果以HTML格式传送到客户端浏览器上，因此使用各种浏览器都可以正常浏览ASP所产生的网页。

★ ASP提供了一些内置对象，使用这些对象可以使服务器端脚本功能更强。如可以从Web浏览器中获取用户通过HTML表单提交的信息，并在脚本中对这些信息进行处理，然后向Web浏览器发送信息。

★ ASP可以使用服务器端ActiveX组件来执行各种各样的任务，如存取数据库或访问文件系统等。

★ 由于服务器是将ASP程序执行的结果以HTML格式传回客户端浏览器，因此使用者不会看到ASP所编写的原始程序代码，可防止ASP程序代码被窃取。

下面实例是一个基本的ASP的程序。

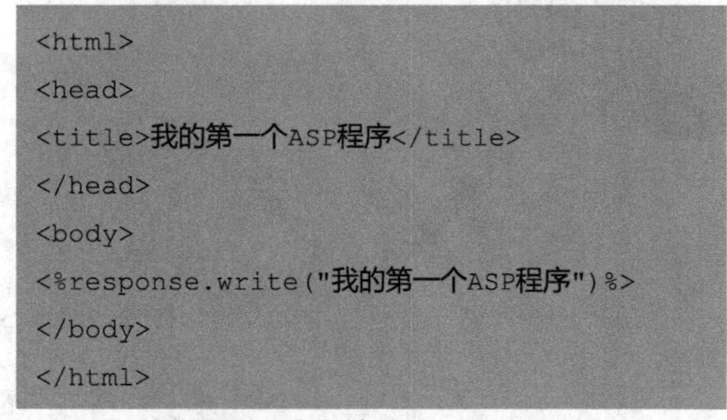

```
<html>
<head>
<title>我的第一个ASP程序</title>
</head>
<body>
<%response.write("我的第一个ASP程序")%>
</body>
</html>
```

在浏览器中浏览效果如图12-1所示。

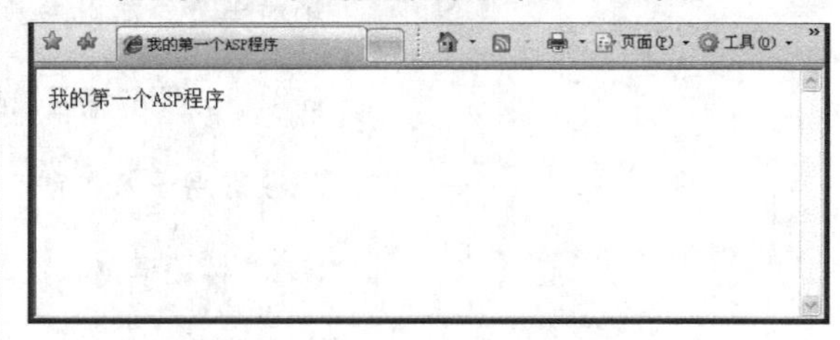

图12-1 简单的ASP程序

仔细分析该程序可以看出，ASP程序共由两部分组成：一部分是HTML标题，另一部分就是嵌入在“<%”和“%>”中的ASP程序。

在ASP程序中，需要将内容输出到页面上时，可以使用Response.Write()方法。

12.1.2 ASP的工作原理

图12-2所示ASP的工作原理分为以下几个步骤。

01 用户向浏览器地址栏输入网址，默认页面的扩展名是.asp。

02 浏览器向服务器发出请求。

03 服务器引擎开始运行ASP程序。

04 ASP文件按照从上到下的顺序开始处理，执行脚本命令，执行HTML页面内容。

05 页面信息发送到浏览器。

图12-2 ASP的工作原理

上述步骤基本上是ASP的整个工作流程。但这个处理过程是相对简化的，在实际的处理过程中还可能会涉及到诸多的问题，如数据库操作、ASP页面的动态产生等。此外

Web服务器也并不是接到一个ASP页面请求就重新编辑一次该页面，如果某个页面再次接收到和前面完全相同的请求时，服务器会直接去缓冲区中读取编译的结果，而不是重新运行。

12.2 ASP连接数据库

数据库网页动态效果的实现，其实就是将数据库表中的记录显示在网页上。因此如何在网页中创建数据库连接，并读取出数据显示，是开发动态网页的一个重点。

用得最多的就是Access和SQL Server数据库，连接语句如下。

1. ASP连接Access数据库语句

```
Set Conn=Server.CreateObject("ADODB.Connection")
Connstr="DBQ="+server.mappath("bbs.mdb")+";DefaultDir=;
DRIVER={Microsoft AccessDriver(*.mdb)};"
Conn.Open connstr
```

其中“Set Conn=Server.CreateObject("ADODB.Connection")”为建立一个访问数据的对象。

“server.mappath("bbs.mdb")”是告诉服务器Access数据库访问的路径。

2. ASP连接SQLServer数据库语句

```
Set conn = Server.CreateObject("ADODB.Connection")
conn.Open"driver={SQLServer};server=202.1012.32.94;uid=wu77445;pwd=p78022;
database=w"
conn open
```

其中“Set conn = Server.CreateObject("ADODB.Connection")”为设置一个数据库的连接对象。

“driver=（）”告诉连接的设备名是SQLServer。

server是连接的服务器的IP地址，Uid是指用户的用户名，pwd是指的用户的password，

database是用户数据库在服务器端的数据库的名称。

12.3 Request对象

Request对象的作用是与客户端交互，收集客户端的Form、Cookies、超链接，或者收集服务器端的环境变量。

12.3.1 集合对象

Request提供了如下5个集合对象，利用这些集合可以获取不同类型的客户端发送的信息或服务器端预定的环境变量的值。

（1）Client Certificate

（2）Cookies

（3）Form

（4）Query String

（5）Server Variables

★ Client Certificate

Client Certificate用于检索存储在发送到HTTP请求中客户端证书中的字段值。它的语法

如下。

Request.Client Certificate

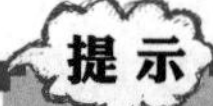

浏览器端要用“https://”与服务器连接，而服务器端也要设置用户需要认证，“Request.ClientCertificate”才会有效。

★ Cookies

Request. Cookies和Response. Cookies是相对的。Response. Cookies是将Cookies写入，而它则是将Cookies的值取出。语法如下。

变量＝Request.Cookies（Cookies的名字）

★ Form

Form是用来取得由表单所发送的值。

★ Query String

Query String集合通过处理用户使用GET方法发送到服务器端的表单信息，将URL后的数据提取出来。

Query String集合语法如下。

```
Request. Query String (variable) [(index) |.Count]
```

其中参数的含义如下。

variable：是HTTP指定要查询字符串的变量名。

index：是可选参数，使用该参数可以访问某参数中多个值中的1个，它可以是1到Request. QueryString（parameter）Count之间的任意整数。

count：指明变量值的个数，可以调用“Request.QueryString（variable）Count”来确定。

可看出QueryString集合与Form集合的使用方法类似，而区别在于：对于客户端用GET传送的数据，使用QueryString集合提取数据，而对于客户端用POST传送的数据，使用Form集合提取数据。一般情况下，大量数据使用POST方法，少量数据才使用GET方法。

★ Server Variables

Server Variables是用来存储环境变量及http标题（Header）。

12.3.2 属性

Request对象只有一个属性Total Bytes，表示从客户端接收数据的字节长度，其语法格式如下。

Request. Total Bytes

12.3.3 方法

Request对象只有一个方法Binary Read。Binary Read方法是以二进制方式来读取客户端使用Post方式所传递的数据。其语法如下。

数组名＝Request. Binary Read（数值）

12.3.4 Request对象使用实例

下面通过一个实例讲述Request对象的使用方法，这里创建两个文件，一个表单提交页面1.asp，一个提交表单处理页面2.asp。

1. asp的代码如下。

```
<html>
<head>
<title>Form集合</title>
</head>
<body>
<form method="post" action="2.asp">
  <p>请输入你的姓名:
  <input name="tname" type="text"/>
  </p>
  <p>请选择你的性别:
    <select name="sex">
     <option value="man">男
                                                          <option value="woman">女
    </select>
  </p>
  <p>
    <input type="submit" name="bs" value="提交" >
    <input type="reset" name="br" value="重写" >
  </p>
</form>
</body>
</html>
```

在浏览器中浏览效果如图12-3所示。

图12-3　表单提交页面

2. asp的代码如下。

```
<% @language="vbscript" %>
<%  if request.form("tname")<>" "then
      dim strname,strsex
        strname=request.form("tname")
        strsex=request.form("sex")
   if strsex="man" then
         response.write("欢迎你,"+strname+"先生!")
         else
        response.write("欢迎你,"+strname+"女士!")
   end if
 else
```

```
    response.write("你没有输入姓名.")
end if%>
```

当在图12-3所示的表单提交页面输入相关信息，单击“提交”按钮后，进入2.asp页面，效果如图12-4所示。

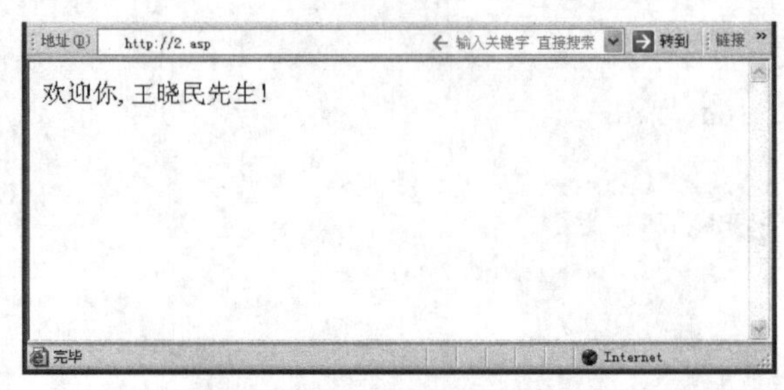

图12-4　代码执行效果

12.4 Response对象

与Request是获取客户端HTTP信息相反，Response对象的主要功能是将数据信息从服务器端传送数据至客户端浏览器。

12.4.1 集合对象

Response对象只有一个数据集合，就是Cookies。它用来在Client端写入相关数据，以便以后使用。它的语法如下。

Response. Cookies(Cookies的名字)＝Cookies的值

注意：Response.Cookies语句必须放在ASP文件的最前面，也就是<html>之前，否则将发生错误。

12.4.2 属性

Response对象中有很多属性，如表12-1所示。

表12-1　Response对象的常见属性

属性	说明
Buffer	指定是否使用缓冲页输出
ContentType	指定响应的HTML内容类型
Expires	指定在浏览器上缓冲存储的页面离过期还有多长时间
ExpiresAbsolute	指定缓存于浏览器中的页面的确切到期日期和时间
Status	用来处理服务器返回的错误
IsClientConnected	只读属性，用于判断客户端是否能与服务器相连

12.4.3 方法

Response对象的方法包括Write、Redirect、Clear、End、Flush、BinaryWrite、AddHeader和AppendToLog等共8种，表12-2为Response对象的常见方法。

表12-2 Response对象的常见方法

方法	说明
Write	将指定的字符串写到当前的HTML输出
Redirect	使浏览器立即重定向到指定的URL
Clear	清除缓冲区中的所有HTML输出
End	使Web服务器停止处理脚本并返回当前结果
Flush	立即发送缓冲区的输出
BinaryWrite	不经任何字符转换就将指定的信息写到HTML输出
AddHeader	用指定的值添加HTML标题
Appendtolog	在Web服务器记录文件末尾加入用户数据记录

12.4.4 Response对象使用实例

Write方法是Response对象最常用的方法，它可以把数据信息从服务器端发送到客户端，在客户端动态地显示信息。下面通过范例讲述Response对象的使用，其代码如下。

```
<html>
<head>
<title>Response对象实例</title>
</head>
<body>
<%
dim myName
myName="我叫孙晨！"
myColor="red"
Response.Write "你好。<br>"   '直接输出字符串
Response.Write  myName & "<br>"   '输出变量
Response.Write  "<font color=" & myColor & ">我今年20岁~" & "</font><br>"
%>
</body>
</html>
```

这里使用Response.Write方法输出客户信息，在浏览器中浏览效果，如图12-5所示。

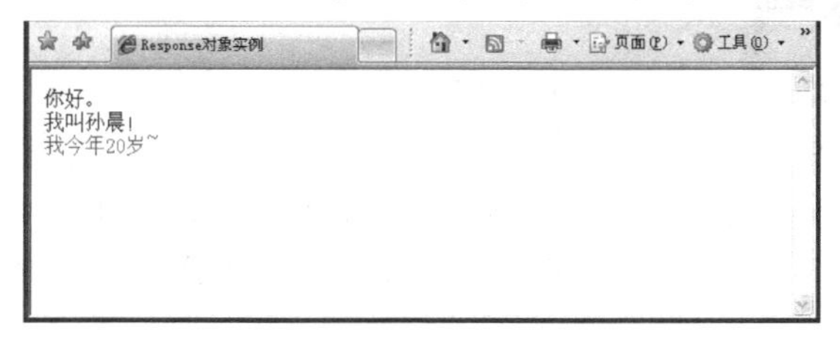

图12-5 Response对象的使用

12.5 Server对象

Server对象在ASP中是一个很重要的对象，许多高级功能都是靠它完成的。

Server对象的使用语法为：

Server.方法|属性

下面将对Server对象的属性和方法进行简单的介绍。

12.5.1 属性

ScriptTimeout属性用来限定一个脚本文件执行的最长时间。也就是说，如果脚本超过时间限度还没有被执行完毕，将会自动中止，并且显示超时错误。

其使用语法为：

Server.ScriptTimeout=n

参数n为设置的时间，单位为秒，默认的时间是90秒。参数n设置不能低于ASP系统设置中的默认值，否则系统仍然会以默认值当作ASP文件执行的最长时间。

例如将某个脚本的超时时间设为4分钟。

server.ScriptTimeout=240

提示

这个设置必须放在ASP文件的最前头，否则会产生错误。

12.5.2 方法

Serverc对象的常见方法包括Mappath、HTMLEncode、URLEncode和CreateObject等4种。表12-3所示为Server对象的方法。

表12-3 Server对象的方法

方法	说明
Mappath	将指定的相对虚拟路径映射到服务器上相应的物理目录
HTMLEncode	对指定的字符串应用 HTML 编码
URLEncode	将一个指定的字符串按URL的编码输出
CreateObject	用于创建已注册到服务器上的ActiveX组件的实例

12.6 Application对象

Application对象是一个应用程序级的对象，利用Application对象可以在所有用户间共享信息，并且可以在Web应用程序运行期间持久地保存数据。

Application对象用于存储和访问来自任何页面的变量，类似于session对象。不同之处在于，所有的用户分享一个Application对象，而session对象和用户的关系是一一对应的。

12.6.1 方法

Application对象只有两种方法，即Lock方法和UnLock方法。Lock，主要用于保证同一时刻只有一个用户在对Application对象进行操作，也就是说使用Lock方法可以防止其他用户同时修改Application对象的属性，这样可以保证数据的一致性和完整性。当一个用户调用一次Lock方法后，如果完成任务，应该使用UnLock方法将其解开以便其他用户能够访问。UnLock方法通常与Lock方法同时出现，用于取消Lock方法的限制。Application对象的方法及说明如表12-4所示。

表12-4 Application对象的方法

方法	说明
Lock()	锁定Application对象，使得只有当前的ASP页面对内容能够进行访问
Unlock()	解除对在Application对象上的ASP网页的锁定

为什么要锁定数据呢？因为Application对象所储存的内容是共享，有异常情况发生时，如果没有锁定数据会造成数据不一致的状况发生，并造成数据的错误。Lock与Unlock的语法如下：

```
Application.lock
准备锁定的程序语句
Application.unlock
```

例如：

```
Application.lock
Application("sy")=Application("sy")+sj
Application.unlock
```

以上的sy变量在程序执行“+sj”时会被锁定住，其他欲更改sy变量的程序将无法更改它，直到锁定解除为止。

12.6.2 事件

Application对象提供了在它启动和结束时触发的两个事件，Application对象的事件及说明如表12-5所示。

表12-5 Application对象的事件

方法	说明
OnStart	当ASP启动时触发
OnEnd	当ASP应用程序结束时触发

Application-OnStart就是在Application开始时所触发的事件，而Application-OnEnd则是在Application结束时所触发的事件。那它们怎么用呢？其实这两个事件是放在Global.asa当中，用法也不像数据集合或属性那样是“对象.数据集合”或“对象.属性”，而是以子程序的方式存在。它们的格式是：

```
Sub Application-OnStart
程序区域
End Sub
Sub Application-OnEnd
程序区域
End Sub
```

例如下Application对象的事件使用实例。

```
<html>
<body>
<script language=VBScript runat=server>
Sub application-OnStart
Application("Today")=date
```

```
Application("Times")=time
End sub
</script>
</body>
</html>
```

在这里用到了Application-OnStart事件。可以看到将这两个变量放在Application-OnStart中就是让Application对象一开始就有Today和Times这两个变量。

12.7 Session对象

可以使用Session对象存储特定客户的Session信息，即使该客户端由一个Web页面到另一个Web页面，该Session信息仍然存在。与Application对象相比，Session对象更接近于普通应用程序中所说的全局变量。用Session类型定义的变量可同时供打开同一个Web页面的客户共享数据，但两个客户之间无法通过Session变量共享信息，而Application类型的变量则可以实现该站点的多个用户之间在所有页面中的共享信息。

在大多数情况下，利用Application对象在多用户间共享信息；而Session变量作为全局变量，用于在同一用户打开的所有页面中共享数据。

12.7.1 属性

Session对象有两个属性：SessionID和Timeout，如表12-6所示。

表12-6 Session的属性

方法	说明
SessionID	返回当前会话的唯一标志，它将自动地为每一个Session分配不同的ID（编号）
Timeout	定义了用户Session对象的最长执行时间

12.7.2 方法

Session对象只有一个方法，就是Abandon。它是用来立即结束Session并释放资源。

Abandon的语法如下：

=Session.abandon

12.7.3 事件

Session对象也有两个事件：Session_OnStart和Session_OnEnd，其中Session_Start事件是在第1次启动Session程序时触发此事件，即当服务器接收到对ActiveServer应用程序中的URL的HTTP请求时，触发此事件并建立Session对象；Session_OnEnd事件是在调用Session.Abandon方法时，或者在Timeout的时间内没有刷新时触发此事件。

这两个事件的用法和Application.OnStart及Application.OnEnd类似，都是以子程序的方式放在Global.asa当中。语法如下：

```
Sub Session.OnStart
```

```
程序区域
End Sub
Sub Session.OnEnd
程序区域
End Sub
```

12.7.4 Session对象实例

下面范例是Session的Contents数据集合的使用，其代码如下。

```
<%@ language="VBScript"%></head>
<%dim customer_info
dim interesting(2)
interesting(0)="上网"
interesting(1)="足球"
interesting(2)="购物"
response.write"sessionID:"&session.sessionID&"<p>"
session("用户名称")="孙晨"
session("年龄")="18"
session("证件号")="54235"
set objconn=server.createobject("ADODB.connection")
set session("用户数据库")=objconn
for each customer_info in session.contents
if isobject(session.contents(customer_info)) then
 response.write(customer_info&"此页无法显示。"&"<br>")
else
if isarray(session.contents(customer_info)) then
     response.write"个人爱好: <br>"
     for each item in session.contents(customer_info)
       response.write"<li>"&item&"<br>"
     next
response.write"</ol>"
else
 response.write(customer_info&": "&session.contents(customer_info)&"<br>")
end if
end if
next%>
```

在浏览器中浏览效果如图12-6所示。

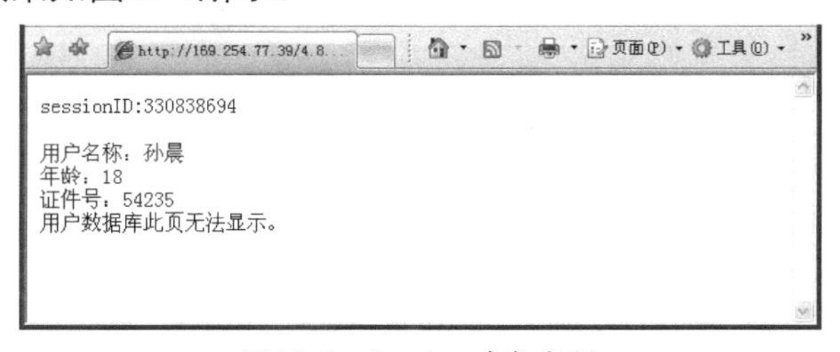

图12-6　Session对象实例

12.8 课后习题

一、填空题

1. ASP是嵌入网页中的一种脚本语言，它可以是HTML标记、文本和脚本命令的任意组合。ASP文件名的格式是____________而不是传统的.htm。

2. ____________对象的作用是与客户端交互，收集客户端的Form、Cooks、超链接、或者收集服务器端的环境变量。

3. ____________对象是一个应用程序级的对象，利用____________对象可以在所有用户间共享信息，并且可以在Web应用程序运行期间持久地保存数据。

4. 可以使用____________对象存储特定客户的信息，即使该客户端由一个Web页面到另一个Web页面，该____________信息仍然存在。

12.9 本章小节

本章主要介绍了ASP的基本概念，ASP创建数据库连接，ASP存取数据，使用RecordSet对象等。ASP提供了可在脚本中使用的内部对象。这些对象使用户更容易收集通过浏览器请求发送的信息、响应浏览器以及存储用户信息，从而使网站开发者摆脱了很多繁琐的工作，提高了编程效率。

第13章 快速掌握动画设计软件Flash CC

本章导读

Adobe Flash Professional CC是用于动画制作和多媒体创作及交互式设计网站的强大的顶级创作平台。软件内含强大的工具集，具有排版精确、版面保真和丰富的动画编辑功能，能帮助您清晰地传达创作构思。

技术要点

★ Flash CC简介

★ Flash动画的制作

★ Flash动画的优化与发布

13.1 Flash CC简介

Flash的功能很广泛，可以生成动画、创建网页互动性，以及在网页中加入声音，还可以生成亮丽夺目的图形和界面。

13.1.1 Flash 应用范围

Flash互动内容已经成为创造网站活力的标志，应用Flash技术与电视、广告、卡通、MTV等应用相结合，进行商业推广，把Flash从个人爱好推广为一种阳光产业，渗透到音乐、传媒、广告和游戏等各个领域，开拓发展无限的商业机会。其用途主要有以下几个方面。

1. 个性化网页布局，丰富网站样式表

随着计算机技术的发展和网站访问者的多样化，单一的网页布局形式已经不能满足用户需求。个性化的网页布局形式必将成为网站发展的方向。就目前固定式网页布局形式所存在的一些问题，提出利用Flash交互技术和CSS技术实现网页个性化布局的思路和方法。

2. Flash动画技术的交互性动画在数字媒体中的应用

随着我国数字技术、通信技术与网络技术的不断发展及数字化时代的到来，各种数字化媒体平台的不断推出与应用，使得数字媒体成为了交互性动画得以发展和应用的“新天地”。基于Flash动画技术的交互性动画在众多媒体平台得到了快速的发展与应用。以互联网络和手机媒体为传播平台的网络交互动画和手机动画也得到了快速的发展，给人们的生活带来巨大便利。

3. FLASH与数据库交互及发布技术

自上个世纪90年代macromedia公司推出Flash软件以来，无数网页设计者使用这一工具创作出既漂亮又奇特的电脑作品。Flash迅速成为全球流行的电脑动画设计软件，近年来，不仅是网页设计，更有越来越多的应用程序也采用Flash来进行开发，Flash可以结合loadVariables、XML和SQL Server等进行数据库交互动画设计。

4. Flash交互动画辅助教学

人机交互技术的进展为多媒体教学提供了广泛应用的技术和工具，过去很难讲清的概念、定理、现象或自然规律，现在可通过多媒体课件进行生动的辅助教学。学生还可以通过课件进行自学、自练、自测，从而大大减轻了教师的工作量。

Flash是一个很好的多媒体课件开发工具。由于其在课件开发方面表现出的简单、高效、功能强大等特性，目前已成为中小学课件开发的首选工具之一。

5. Flash项目与数据库通信的研究——基于ASP.NET技术

Flash适用范围广，如网站、广告、游戏、程序、多媒体演示等。应用实体多，如手机游戏、触摸屏广告、电子书、视频录像、视频会议、电视媒体等；用Flash开发的项目导出文件小，但表现的动画角色非常形象生动，适合网络传输；Flash的AS代码非常强大，交互性强，并能与其他程序语言灵活读取。但Flash不能直接对数据库进行操作，限制了Flash项目内容的维护和更新，解决这个问题的传统方法是Flash借助ASP技术实现与数据库之间的通信；由于ASP技术存在许多缺陷，正在被新一代的动态网页实现技术(ASP,NET)所取代。

6. Flash交互动画在电子技术网络课程中的应用

远程教育是现代教育新的发展方向，网络课程的内容应当充分利用Internet的优势，提高自身的质量。本文描述了在模拟电子技术网络课程制作中，使用Flash制作交互式动画来提高课程质量的方法。对于一些具体的技术，比如正弦曲线的画法，以及与用户的交互等，网络课程的建设背景随着Internet的飞速发展，产生了远程教育模式。这是现代教育的一个发展方向。网络课程作为远程教育的基础，其质量的优劣直接影响到教学的效果。

7. Flash在多媒体课件制作中的应用

随着Flash动画在互联网络中的广泛应用，以Flash为主的二维矢量动画由于具有易于传输和交互性强等各种优点，被越来越多地应用于各种行业。目前在教育行业中，Flash动画技术已与其他计算机图形图像处理技术一起成为现代多媒体教育的重要开发工具。Flash二维动画技术在现代化教学的数字图像处理中大量应用，不断向多元化、科技化发展。多媒体教学是现代化教学的一个重要环节。实现多媒体教学的技术较多，其中二维动画技术是比较先进和功能强大的技术之一。

8. 基于Flash+XML的多媒体电子教学地图

目前，应用于地理教学的电子教学地图缺乏动态效果与交互功能，而专业电子地图实现技术难度大、开发维护成本高，且缺乏教育教学应用性，不利于在实际的教学中大范围推广使用。针对以上弊端，Flash技术相对于WebGIS技术的优势，应用Flash+XML技术，可以开发教学信息全面具体、交互功能强大、符合中学生认识学习规律的多媒体电子教学地图。

13.1.2 Flash CC工作界面

Adobe Flash Professional CS6软件内含强大的工具集，具有排版精确、版面保真和丰富的动画编辑功能，能清晰地传达创作构思。Flash CS6的工作界面由菜单栏、工具箱、时间轴、舞台和面板等组成，如图13-1所示。

图13-1 Flash CS6的工作界面

13.2 Flash动画基础

学习Flash的基础知识，深入理解这些基础功能，是掌握Flash的关键。

13.2.1 Flash的优点

Flash以其强大的功能，易于上手的特性，得到了广大用户的认可，甚至于疯狂的热爱。很多人已投入到Flash动画的制作中。作为一款动画制作软件，Flash与其他动画制作软件有很多相似的地方，但也有很多特点，正是这些特点成就了Flash在动画领域的王者地位。

1. 文件占用空间小，传输速度快

Flash动画的图形系统是基于矢量技术的，因此下载一个Flash动画文件的速度很快。矢量技术只需存储少量数据就可以描述一个相对复杂的对象，与以往采用的位图相比，数据量大大下降了，只有原先的几千分之一，因此比较适合在因特网中使用，它有效地解决了多媒体与大数据量之间的矛盾。

2. 强大的交互功能

在Flash中，高级交互事件的行为控制使Flash动画的播放更加精确并容易控制。设计者可以在动画中加入滚动条、复选框、下拉菜单和拖动物体等各种交互组件。Flash动画甚至可以与Java或其他类型的程序融合在一起，在不同的操作平台和浏览器中播放。Flash还支持表单交互，使得包含Flash动画表单的网页可应用于流行的电子商务领域。

3. 矢量绘图，可无极放大

由于矢量图形的特点，使得Flash做到了真正的无极放大，放大几倍几百倍都一样的清晰，无论用户的浏览器使用多大的窗口，都不会降低画面质量。

一般的网页动画图像是基于点阵技术的位图图像，这种图像由大量的像素点构成，比较逼真，但灵活性较差，并且在对图像进行放大时，由于点与点之间距离的增加，图像的品质会有较大幅度的降低，会产生锯齿状的像素块。而Flash最重要的特点之一便是能用矢量绘图，只需要少量的矢量数据就可以很好地描述一个复杂的对象。由于位图图像是由像素组成的，因此其体积非常大；而矢量图像仅由线条和线条所封闭的填充区域组成，体积非常小。此外，Flash动画采用“流式”播放技术，在观看动画时可以不必等到动画文件全部下载到本地后才能观看，而可以边观看边下载，从而减少了等待的时间。

4. 动画的输出格式

Flash是一个优秀的图形动画文件的格式转换工具，它可以将动画以GIF、QuickTime和AVI的文件格式输出，也能以帧的形式将动画插入到Director中去。

5. 界面友好，易于上手

Flash不但功能强大，界面布局也很合理，使得初学者可以在很短的时间内就熟悉它的工作环境。同时软件附带了详细的帮助文件和教程，并有示例文件供用户研究学习。

Flash将矢量图形与位图、声音和脚本控制巧妙地结合，能创作出效果绚丽多彩的动画。

6. 可扩展性

通过第三方开发的Flash插件程序，可以方便地实现一些以往需要非常繁琐的操作才能实现的动态效果，大大提高了Flash影片制作的工作效率。

13.2.2 建立与保存Flash动画

Flash CC对文档的操作与其他软件类似，具体包括文档的新建、保存和打开等，下面来简单的介绍一下Flash动画的建立与保存。具体操作步骤如下。

01 启动软件后，出现一个新文档界面，如图13-2所示。

02 执行“文件”|“新建”命令，弹出“新建文档”对话框，如图13-3所示。

图13-2 启动软件

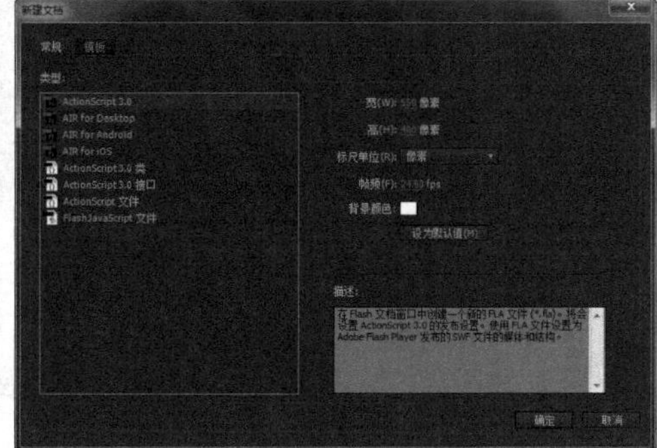

图13-3 “新建文档”对话框

03 在对话框中选择Flash文件后，单击“确定”按钮，即可新建一个文档，如图13-4所示。

04 执行“文件”|“保存”命令，弹出“另存为”对话框，在对话框中的“文件名”文本框中输入文件名，如图13-5所示。

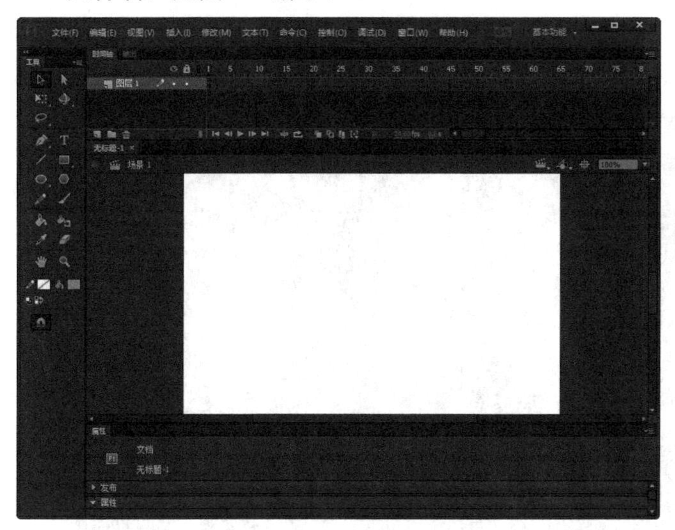

图13-4 新建文档

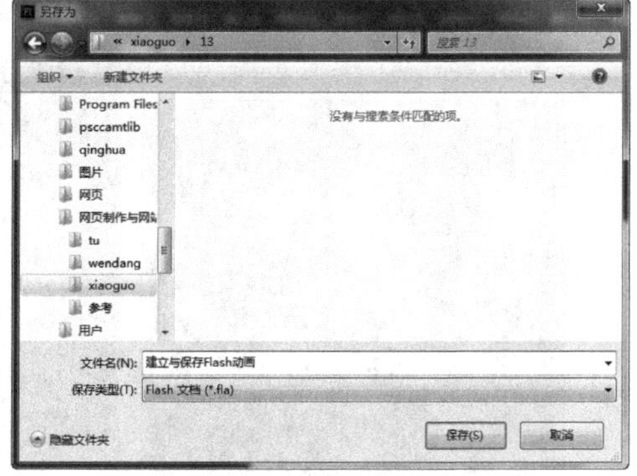

图13-5 “另存为”对话框

13.2.3 设置Flash的属性

在Flash的“文档属性”对话框中可以设置文档大小、文档的背景颜色、设置帧频率等，下面就详细讲述文档属性的设置。

1. 设置文档大小

执行“修改”|“文档”命令，弹出“文档设置”对话框，在“尺寸”文本框中输入相应的数值，即可设置舞台的大小，如图13-6所示。

2. 设置背景颜色

单击“背景颜色”后面的按钮，在弹出的颜色列表中可以设置舞台的背景颜色，如图13-7所示。

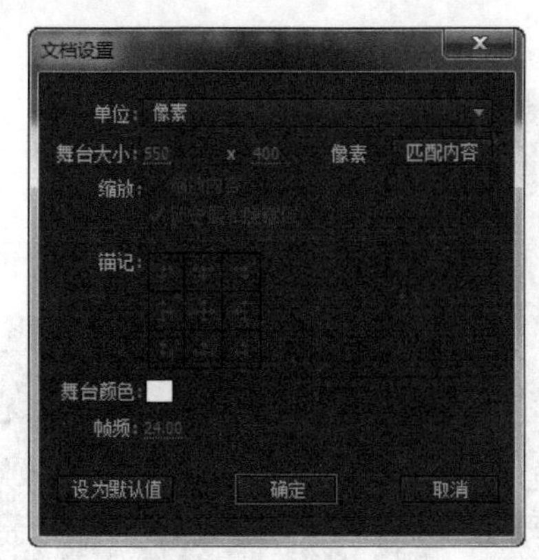

图13-6 设置文档大小

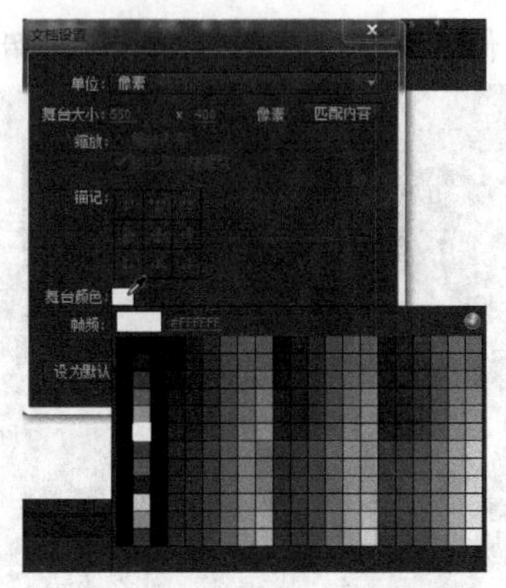

图13-7 设置背景颜色

3. 设置帧频率

在“帧频”文本框中可以输入每秒要显示的动画帧数。帧数越大，动画显示越快，帧数越少，动画显示越慢，如图13-8所示。

4. 使用属性面板设置属性

使用“属性”面板和“浮动”面板组，可以查看或组合或更改资源及其属性。可以根据视图的需要来显示/隐藏面板和调整面板的大小，也可以组合面板，并保存自定义的面板的设置，从而更容易地管理工作区。

执行“窗口”|“属性”命令，可以打开或关闭“属性”面板，如图13-9所示。“属性”面板可以显示当前使用的工具和被选择的对象的各种属性和参数。在“属性”面板中对可以当前使用的工具和对象进行参数及属性的设置。

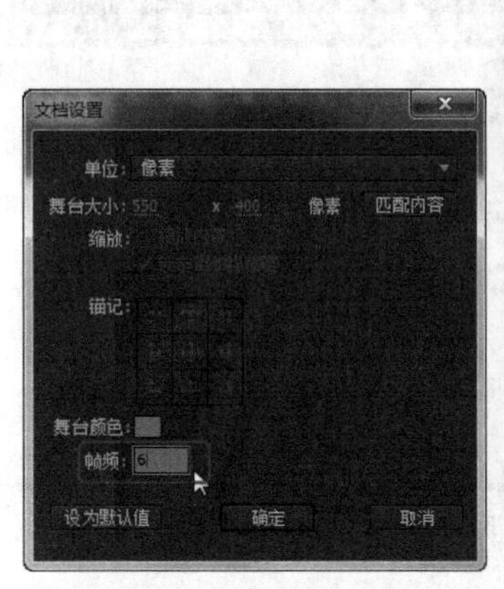

图13-8 设置帧频率

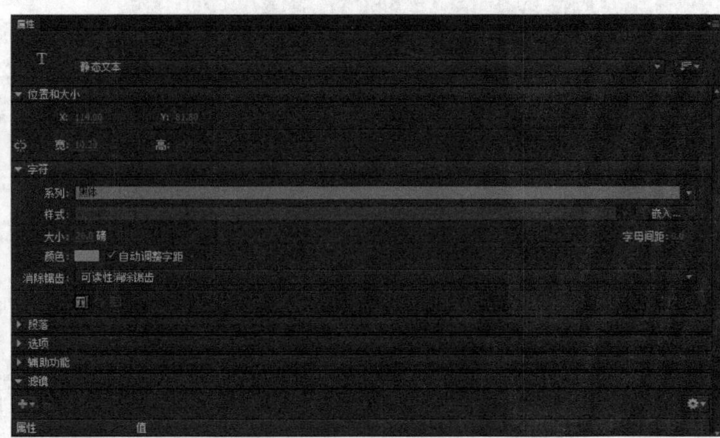

图13-9 “属性”面板

13.2.4 Flash时间轴的使用

在Flash中，时间轴位于工作区的右下方，是进行Flash动画创建的核心部分。时间轴是由图层、帧和播放头组成，影片的进度通过帧来控制。时间轴可以分为两个部分：左侧的图层操作区和右侧的帧操作区，如图13-10所示。

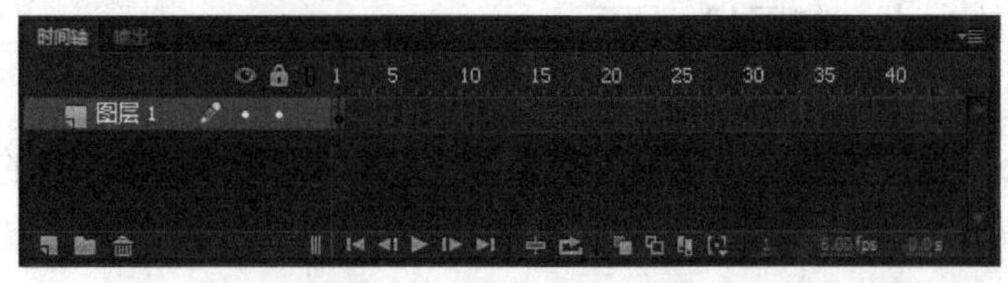

图13-10 “时间轴”面板

13.2.5 插入关键帧

帧是创建动画的基础，也是构建动画最基本的元素之一。在“时间轴”面板中可以很明显地看出帧与图层是一一对应的。

在时间轴中，帧分为3种类型，分别是普通帧、关键帧、空白关键帧。

1. 普通帧

普通帧起着过滤和延长关键帧内容显示的作用。在时间轴中，普通帧一般是以空心方格表示，每个方格占用一个帧的动作和时间，图13-11是在第20帧处插入了普通帧。

图13-11 插入普通帧

2. 空白关键帧

空白关键帧是以空心圆表示。空白关键帧是特殊的关键帧，它没有任何对象存在，可以在其上绘制图形，如果在空白关键帧中添加对象，它会自动转化为关键帧。一般新建图层的第1帧都为空白关键帧，一旦在其中绘制图形后，则变为关键帧，如图13-12所示。同样的道理，如果将某关键帧中的全部对象删除，则此关键帧会转化为空白关键帧。

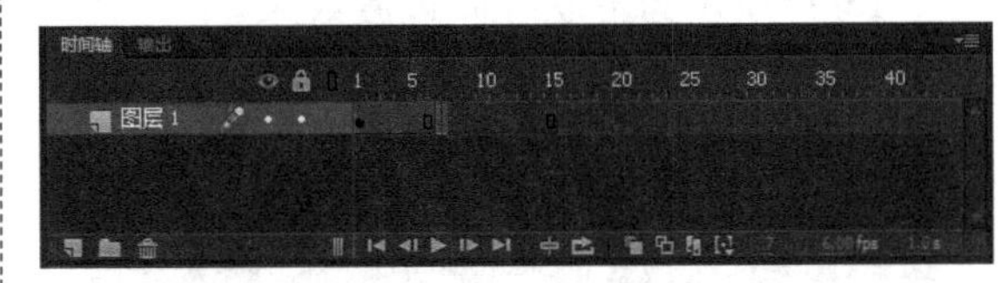

图13-12 空白关键帧

3. 关键帧

关键帧是用来定义动画变化的帧。在动画播放的过程中，关键帧会呈现出关键性的动作或内容上的变化。在时间轴中的关键帧显示实心的小圆球，存在于此帧中的对象与前后帧中的对象的属性是不同的，在时间轴面板中插入关键帧，如图13-13所示。

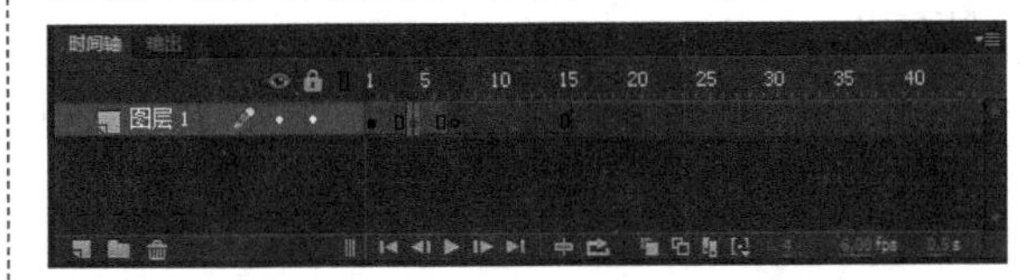

图13-13 关键帧

13.2.6 创建帧过渡效果

补间动画是Flash中最常见的动画形式，也是高级动画形式的基础。可以说，绝大多数的Flash动画都是建立在补间动画基础上。Flash提供了3种不同的补间动画类型：一种是动作补间动画，另一种是形状补间动画。

★ 动作补间动画是指在Flash的时间帧面板上，在一个关键帧上放置一个元件，然后在另一个关键帧改变这个元件的大小、颜色、位置、透明度等，Flash 将自动根据二者之间的帧的值创建的动画。动作补间动画建立后，时间帧面板的背景色变为淡紫色，在起始帧和结束帧之间有一个长长的箭头；构成动作补间动画的元素是元件，包括影片剪辑、图形元件、按钮、文字、位图、组合等，但不能是形状，只有把形状组合（Ctrl+G）或者转换成元件后，才可以做动作补间动画。图13-14所示为动作补间过渡效果。

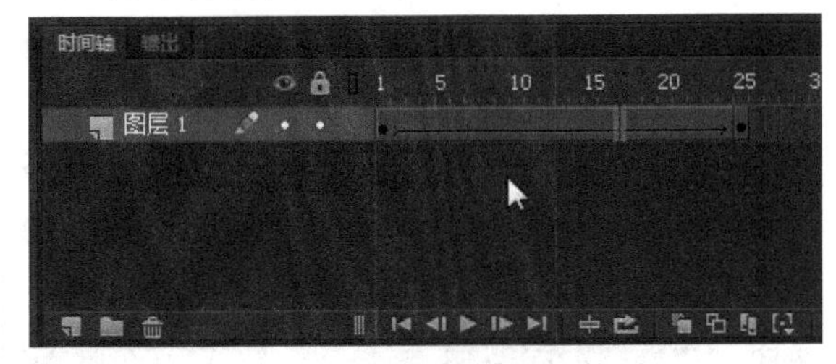

图13-14 动作补间过渡效果

★ 形状补间动画是在Flash的时间帧面板上，在一个关键帧上绘制一个形状，然后在另一个关键帧上更改该形状或绘制另一个形状等，Flash将自动根据二者之间的帧的值或形状来创建动画，它可以实现两个图形之间颜色、形状、大小、位置的相互变化。形状补间动画建立后，时间帧面板的背景色变为淡绿色，在起始帧和结束帧之间也有一个长长的箭头；构成形状补间动画的元素多为用鼠标或压感笔绘制出的形状，而不能是图形元件、按钮、文字等，如果要使用图形元件、按钮、文字，则必先打散（Ctrl+B）后才可以做形状补间动画。图13-15所示为形状补间过渡效果。

图13-15　形状补间过渡效果

13.2.7　添加图层与图层管理

使用图层可以很好地对舞台中的各个对象分类组织，并且可以将动画中的静态元素和动态元素分割开来，以减少整个动画文件的大小。

单击“时间轴”面板底部的“新建图层”按钮，即可在选中图层的上方新建一个图层，如图13-16所示。

图13-16　新建一个图层

选中要移动的图层，按住鼠标左键拖动，拖动图层到相应的位置，释放鼠标，将图层拖动到合适的位置，此时移动图层将移动到图层1的下方，该图层的内容也将被移动到图层1的下方，如图13-17所示。

图13-17　移动图层

执行“修改”|“时间轴”|“图层属性”命令，或在图层上单击鼠标右键，在弹出的菜单中选择“属性”命令，弹出“图层属性”对话框，如图13-18所示。

在“图层属性”对话框中设置以下参数。

★ 名称：在文本框中输入图层名称。

★ 显示：勾选此复选框，将显示该图层；否则将隐藏该图层。

★ 锁定：勾选此复选框，将隐藏该图层；否则将显示该图层。

★ 类型：用于设置图层的类型。

★ 轮廓颜色：单击右边的颜色框，在弹出的颜色框中设置对象呈轮廓显示时，轮廓线使用的颜色。

★ 图层高度：用于设置图层在“时间轴”面板中显示的高度。

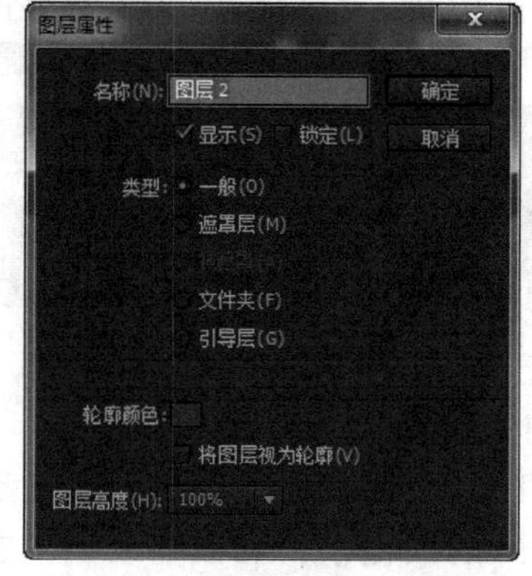

图13-18　“图层属性”对话框

13.2.8　插入元件

元件是指可以重复使用的图形、按钮或动画。由于对元件的编辑和修改可以直接应用于动画中所有应用该元件的实例，所以对于一个具有大量重复元素的动画来说，只要对元件做了修改，系统将自动地更新所有使用元件的实例。

执行“插入”|“新建元件”命令或者按Ctrl+F8快捷键，弹出“创建新元件”对话框，在对话框中的“名称”文本框中输入元件的名称，“类型”可以选择“图形”、“影片剪辑”、“按钮”，如图13-19所示。

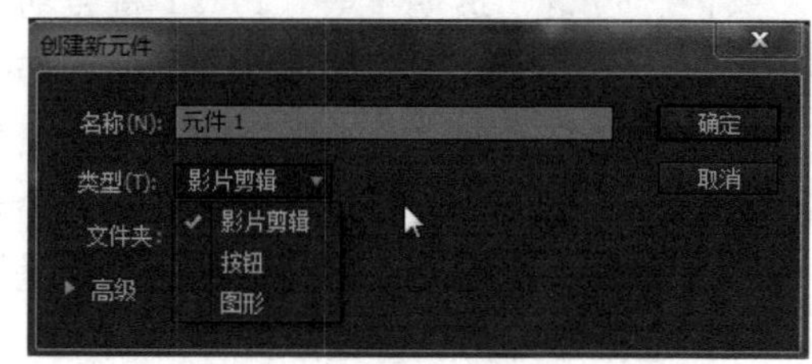

图13-19　“创建新元件”对话框

★ 图形元件

制作静态图像，以及附属于主影片时间

轴的可重用的动画片段。

★ 按钮元件

创建响应鼠标单击、滑过或其他动作的交互按钮。

★ 影片剪辑

影片剪辑是包含在Flash影片中的影片片段，有自己的时间轴和属性。与图形元件的主要区别在于它支持ActionScript和声音，具有交互性，是用途最广、功能最多的部分。影片剪辑基本上是一个小的影片，可以包含交互控制、声音及其他的影片间距的实例，也可以将其放置在按钮元件的时间轴中制作动画按钮。

13.2.9 库的管理与使用

Flash文档中的库存储了在Flash中创建的元件及导入的文件，如声音剪辑、位图、影片剪辑等。“库”面板显示一个滚动列表，其中包含库中所有项目的名称，可以在工作时查看并组织这些元素。“库”面板中项目名称旁边的图标指示该项目的文件类型。此外，“库”面板还可以用来组织文件夹中的库项目，查看项目在文档中的使用信息，并按照类型对项目排序，如图13-20所示。

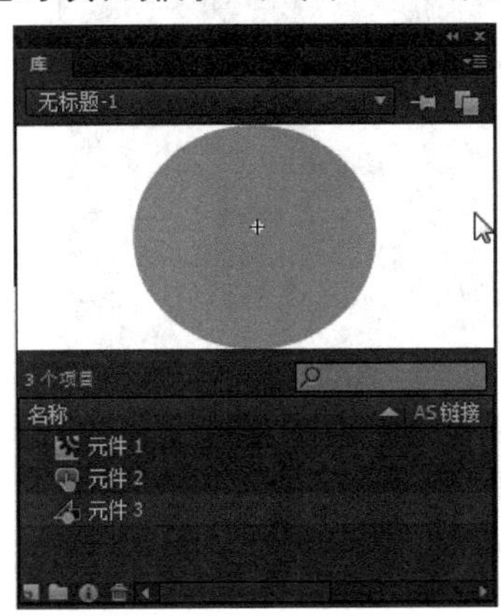

图13-20 “库”面板

“库”面板包括以下几部分。

★ “名称”：库元素的名称与源文件的文件名称对应。

★ “选项菜单”：单击右上角的按钮，弹出图13-21所示的菜单，可以执行其中的命令。

在“库”窗口的元素列表中，看见的文件类型是图形、按钮、影片剪辑、媒体声音、视频、字体和位图。前面3种是在Flash中产生的元件，后面两种是导入素材后产生的。

创建库元件可以选择以下任意一种操作。

★ 执行“插入”|“新建元件”命令。

★ 单击“库”面板中的按钮，在弹出的菜单中选择“新建元件”命令，如图13-22所示。

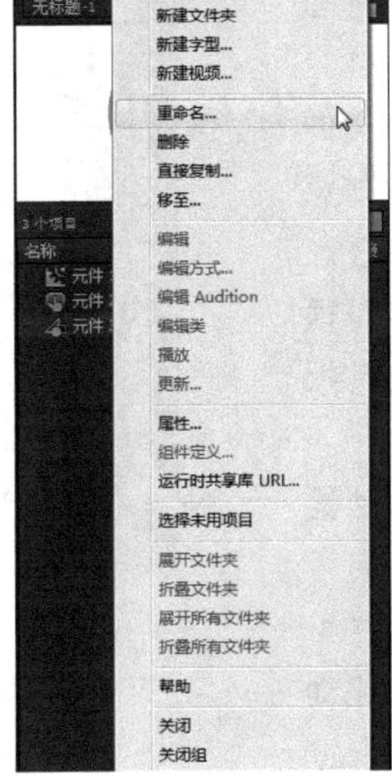

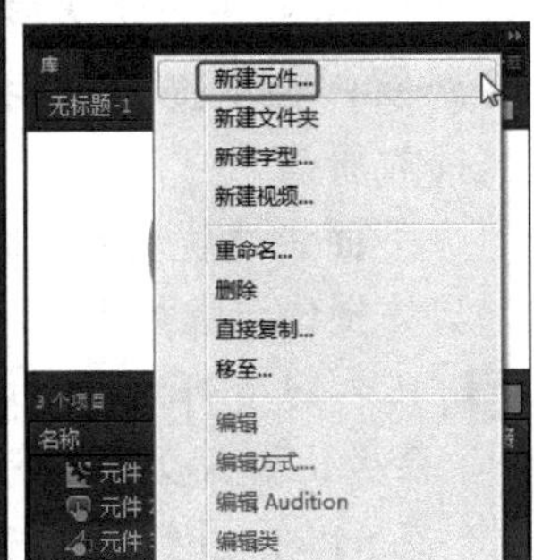

图13-21 弹出菜单 图13-22 选择“新建元件”命令

在“库”面板中不需要使用的库项目，可以在“库”面板中对其进行删除，删除库项目的具体操作步骤如下。

01 执行“窗口”|“库”命令，打开“库”面板。

02 选中不需要使用的项目，单击鼠标右键，在弹出的菜单中选择“删除”命令，即可将选中的项目删除，如图13-23所示。

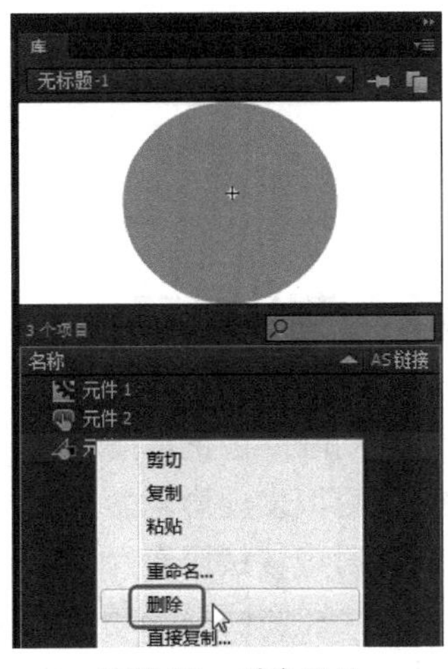

图13-23 删除项目

13.3 Flash动画的优化与发布

将制作好的动画测试、优化和导出后，就可以利用发布命令将制作的Flash动画文件进行发布，以便于动画的推广和传播。

13.3.1 优化动画

Flash作为动画创作的专业软件，操作简便，功能强大，现已成为交互式矢量图形和Web动画方面的标准。但是，如果制作的Flash文件较大，就常常会让网上浏览者在不断等待中失去耐心。因此对Flash进行优化显得很有必要，但前提是不能有损其播放质量。

下面讲述优化Flash动画的具体操作步骤如下。

01 执行“文件”|“打开”命令，打开文件“优化动画.fla”，如图13-24所示。

图13-24　打开文档

02 执行“文件”|“发布设置”命令，打开“发布设置”对话框，在该对话框中单击“Flash（.swf）”选项，打开相应的参数页面，在该参数中设置页面的品质，如图13-25所示。

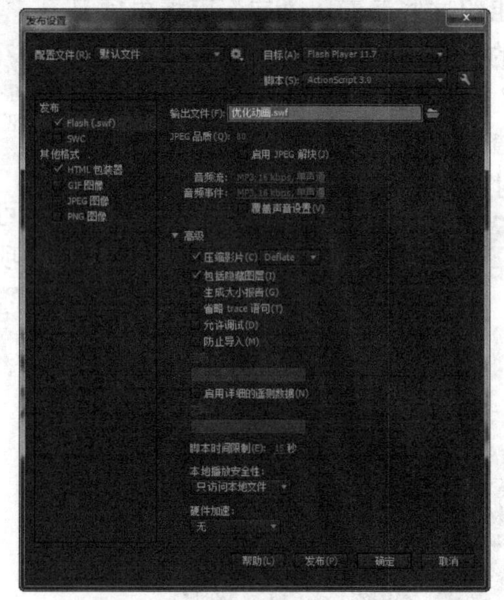

图13-25　“发布设置”对话框

13.3.2 测试动画

Flash动画制作完成后，就可以将其导出了。在导出或发布动画之前，应该对动画文件进行测试，以检查动画能否正常播放。

测试不仅可以发现影响影片播放的错误，而且可以检测影片中片断和场景的转换是否流畅自然等。测试时应该按照影片剧本分别对影片中的元件、场景和完成影片等分步测试，这样有助于发现问题。在测试Flash动画时应从以下3个方面考虑。

★ Flash动画的体积是否处于最小状态、能否更小一些。

★ Flash动画是否按照设计思路达到预期的效果。

★ 在网络环境下，是否能正常地下载和观看动画。

测试Flash动画的具体操作步骤如下。

01 打开制作好的Flash动画，执行“控制”|“测试影片”|“测试”命令，如图13-26所示。

02 选择以后即可测试预览动画，如图13-27所示。

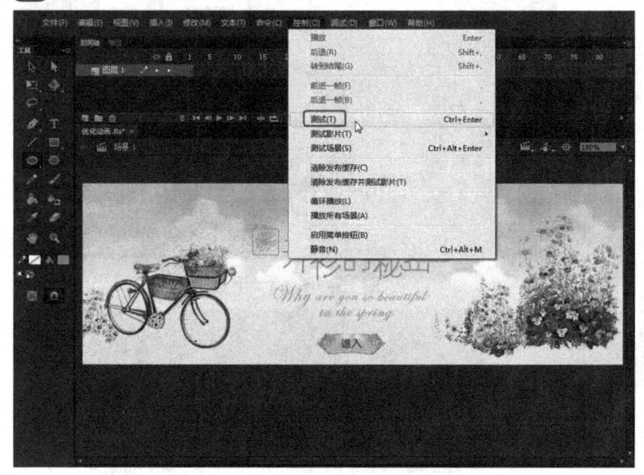

图13-26 打开文件

图13-27 测试预览动画

13.3.3 设置动画发布格式

在发布Flash动画前应进行发布设置，执行“文件”|“发布设置”命令，弹出“发布设置”对话框，如图13-28所示。在左侧的发布列表中可以选择发布的格式。

当测试Flash影片运行无误后，就可以将其发布为最终的SWF播放文件了。默认情况下，使用“发布”命令可以创建Flash SWF播放文件，并将Flash影片插入浏览器窗口中的HTML文件中。

除了以SWF格式发布Flash播放影片以外，也可以用其他文件格式发布Flash影片，如GIF、 JPEG、PNG和QuickTime格式，以及在浏览器窗口中显示这些文件所需的HTML文件。

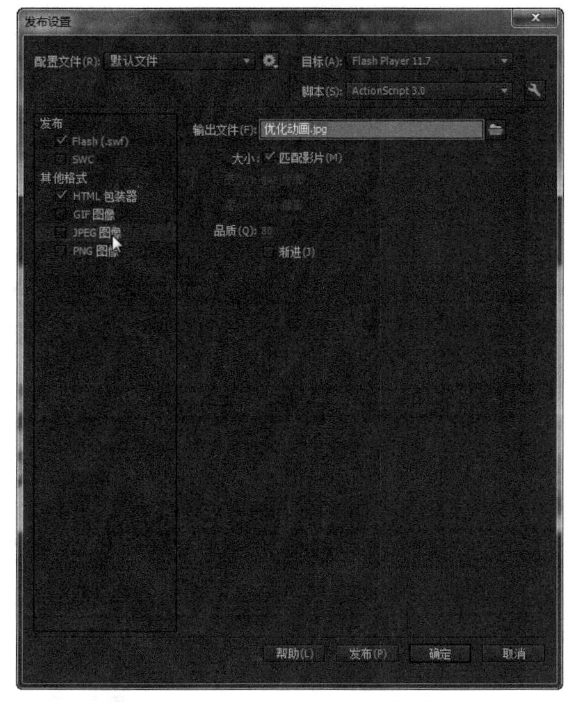

图13-28 “发布设置”对话框

13.4 优化与发布文档

将Flash动画以HTML文件格式优化发布的效果如图13-29所示，具体操作步骤如下。

图13-29　发布效果

最终文件：最终文件/CH13/发布动画.fla

01 打开原始文件“优化与发布文档.fla”，执行“文件”|“发布设置”命令，如图13-30所示。

02 打开“发布设置”对话框。在“发布”选项卡中选择“HTML包装器”类型，将“品质”设置为“中”，“窗口模式”设置为“窗口”，如图13-31所示。单击“发布”按钮，即可发布Flash动画效果。

图13-30　打开文件

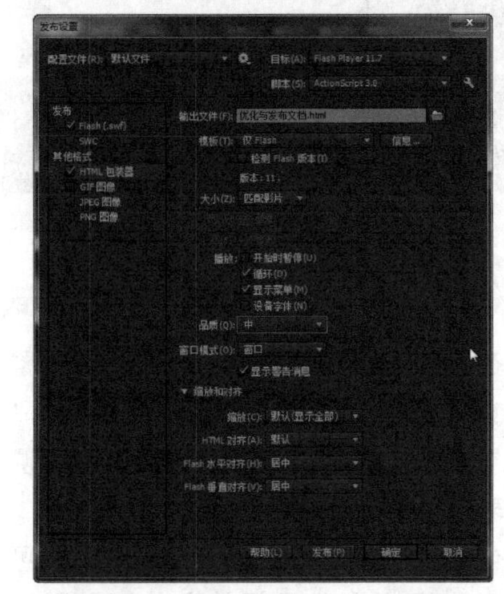

图13-31　“发布设置”对话框

13.5 课后练习

一、填空题

1. 在Flash的“文档属性”对话框中可以设置________、________、________等。

2. 在Flash中，时间轴位于工作区的右下方，是进行Flash动画创建的核心部分。时间轴是由图层、帧和播放头组成，影片的进度通过帧来控制。时间轴可以分为两个部分：左侧的________和右侧的________。

13.6 本章小结

Flash动画以其特有的简单易学、操作方便及适应于网络等优点，得到广大用户的认可和接受，被广泛应用于因特网、多媒体演示、游戏及动画制作等众多领域。本章主要讲述了Flash CC简介、Flash动画基础、Flash动画的优化与发布等。希望此简单的介绍能激发起读者对Flash的兴趣。

第14章 编辑文本和操作对象

本章导读

文本是动画中很重要的组成部分，利用文本工具可以在Flash动画中添加各种文字。因此熟练使用文本工具也是掌握Flash的一个关键。一个完整而精彩的动画或多或少需要一定的文字来修饰，而文字的表现形式又非常丰富。合理使用文本工具，可以增加Flash动画的整体完美效果，使动画显得更加丰富多彩。在Flash中，图形对象是舞台中的项目，Flash允许对图形对象进行各种编辑操作。Flash提供了各种基本的操作方法，包括选取对象、移动对象、复制对象和删除对象等。

技术要点

★ 文本的基本操作
★ 对象的选取、复制与移动
★ 变形处理

14.1 文本的基本操作

Flash拥有的强大功能使其不仅是一个优秀的绘图软件，而且在文字创作方面也毫不逊色。运用它可以创作出静止但却漂亮的文字，并且还可以激活和交互。

14.1.1 课堂练一练——创建静态文本

静态文本就是在动画制作阶段创建，在动画播放阶段不能改变的文本。在静态文本框中，可以创建横排或竖排文本。输入静态文本的效果如图14-1所示，具体操作步骤如下。

原始文件：原始文件/CH14/静态文本.fla

最终文件：最终文件/CH14/静态文本.fla

01 新建Flash文档，选择工具箱中的“文本”工具T，如图14-2所示。

图14-1 静态文本

图14-2 选择“文本”工具

02 打开“属性”面板，在“文本类型”下拉列表中选择“静态文本”，“系列”设置为“黑体”，字体“大小”设置为70，字体“颜色”设置为#FF0066，如图14-3所示。

03 在舞台上单击并输入文字“儿童玩具”，如图14-4所示。

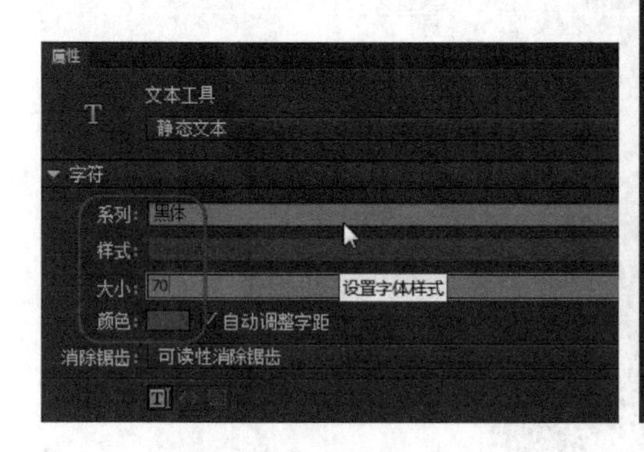

图14-3 设置文本类型

图14-4 输入文字

14.1.2 课堂练一练——创建动态文本

动态文本框用来显示动态可更新的文本。下面通过实例讲述动态文本的创建，具体操作步骤如下。

01 选择工具箱中的“文本”工具，在“属性”面板中的“文本类型”下拉列表中选择“动态文本”选项，如图14-5所示。

02 在文档中单击鼠标不放，拖出一个文本输入框，如图14-6所示。

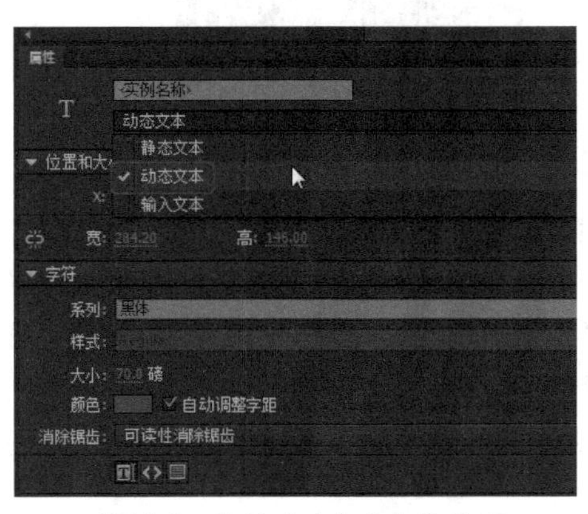

图14-5 选择“动态文本”选项

图14-6 输入框

14.1.3 课堂练一练——创建输入文本

输入文本是在动画设计中作为一个输入文本框来使用，在动画播放时，输入的文本展现更多信息。具体操作步骤如下。

01 在“属性”面板中的“文本类型”下拉列表中选择“输入文本”选项，在“线条类型”下拉列表中选择“多行”选项，如图14-7所示。

02 在文档中单击鼠标左键并拖出一个文本框，如图14-8所示。

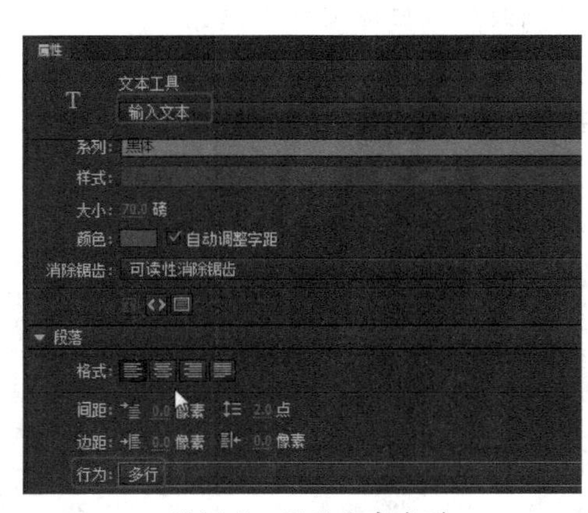

图14-7 设置文本类型

图14-8 拖出一个文本框

14.2 对象的选取、复制与移动

下面分别来讲述移动对象、复制对象和删除对象。

14.2.1 选取对象

一般而言，对舞台中的对象进行编辑必须先选择对象。因此选择对象是最基本的操作。选择对象有很多种方法。Flash中提供了多种选择工具，主要有“选择”工具、“部分选取”工具和“套索”工具。选择工具箱中的“选择”工具，单击可以选取对象，如图14-9所示。

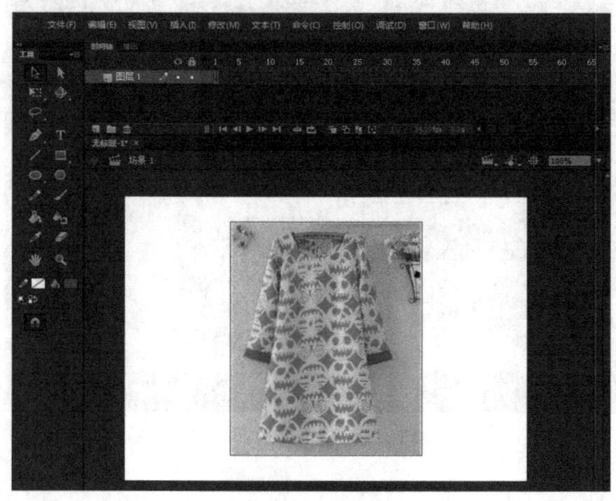

图14-9 选择图像

14.2.2 移动对象

移动对象的方法通常有4种，分别是利用鼠标、方向键、属性面板和信息面板进行移动。

1. 鼠标移动对象

通过鼠标移动对象是最常用、最简单的一种方法。利用鼠标移动对象的具体方法如下。

选取一个或多个对象。将鼠标移动到被选中的对象上，按住鼠标左键不放进行拖动，可以将对象移动到相应的位置。如果在拖动的同时，按住Shift键不放，则只能进行水平、垂直或45°角方向的移动。

2. 利用方向键

使用鼠标移动对象的缺点是不够精确，不容易进行细微的操作，而使用方向键来移动对象则要精确得多。利用方向键移动对象的具体方法如下。

选取一个或多个对象。按相应的方向键（上、下、左、右）来移动对象，一次移动1个像素。如果在按住方向键的同时按住Shift键，则一次可以移动8个像素。

3. 利用“属性”面板

选取一个或多个对象。在“属性”面板中的X和Y文本框中输入相应的数值，然后按Enter键，即可将对象移动到指定的位置，如图14-10所示。

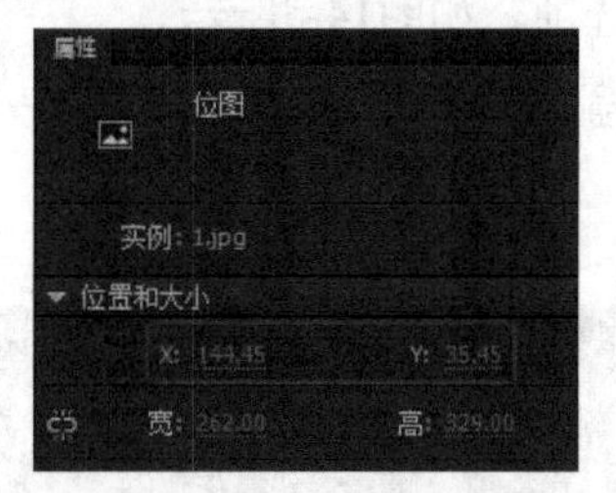

图14-10 “属性”面板

4. 利用“信息”面板移动对象

选取一个或多个对象。执行“窗口”|“信息”命令，打开“信息”面板，如图14-11所示。在X和Y文本框中输入相应的数值，然后按Enter键，即可将对象移动到指定的位置。

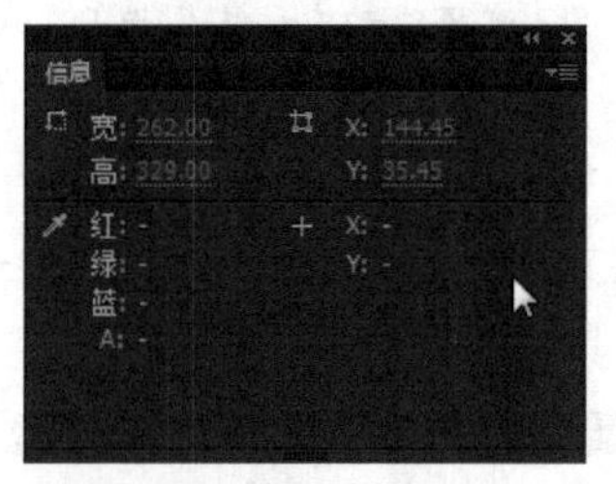

图14-11 “信息”面板

14.2.3 复制对象

复制对象的具体操作步骤如下。

01 选中需要复制的对象，执行“编辑”|“复制”命令，或者按Ctrl+C快捷键，复制对象。

02 执行“编辑”|“粘贴”命令，或者按Ctrl+V快捷键，粘贴对象，如图14-12所示。

图14-12 复制对象

14.3 变形处理

可以单独执行变形操作，也可以将旋转、缩放、倾斜和扭曲等多种变形操作组合在一起执行。

14.3.1 课堂练一练——缩放对象

缩放对象是将选中的图形对象按比例放大或缩小，也可在水平或垂直方向分别放大或缩小对象。

缩放对象可以选择以下任意一种方法。

★ 选中缩放对象，将鼠标移动至矩形框各边中点的控制点上，然后按下左键不放进行拖动，可以单独地调整对象的高度和宽度，如图14-13和图14-14所示。

图14-13 水平缩放

图14-14 垂直缩放

★ 选中缩放对象，将鼠标移动至矩形框的4个顶点上，当指针变为倾斜的双向箭头形状时，按下左键不放进行拖动，可以同时对对象的长度和宽度进行缩放，如图14-15和图14-16所示。

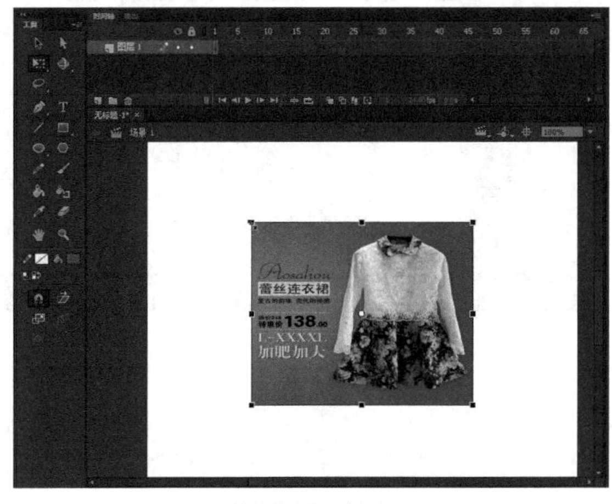

图14-15 缩小

图14-16 放大

14.3.2 课堂练一练——旋转对象

旋转对象的具体操作步骤如下。

01 选择工具箱中的“任意变形”工具，在工具箱下方的选项中按下“旋转与倾斜”按钮，如图14-17所示。

02 将鼠标移动到矩形框顶点旁边，当鼠标指针变为形状时，按住鼠标左键不放进行旋转，如图14-18所示。

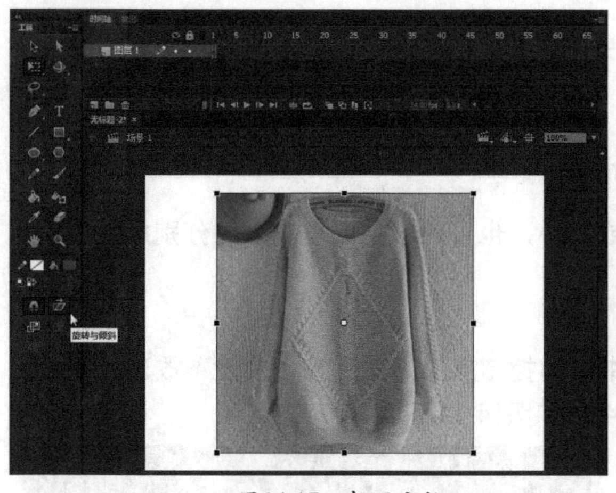

图14-17 打开文档

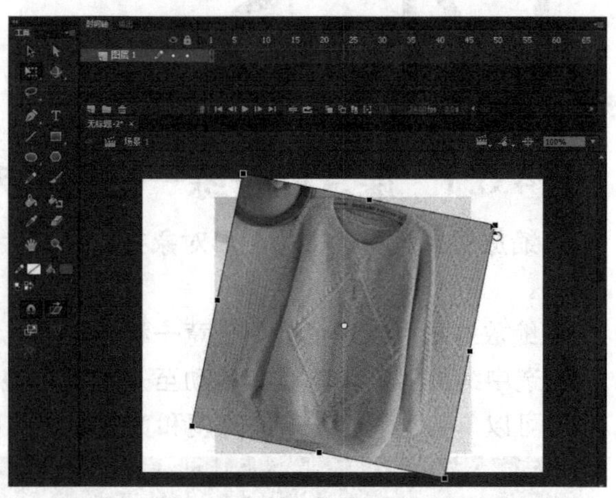

图14-18 “发布设置”对话框

14.3.3 课堂练一练——扭曲对象

扭曲变形不是缩放、旋转等简单的变形，而是使对象的形状本身发生本质性的变化，具体操作步骤如下。

01 选择图像文件，执行“修改”|“分离”命令，分离图像，选择工具箱中的“任意变形”工具，如图14-19所示。

02 在下面的附属选项中选择“扭曲”工具，在对象的周围出现了控制点，用鼠标按照控制点拖动，可以扭曲对象，如图14-20所示。

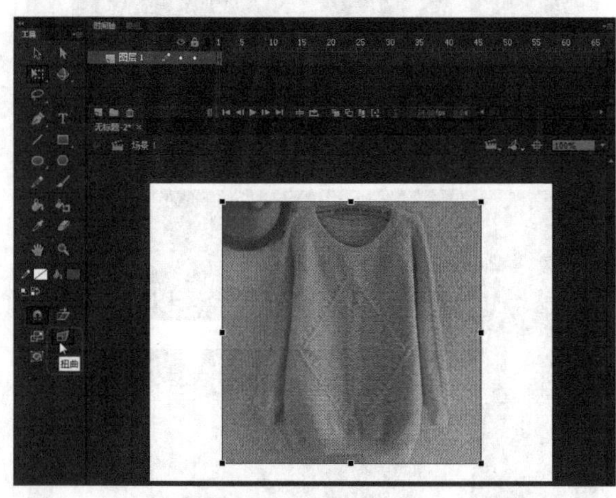

图14-19 分离图像

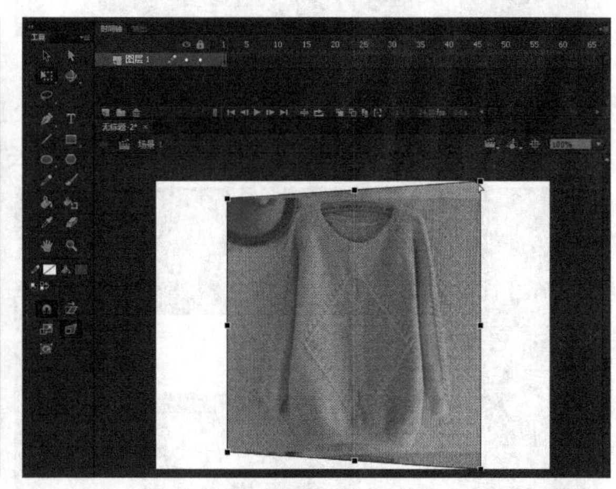

图14-20 扭曲对象

14.4 技术拓展

14.4.1 创建文字链接

创建文字链接效果如图14-21所示，具体操作步骤如下。

01 打开文档“创建文字链接.fla”，选择工具箱中的“文本”工具，如图14-22所示。

图14-21 文字链接

图14-22 选择文本工具

02 在图像上输入文本“立即抢购”，如图14-23所示。

03 选中文本，在“属性”面板中的“选项”中的“链接”文本框中输入“http://www.qinggou.com”，设置链接地址，如图14-24所示。

04 按Ctrl+Enter快捷键测试影片，当鼠标指针指向链接的文字时，鼠标会变成手状，如图14-21所示，单击即可打开链接的网站。

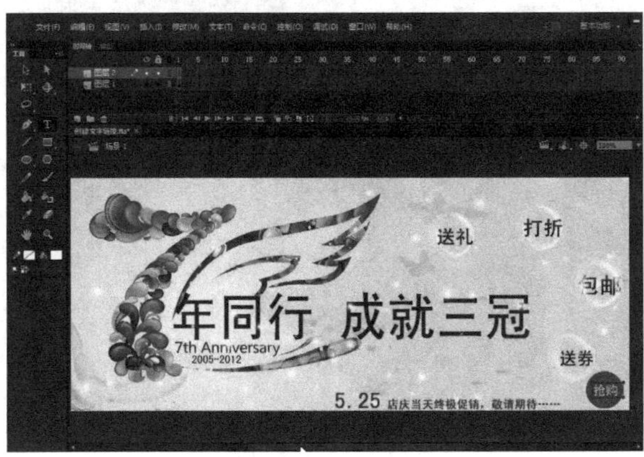

图14-23 输入文本

图14-24 输入连接

14.4.2 组合对象与分离对象

组合操作涉及对象的并组与解组两部分操作，并组后的对象可以被同时移动、复制、缩放和旋转等。组合对象的具体操作步骤如下。

01 打开文档，按住Shift键，选中需要组合的对象，如图14-25所示。

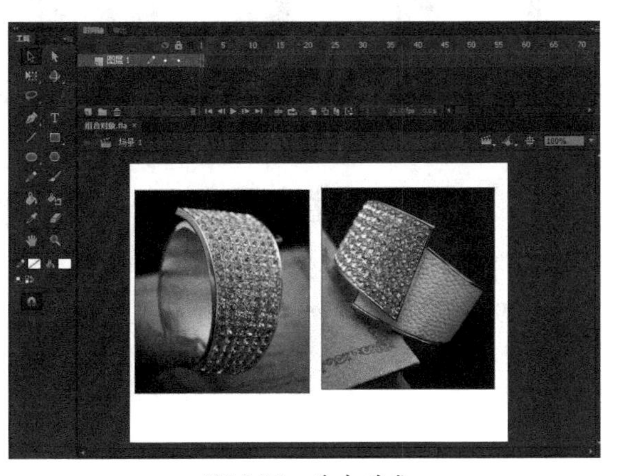

图14-25 选中对象

02 执行“修改”|“组合”命令，或按Ctrl+G快捷键，将选中的对象进行组合，如图14-26所示。

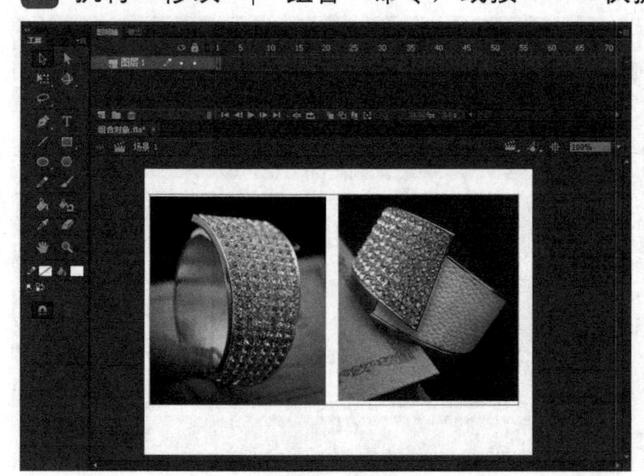

图14-26 组合对象

高手支招

如果要对单个对象进行编辑时，选中要进行编辑的对象，执行“修改”|“取消组合”命令，或者按Ctrl+Shift+G组合键取消组合的对象。还有一种方法是在组合后的对象上双击，即可进入单个对象的编辑状态。

使用分离命令，可以分离组合对象、文本块、实例、位图，使之成为分离的可编辑元素。分离对象的具体操作步骤如下。

01 打开文档，选中组合后的对象，如图14-27所示。

02 执行“修改”|“分离”命令，将组合的对象分离为单个对象，如图14-28所示。

图14-27 选择对象

图14-28 分离对象

14.5 实战应用

在动画中很好地应用文字显示效果，可以制作出具有新奇感，从而给人留下深刻印象的作品。

14.5.1 实战应用1——制作多彩的变形文字

下面制作动画多彩的变形文字效果，如图14-39所示，具体操作步骤如下。

图14-29 发布效果

原始文件：原始文件/CH14/多彩文字.fla

最终文件：最终文件/CH14/多彩文字.fla

01 启动Flash CC，执行“文件”|“新建”命令，打开“新建文档”对话框，在该对话框中单击“常规”选项，将“宽”设置为990，“高”设置为500，如图14-30所示。

02 单击“确定”按钮，新建空白文档，如图14-31所示。

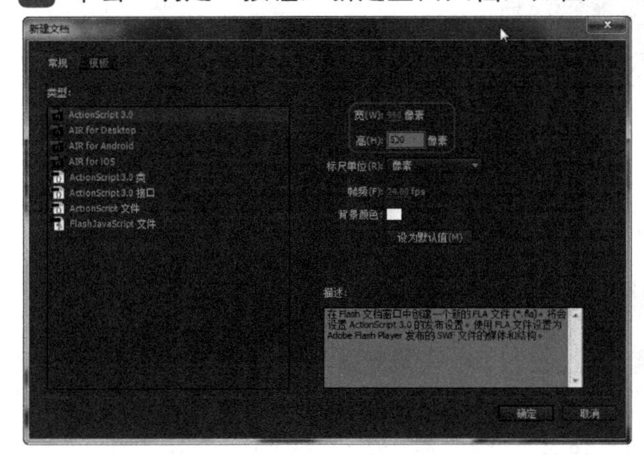

图14-30 “新建文档”对话框

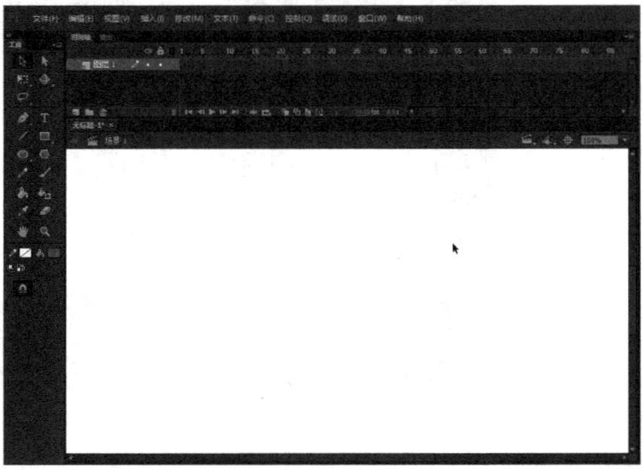

图14-31 新建空白文档

03 执行“文件”|“导入”|“导入到舞台”命令，打开“导入”对话框，在该对话框中选择图像“变形文字.jpg”，如图14-32所示。

04 单击“打开”按钮，将图像导入到舞台中，如图14-33所示。

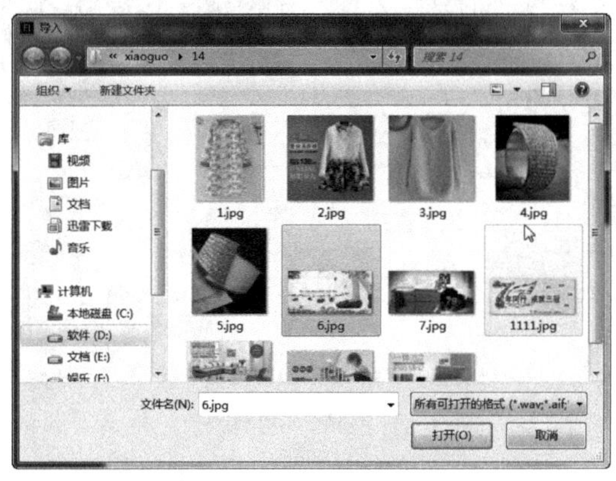

图14-32 “导入”对话框

图14-33 导入图像

05 单击时间轴面板中的“新建图层”按钮，在“图层1”的上面新建“图层2”，如图14-34所示。

06 选择工具箱中的“文本”工具，在舞台中输入文本“舒适女鞋”，如图14-35所示。

图14-34 新建图层

图14-35 输入文本

07 执行两次“修改”|“分离”命令，将文本分离，如图14-36所示。

08 执行“窗口”|“颜色”命令，打开“颜色”面板，将“颜色类型”设置为“线性渐变”，在下面设置相应的渐变颜色，如图14-37所示。

图14-36 分离文本

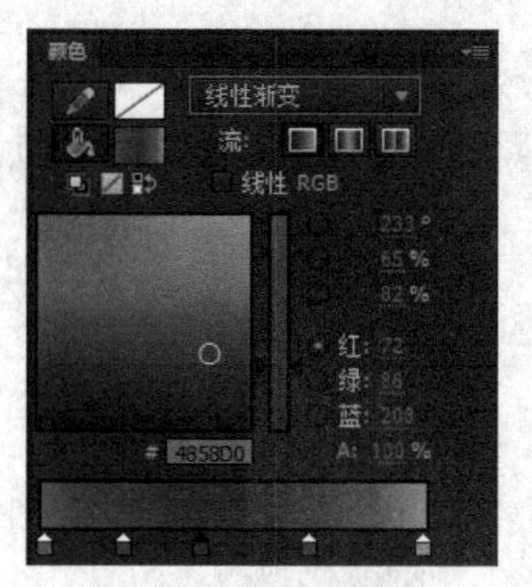

图14-37 设置渐变

09 设置好以后，即可对文本进行填充颜色，如图14-38所示。

10 选择工具箱中的“任意变形”工具，在其附属选项中选择“扭曲”选项，在文档中即可对文本进行相应的扭曲，如图14-39所示。

图14-38 对文本填充

图14-39 扭曲文本

14.5.2 实战应用2——制作雪花文字

制作雪花文字效果，如图14-40所示，具体操作步骤如下。

原始文件：原始文件/CH14/7.jpg

最终文件：最终文件/CH14/雪花文字.fla

图14-40 雪花文字效果

01 新建一文档，将图像导入到舞台中，如图14-41所示。

02 单击时间轴面板中的“新建图层”按钮，在“图层1”的上面新建“图层2”，如图14-42所示。

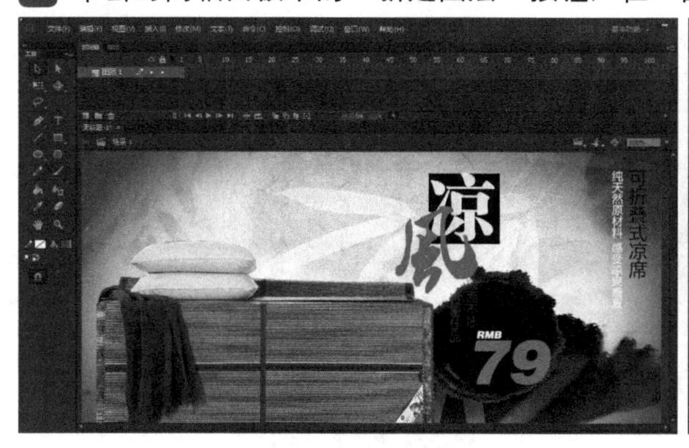

图14-41 导入图像

图14-42 新建图层

03 选择工具箱中的“文本”工具，在舞台中输入文本“滴眼液”，如图14-43所示。

04 执行两次“修改”|“分离”命令，将文本分离，如图14-44所示。

图14-43 输入文本

图14-44 分离文本

05 选择工具箱中的“墨水瓶”工具，在文本边缘进行点击，文本效果如图14-45所示。

06 打开“属性”面板，在面板中设置笔触为12，样式为点刻线，如图14-46所示。

图14-45 点击文本

图14-46 设置笔触

14.6 课后练习

一、填空题

1. 在Flash中包含了3种文本对象，分别是__________、__________和输入文本。

2. 移动对象的方法通常有4种，分别是利用________、________、________和________进行移动。

二、操作题

制作图14-47所示的输入文本效果。

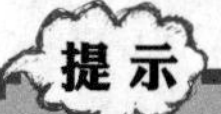

选择工具箱中的“文本”工具，在文档中输入静态文本，在“属性”面板中的“文本类型”下拉列表中选择“输入文本”选项。

最终文件：最终文件/CH14/习题.fla

图14-47　输入文本效果

14.7 本章小结

本章主要介绍了文本工具的使用及其属性设置、特效文本的制作。读者应该学会使用文本工具在工作区创建文字，并会设置最常见的文字属性，例如大小、颜色、字体、行间距和字间距等，掌握文字特效，可以使网页更加丰富生动。

第15章 创建基本Flash动画

本章导读

在Flash中，用户可以轻松地创建丰富多彩的动画效果。本章通过详细的例子，主要介绍了Flash中几种简单动画的创建方法，内容包括逐帧动画和补间动画，也包含了引导动画和遮罩动画这两种特殊的动画效果。

技术要点

★ 时间轴与帧
★ 创建基本动画
★ 创建引导动画和遮罩动画
★ 制作多媒体Flash动画

15.1 时间轴与帧

时间轴是Flash中最重要、最核心的部分，所有的动画顺序、动作行为、控制命令及声音等都是在时间轴中编排的。

15.1.1 时间轴

在Flash中，时间轴位于工作区的右下方，是进行Flash动画创建的核心部分。时间是由图层、帧和播放头组成，影片的进度通过帧来控制。时间轴可以分为两个部分：左侧的图层操作区和右侧的帧操作区，如图15-1所示。

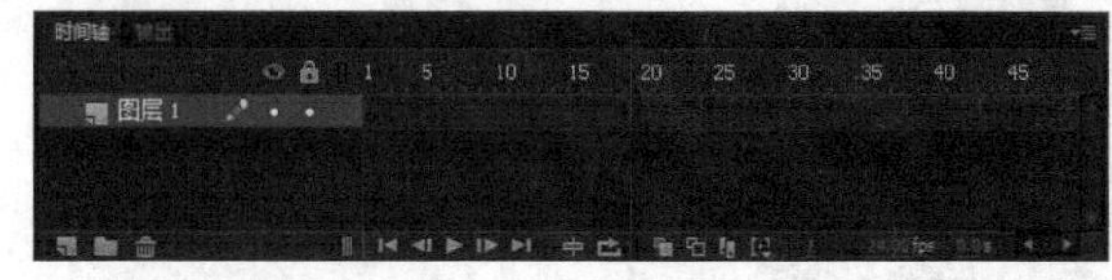

图15-1 时间轴面板

15.1.2 帧

帧是创建动画的基础，也是构建动画最基本的元素之一。在“时间轴”面板中可以很明显地看出帧与图层是一一对应的。

在时间轴中，帧分为3种类型，分别是普通帧、关键帧、空白关键帧。

1. 普通帧

普通帧起着过滤和延长关键帧内容显示的作用。在时间轴中，普通帧一般是以空心方格表示，每个方格占用一个帧的动作和时间，图15-2所示是在第20帧处插入了普通帧。

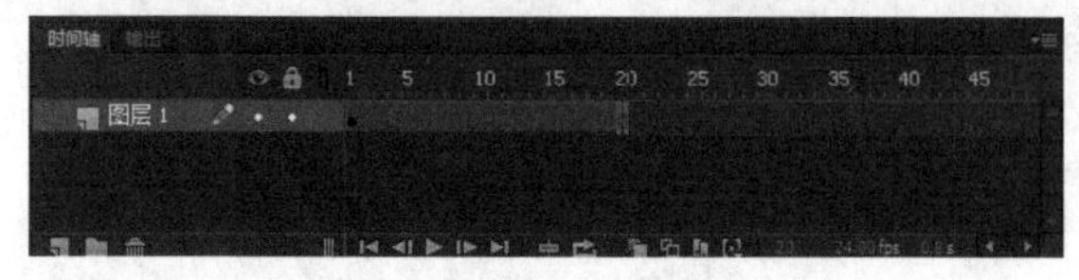

图15-2 插入普通帧

2. 空白关键帧

空白关键帧是以空心圆表示。空白关键帧是特殊的关键帧，它没有任何对象存在，可以在其上绘制图形，如果在空白关键帧中添加对象，它会自动转化为关键帧。一般新建图层的第1帧都为空白关键帧，一旦在其中绘制图形后，则变为关键帧。同样的道理，如果将某关键帧中的全部对象删除，则此关键帧会转化为空白关键帧，如图15-3所示。

图15-3 空白关键帧

3. 关键帧

关键帧是用来定义动画变化的帧。在动画播放的过程中，关键帧会呈现出关键性的动作或内容上的变化。在时间轴中的关键帧显示实心的小圆球，存在于此帧中的对象与前后帧中的对象的属性是不同的，在时间轴面板中插入关键帧，如图15-4所示。

图15-4 关键帧

15.2 创建基本动画

在Flash CC中，可以轻松地创建丰富多彩的动画效果，并且只需要通过更改时间轴每一帧中的内容，就可以在舞台上制作出移动对象、更改颜色、旋转、淡入淡出或更改形状的效果。

15.2.1 课堂练一练——创建逐帧动画

逐帧动画是一种非常简单的动画方式，不设置任何补间，直接将连续的若干帧都设置为关键帧，然后在其中分别绘制内容，这样连续播放的时候就会产生动画效果了。下面通过实例的制作来说明逐帧动画的制作流程，本例设计的逐帧动画效果如图15-5所示。

图15-5 逐帧动画

原始文件：原始文件/CH15/逐帧动画.jpg

最终文件：最终文件/CH15/逐帧动画.fla

01 新建一个空白文档，导入一张图像文件“逐帧动画.jpg”，并调整图像的大小，如图15-6所示。

02 选中第2帧，按F6键插入关键帧。选择工具箱中的“文本”工具，然后在舞台中输入文字“让”，在“属性”面板中进行其参数设置，如图15-7所示。

图15-6 导入一张图像

图15-7 输入文本

03 选中第3帧，按F6键插入关键帧。在工具箱中选择“文本”工具，然后在舞台中输入文字“科”，如图15-8所示。

04 分别在第4～8帧按F6键插入关键帧，并且分别输入不同的文字，如图15-9所示。

图15-8 输入文本

图15-9 输入文本

15.2.2 课堂练一练——创建补间形状动画

创建形状补间动画的具体操作步骤如下。创建补间形状动画效果如图15-10所示。

原始文件：原始文件/CH15/补间形状.jpg

最终文件：最终文件/CH15/补间形状.fla

01 新建一个空白文档，导入一张图像文件“补间形状.jpg”，如图15-11所示。

图15-10 补间形状动画　　　　图15-11 新建文档

02 按快捷键Ctrl+B键分离图像，在图层1的第50帧按F6键插入关键帧，如图15-12所示。

03 选择工具箱中的“任意变形”工具，在此单击图像文件，此时图像四周出现矩形块调整，调整图像的大小，如图15-13所示。

图15-12 插入关键帧　　　　图15-13 调整图像大小

04 单击1~50帧之间的任意一帧，在弹出的快捷菜单中选择“创建补间形状”命令，如图15-14所示。

05 选择命令以后，创建形状补间动画，效果如图15-15所示。保存动画，预览动画效果如图15-10所示。

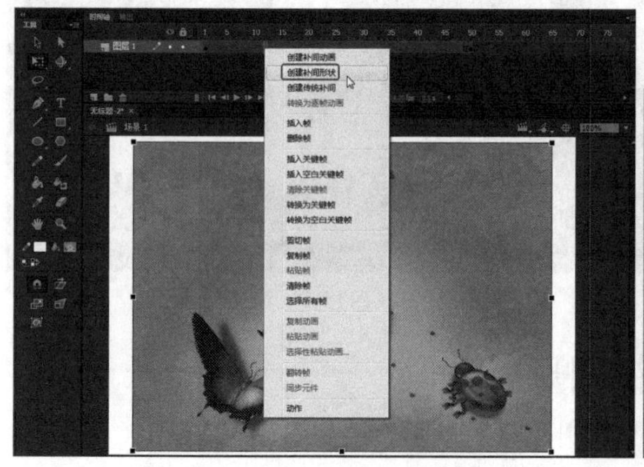

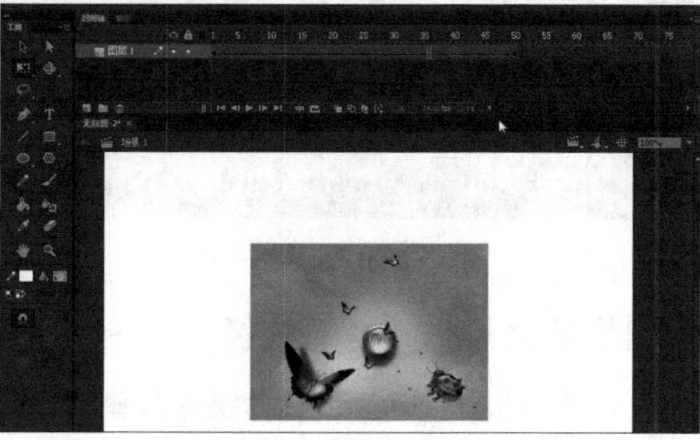

图15-14 选择“创建形状补间”命令　　　　图15-15 创建形状动画

15.2.3 课堂练一练——创建传统补间动画

传统补间需要在一个点定义实例的位置、大小及旋转角度等属性，然后才可以在其他位置改变这些属性，从而由这些变化产生动画。创建传统补间动画效果如图15-16所示。

原始文件：原始文件/CH15/传统补间.jpg、li.png

最终文件：最终文件/CH15/传统补间.fla

图15-16 传统补间动画

01 新建一个空白文档，导入一张图像文件“传统补间.jpg”，并调整图像的大小，如图15-17所示。

02 在该层的第50帧按F6键插入关键帧，单击“新建图层”按钮，在“图层1”的上面新建一个“图层2”，如图15-18所示。

图15-17 导入图像

图15-18 新建图层

03 执行“导入”|“导入”|“导入到舞台”命令，导入图像liwu.png，如图15-19所示。

04 在“图层2”的第50帧按F6键插入关键帧，将图像往左移动，如图15-20所示。

图15-19 导入图像

图15-20 移动对象

05 在1～50帧之间单击鼠标右键，在弹出的菜单中选择“创建传统补间动画”命令，如图15-21所示。

06 选中命令后，创建传统补间动画效果，效果如15-22所示。按键盘上的Ctrl+Enter快捷键测试动画，动画效果如图15-16所示。

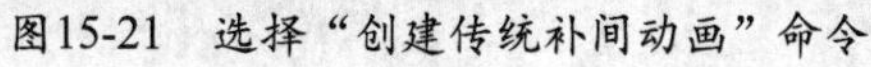

图15-21 选择“创建传统补间动画”命令

图15-22 创建传统补间动画

15.3 创建引导动画和遮罩动画

下面讲述引导层和遮罩层动画的制作。

15.3.1 课堂练一练——创建引导动画

在引导层中，可以像其他层一样制作各种图形和引入元件，但最终发布时引导层中的对象不会显示出来，按照引导层的功能分为两种，分别是普通引导层和运动引导层。

下面创建一个引导层动画，如图15-23所示，具体操作步骤如下。

图15-23 引导动画

原始文件：原始文件/CH15/引导动画.jpg、hd.png

最终文件：最终文件/CH15/引导动画.fla

01 新建一个空白文档，执行“文件”|“导入”|“导入到库”命令，弹出“导入到库”对话框，如图15-24所示。

图15-24 “导入到库”对话框

02 在对话框中选择要导入的图像“引导动画.jpg”和“hd.png”，将图像导入到“库”面板中，如图15-25所示。

图15-25 “库”面板

03 将“库”面板中的图像“引导动画.jpg”拖到舞台中，调整其位置，如图15-26所示。

图15-26 拖入图像

04 单击“时间轴”面板左下角的“新建图层”按钮，新建一个“图层2”，将“库”面板中的图像“hd.png”拖到舞台中的相应位置，如图15-27所示。

图15-27 拖入图像

05 选中图像，执行“修改”|“转换为元件”命令，弹出“转换为元件”对话框，在对话框的“名称”文本框中输入名称，“类型”选择“图形”，如图15-28所示。

06 单击“确定”按钮，将图像转换为图形元件，如图15-29所示。

图15-28 “转换为元件”对话框

图15-29 将图像转换为图形元件

07 选中图层1的第40帧，按F5键插入帧，选中图层2的第40帧，按F6键插入关键帧，如图15-30所示。

图15-30 插入帧和关键帧

08 在图层2上单击鼠标右键，在弹出的菜单中选择“添加传统运动引导层”命令，如图15-31所示。

图15-31 选择“添加传统运动引导层”选项

09 创建运动引导层，选中运动引导层的第1帧，选择工具箱中的“铅笔”工具，在运动

引导层中绘制一条路径，如图15-32所示。

10 选中图层2的第1帧，将图形元件拖动到路径的起始点，如图15-33所示。

图15-32 绘制路径

图15-33 移动元件位置

11 选中图层2的第40帧，将图形元件拖动到路径的终点，如图15-34所示。

12 将光标放置在图层2中第1帧至第40帧之间的任意位置，单击鼠标右键，在弹出的菜单中选择“创建传统补间”命令，创建补间动画，如图15-35所示。

图15-34 调整元件的大

图15-35 创建传统补间动画

15.3.2 课堂练一练——创建遮罩动画

遮罩动画也是Flash中常用的一种技巧。遮罩动画就好比在一个板上打了各种形状的孔，透过这些孔，可以看到下面的图层。遮罩项目可以是填充的形状、文字对象、图形元件的实例或影片剪辑。

下面利用遮罩层制作动画，效果如图15-36所示，具体操作步骤如下。

原始文件：原始文件/CH15/遮罩动画.jpg

最终文件：最终文件/CH15/遮罩动画.fla

01 新建一个空白文档，执行“文件”|“导入”|“导入到舞台”命令，导入图像“遮罩动画.jpg”，如图15-37所示。

02 单击“时间轴”面板左下角的“新建图层”按钮，新建一个图层2，如图15-38所示。

图15-36 遮罩动画

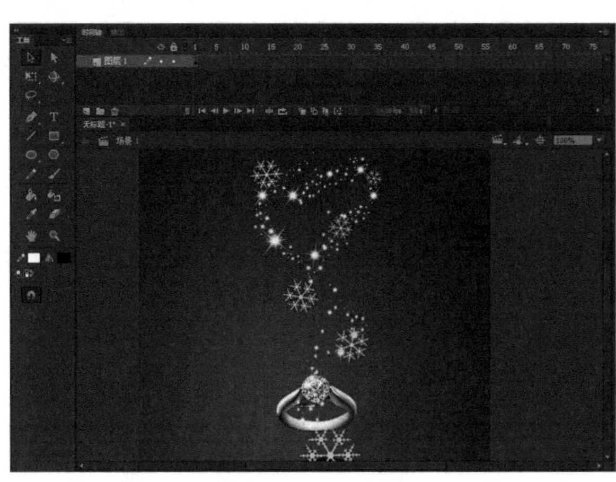

图15-37 导入图像

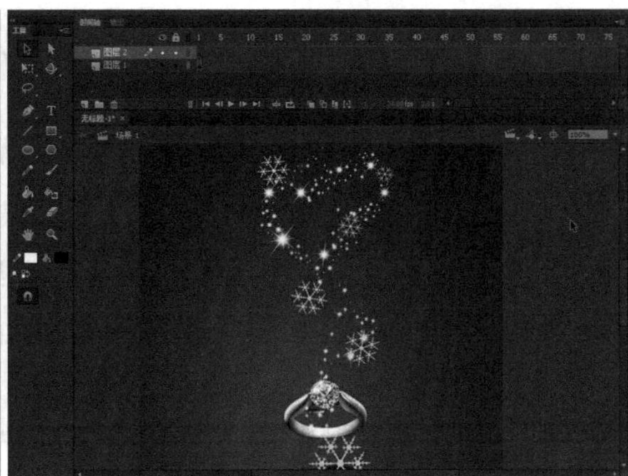

图15-38 新建图层

03 选择工具箱中的“椭圆”工具，在图像上绘制椭圆，效果如图15-39所示。

04 在图层2上单击鼠标右键，在弹出的菜单中选择“遮罩层”命令，如图15-40所示。

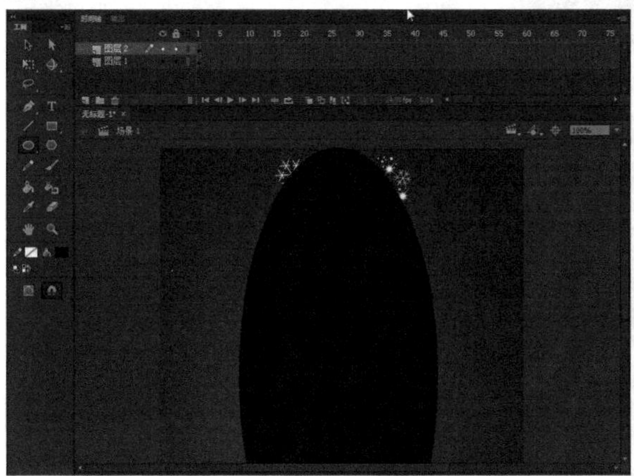

图15-39 绘制图形

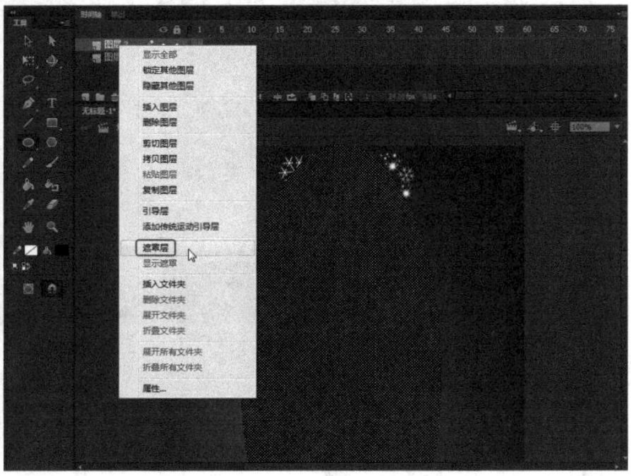

图15-40 选择“遮罩层”命令

05 选择选项，遮罩效果如图15-41所示。

06 保存文档，按Ctrl+Enter快捷键测试影片，效果如图15-36所示。

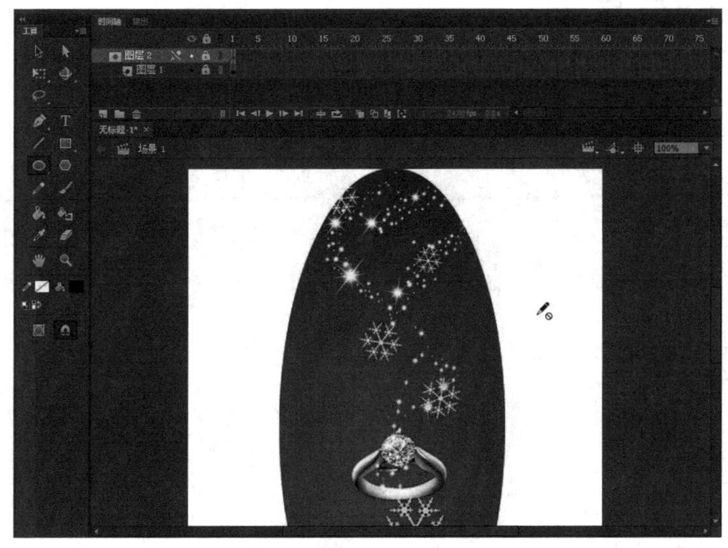

图15-41 遮罩效果

15.4 制作多媒体Flash动画

Flash是多媒体动画制作软件，声音是多媒体中不可缺少的重要部分，因此要判断一款动画制作软件是否优秀，其对声音的支持程度是一项相当重要的指标。

15.4.1 在Flash CC中导入声音

在Flash中可以导入WAV、MP3等多种格式的声音文件。当声音导入到文档后，将与位图、元件等一起保存在“库”面板中。导入音频文件的具体操作步骤如下。

01 打开文档，执行“文件”|“导入”|“导入到库”命令，弹出“导入到库”对话框，如图15-42所示。

02 在对话框中选择导入的音频文件，单击“打开”按钮，即可将文件导入到“库”面板中，如图15-43所示。

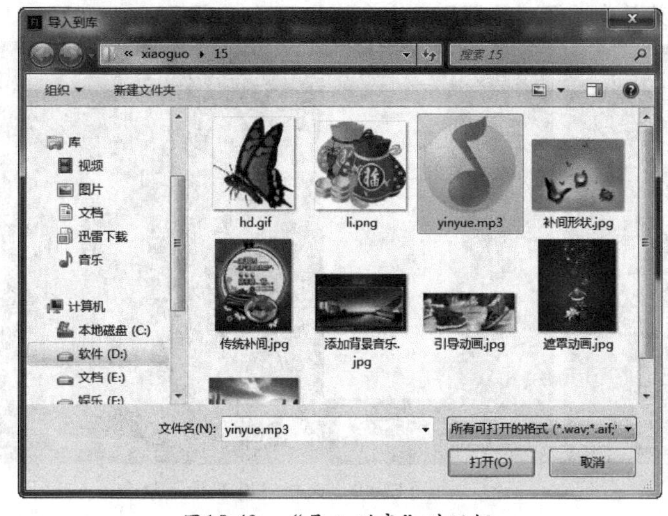

图15-42 “导入到库”对话框

图15-43 导入声音文件

15.4.2 使用声音

将声音导入到库中，然后就可以将声音文件添加到动画中，添加声音的具体操作步骤如下。

01 打开文档“导入声音.fla”，如图15-44所示。

02 打开“库”面板，选择图层2，将制作声音文件拖入到舞台，如图15-45所示。

图15-44 打开文档

图15-45 拖入声音

15.4.3 编辑声音

同一个声音可以做出多种效果，可以在“效果”下拉列表中进行选择以让声音发生变化，还可以让左右声道产生出各种不同的变化。在“属性”面板中的“效果”下拉列表中提供了多种播放声音的效果选项，如图15-46所示。

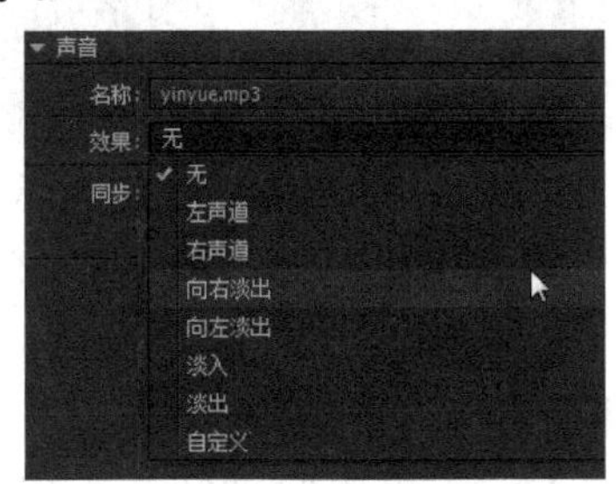

图15-46 声音效果选项

“效果”选项用来设置声音的音效，其下拉列表中有以下几个选项。

★ “无”：不设置声道效果。

★ “左声道”：控制声音在左声道播放。

★ “右声道”：控制声音在右声道播放。

★ “从左到右淡出”：降低左声道的声音，同时提高右声道的声音，控制声音从左声道过渡到右声道播放。

★ “从右到左淡出”：控制声音从右声道过渡到左声道播放。

★ “淡入”：在声音的持续时间内逐渐增强其幅度。

★ “淡出”：在声音的持续时间内逐渐减小其幅度。

★ “自定义”：允许创建自己的声音效果，可以从“编辑封套”对话框中进行编辑，如图15-47所示。

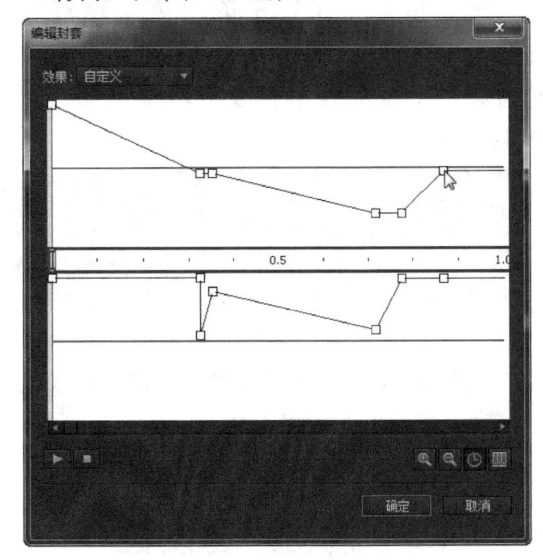

图15-47 “编辑封套”对话框

对话框中分为上下两个编辑区，上方代表左声道波形编辑区，下方代表右声道编辑区，在每一个编辑区的上方都有一条左侧带有小方块的控制线，可以通过控制线调整声音的大小、淡出和淡入等。

在“编辑封套”对话框中可以设置以下参数。

★ “停止声音”按钮■：停止当前播放的声音。

★ “播放声音”按钮▶：对“编辑封套”对话框中设置的声音文件进行播放。

★ “放大”按钮🔍：对声道编辑区中的波形进行放大显示。

★ “缩小”按钮🔍：对声道编辑区中的波形进行缩小显示。

15.4.4 同步声音

同步是指影片和声音文件的配合方式。可以决定声音与影片是同步还是自行播放。在“同步”下拉列表中提供了4种方式，如图15-48所示。

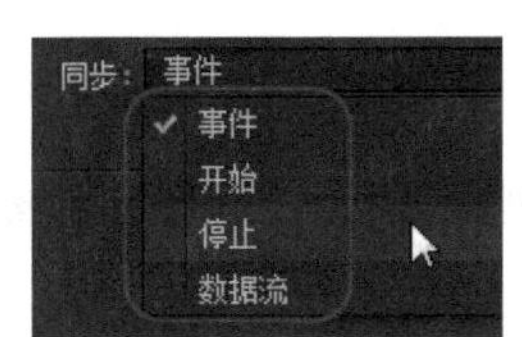

图15-48 同步方式

★ “事件”：必须等声音全部下载完毕后才能播放动画。

★ “开始”：如果选择的声音实例已在时间轴上的其他地方播放过了，Flash将不会再播放这个实例。

★ “停止”：可以使正在播放的声音文件停止。

★ “数据流”：将使动画与声音同步，以便在Web站点上播放。Flash强制动画和音频流同步，将声音完全附加到动画上。

在“声音”属性中的“声音循环”下拉列表中可以控制声音的重复播放。在“声音循环”下拉列表中有以下两个选项，如图15-49所示。

图15-49 设置属性

★ “重复”：在其文本框中输入播放的次数，默认的是播放1次。

★ “循环”：声音可以一直不停地循环播放。

15.4.5 输出声音设置

打开“库”面板，在面板中选择已经导入的声音文件，单击鼠标右键，在弹出的菜单中选择“属性”命令，弹出“声音属性”对话框，如图15-50所示。

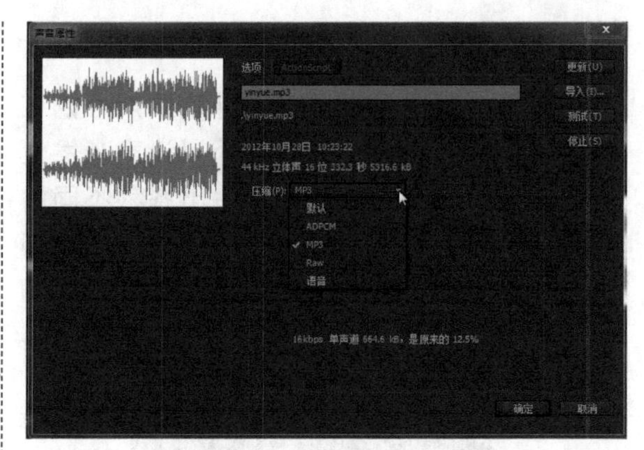

图15-50 “声音属性”对话框

在“声音属性”对话框中可以设置以下参数。

★ “更新”：单击此按钮，可以更新声音。

★ “导入”：单击此按钮，可以重新导入一个声音文件。

★ “测试”：单击此按钮，可以测试声音效果。

★ “停止”：单击此按钮，可以停止声音测试。

15.5 实战应用——为首页添加背景音乐

为动画添加声音可以起到烘托动画效果的作用，使动画更加生动，更具有表现力。利用Flash提供的一些控制音频的方法，可以使声音独立于时间轴循环播放，也可以专门为动画配上一段音乐，或为按钮添加某种声音，还可以设置声音的渐入渐出效果。为首页添加背景音乐效果如图15-51所示，具体操作步骤如下。

原始文件：原始文件/CH15/添加背景音乐.jpg

最终文件：最终文件/CH15/背景音乐.fla

01 执行“文件”|“新建”命令，新建一个空白文档，如图15-52所示。

图15-51 背景音乐效果

图15-52 新建文档

02 执行“文件”|“导入”|“导入到舞台”命令，导入图像“添加背景音乐.jpg”，如图15-53所示。

03 执行“文件”|“导入”|“导入到库”命令，弹出“导入到库”对话框，如图15-54所示。

图15-53 导入图像　　　　图15-54 “导入到库”对话框

04 在对话框中选择一个音乐文件，单击“打开”按钮，将其导入到“库”面板中，如图15-55所示。

05 单击时间轴面板底部的“新建图层“按钮，新建一个图层2，如图15-56所示。

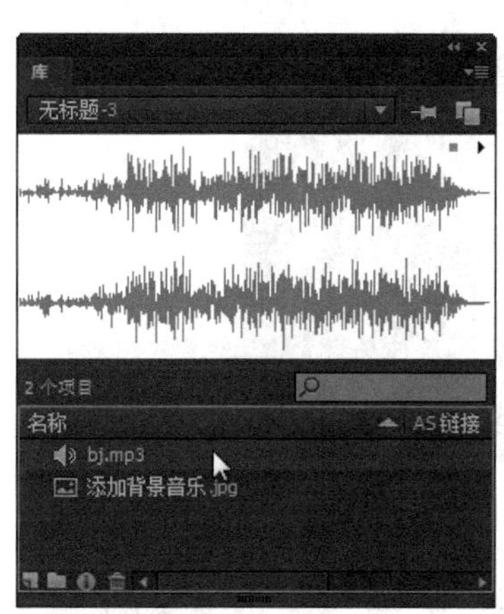

图15-55 “库”面板　　　　图15-56 新建图层2

06 选中新建的图层2，在“库“面板中将声音文件拖入到文档中，如图15-57所示。

07 选中插入声音文件的帧，在“属性”面板中“同步”右边的下拉列表框中设置为“循环”选项，如图15-58所示。

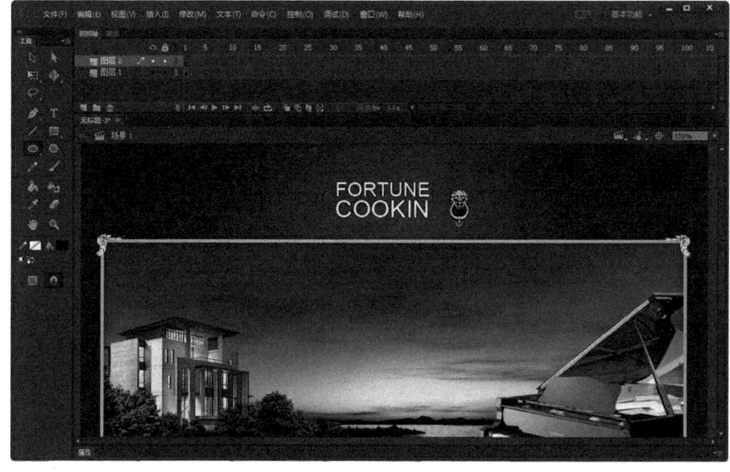

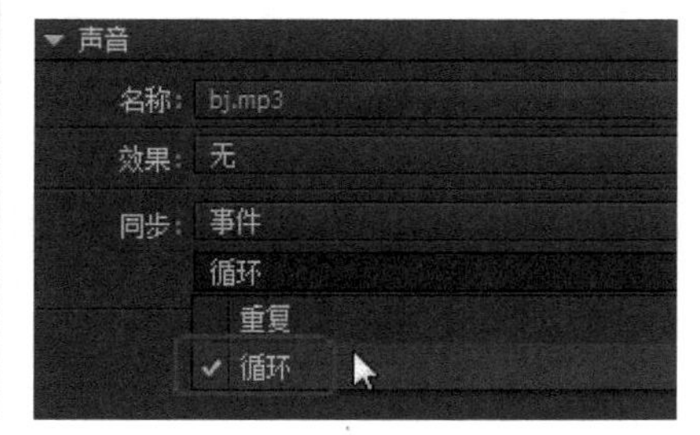

图15-57 拖入声音文件　　　　图15-58 设置属性

08 保存文档，按Ctrl+Enter快捷键测试影片，效果如图15-51所示。

15.6 课后练习

一、填空题

1. 在Flash中，时间轴位于工作区的右下方，是进行Flash动画创建的核心部分。时间是由__________、__________和__________组成，影片的进度通过帧来控制。

2. 形状补间动画适用于图形对象。在两个关键帧之间可以制作出图形变形效果，让一种形状可以随时间变化成另一个形状；还可以使形状的__________、__________和颜色进行渐变。

二、操作题

制作简单的逐帧动画，效果如图15-59所示。

最终文件：最终文件/CH15/习题.fla

图15-59 逐帧动画

15.7 本章小结

本章通过详细的例子介绍了Flash中几种简单动画的创建方法。内容包括逐帧动画和补间动画，补间动画包含了运动渐变动画和形状渐变动画两大类动画效果，也包含了引导动画和遮罩动画这两种特殊的动画效果。

第16章 Photoshop CC入门基础

本章导读

Photoshop是Adobe公司旗下最为出名的图像处理软件之一，集图像扫描、编辑修改、图像制作、广告创意，图像输入与输出于一体的图形图像处理软件，深受广大平面设计人员和电脑美术爱好者的喜爱。Adobe Photoshop CC 软件通过更直观的用户体验、更大的编辑自由度及大幅提高的工作效率，使您能更轻松地使用其无与伦比的强大功能。

技术要点

★ 网页图像基础知识

★ Photoshop CC工作界面

★ 调整网页图像文件

16.1 网页图像基础知识

Photoshop是一款图像处理软件，它能做些什么呢？可以说，在图像处理领域中，它可以完成很多方面的工作，关键问题是用户怎样使用它。

16.1.1 矢量图和位图

很多Photoshop初学者搞不清楚位图与矢量图之间的区别。其实，位图是由不同亮度和颜色的像素所组成，适合表现大量的图像细节，可以很好地反映明暗的变化、复杂的场景和颜色，它的特点是能表现逼真的图像效果，但是文件比较大，并且缩放时清晰度会降低并出现锯齿。位图有种类繁多的文件格式，常见的有JPEG、PCX、BMP、PSD、PIC、GIF和TIFF等。位图图像效果好，放大以后会失真。

而矢量图则使用直线和曲线来描述图形，这些图形的元素是一些点、线、矩形、多边形、圆和弧线等，它们都是通过数学公式计算获得的，所以矢量图形文件一般较小。矢量图形的优点是无论放大、缩小或旋转等都不会失真；缺点是难以表现色彩层次丰富的逼真图像效果，而且显示矢量图也需要花费一些时间。矢量图形主要用于插图、文字和可以自由缩放的徽标等图形。一般常见的文件格式有AI等。矢量图图像效果差，放大以后不会失真。

很多Photoshop初学者搞不清楚位图与矢量图之间的区别，经常会问一些搞笑的问题。比如：Photoshop可以处理图像，不能绘制矢量图形；矢量图形绘图软件，不能修改位图图像等。下面结合实例为大家详细讲述两种图像的区别。

16.1.2 颜色模式

颜色模式是图像设计的最基本知识，它决定了如何描述和重现图像的色彩。在Photoshop中，常用的颜色模式有RGB、CMYK、Lab、位图模式、灰度模式、索引模式、双色调模式、多通道模式等，在图像模式中，可以转换其颜色模式。

1. RGB模式

RGB色彩就是常说的三原色，R代表Red（红色），G代表Green（绿色），B代表Blue（蓝色）。之所以称为三原色，是因为在自然界中肉眼所能看到的任何色彩都可以由这3种色彩混合叠加而成，因此也称为加色模式。它是Photoshop最常用的一种颜色模式，以红色、绿色、蓝色3种原色作为图像色彩的显示模式；彩色图像中每个像素的RGB分量分配一个从0（黑色）到255（白色）范围的强度值。

2. CMYK颜色模式

CMYK颜色模式是一种印刷模式，由青色、洋红色、黄色、黑色4种原色作为图像的色彩显示模式；在Photoshop的CMYK模式中，每个像素的每种印刷油墨会被会配一个百分比值。

3. LAB颜色模式

LAB颜色模式是Photoshop在不同颜色模式之间转换时使用的内部颜色模式，能毫无偏差地在不同系统和平台之间进行转换。L代表光亮度分量，范围0~100，A表示从绿到红的光谱变化，B表示从蓝到黄的光谱变化，两者范围都是+120~120。

4. 索引模式

为了减小图像文件所占的存储空间，人们设计了一种“索引颜色”模式。由于这种模式可以极大地减小图像文件的存储空间，所以多用于网页图像与多媒体图像。

5. 灰度模式

灰度图像的每个像素有一个0（黑色）到255（白色）之间的亮度值，也可以用黑色油墨覆盖的百分比来表示。当灰度模式向RGB转换时，像素的颜色值取决于其原来的灰色值。

6. 双色调模式

彩色印刷品通常情况下都是以CMYK4种油墨来印刷的，但也有些印刷物，例如名片，往往只需要用两种油墨颜色就可以表现出图像的层次感和质感。因此，如果并不需要全彩色的印刷质量，可以考虑利用双色印刷来降低成本。

7. 位图模式

使用两种颜色值（黑白）来表示图像中的像素，因此也叫黑白图像。当图像要转换成位图模式时，必须先将图像转换成灰度模式后才能转换成位图模式。

8. 多通道模式

将图像转换为“多通道”模式后，系统将根据源图像产生相同数目的新通道，但该模式下的每个通道都为256级灰度通道（其组合仍为彩色）。这种显示模式通常被用于处理特殊打印，例如，将某一灰度图像以特别颜色打印。

16.2 Photoshop CC工作界面

Adobe Photoshop CC窗口环境是编辑、处理图形图像的操作平台，它主要由菜单栏、工具箱、工具选项栏、面板、文档窗口等组成，工作界面如图16-1所示。

图16-1 Adobe Photoshop CC工作界面

16.2.1 菜单栏

Photoshop CC菜单栏包括“文件”、“编辑”、“图像”、“图层”、“文字”、“选择”、“滤镜”、“视图”、“窗口”和“帮助”10个菜单，如图16-2所示。

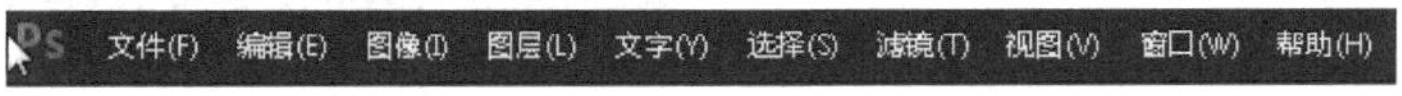

Ps 文件(F) 编辑(E) 图像(I) 图层(L) 文字(Y) 选择(S) 滤镜(T) 视图(V) 窗口(W) 帮助(H)

图16-2 菜单栏

★ “文件”菜单：对所修改的图像进行打开、关闭、存储、输出、打印等操作。

★ “编辑”菜单：编辑图像过程中所用到的各种操作，如拷贝、粘贴等一些基本操作。

★ “图像”菜单：用来修改图像的各种属性，包括图像和画布的大小、图像颜色的调整等。
★ “图层”菜单：图层基本操作命令。
★ “文字”：用于设置文本的相关属性。
★ “选择”菜单：可以对选区中的图像添加各种效果或进行各种变化而不改变选区外的图像，还提供了各种控制和变换选区的命令。
★ “滤镜”菜单：用来添加各种特殊效果。
★ “视图”菜单：用于改变文档的视图，如放大、缩小、显示标尺等。
★ “窗口”菜单：用于改变活动文档，以及打开和关闭Photoshop CS6的各个浮动面板。
★ “帮助”菜单：用于查找帮助信息。

16.2.2 工具箱及工具选项栏

Photoshop的工具箱包含了多种工具，要使用这些工具，只要单击工具箱中的工具按钮即可，如图16-3所示。

使用Photoshop CC绘制图像或处理图像时，需要在工具箱中选择工具，同时需要在工具选项栏中进行相应的设置，如图16-4所示。

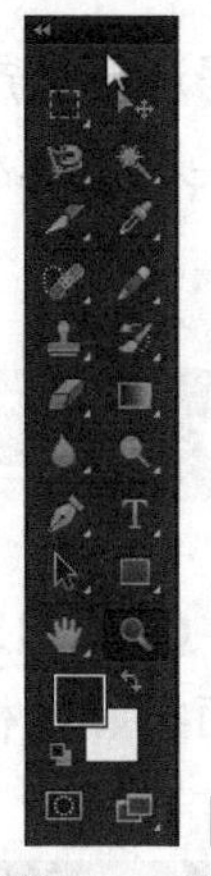

图16-3 工具箱

图16-4 工具选项栏

16.2.3 文档窗口及状态栏

图像文件窗口就是显示图像的区域，也是编辑和处理图像的区域。在图像窗口中可以实现Photoshop中所有的功能，也以可以对图像窗口进行多种操作。如改变窗口大小和位置，对窗口进行缩放等。文档窗口如图16-5所示。

状态栏位于图像文件窗口的最底部，主要用于显示图像处理的各种信息，如图16-6所示。

图16-5 文档窗口

100% 文档:1.48M/1.48M

图16-6 状态栏

16.2.4 面板

在默认情况下，面板位于文档窗口的右侧，其主要功能是查看和修改图像。一些面板中的菜单提供其他命令和选项。可以使用多种不同方式组织工作区中的面板，可以将面板存储在“面板箱”中，以使它们不干扰工作且易于访问，或者可以让常用面板在工作区中保持打开。另一个选项是将面板编组，或将一个面板停放在另一个面板的底部，如图16-7所示。

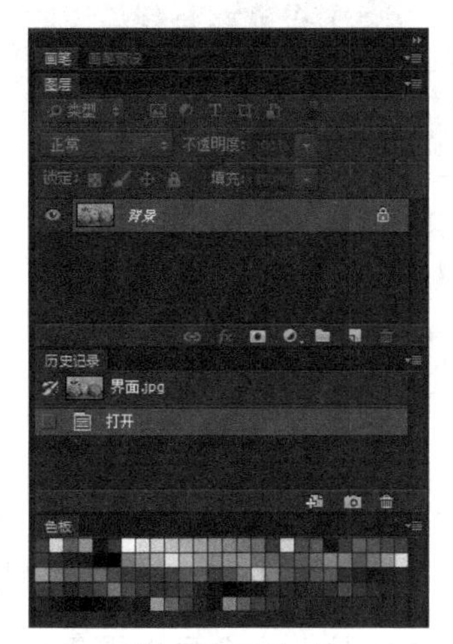

图16-7　面板组

16.3 调整网页图像文件

图片的大小很重要，这关系到搜索引擎体验及用户体验，图片过大，很容易造成页面布局的混乱，导致整体结构平衡性失调，用户浏览时，美观感觉大幅度下降，影响到用户浏览行为，同时会影响到网页加载速度，若自身网站带宽和流量有限，更深受其影响，直接造成该页面跳出率过高，进一步造成到网页排名效果缓慢。我们需要在控制图片大小的同时，掌握图片失真情况，充分考虑清晰度。可以利用Photoshop工具来处理，将其适当控制大小，提高网页图片加载速度。

16.3.1 课堂练一练——调整图像大小

考虑网络速度的限制，网页图片文件一般不能太大，太大的图片影响浏览器打开网页的速度。下面讲述调整图像的大小，具体操作步骤如下。

01 新建一个空白文档，执行“文件”|“打开”命令，打开图像文件，如图16-8所示。

02 执行“图像”|“图像大小”命令，弹出“图像大小”对话框，修改“宽度”和“高度”，如图16-9所示。

图16-8　打开图像文件

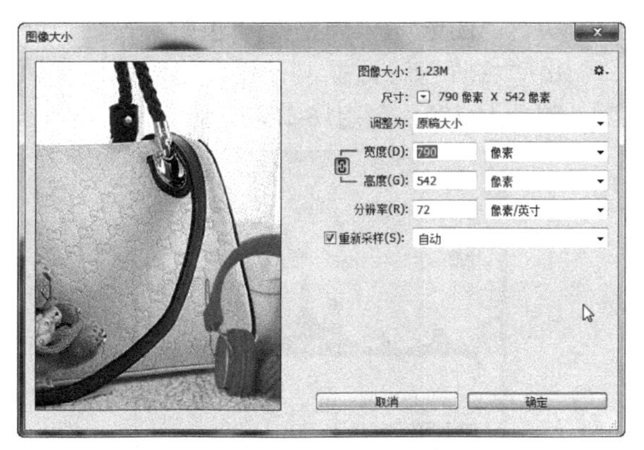

图16-9　“图像大小”对话框

03 单击“确定”按钮，即可设置图像大小，如图16-10所示。

图16-10 调整图像大小

16.3.2 课堂练一练——使用“色阶”命令美化图像

通过“色阶”命令可以调整整个图像或某个选区内图像的色阶。下面讲述利用色阶美化图像效果，具体操作步骤如下。

01 启动Photoshop CC，执行“文件”|“打开”命令，弹出“打开”对话框，在该对话框中选择图像文件“色阶.jpg”，单击“确定”按钮，打开图像文件，如图16-11所示。

图16-11 打开图像文件

02 执行“图像”|“调整”|“色阶”命令，弹出“色阶”对话框，在弹出的对话框中调整输入色阶，如图16-12所示。

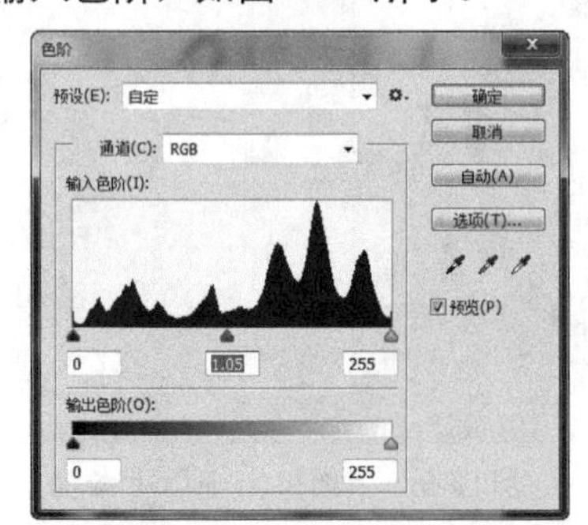

图16-12 “色阶”对话框

03 单击“确定”按钮，即可调整色阶效果，如图16-13所示。

图16-13 调整色阶效果

16.3.3 课堂练一练——使用“曲线”命令美化图像

本节讲述利用“曲线”命令美化图像效果，具体操作步骤如下。

01 启动Photoshop CC，执行“文件”|“打开”命令，弹出“打开”对话框，在该对话框中选择图像文件“曲线.jpg”，单击“确定”按钮，打开图像文件，如图16-14所示。

图16-14 打开图像文件

02 执行“图像”|“调整”|“曲线”命令，弹出“曲线”对话框，在弹出的对话框中输入和调整想要的参数，如图16-15所示。

03 单击“确定”按钮，即可调整曲线效果，如图16-16所示。

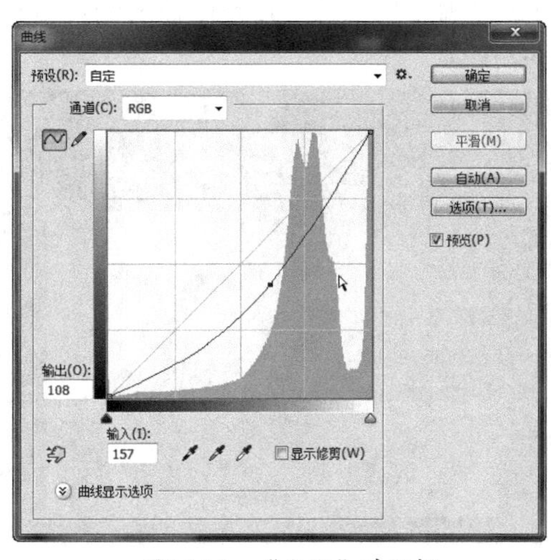

图16-15 “曲线”对话框

图16-16 调整曲线效果

16.3.4 课堂练一练——调整图像亮度与对比度

本节讲述利用亮度和对比度美化图像效果，具体操作步骤如下。

01 启动Photoshop CC，执行“文件”|“打开”命令，弹出“打开”对话框，在该对话框中选择图像文件“亮度和对比度.jpg”，单击“确定”按钮，打开图像文件，如图16-17所示。

图16-17 打开图像文件

02 执行“图像”|“调整”|“亮度/对比度”命令，弹出“亮度/对比度”对话框，在弹出的对话框中调整输入想要的参数，如图16-18所示。

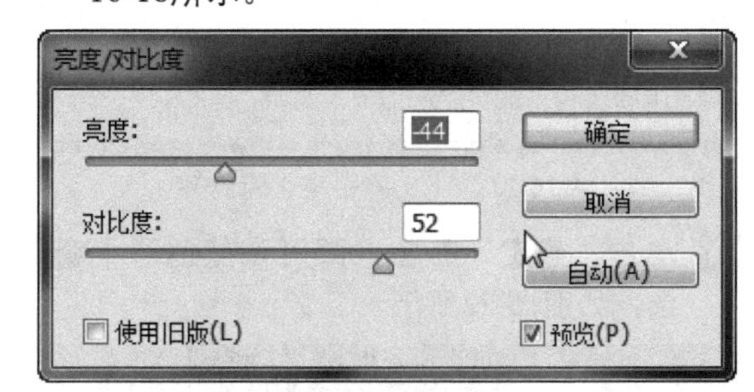

图16-18 “亮度/对比度”对话框

03 单击“确定”按钮，即可调整亮度/对比度框效果，如图16-19所示。

图16-19 调整“亮度/对比度”效果

16.3.5 课堂练一练——使用色彩平衡

本节讲述利用色彩平衡美化图像效果，具体操作步骤如下。

01 启动Photoshop CC，执行“文件”|“打开”命令，弹出“打开”对话框，在该对话框中选择图像文件“色彩平衡.jpg”，单击“确定”按钮，打开图像文件，如图16-20所示。

02 执行“图像”|“调整”|“色彩平衡”命令，弹出“色彩平衡”对话框，在弹出的对话框中调整输入想要的参数，如图16-21所示。

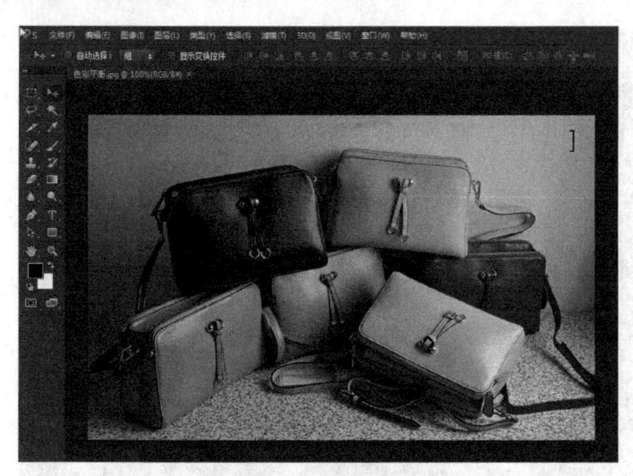

图16-20 打开图像文件

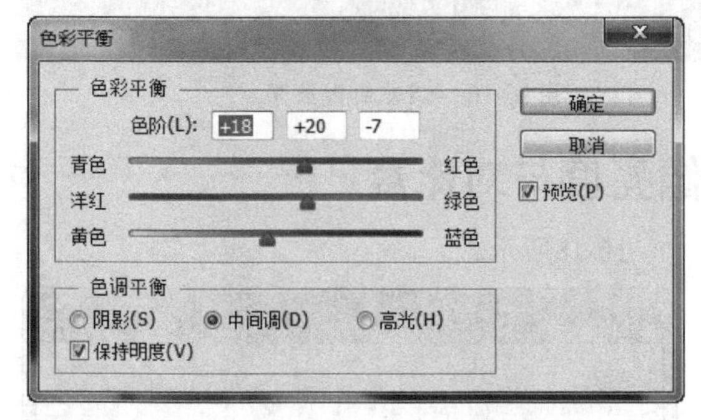

图16-21 “色彩平衡”对话框

03 单击“确定”按钮，即可调整色彩平衡效果，如图16-22所示。

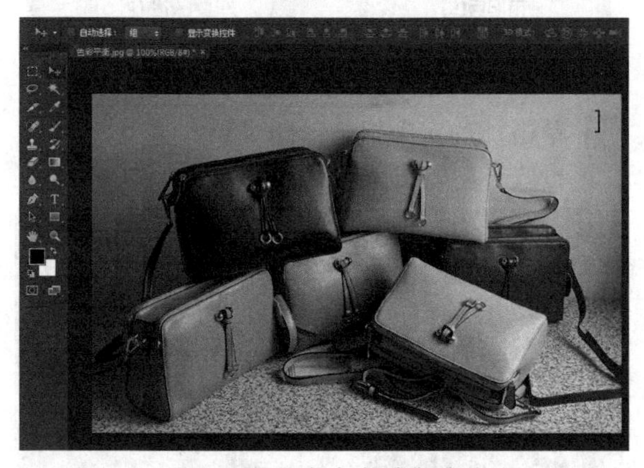

图16-22 调整色彩平衡效果

16.3.6 课堂练一练——调整图像色相与饱和度

本节讲述利用色相和饱和度美化图像效果，具体操作步骤如下。

01 启动Photoshop CC，执行“文件”|“打开”命令，弹出“打开”对话框，在该对话框中选择图像文件“色相与饱和度.jpg”，单击“确定”按钮，打开图像文件，如图16-23所示。

图16-23 打开图像文件

02 执行“图像”|“调整”|“色相与饱和度”命令，弹出“色相与饱和度”对话框，在弹出的对话框中调整输入想要的参数，如图16-24所示。

图16-24 “色彩平衡”对话框

03 单击“确定”按钮，即可调整色相与饱和度效果，如图16-25所示。

图16-25 色相与饱和度效果

16.4 实战应用

下面讲述简单处理网页中的图像，如图16-26所示，具体操作步骤如下。

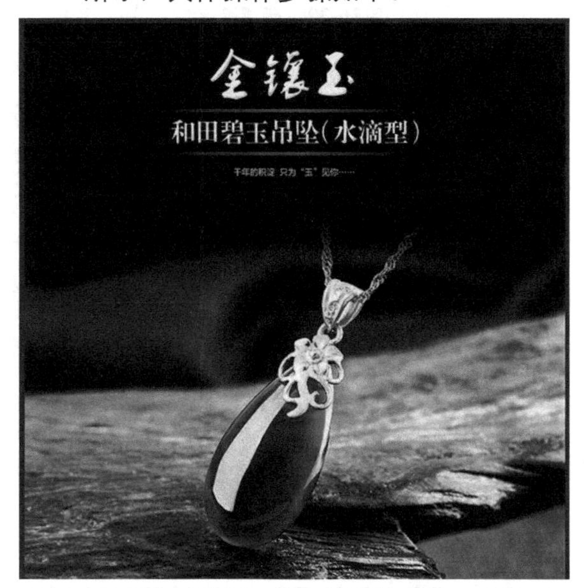

图16-26 处理图像效果

原始文件：原始文件/CH16/tu.jpg

最终文件：最终文件/CH16/tu.jpg

01 执行“文件”|“打开”命令，弹出“打开”对话框，打开图像文件“tu.jpg”，如图16-27所示。

02 执行“图像”|“调整”|“亮度/对比度”命令，弹出“亮度/对比度”对话框，在该对话框中将“亮度”设置为52，“对比度”设置为-14，如图16-28所示。

图16-27 打开图像文件

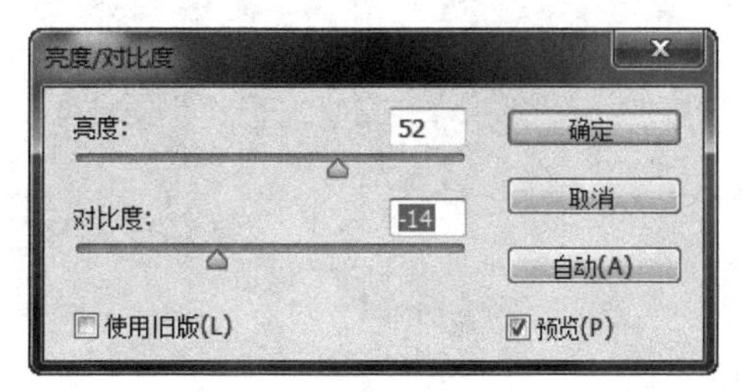

图16-28 “亮度/对比度”对话框

03 单击“确定”按钮，调整亮度对比度，如图16-29所示。

图16-29 调整亮度对比度

04 执行“图像”|“调整”|“曲线”命令，弹出“曲线”对话框，设置曲线，如图16-30所示。

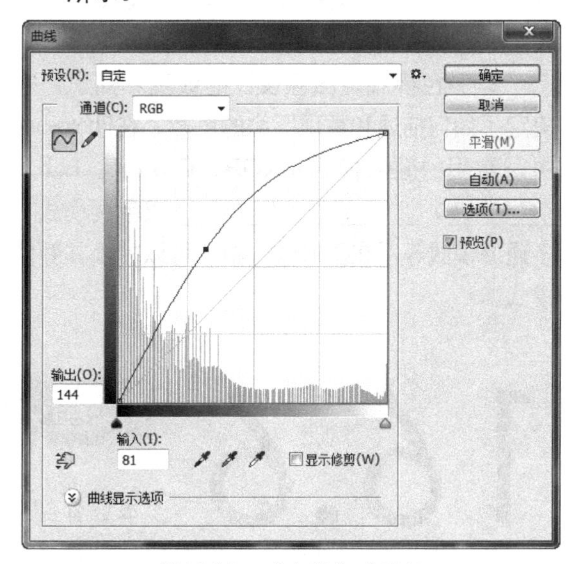

图16-30 “曲线”对话框

05 单击“确定”按钮，设置曲线效果，如图16-31所示。

图16-31 设置曲线效果

06 执行“图像”|“调整”|“色彩平衡”命令，弹出“色彩平衡”对话框，在该对话框中设置色阶，如图16-32所示。

07 单击“确定”按钮，设置色彩平衡，效果如图16-33所示。

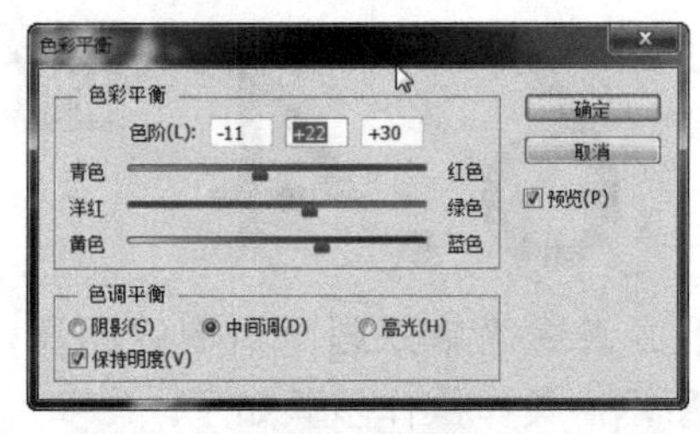

图16-32 设置色阶

图16-33 设置色彩平衡

16.5 课后练习

一、填空题

1. 矢量图形主要用于插图、文字和可以自由缩放的徽标等图形。一般常见的文件格式有AI等。矢量图图像效果差，放大以后不会__________。

2. 颜色模式是图像设计的最基本知识，它决定了如何描述和重现图像的色彩。在Photoshop中，常用的颜色模式有RGB、CMYK、Lab、_________、_________、_________双色调模式、多通道模式等，在图像模式中，可以转换其颜色模式。

二、操作题

处理图16-34所示的图像。

最终文件：最终文件/CH16/习题.fla

图16-34 处理图像

16.6 本章小结

本章介绍了Photoshop的基本概念、Photoshop CC的工作界面，以及对图像文件的基本调整操作。颜色处理一向都是图像编辑工作的难点，相信读者只要细细地揣摩其中的含义，明白各命令的工作原理、掌握其调节方法并不是一件难事。

第17章
网页特效文字的制作

本章导读

虽然图片的表达效果要强于普通的文字，但是文字也能够起到注释与说明的作用。在图片朦胧写意与含蓄表达后，需要用文字这种语言符号加以强化。Photoshop处理过的文字图片表现力非常强，应用也非常的广泛，下面跟大家介绍利用Photoshop制作光影绚丽的文字特效。

技术要点

★ 使用图层

★ 处理文本

★ 使用滤镜制作特效图像

17.1 使用图层

图层功能被誉为Photoshop的灵魂，这个比喻一点也不夸张。图层在我们使用Photoshop进行图像处理中，具有十分重要的地位，也是最常用到的功能之一。掌握图层的概念是我们学习Photoshop的第一课。下面就来对Photoshop的图层功能做一个详细的了解。

17.1.1 图层的基本操作

在Photoshop中，一幅图像通常是由多个不同类型的图层通过一定的组合方式自下而上叠放在一起组成的，它们的叠放顺序及混合方式直接影响着图像的显示效果。

1. 新建图层

图层的新建有几种情况，Photoshop在执行某些操作时会自动创建图层。例如，当在进行图像粘贴时，或者在创建文字时，系统会自动为粘贴的图像和文字创建新图层，也可以直接创建新图层。

执行“图层”|“新建”|“图层”命令，打开“新建图层”对话框，如图17-1所示。单击“确定”按钮，即可新建图层1，如图17-2所示。

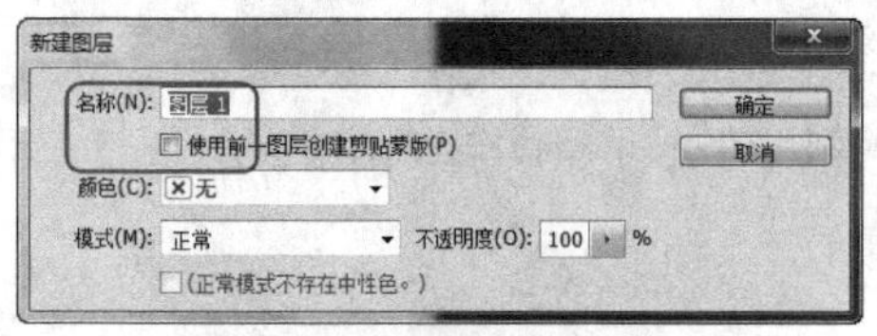

图17-1 “新建图层”对话框

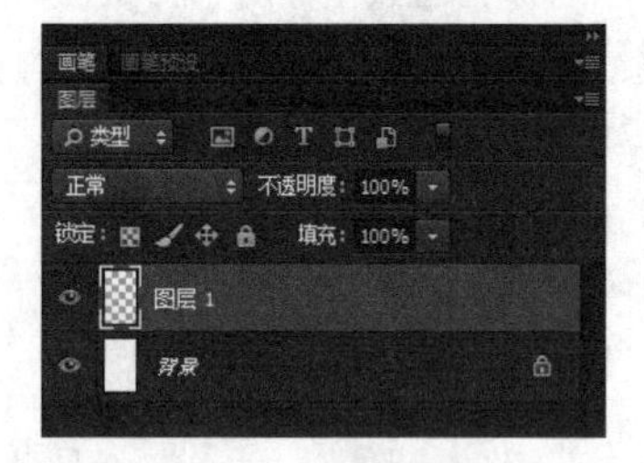

图17-2 新建图层1

2. 复制删除图层

利用“复制图层”命令，可以在同一幅图像中复制包括背景层在内的所有图层或图层组，也可以将它们从一幅图像复制到另一幅图像。

在图像间拷贝图层时，一定要记住复制图层在目标图像中的打印尺寸决定于目标图像的分辨率。如果原图像的分辨率低于目标图像的分辨率，那么复制图层在目标图像中就会显得比原来小，打印时也如此。如果原图像的分辨率高于目标图像的分辨率，那么拷贝图层在目标图像中就会显得比原来要大，打印时也会显得比原来要大。

在“图层”面板中选择要被复制的图层作为当前工作层，然后执行“图层”|“复制图层”命令，弹出“复制图层”对话框，如图17-3所示。

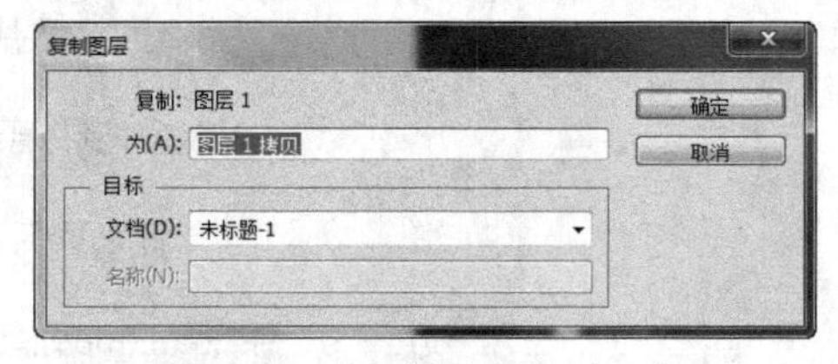

图17-3 “复制图层”对话框

★ “为”：为复制后新建的图层取名，系统默认的名字会随着目标文档的不同而不同。

★ “文档”：选择复制的目标文件，系统默认的选项是原图像本身，选定它会将复制的图层又粘贴到原图像中。如果在Photoshop中同时打开了其他一些文件，这些文件的名字会在“文档”下拉菜单中列出，选择其中任意一个，就会将复制的图层粘贴到选定的文件中。

执行“图层”|“删除”|“图层”命令，弹出图17-4所示的对话框，提示将图层面板中选定的当前工作图层删除。

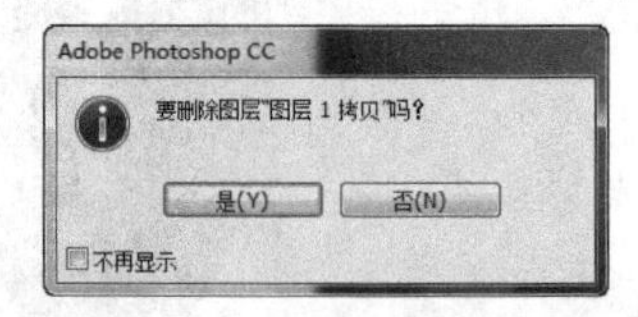

图17-4 “删除图层”对话框

17.1.2 图层的分组

“图层”可以让用户更有效地组织和管理图层，在“图层”面板中可以打开一个图层组以显示夹子里的图层，也可以关闭图层以免引起混乱，从而使“图层”面板显得更有条理，还可以利用图层组将蒙版或其他效果一次性应用到一组图层中。

执行“图层”|“新建”|“从图层建立组”命令，弹出“从图层新建组”对话框，如图17-5所示。对图层组的编辑就好比是对图层的编辑一样，因此“从图层新建组”对话框与“新建图层”对话框显得很相似，这里可以为新建的图层组取名、改变颜色及不透明度，还可以改变混合模式。

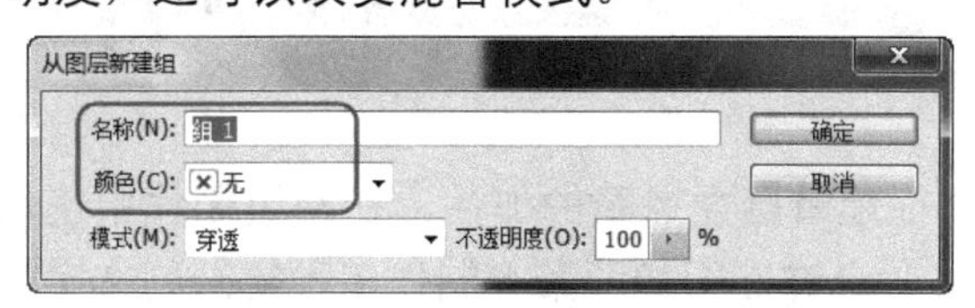

图17-5 “从图层新建组”对话框

其实图层组就可以看成一个复合的，只不过图层里还有图层而已，因此对图层组的编辑也类似于对图层的编辑，可以像对图层一样地去定义、选择、复制、移动图层组。创建图层组后，可以方便地将图层移入或移出图层，如图17-6所示的图层面板。

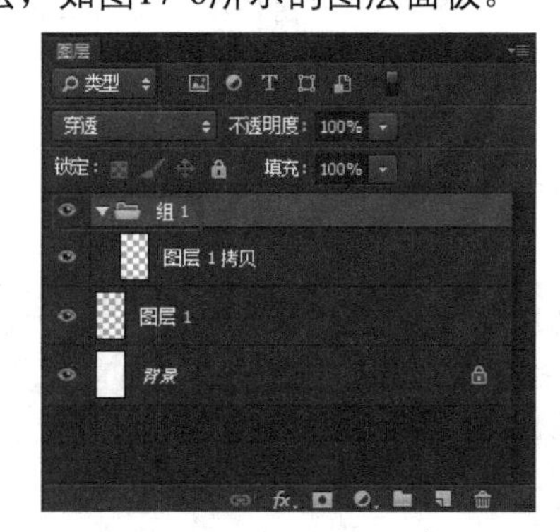

图17-6 “图层”面板

17.1.3 图层的混合模式

图层的混合模式，该列表框中的选项决定了当前层与其他层的合成模式，如图17-7所示。可以在其中选择不同的合成模式以做出神奇的效果。

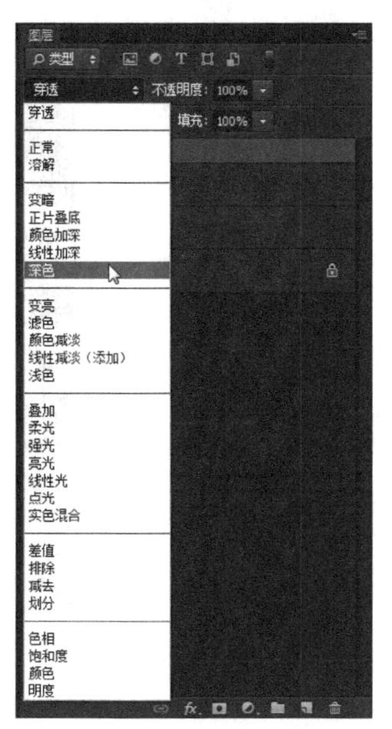

图17-7 图层混合模式

17.1.4 图层的样式

图层样式效果非常丰富，以前需要用很多步骤制作的效果在这里设置几个参数就可以轻松完成，图层的样式包含了许多可以自动应用到图层中的效果，包括投影、发光、斜面和浮雕、描边、图案填充等效果。

当应用了一个图层效果时，一个小三角和一个f 图标就会出现在“图层”面板中相应图层名称的右方，表示这一图层含有自动效果，并且当出现的是向下的小三角时，还能具体看到该图层到底被应用了哪些自动效果。这样就更便于用户对图层效果进行管理和修改，如图17-8所示。

图17-8 “从图层新建组”对话框

执行“图层”|“图层样式”命令，弹出图层样式菜单，如图17-9所示。

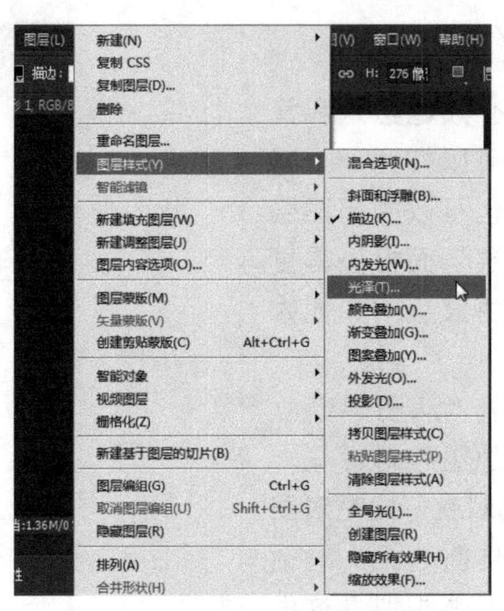

图17-9 图层样式菜单

17.2 处理文本

文字在图像中往往起着画龙点睛的作用，在网页制作中使用特效文字也较多。Photoshop提供了丰富的文字工具，允许在图像背景上制作多种复杂的文字效果。利用文字工具不仅可以把文字添加到文档中，同时也可以产生各种特殊的文字效果。

17.2.1 文本工具

在Photoshop中，文字工具包括“横排文字工具”、“直排文字工具”、“横排文字蒙版工具”和“直排文字蒙版工具”。要选取该工具，可以单击相应的工具按钮，如图17-10所示。可以对文本进行更多的控制，如可以实现在输入文本时自动换行，可以将文本转换为路径等。

图17-10 文本工具

下面通过实例讲述文字的输入，具体操作步骤如下。

01 打开图像文件“1.jpg”，选择工具箱中的“横排文字工具”，如图17-11所示。

02 在图像上单击输入文字“花朵”，如图17-12所示。

图17-11 打开图像文件

图17-12 输入文字

17.2.2 设置字体

选中要设置字体的文本，即可设置文本属性，具体操作步骤如下。

01 选中要设置字体的文本，在“字体”下拉列表中选择要设置的字体，如图17-13所示。

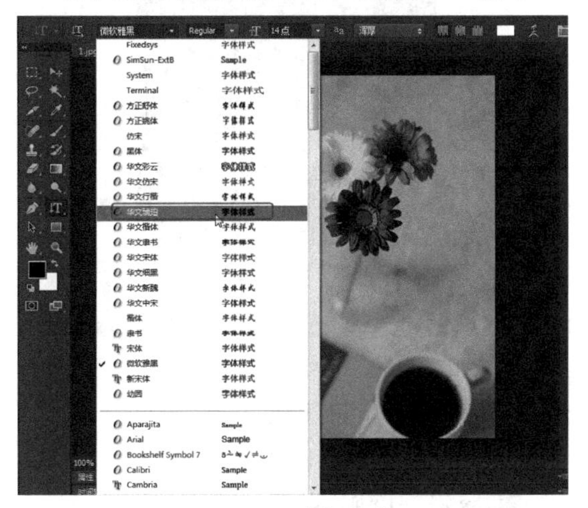

图17-13 选择字体

02 选中要设置字体大小的文本，在字体大小下拉列表中设置字体的大小，如图17-14所示。

图17-14 设置字体大小

03 选择以后设置字体大小，如图17-15所示。

04 在选项栏中单击颜色按钮，弹出“拾色器”对话框，选择文本颜色，如图17-16所示。

05 单击“确定”按钮，设置文本颜色，如图17-17所示。

图17-15 选择字体

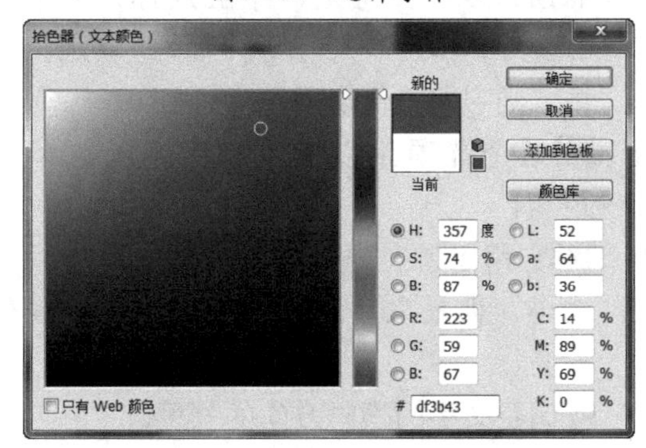

图17-16 “拾色器”对话框

图17-17 设置文本颜色

17.2.3 “字符”和“段落”面板

“字符”面板主要是用来编辑字符，这个面板的使用与使用Word的方法差不多。“字符”面板如图17-18所示。

★ 通过调整框内数值的大小，可以改变字的大小。

★ 调整字距，它是用来调整相邻的两个字之间的距离的。注意有一点，这个选项只是在选择文字的情况下才是可以使用的。

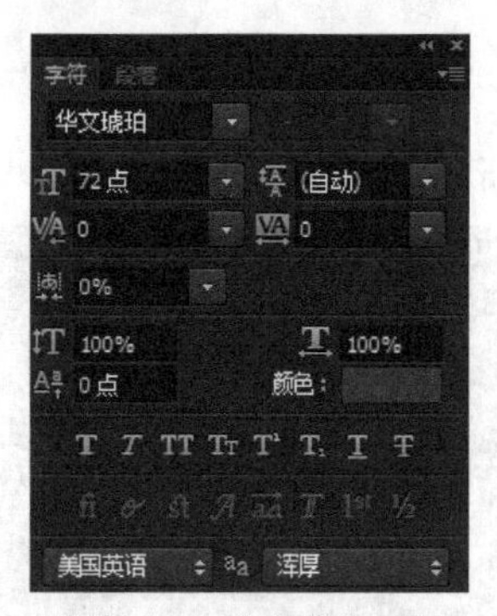

图17-18 “字符”面板

★ 调整文字垂直方向的长度，用它可以调整出文字高度。

★ 字符角标，这是用以调整角标相对于水平线的高低的选框。如果是一个正数的话，表示角标是一个上角标，它们将出现在的文字的右上角，而如果是负的话，则它们将代表下角标。

★ 这个选项用以调整文字两行之间的距离。

★ 它用以调整一个字所占的横向空间的大小，但是文字本身的大小则不会发生改变。

★ 调整文字的横向方向的长度。

★ 颜色单击该颜色块可以打开颜色选择窗口选择颜色。

“段落”面板主要用于对输入文字的段落进行管理，如图17-19所示。

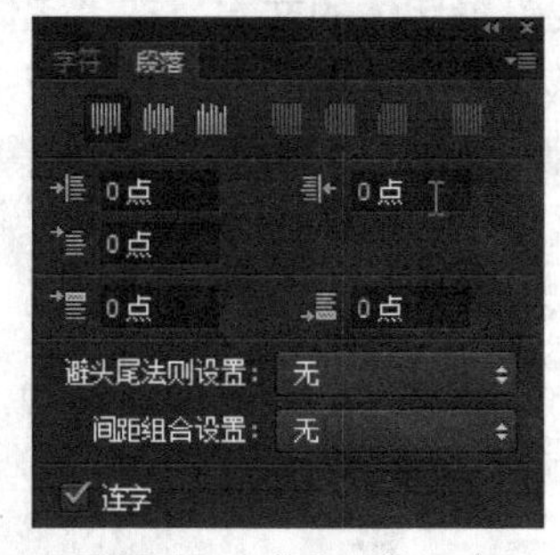

图17-19 “段落”面板

★ 调整段落的左缩进。即整个段落左边留出的空间。

★ 调整文字的右缩进。

★ 调整首行的左缩进。

★ 段落前的附加空间。

★ 段落后的附加空间。

★ 避头尾法则设置，用来选取换行集，包括无、弱和最大3种。

★ 间距组合设置，选取内部字符间距集，用户可自行设计。

17.3 使用滤镜制作特效图像

滤镜，也被称为增效工具，它简单易用，功能强大，内容丰富，样式繁多。同时，它也是Photoshop中最神奇的魔法师，使用滤镜命令，可以设计出许多超乎想象的图像效果。

17.3.1 浮雕效果

浮雕效果模拟凸凹不平的浮雕效果，具体操作步骤如下。

01 执行“文件”|“打开”命令，打开图像文件“浮雕效果.jpg”，如图17-20所示。

02 执行“滤镜”|“风格化”|“浮雕效果”命令，打开“浮雕效果”对话框，如图17-21所示。

03 在“浮雕效果”对话框中，设置“角度”为135度、“高度”为3像素、“数量”为68%，单击“确定”按钮，设置浮雕后的效果如图17-22所示。

图17-20 打开图像文件

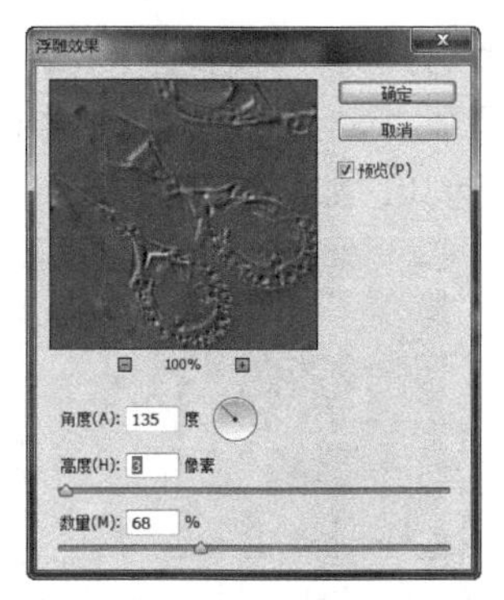

图17-21 “浮雕效果”对话框

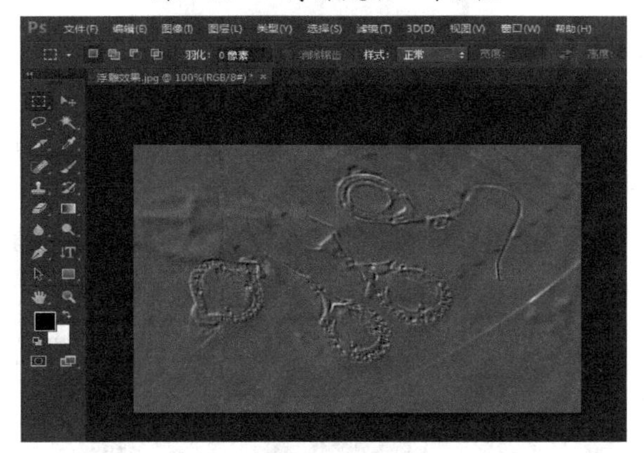

图17-22 浮雕效果

17.3.2 马赛克

马赛克可以分割图像成若干形状随机的小块，并在小块之间增加深色的缝隙，具体操作步骤如下。

01 执行“文件”|“打开”命令，打开图像文件“马赛克.jpg”，如图17-23所示。

图17-23 打开图像文件

02 执行“滤镜”|“像素化”|“马赛克”命令，打开“马赛克”对话框，如图17-24所示。

03 在对话框中设置“单元格大小”为5方形，单击“确定”按钮，设置马赛克效果，如图17-25所示。

图17-24 “马赛克”对话框

图17-25 马赛克效果

17.3.3 高斯模糊

高斯模糊是最有使用价值的模糊滤镜之一。它可以通过控制模糊半径的数值快速对图像进行“高斯模糊”，产生轻微柔化图像边缘或难以辨认的雾化效果，具体操作步骤如下。

01 执行“文件”|“打开”命令，打开图像文件“高斯模糊.jpg”，如图17-26所示。

图17-26 打开图像文件

02 执行“滤镜”|“模糊”|“高斯模糊”命令，打开“高斯模糊”对话框，“半径”设为2，如图17-27所示。

图17-27　绘制椭圆

03 单击“确定”按钮，设置高斯模糊效果，从图17-28可以看到图像产生的模糊效果。

图17-28　高斯模糊效果

17.3.4　动感模糊

动感模糊滤镜产生运动模糊的效果，效果类似于用过长的曝光时间给快速运动的物体拍照。如果只想使部分或某一层上的图像增加动感模糊效果，可选取部分图像或某一层对其进行模糊处理。使用动感模糊滤镜的具体操作步骤如下。

01 执行“文件”|“打开”命令，打开图像文件“动感模糊.jpg”，如图17-29所示。

图17-29　打开图像文件

02 执行“滤镜”|“模糊”|“动感模糊”命令，打开“动感模糊”对话框，将“距离”设为10，如图17-30所示。

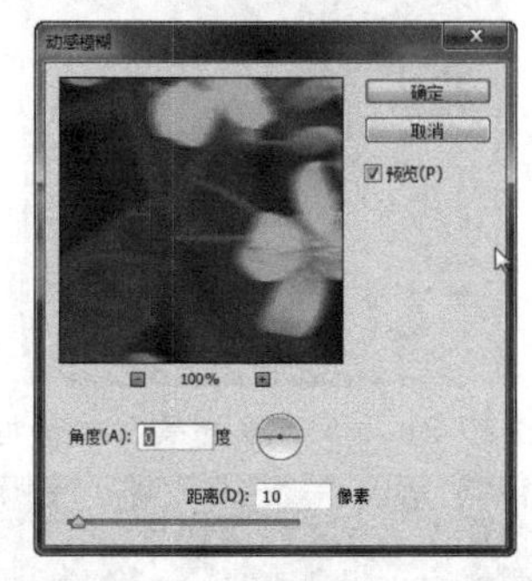

图17-30　“动感模糊”对话框

03 单击“确定”按钮，设置动感模糊效果，如图17-31所示。

图17-31　动感模糊效果

提示

主要有以下参数：

角度：用来设置动感模糊的方向。参数的取值范围从0~360°。可以拖动圆盘中的直线来改变运动方向或在参数栏中键入数字，以决定运动模糊方向。

距离：用来调整处理图像的模糊强度。参数取值范围为从1~999，设置数值越大则模糊程度越强，相反取值越小，产生的模糊程度越弱。

17.3.5　水波滤镜

有时我们看到图片上的水波纹效果很棒，其实很多都是用Photoshop的滤镜生成的，具体操作步骤如下。

01 启动Photoshop CC，执行“文件”|“打开”命令，弹出“打开”对话框，在该对话框中选择图像文件“水波滤镜.jpg”，单击

“确定”按钮，打开图像文件，如图17-32所示。

图17-32 打开图像文件

02 执行“滤镜”|“扭曲”|“水波”命令，弹出“水波”对话框，在弹出的对话框中将“起伏”设置为7，如图17-33所示。

03 单击“确定”按钮，即可设置扭曲效果，如图17-34所示。

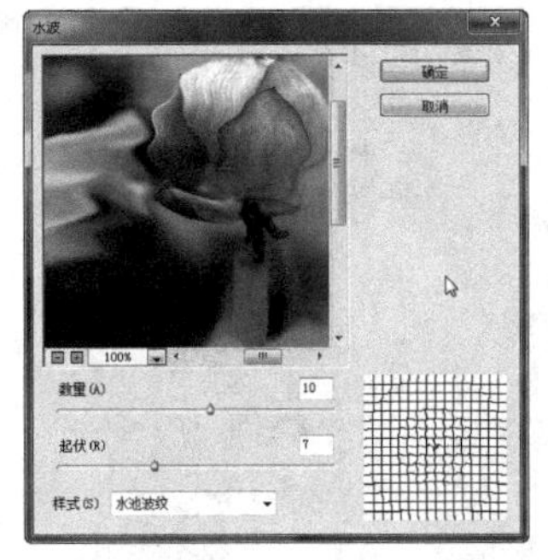

图17-33 “水波”对话框

图17-34 扭曲效果

17.4 实战应用

文字是信息的主要载体方式，是网站构成的基础，很多人忽略了文字排版的重要性。在网页制作过程中，文字是最常用的对象，我们可以制作一些特效文字作为网页标题，来增加网页的美观性，吸引浏览者。利用Photoshop可以制作形态各异的网页特效文字，下面就来介绍几种常见的网页特效文字的制作方法。

17.4.1 实战1——使用滤镜制作特效广告图

使用滤镜制作图像边框效果如图17-35所示，具体操作步骤如下。

图17-35 图像边框效果

原始文件：原始文件/CH17/边框.jpg

最终文件：最终文件/CH17/边框.psd

01 启动Photoshop CC，执行“文件”|“打开”命令，打开图像文件“边框.jpg”，如图17-36所示。

图17-36 打开图像文件

02 选择工具箱中的“钢笔工具”，在图像中绘制出一个形状，如图17-37所示。

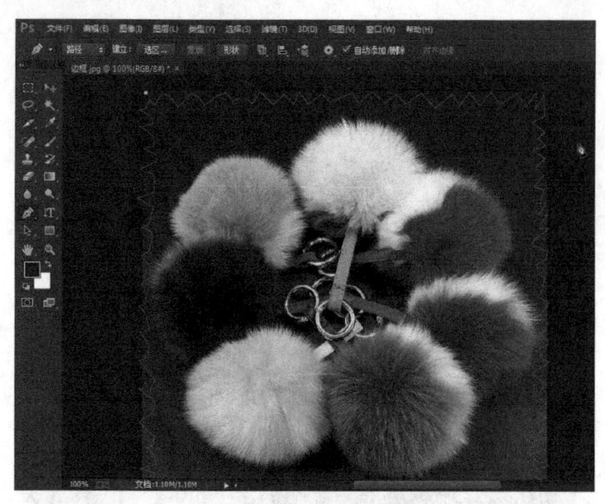

图17-37 绘制形状

03 执行“选择”|“反向”|命令，反选图像，如图17-38所示。

图17-38 反选图像

04 执行“滤镜”|“滤镜库”|“半调图案”命令，打开“染色玻璃”对话框，如图17-39所示。

图17-39 “染色玻璃”对话框

05 单击“确定”按钮，填充选区，如图17-40所示。

图17-40 填充选区

17.4.2 实战2——制作网页特效文字

下面制作网页特效文字，效果如图17-41所示，具体操作步骤如下。

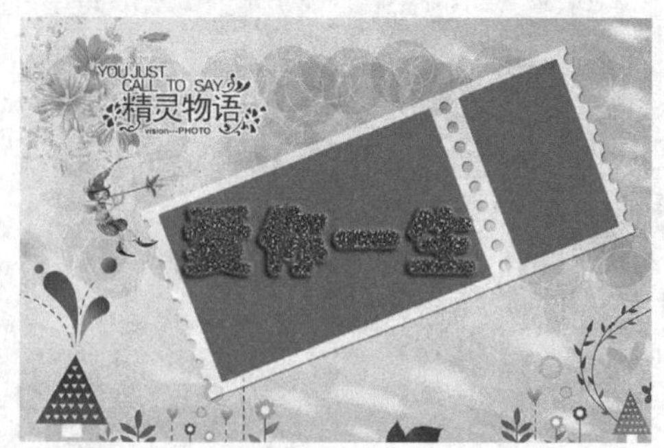

图17-41 网页特效文字

原始文件：原始文件/CH17/网页特效文字.jpg

最终文件：最终文件/CH17/网页特效文字.psd

01 启动Photoshop CC，执行“文件”|“打开”命令，打开图像文件“特效文字.jpg”，如图17-42所示。

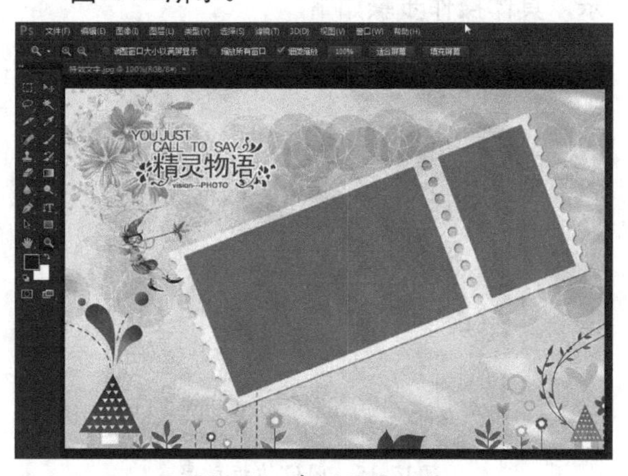

图17-42 打开图像文件

02 选择工具箱中的“横排文字工具”，在选项栏中将字体大小设为100，字体颜色设为c70000，输入文字“爱你一生”，如图

17-43所示。

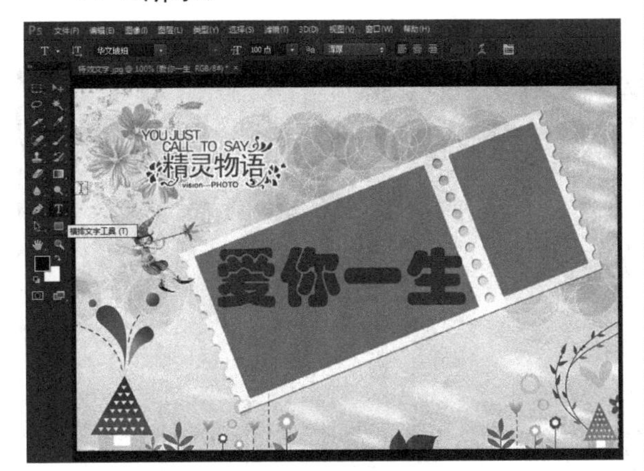

图17-43 输入文字

03 执行“滤镜”|“模糊”|“高斯模糊”命令，打开是否格式化文字提示框，如图17-44所示。

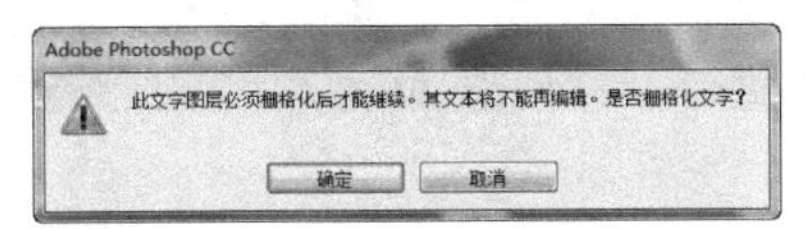

图17-44 格式化文字提示框

04 单击“确定”按钮，打开“高斯模糊”对话框，将“半径”设置为2，如图17-45所示。

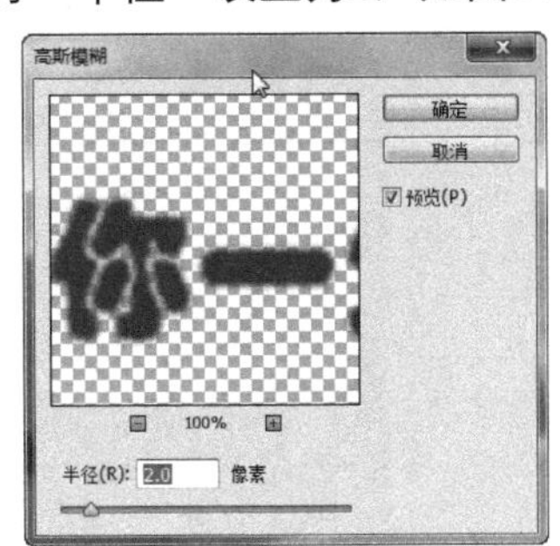

图17-45 “高斯模糊”对话框

05 单击“确定”按钮，设置模糊效果，如图17-46所示。

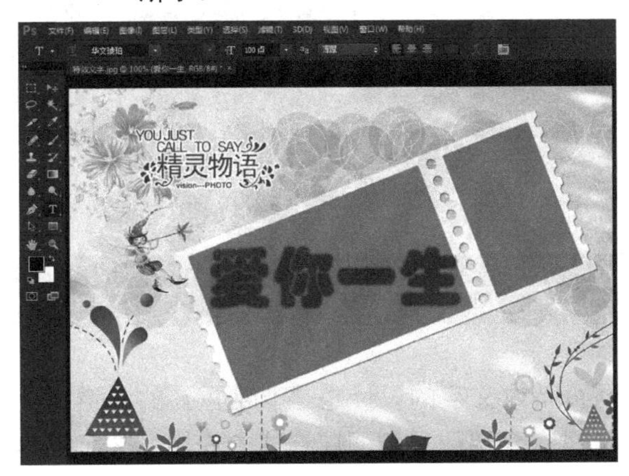

图17-46 设置模糊效果

06 执行“滤镜”|“像素化”|“点状化”命令，打开“点状化”对话框，将“单元格大小”设置为5，如图17-47所示。

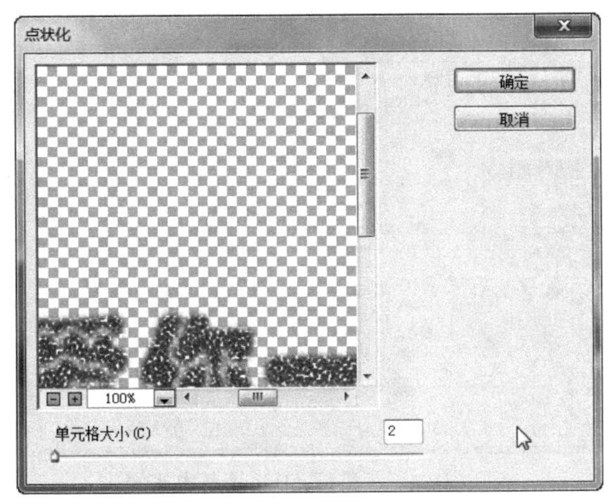

图17-47 “点状化”对话框

07 单击“确定”按钮，设置点状化效果，如图17-48所示。

图17-48 设置点状化效果

08 执行“图层”|“图层样式”|“投影”命令，打开“图层样式”对话框，如图17-49所示。

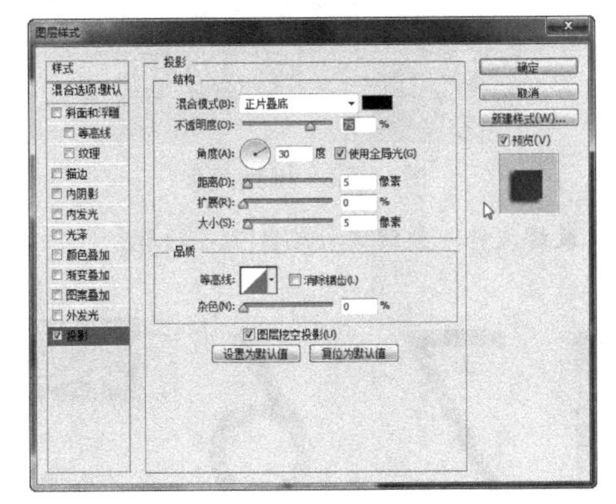

图17-49 “图层样式”对话框

09 单击勾选“内发光”选项，在弹出的对话框中设置相应的参数，如图17-50所示。

10 单击“确定”按钮，设置图层样式，如图17-51所示。

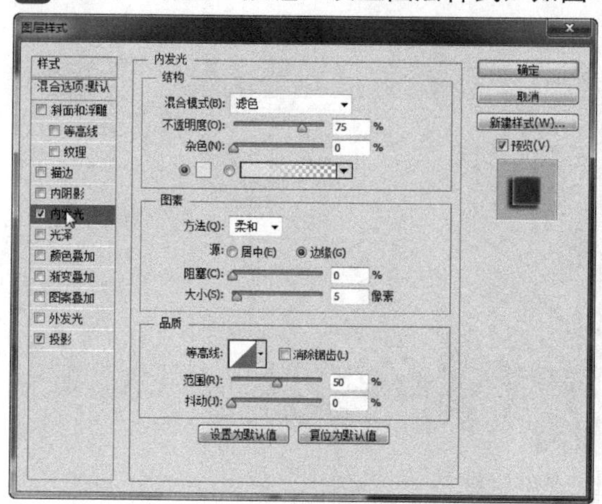

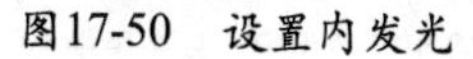
图17-50 设置内发光

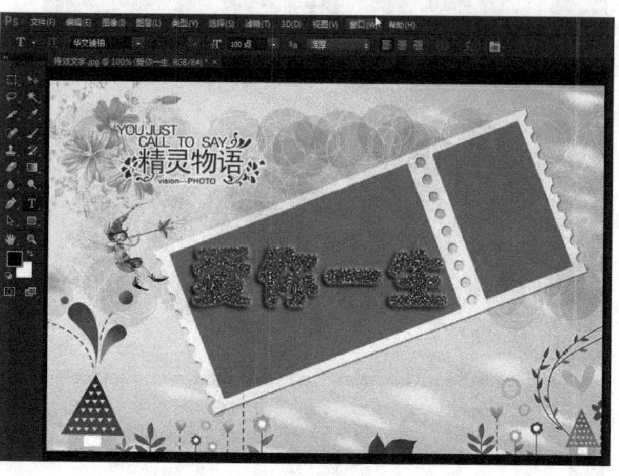

图17-51 设置图层样式

17.5 课后练习

一、填空题

1. 图层的样式包含了许多可以自动应用到图层中的效果，包括________、________、________、________、描边、图案填充等效果。

2. 在Photoshop中，文字工具包括________、________、________、________。

二、操作题

利用滤镜制作模糊效果，效果如图17-52所示。

图17-52 模糊效果

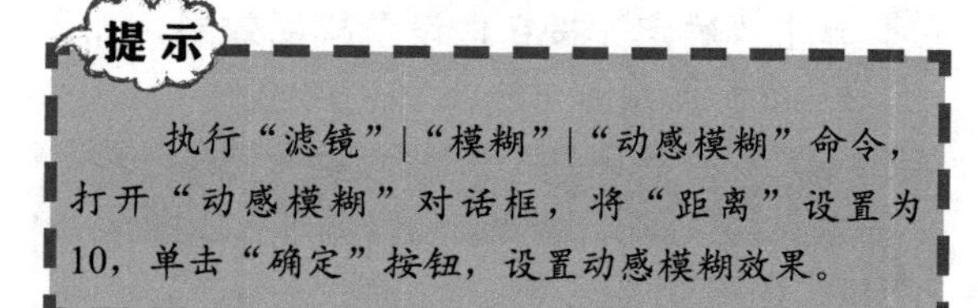
提 示

执行“滤镜”|“模糊”|“动感模糊”命令，打开“动感模糊”对话框，将“距离”设置为10，单击“确定”按钮，设置动感模糊效果。

最终文件：最终文件/CH17/习题.jpg

17.6 本章小结

在网站设计中网页特效文字的设计也是非常重要的，漂亮美观的特效文字可以大大增加网页的美观程度。本章重点介绍图层和图层样式的应用、文字工具的使用，以及常见的网页特效文字的制作。

第18章 网页切片输出与动画制作

本章导读

切片就是将一幅大图像分割为一些小的图像切片，然后在网页中通过没有间距和宽度的表格重新将这些小的图像没有缝隙地拼接起来，成为一幅完整的图像。这样做可以减少图像的大小，减少网页的下载时间，还能将图像的一些区域用HTML来代替。

技术要点

★ 创建与编辑切片

★ 保存网页图像

★ 创建GIF动画

18.1 创建与编辑切片

切片就是将一幅大图像分割为一些小的图像切片，然后在网页中通过没有间距和宽度的表格重新将这些小的图像没有缝隙地拼接起来，成为一幅完整的图像。“切片工具”是Photoshop软件自带的一个平面图片切割工具。使用“切片工具”可以将一个完整的网页切割成许多小图片，以便于网络上的下载。

18.1.1 切片的注意事项

“切片工具”是Photoshop软件自带的一个平面图片切割工具。使用“切片工具”可以将一个完整的网页切割成许多小图片，以便于网络上的下载。

除了减少下载时间之外，切片也还有其他一些优点。

★ 制作动态效果：利用切片可以制作出各种交互效果。

★ 优化图像：完整的图像只能使用一种文件格式，应用一种优化方式，而对于作为切片的各幅小图片，可以分别对其优化，并根据各幅切片的情况，还可以存为不同的文件格式。这样既能够保证图片质量，又能够使得图片变小。

★ 创建链接：切片制作好之后，就可以对不同的切片制作不同的链接了，而不需要在大的图片上创建热区了。

18.1.2 切片方法

利用“切片工具”可以快速地进行网页的切割制作，具体操作步骤如下。

01 执行“文件”|“打开”命令，打开图像文件“切片.jpg”，选择工具箱中的“切片工具”，如图18-1所示。

02 将光标置于要创建切片的位置，按住鼠标左键拖动，拖动到合适的切片大小绘制切片，如图18-2所示。

图18-1 打开图像文件

图18-2 绘制切片

18.1.3 编辑切片选项

如果切片大小不合适，还可以调整和编辑切片，具体操作步骤如下。

01 打开创建好切片的图像文件，右击鼠标，在弹出的快捷菜单中选择“划分切片”命令，如图18-3所示。

02 弹出“划分切片”对话框，将划分切片的“水平划分为”设置为3，“垂直划分为”设置为5，如图18-4所示。

图18-3 选择“划分切片”命令

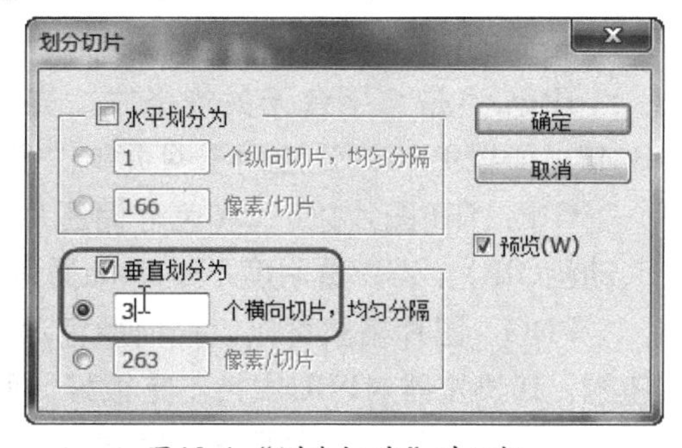

图18-4 “划分切片”对话框

03 单击“确定”按钮，划分切片，如图18-5所示。在图像上右击，在弹出的快捷菜单中选择“编辑切片选项”命令。

04 弹出“切片选项”对话框，在对话框中可以设置切片的URL、目标、信息文本等，如图18-6所示。

图18-5 划分切片

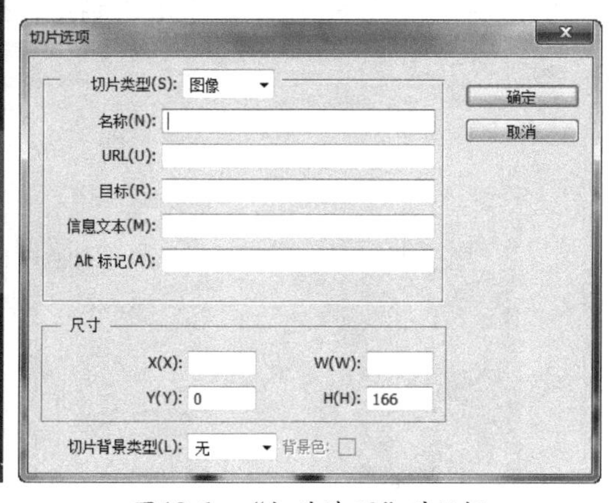

图18-6 “切片选项”对话框

18.2 保存网页图像

影响网页表现的最大瓶颈是网络的宽带。网页元素中，图片文件大小相对较大，影响网页打开的速度。所以网页图片文件越小，打开网页越快，浏览者才有兴趣继续看网页。

18.2.1 认识网页中支持的图像格式

图像文件格式是记录和存储影像信息的格式。对数字图像进行存储、处理、传播，必须采用一定的图像格式，也就是把图像的像素按照一定的方式进行组织和存储，把图像数据存储成文件就得到图像文件。图像文件格式决定了应该在文件中存放何种类型的信息，文件如何与各种应用软件兼容，文件如何与其他文件交换数据。

图片文件的格式是计算机存储这幅图的方式与压缩方法，要正确地对不同的使用目的来选择合适的格式。

PSD：是Photoshop软件的格式。

BMP：是微软公司图形文件的点位图格式，例如Windows自身的画图程序绘画默认生成BMP格式的图片。

JPEG：是与平台无关的格式，支持最高级别的压缩。由于JPEG文件大小可以远远小于BMP，所以JPEG广泛应用于网页制作领域。

GIF：GIF图片以8~256色存储图片数据。GIF图片支持透明度、压缩、交错和多图像图片（动画GIF），GIF透明度不是alpha通道透明度，所以不能支持半透明效果。适合网上传输。

PNG：图片格式可以以任何颜色深度存储图片，它也是与平台无关的格式。支持透明度、压缩。IE浏览器对PNG支持不是很好，所以目前网页制作中很少使用。

由于PNG的高品质及透明度支持，Flash动画制作中比较常用。一般适用于颜色少的图片，如标志、小图标和网页动画广告。

18.2.2 课堂练一练——保存网页图像

当我们在网上看到精美的图片时需要将它们进行保存，以备未来使用，这时就需要对图片进行存储，在存储的时候也会相应地出现一些文件格式待选择。右击选择图片，在弹出的菜单中选择“图片另存为”命令，如图18-7所示，选择以后弹出“保存图片”对话框，选择文件存储的文字，如图18-8所示。单击“确定”按钮，即可保存图像。

图18-7 “图片另存为”选项

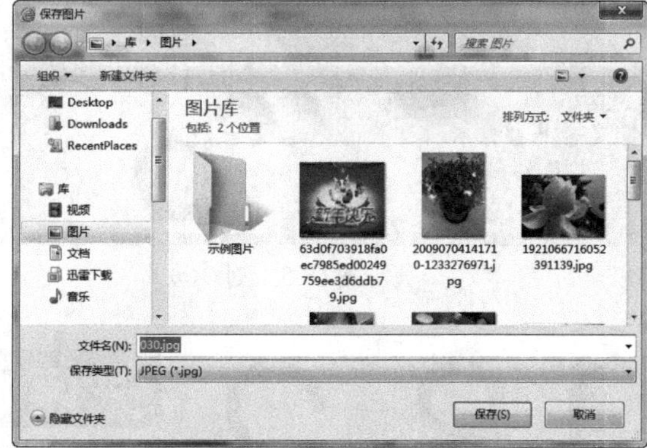

图18-8 “保存图片”对话框

18.3 创建GIF动画

GIF动画是在一段时间内显示的一系列图像或帧，当每一帧较前一帧都有轻微的变化时，连续快速地显示帧，就会产生运动或其他变化的视觉效果。

18.3.1 认识“动画（帧）”面板

GIF动画制作相对较为简单，我们打开“时间轴”面板后，会发现有帧动画模式和时间轴动画两种模式可以选择。

帧动画相对来说直观很多，在动画面板会看到每一帧的缩略图。制作之前需要先设定好动画的展示方式，然后用Photoshop做出分层图。然后在动画面板新建帧，把展示的动画分帧设置好，再设定好时间和过渡等即可播放预览。

在帧动画的所有元素都放置在不同的图层中。通过对每一帧隐藏或显示不同的图层可以改变每一帧的内容，而不必一遍又一遍地复制和改变整个图像。每个静态元素只需创建一个图层即可，而运动元素则可能需要若干个图层才能制作出平滑过渡的运动效果。图18-9所示为“时间轴”面板。

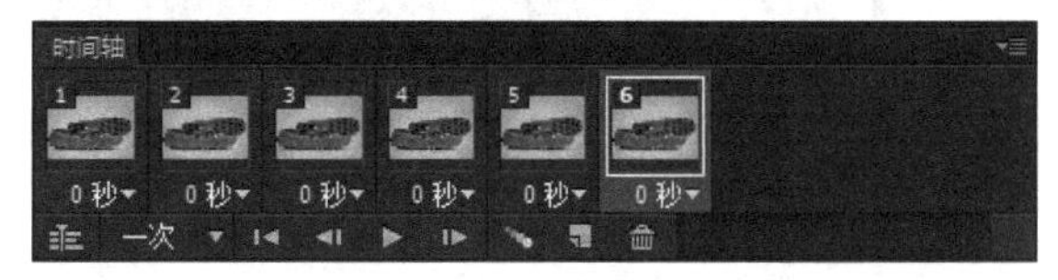

图18-9 “时间轴”面板

18.3.2 课堂练一练——创建动画

GIF动画是较为常见的网页动画。这种动画的特点：它是以一组图片的连续播放来产生动态效果，这种动画是没有声音的。当然制作GIF动画的软件有很多，最常用的就是Photoshop，下面使用Photoshop制作帧动画，如图18-10所示3帧动画。具体操作步骤如下。

图18-10 原始文件

原始文件：原始文件/CH18/2.jpg、3.jpg、4.jpg

最终文件：最终文件/CH18/动画.gif

01 执行“文件”|“打开”命令，打开图像文件“2.jpg”，如图18-11所示。

图18-11 打开图像文件

02 执行“窗口”|“时间轴”命令，打开“时间轴”面板，在“时间轴”面板中自动生成一帧动画，如图18-12所示。

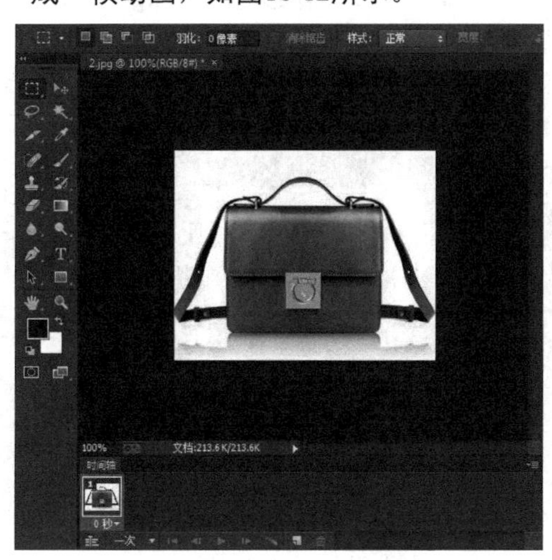

图18-12 “时间轴”面板

03 单击“时间轴”面板底部的 “复制所选帧”按钮，复制当前帧，如图18-13所示。

图18-13 复制所选帧

04 使用同样的方法再复制一个帧，如图18-14所示。

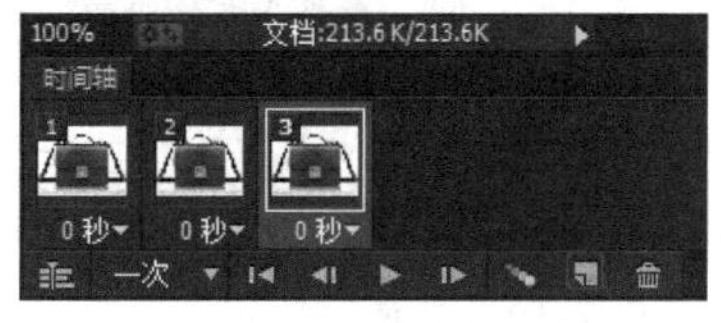

图18-14 复制所选帧

05 执行“文件”|“置入”命令，弹出“置入”对话框，在对话框中选择要置入的文件“2.jpg”，如图18-15所示。

06 单击“置入”按钮，将“2.jpg”文件置入，并调整置入文件与原来的背景图像一样大小，如图18-16所示。

图18-15 “置入”对话框

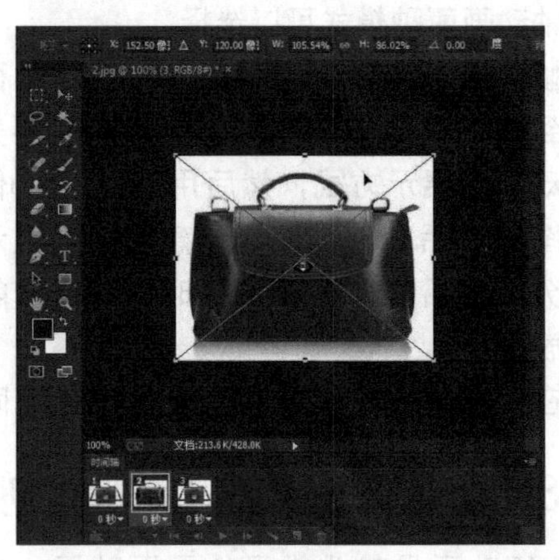

图18-16 置入图像

07 同步骤5~6置入图像文件“3.jpg”，如图18-17所示。

08 在“时间轴”面板中选择第1帧，在“图层”面板中，将3和4图层隐藏，如图18-18所示。

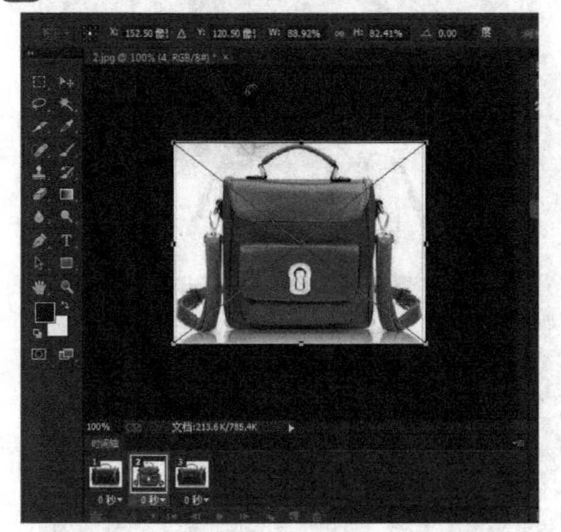

图18-17 置入图像

图18-18 隐藏图层2和图层3

09 在“时间轴”面板中选择第1帧，单击该帧右下角的三角按钮设置延迟时间为2秒，如图18-19所示。

10 同样设置第2帧的延迟为2秒，在“图层”面板中，将背景层和图层4隐藏，图层2可见，如图18-20所示。

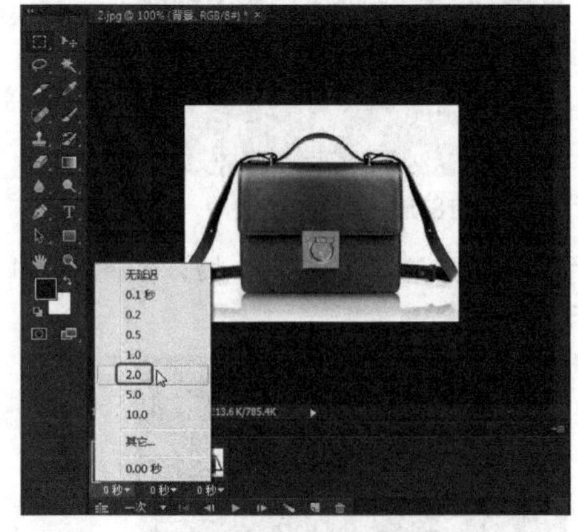

图18-19 设置帧延迟

图18-20 隐藏图层3和背景层

11 同样设置第3帧的延迟为2秒，在“图层”面板中，将背景层和图层3隐藏，图层4可见，如图18-21所示。

12 单击“动画”面板底部的“播放动画”按钮▶播放动画，如图18-22所示。

图18-21　隐藏背景层和图层2

图18-22　播放动画

18.3.3 课堂练一练——存储动画

存储动画效果如图18-23所示，具体操作步骤如下。

01 打开制作好的动画文件，执行“文件”|“存储为Web所用格式”命令，打开“存储为Web格式”对话框，如图18-24所示。

02 单击“存储”按钮，弹出“将优化结果存储为”对话框，将“文件名”设置为“动画.gif”，“格式”设置为“仅限图像”选项，如图18-25所示。

图18-23　gif动画效果

图18-24　“存储为Web格式”对话框

图18-25　“将优化结果存储为”对话框

03 单击“保存”按钮，即可将文件保存为Gif动画，预览动画效果如图18-23所示。

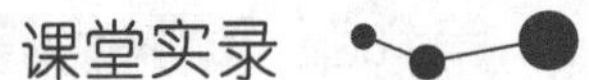

18.4 实战应用——优化与发布“企业网站”图像

下面将教你如何对图像文件进行优化时保持文字清晰，而且获得最佳的优化效果，具体操作步骤如下。

01 打开制作好的网页文件“优化与发布.jpg”，如图18-26所示。

图18-26 打开文件

02 执行“文件”|“存储为Web所用格式”命令，打开“存储为Web格式”对话框，单击“四联”，然后选择第2副图像，如图18-27所示。

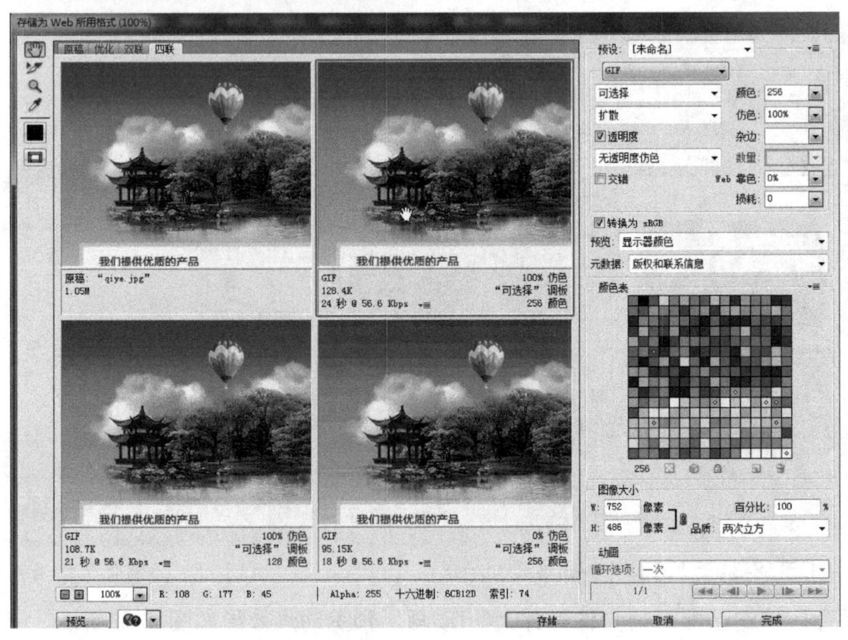

图18-27 “将优化结果存储为”对话框

03 单击“存储”按钮，打开“将优化结果存储为”对话框，如图18-28所示。

04 单击“保存”按钮，即可优化图像，如图18-29所示。

图18-28 “将优化结果存储为”对话框

图18-29 优化结果

18.5 课后练习

一、填空题

1. 在保存编辑过的图片时，有两种保存图片的方式，______________、______________。

2. GIF动画制作相对较为简单，我们打开“时间轴”面板后，会发现有________和________两种模式可以选择。

二、操作题

将图18-30所示的图像文件切割成网页文件。

原始文件：原始文件/CH18/习题.jpg

最终文件：最终文件/CH18/习题.html

提 示

打开网页图像文件，执行“文件”|“存储为Web所用格式”命令，打开“存储为Web格式”对话框，在对话框中设置优化信息。

图18-30 切割网页

18.6 本章小结

如果网页上的图片较大，浏览器下载整个图片的话需要花很长的时间。切片的使用，使得整个图片可以分为多个不同的小图片分开下载，这样下载的时间就大大缩短了。在目前互联网带宽还受到条件限制的情况下，可运用切片来减少网页下载时间，而又不影响图片的效果。使用Photoshop还可以轻松制作出GIF动画。通过本章的学习，希望大家能掌握制作动画的基本方法，以及网页图像切割和优化的方法。

第19章 设计企业网站实例

本章导读

企业网站是以企业为主体而创建的网站，该类型网站主要包含公司介绍、产品、服务等几个方面。网站通过对企业信息的系统介绍，让浏览者熟悉企业的情况，了解企业所提供的产品和服务，并通过有效的在线交流方式搭建起潜在客户与企业之间的桥梁。企业网站建设的目的是为了提高企业形象，让越来越多的人能关注公司，帮助公司获得更大的发展。

技术要点

★ 房地产类网站概述
★ 创建模板
★ 利用模板制作网站二级页面
★ 测试站点
★ 发布网站
★ 网站运营与维护

19.1 企业网站概述

企业网站是商业性和艺术性的结合，同时也是一个企业文化的载体，通过视觉元素，承接企业的文化和企业的品牌。制作企业网站通常需要根据企业所处的行业、企业自身的特点、企业的主要客户群，以及企业最全的资讯等信息，才能制作出适合企业特点的网站。

19.1.1 企业网站前期策划

与专业网站或大型电子商务网站相比，企业网站具有明显的特点。企业网站并不一定要规模很大，也不一定要建成一个“门户”或“平台”，其根本目的是为企业进行宣传和推广。企业网站的目的决定了一个企业网站并不需要包罗万象，也不一定像电子商务网站那样一开始就必须拥有各种完备的功能。

企业网站的功能、服务、内容等因素应该与企业的经营策略相一致，因为企业网站是为企业经营服务的。如果脱离了这个宗旨，网站是无法为企业经营活动发挥作用的。当企业发展到一定阶段，企业网站的功能和表现形式需要进行升级。

企业网站不仅代表着企业的网络品牌形象，同时也是开展网络营销的根据地，网站建设的水平对网络营销的效果有直接影响。调查表明，许多知名企业的网站设计水平与企业的品牌形象很不相称，功能也很不完善，甚至根本无法满足网络营销的基本需要。那么，怎样才能建设一个真正有用的网站呢？

首先应该对企业网站可以实现的功能有一个全面的认识。建设企业网站，不是为了赶时髦，也不是为了标榜自己的实力，而是让企业网站真正发挥作用，让网站成为有效的网络营销工具和网上销售渠道。企业网站主要有以下功能。

★ 公司概况：包括公司背景、发展历史、主要业绩、经营理念、经营目标及组织结构等，让用户对公司情况有一个概括的了解。

★ 产品/服务展示：浏览者访问网站的主要目的是为了对公司的产品和服务进行深入的了解。如果企业提供多种产品服务，利用产品展示系统对产品进行系统的管理，包括产品的添加与删除、产品类别的添加与删除、特价产品/最新产品/推荐产品的管理、产品的快速搜索等。

★ 产品搜索：如果公司产品比较多，无法在简单的目录中全部列出，而且经常有产品升级换代，为了能让用户方便地找到所需要的产品，除了设计详细的分级目录外，增加关键词搜索功能不失为有效的措施。

★ 信息发布：网站是一个信息载体，在法律许可的范围内，可以发布一切有利于企业形象、顾客服务，以及促进销售的企业新闻、各种促销信息、招标信息、合作信息和人员招聘信息等。

★ 网上调查：通过网站上的在线调查表，可以获得用户的反馈信息，用于产品调查、消费者行为调查、品牌形象调查等，是获得第一手市场资料的有效调查工具。

★ 技术支持：这一点对于生产或销售高科技产品的公司尤为重要，网站上除了产品说明书之外，企业还应该将用户关心的技术问题及其答案公布在网上，如一些常见故障处理、产品的驱动程序、软件工具的版本等信息资料，可以用在线提问或常见问题回答的方式体现。

★ 联系信息：网站上应该提供足够详尽的联系信息，除了公司的地址、电话、传真、邮政编码、网管E-mail地址等基本信息之外，最好能详细地列出客户或者业务伙伴可能需要联系的具体部门的联系方式。

★ 辅助信息：有时由于企业产品比较少，网页内容显得有些单调，可以通过增加一些辅助信息来弥补这种不足。辅助信息的内容比较广泛，可以是本公司、合作伙伴、经销商或用户的一些相关产品保养及维修常识等。

★ 当一个企业在规划自己的网站时，首先应明确建站的目的，还要对网站的功能需求进行分析，网站的功能也决定了网站的规模和需要投入的资金。

19.1.2 房地产网站建设的目的

根据不同房地产项目的定位和设计理念，相应的网站在制作时也会有不同的风格和特点，但一定要突出其项目的特点，吸引购买者注意。

企业上网绝大多数是为了介绍自己的产品和服务，希望能够通过网络得到订单。本例房地产网站可以把楼盘的展示作为网站的重点。页面的插图应以体现房地产为主，营造企业形象为辅，尽量做到两方面能够协调到位。

房地产网站建设的主要目的如下。

★ 提升企业形象：对于房产企业而言，企业的品牌形象至关重要。买房子是许多人一生中的头等大事，需要考虑的方面也较多。因开发商的形象而产生的问题，往往是消费者决定购买与否的主要考虑因素之一。

★ 开拓更大国内国际市场：现在通过建立网站，企业形象的宣传不再局限于当地市场，而是全球范围的宣传。企业信息的实时传递，与公众相互沟通的即时性、互动性，弥补了传统手段的单一性和不可预见性。

★ 改变营销方式：传统的企业营销是采取主动去联系客户，如企业有了自己的网站，就可化主动为被动，让潜在的客户，通过网站得到他们要的资料，再通过电子邮件或电话、传真等方式联络，促成业务。

★ 服务更加周到：利用网站可以提供一天24小时服务，可以时刻更新网页内容，可以提供网上订单、网上反馈等互动方式。

★ 可以节省资金：无纸化的网页可取代传统的楼盘介绍等常更新的印刷品，客户传真订单、索取有关资料介绍等传统方式可直接在网上进行。降低运作成本，增强市场竞争力，提高经济效益。

19.2 网站的版面布局及色彩

企业网站主要功能是向消费者传递信息，因此在页面结构设计上无须太过花哨，标新立异的设计和布局未必适合企业网站，企业网站更应该注重商务性与实用性。

19.2.1 草案及粗略布局

一般来说，企业网站首页的布局比较灵活，着重设计，这里所说的布局主要是指内页的版面布局。中、小型企业网站的内页布局一般比较简单，即内页的一栏式版面布局，从排版布局的角度而言，我们还可以设计成等分两栏式、三栏式、多栏式，以及不等分两栏式、三栏式、多栏式等，但因为浏览器宽幅有限，一般不宜设计成三栏以上的布局。

在版面布局中主要是考虑导航、必要信息与正文之间的布局关系。比较多的情况是采用顶部放置必要的信息，如公司名称、标志、广告条及导航条，或将导航条放在左侧，正文放在右侧等，这样的布局结构清晰、易于使用。当然，你也可以尝试这些布局的变化形式，例如，左右两栏式布局，一半是正文，另一半是形象的图片、导航；或正文不等两栏式布置，通过背景色区分，分别放置图片和文字等。在设计中注意多汲取好的网站设计的精髓。

19.2.2 确定网站的色彩

企业网站给人的第一印象是网站的色彩，因此网站的色彩搭配是非常重要的。一般来说，一个网站的标准色彩不应超过3种，太多则会让人眼花缭乱。标准色彩用于网站的标志、标题、导航栏和主色块，给人以整体统一的感觉。其他色彩在网站中也可以使用，但只能作为点缀和衬托，决不能喧宾夺主。如何运用最简单的色彩表达最丰富的含义，体现企业形象，是网页设计人员需要不断学习、探索的课题。如何进行色彩搭配是一门学问。

1. 运用相同色系色彩

所谓相同色系，是指几种色彩在色相环上位置十分相近，同一色系不同明度的几种色彩搭配的优点是易于使网页色彩趋于一致，对于网页设计新手有很好的借鉴作用，这种用色方式容易塑造网页和谐统一的氛围，缺点是容易造成页面的单调，因此往往利用局部加入对比色来增加变化，如局部对比色彩的图片等。这种方法不失为一种设计的好方法。

2. 运用对比色或互补色

所谓对比色，是指色相环相距较远，大约在100°左右，视觉效果鲜亮、强烈，而互补色则是色相环上相距最远的两种色彩，即相距180°，其对比关系最强烈、最富有刺激性，往往使画面十分突出，这种用色方式容易塑造活泼、韵动的网页效果，特别适合体现轻松、积极的素材的网站，缺点是容易造成色彩的花哨，使用中注意色彩使用的度。

3. 使用过渡色

过渡色能够神奇地将几种不协调的色彩统一起来，在网页中合理地使用过渡色能够使你的色彩搭配技术更上一层楼。过渡色包括两种色彩的中间色调、单色中混入黑/白/灰进行调和，及单色中混入相同色彩进行调和等，可以自己尝试调配。

企业网站的色彩可以选择蓝色、绿色、红色等，在此基础上再搭配其他色彩。另外可以使用灰色和白色，这是企业网站中最常见的颜色。因为这两种颜色比较中庸，能和任何色彩搭配，使对比更强烈，突出网站品质和形象。

19.3 创建模板

由于网站的二级页面大部分风格相似，若一一制作这些风格相似的网页，不仅浪费时间而且对后期的网站维护也不方便，这时就可以运用Dreamweaver CC的模板功能。

19.3.1 制作顶部文件

顶部文件如图19-1所示，主要是网站的Banner图片，具体制作步骤如下。

图19-1 网站顶部文件

01 启动Dreamweaver CC，执行“文件”|“新建”命令，弹出“新建文档”对话框，如图19-2所示。

02 在对话框中选择“空模板”|“HTML模板”

选项，单击“创建”按钮，创建一个空白模板网页，如图19-3所示。

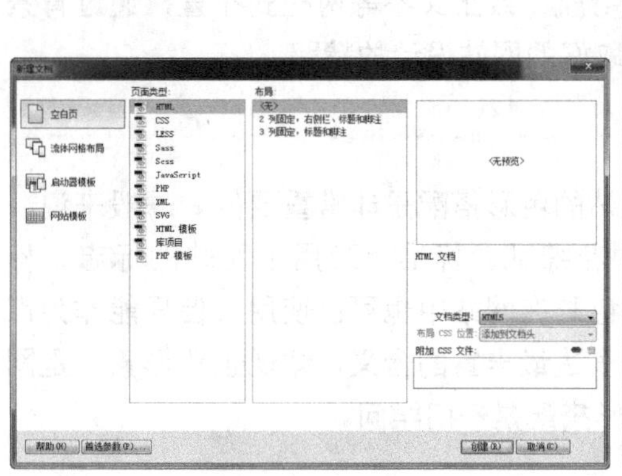

图19-2 “新建文档”对话框

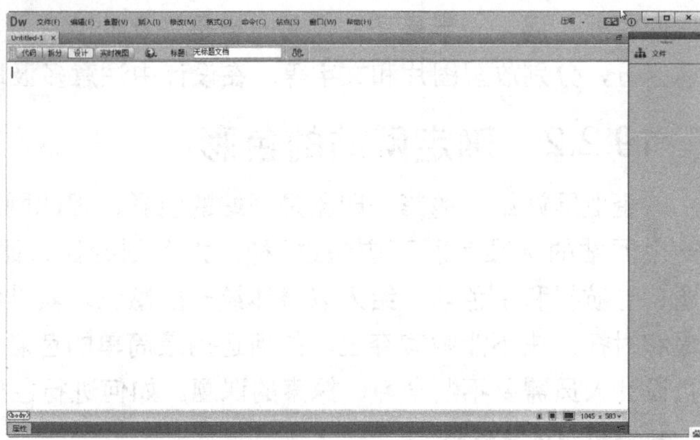

图19-3 创建空模板

03 执行“插入”|“表格”命令，弹出“表格”对话框，将“行数”设为2，“列”设置为1，“表格宽度”设为982，如图19-4所示。

04 单击“确定”按钮，插入2行1列的表格1，在属性面板中将“对齐”设置为“居中对齐”，如图19-5所示。

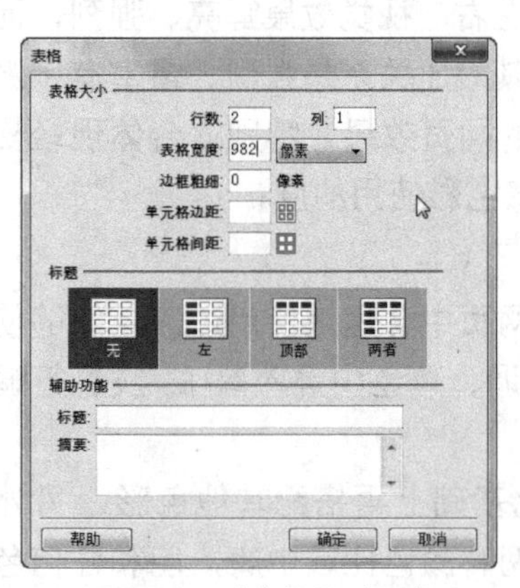

图19-4 “表格”对话框

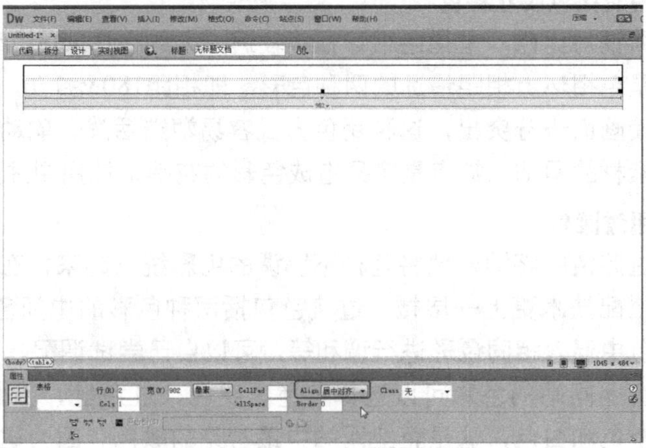

图19-5 设置表格对齐

05 将光标置于表格1的第1行单元格中，执行“插入”|“图像”命令，弹出“选择图像源文件”对话框，如图19-6所示。

06 选择图像19.jpg，单击“确定”按钮，插入图像文件，如图19-7所示。

图19-6 “选择图像源文件”对话框

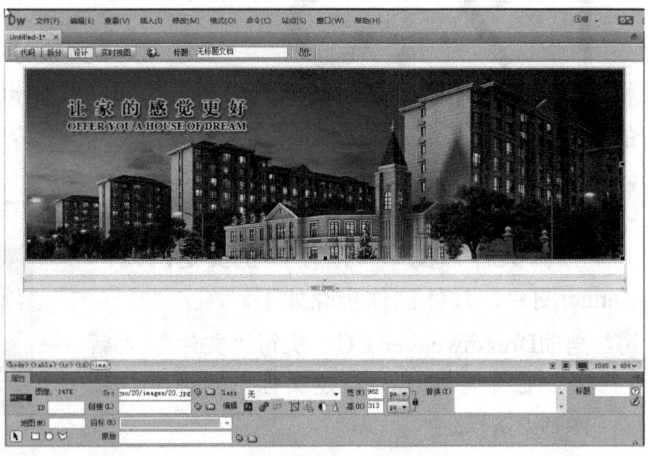

图19-7 插入图像

07 将光标置于表格1的第2行单元格中，执行“插入”|“图像”命令，弹出“选择图像源文件”对话框，如图19-8所示。

08 选择图像dd.png，单击“确定”按钮，插入图像文件，如图19-9所示。

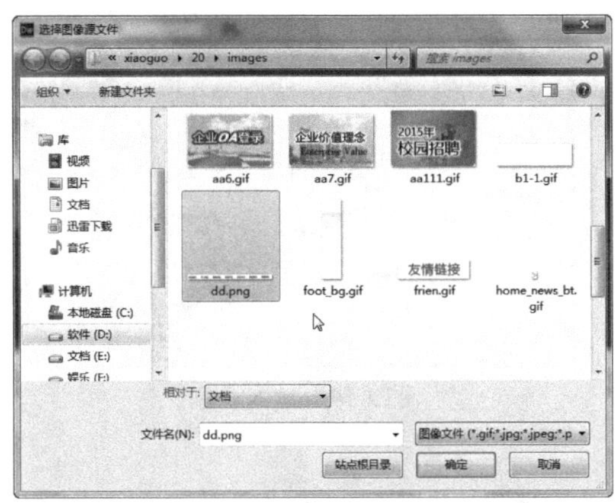

图19-8 “选择图像源文件”对话框

图19-9 插入图像

19.3.2 插入按钮导航

按钮导航如图19-10所示，主要是网站的栏目导航区域，具体制作步骤如下。

图19-10 网站左侧内容区

01 打开网页文档，将光标置于表格1的右边，执行“插入”|“表格”命令，弹出“表格”对话框，如图19-11所示。

02 单击“确定”按钮，插入1行3列的表格2，将“对齐”设置为“居中对齐”，如图19-12所示。

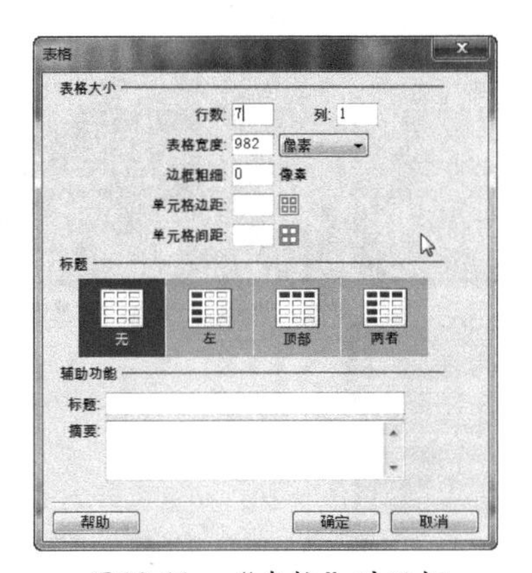

图19-11 “表格”对话框

图19-12 插入表格

03 将光标置于表格1的第1行第1列单元格中，执行“插入”|“表格”命令，插入7行1列的表格，此表格记为表格3，如图19-13所示。

04 将光标置于表格3的第1行中，执行“插入”|“图像”命令，弹出“选择图像源文件”对话框，选择图像about_left.gif，如图19-14所示。

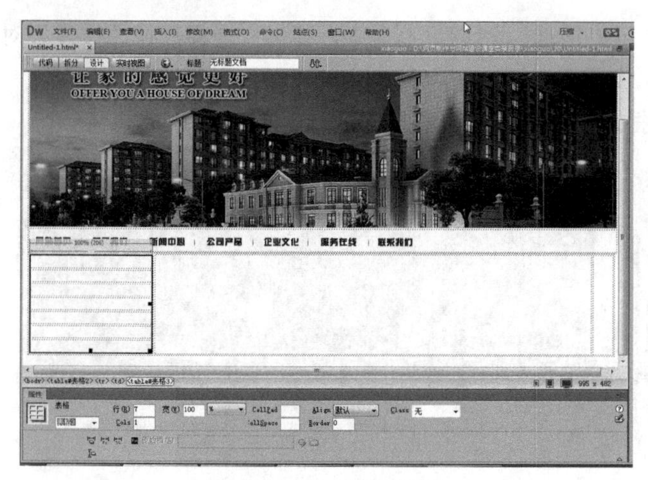

图19-13　插入表格4

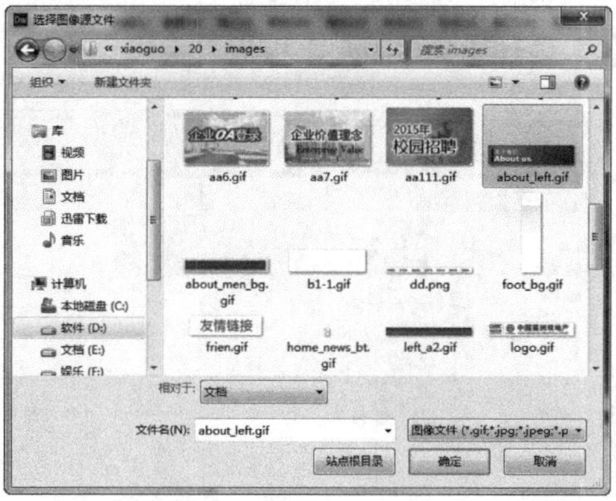

图19-14　插入图像

05 单击“确定”按钮，插入图像文件，如图19-15所示。

06 将光标置于表格5的第1列中，切换至“拆分视图”输入代码“background="images/about_men_bg.gif"”，如图19-16所示。

图19-15　插入表格5

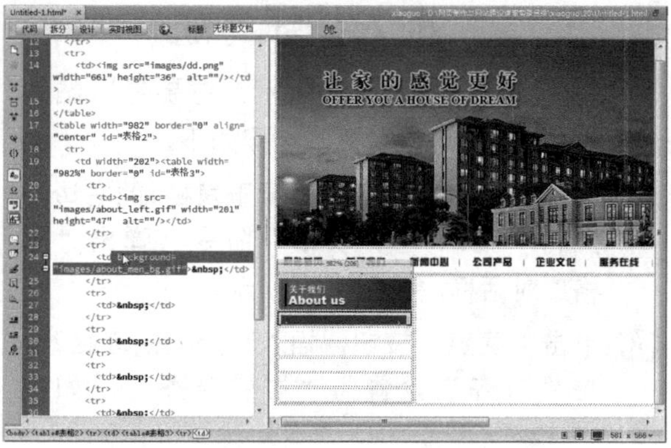

图19-16　输入代码

07 在属性面板中将“高”设置为35，如图19-17所示。

08 同步骤6～7在下面的5行单元格中插入背景图像，并将“高”设置为35，如图19-18所示。

图19-17　输入代码

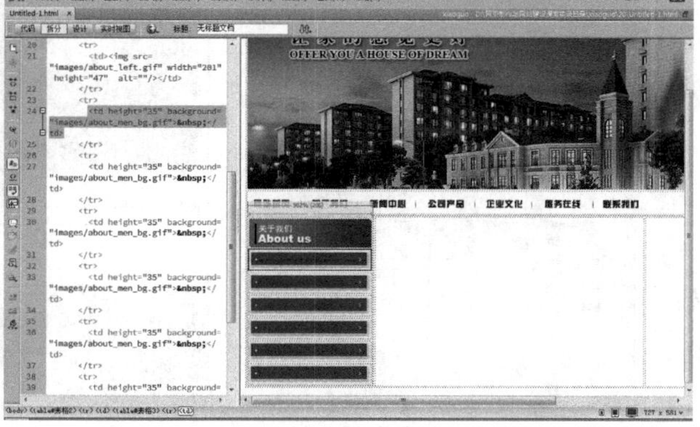

图19-18　插入表格和插入图像

09 在表格中输入文本“公司简介”，在属性面板中设置为“居中对齐”，颜色设置为白色，如图19-19所示。

10 同步骤9输入其余的导航文本，如图19-20所示。

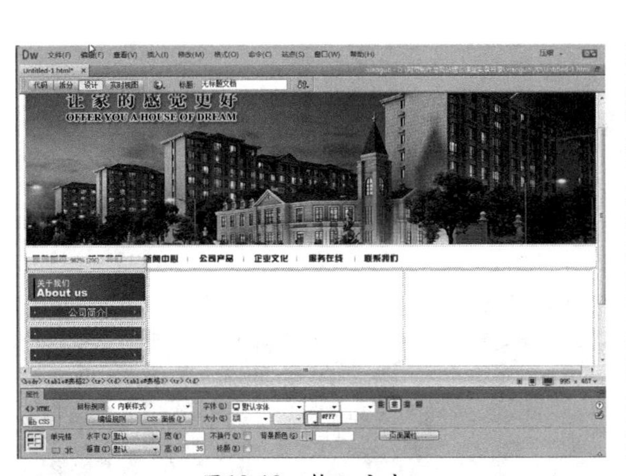

图19-19 输入文本

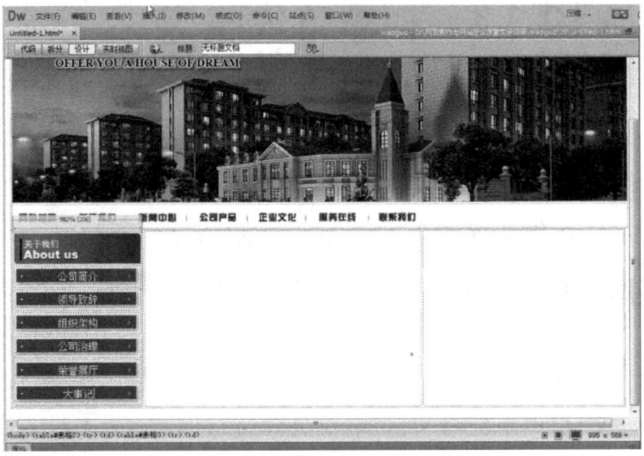

图19-20 输入文本

19.3.3 制作版权信息部分

网站版权信息部分如图19-21所示，具体制作步骤如下。

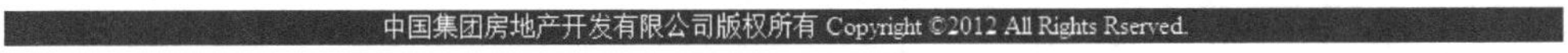

中国集团房地产开发有限公司版权所有 Copyright ©2012 All Rights Rserved.

图19-21 网站版权信息部分

01 打开文档，将光标置于表格2的右边，执行“插入”|“表格”命令，弹出“表格”对话框，效果如图19-22所示。

02 单击“确定”按钮，插入1行1列的表格，此表格记为表格4，在属性面板中将“对齐”设置为“居中对齐”，如图19-23所示。

表格
表格大小
行数: 1
列: 1
表格宽度: 982
像素
边框粗细: 0
像素
单元格边距:
单元格间距:
标题
无
左
顶部
两者
辅助功能
标题:
摘要:
帮助
确定
取消

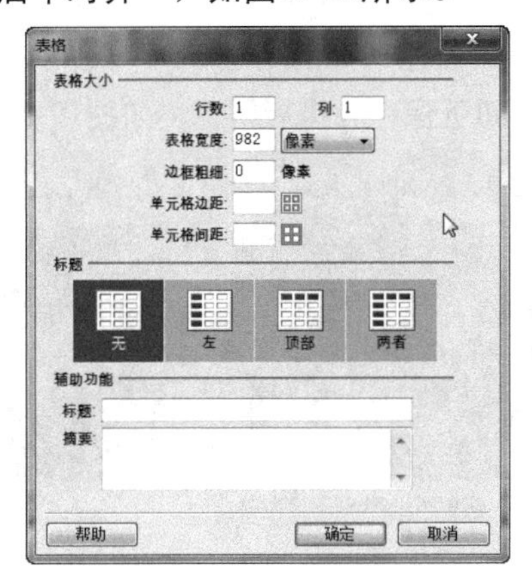

图19-22 “表格”对话框

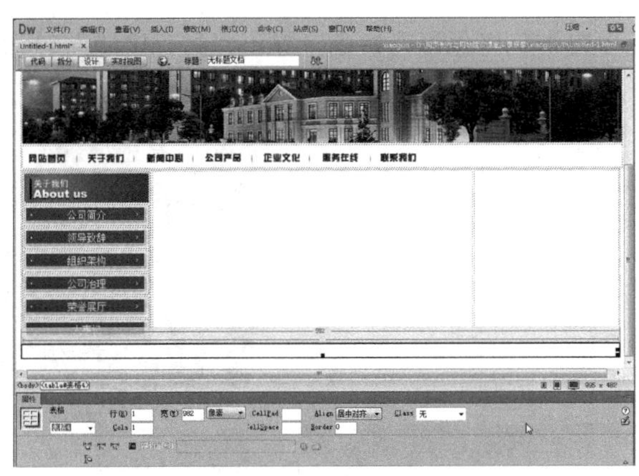

图19-23 插入表格

03 将光标置于表格中，在属性面板中将“背景颜色”设置为#C41C1F，如图19-24所示。

04 在表格中输入版权信息，将字体颜色设置为白色，并居中对齐，如图19-25所示。

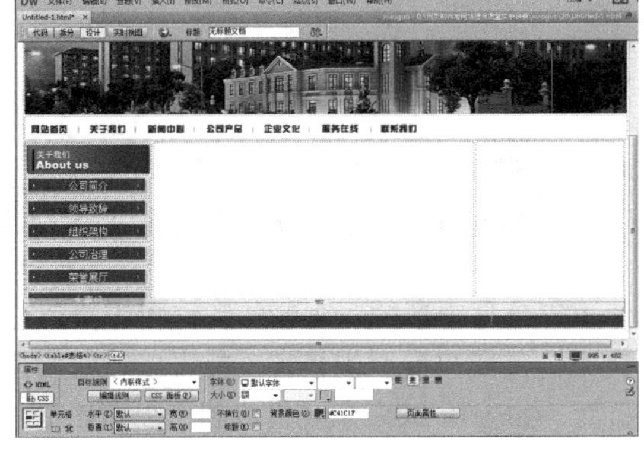

图19-24 设置背景颜色

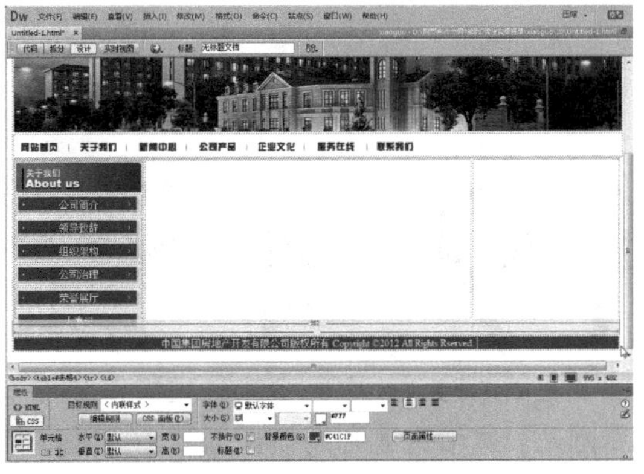

图19-25 输入文字

19.3.4 创建可编辑区

创建模板后接着要进行的操作就是创建可编辑区域。可编辑区域可以控制模板页面中哪些区域可以编辑，哪些区域不可以编辑。

01 将光标置于表格2的第2列单元格中，执行“插入”|“模板”|“可编辑区域”命令，弹出“新建可编辑区域”对话框，如图19-26所示。

02 单击“确定”按钮，即可创建可编辑区域，如图19-27所示。

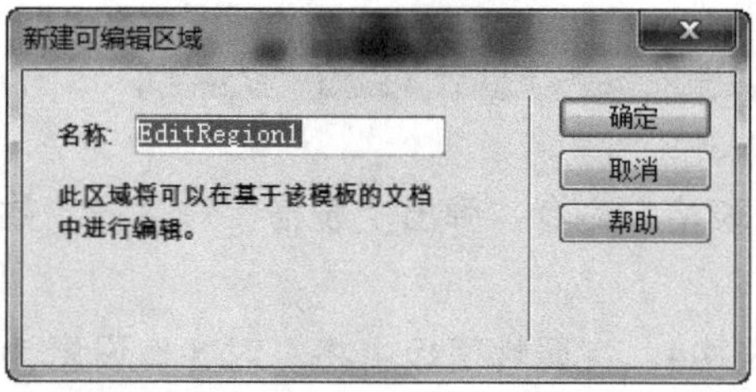

新建可编辑区域
名称：EditRegion1
此区域将可以在基于该模板的文档中进行编辑。
确定
取消
帮助

图19-26 “新建可编辑区域”对话框

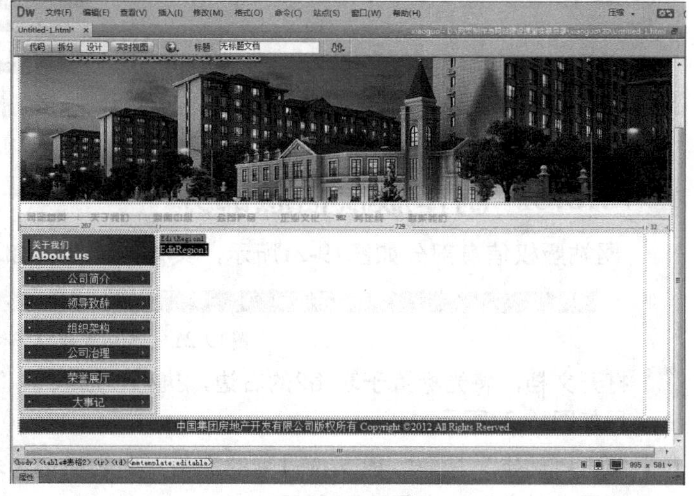

图19-27 创建可编辑区域

03 执行“文件”|“保存”命令，弹出“另存模版”对话框，如图19-28所示。

04 在“另存为”文本框中输入名称，单击“保存”按钮，即可保存为模版网页，如图19-29所示。

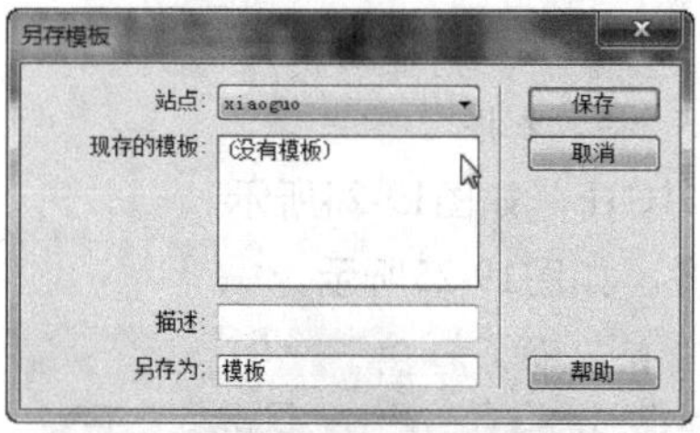

另存模板
站点：xiaoguo
现存的模板：(没有模板)
描述：
另存为：模板
保存
取消
帮助

图19-28 “另存模版”对话框

图19-29 保存文档

19.4 利用模板制作网站二级页面

网站内页的设计大部分是一致的，当制作完许多内页后，如果想要更新网站，一个一个文件地修改显然十分麻烦。其实只要引用模板，就可以轻松构建和更新网站。本节讲述利用模板创建企业网站简介页面，如图19-30所示。具体制作步骤如下。

图19-30 企业网站简介页面

01 执行“文件”|“文件”|“新建”命令，弹出“新建文档”对话框，如图19-31所示。

02 选择“网站模板”|“站点 xiaoguo”|“模板”命令，单击“确定”按钮，新建模板网页，如图19-32所示。

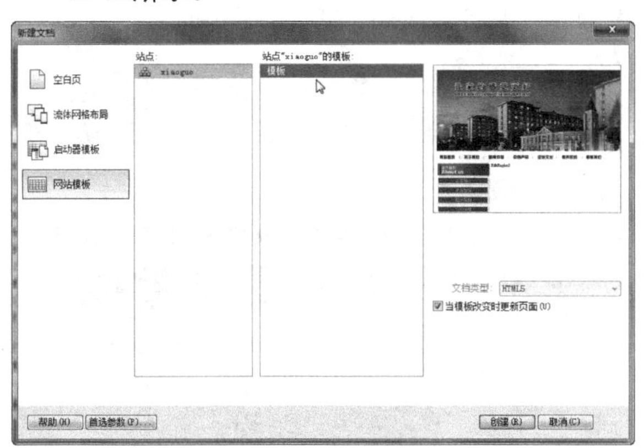

图19-31 “新建文档”对话框

图19-32 新建模板网页

03 将光标置于可编辑区中删除内容，执行“插入”|“表格”命令，弹出“表格”对话框，如图19-33所示。

04 单击“确定”按钮，插入表格，如图19-34所示。

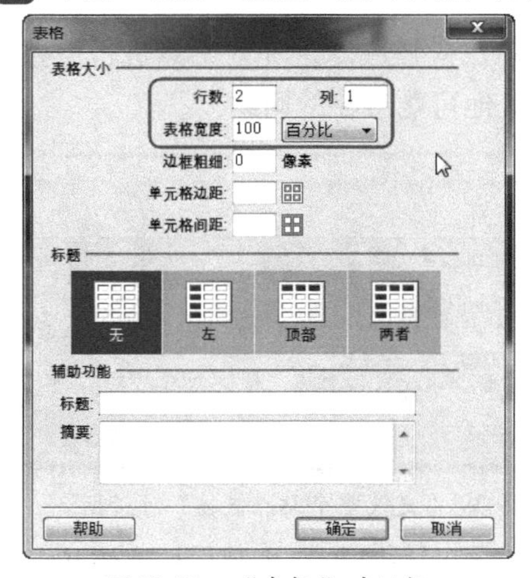

图19-33 “表格”对话框

图19-34 插入表格

05 将光标置于第1行单元格中，执行“插入”|“图像”命令，弹出“选择图像源文件”对话框，

选择图像，如图19-35所示。

06 单击“确定”按钮，插入图像文件，如图19-36所示。

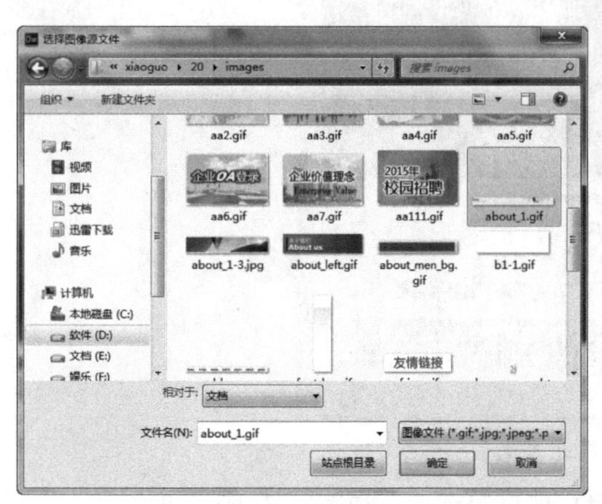

图19-35 “选择图像源文件”对话框

图19-36 插入图像文件

07 将光标置于第2行单元格中，在舞台中输入文本，如图19-37所示。

08 选中输入的文本，在属性面板中将字体大小设置为12，并分开段落，如图19-38所示。

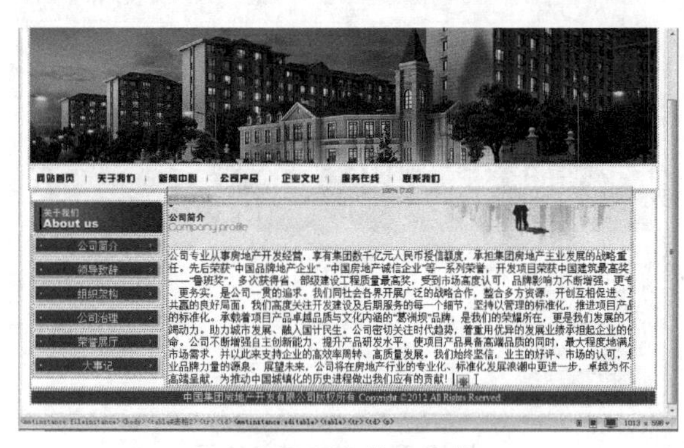

图19-37 输入文本

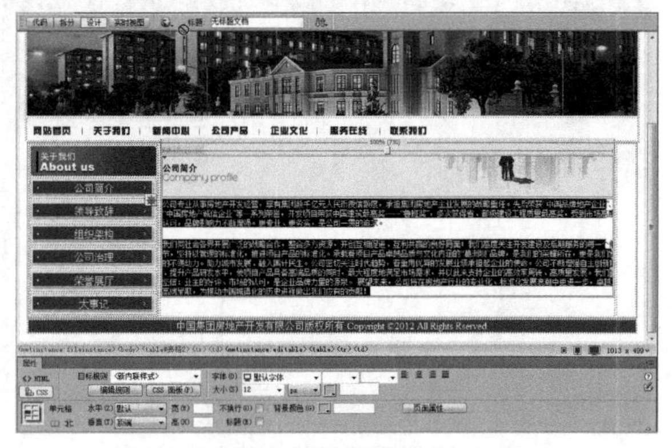

图19-38 设置字体

19.5 测试站点

在真正构建远端站点之前，应该在本地先对站点进行完整的测试。检测站点中是否存在错误和断裂的链接等，以找出其他可能存在的问题。

19.5.1 检查链接

如果网页中存在错误链接，这种情况是很难察觉的。而Dreamweaver可以帮助你快速检查站点中网页的链接，避免出现链接错误，具体操作步骤如下。

01 打开已创建的站点地图，选中一个文件，执行“站点”|“改变站点链接范围的链接”命令，选择命令后，弹出“更改整个站点链接”对话框，如图19-39所示。

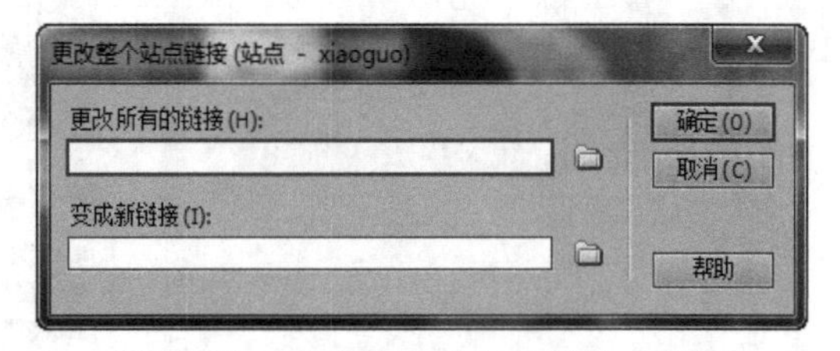

图19-39 “更改整个站点链接”对话框

02 在“变成新链接”文本框中输入链接的文件，单击“确定”按钮，弹出“更新文件”

对话框，单击“更新”按钮，完成更改整个站点范围内的链接，如图19-40所示。

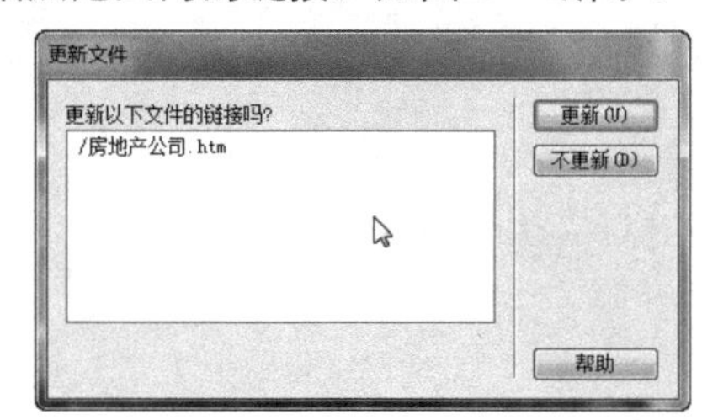

图19-40　“更新文件”对话框

03 执行“站点”|“检查站点范围的链接”命令，打开“链接检查器”面板，在“显示”选区中选择“断掉的链接”选项，如图19-41所示。

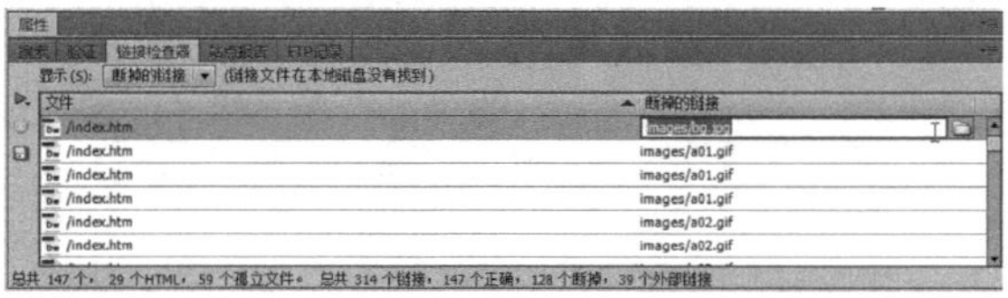

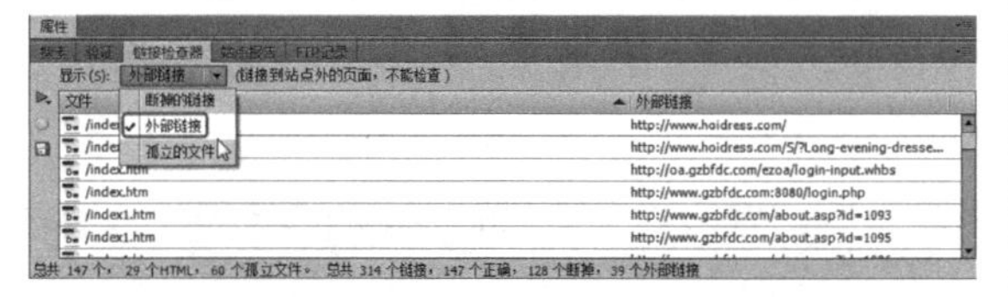

图19-41　选择“断掉的链接”选项

04 在“显示”下拉表中选择“外部链接”选项，可以检查出与外部网站链接的全部信息，如图19-42所示。

图19-42　选择“外部链接”选项

19.5.2 站点报告

可以对当前文档、选定的文件、整个站点的工作流程，或HTML属性（包括辅助功能）运行站点报告。使用站点报告可以检查可合并的嵌套字体标签、辅助功能、遗漏的替换文本、冗余的嵌套标签、可删除的空标签和无标题文档，具体操作步骤如下。

01 执行“站点”|“报告”命令，弹出“报告”对话框，在对话框中的“报告在”下拉列表中选择“整个当前本地站点”选项，“选择报告”列表框中勾选“多余的嵌套标签”、“可移除的空标签”和“无标题文档”复选框，如图19-43所示。

02 单击“运行”按钮，Dreamweaver会对整个站点进行检查。检查完毕后，将会自动打开“站点报告”面板，在面板中显示检查结果，如图19-44所示。

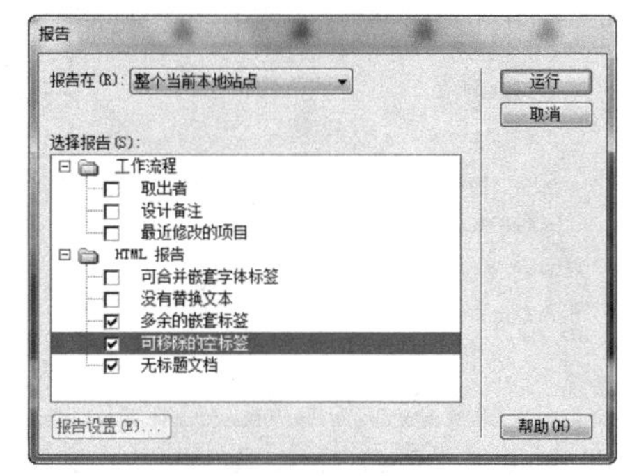

图19-43　“报告”对话框

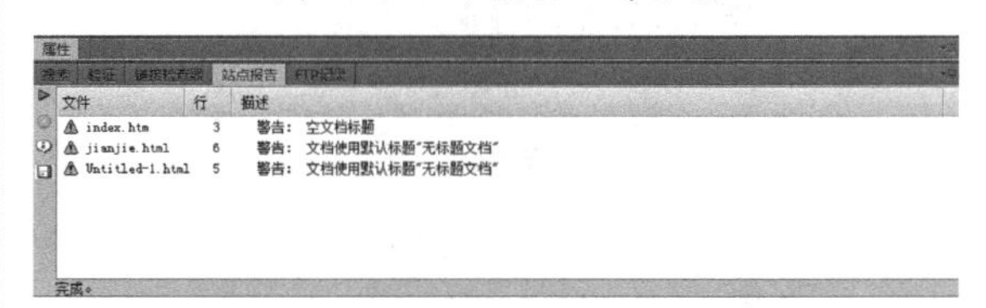

图19-44　“站点报告”面板

03 在面板中双击jianjie.html文件，将会自动打开jianjie.html页面文件，并选中空标签，可以进行编辑，如图19-45所示。

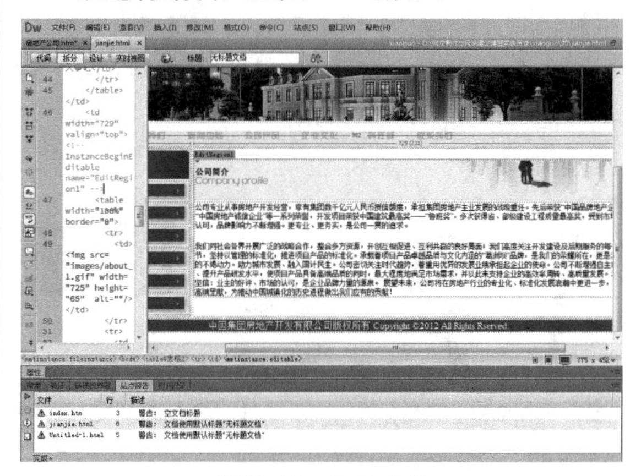

图19-45　打开文档

19.5.3 清理文档

清理文档就是清理一些空标签或者在Word中编辑时所产生的一些多余的标签，具体操作步骤如下。

01 打开需要清理的网页文档。执行“命令”|“清理HTML”命令，弹出“清理HTML/XHTML”对话框，在对话框中设置，如图19-46所示。

02 单击“确定”按钮，Dreamweaver自动开始清理工作。清理完毕后，弹出一个提示框，在提示框中显示清理工作的结果，如

图19-47所示。

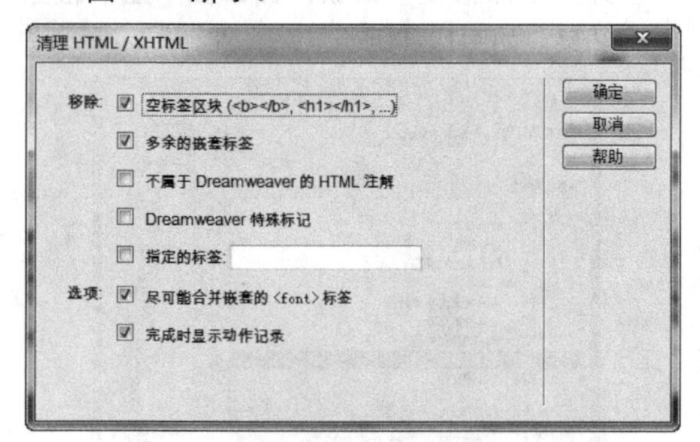

图19-46 “清理HTML/XHTML”对话框

图19-47 显示清理工作的结果

03 执行“命令”|“清理Word生成的HTML”命令，弹出“清理Word生成的HTML”对话框，如图19-48所示。

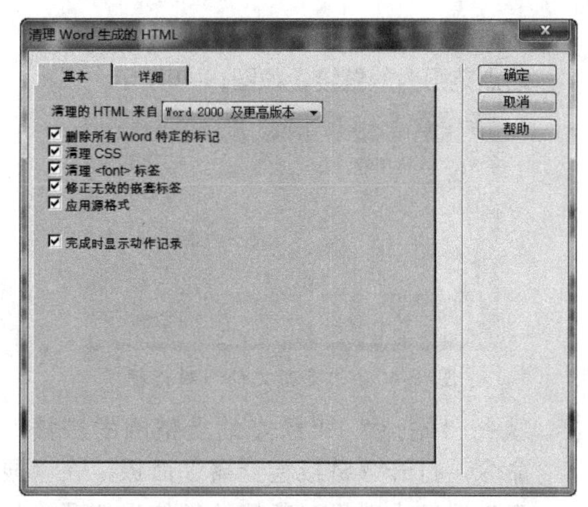

图19-48 “清理Word生成的HTML”对话框

04 单击“确定”按钮，清理工作完成后显示提示框，如图19-49所示。

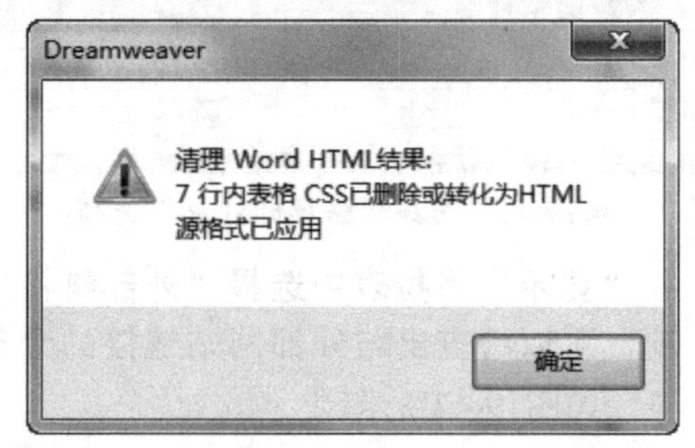

图19-49 提示框

19.6 发布网站

上传网站有两种方法，一种是用Dreamweaver自带的工具上传，一种是FTP软件上传，下面将详细讲述使用Dreamweaver上传方法。利用Dreamweaver上传网站的具体操作步骤如下。

01 执行“站点”|“管理站点”命令，弹出“管理站点”对话框，如图19-50所示。

02 单击“编辑当前选定的站点”按钮，弹出“站点设置对象”对话框，在对话框中选择“服务器”选项，如图19-51所示。

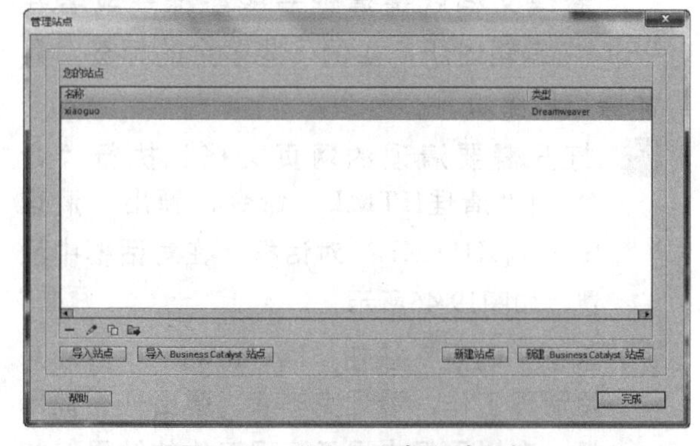

图19-50 “管理站点”对话框

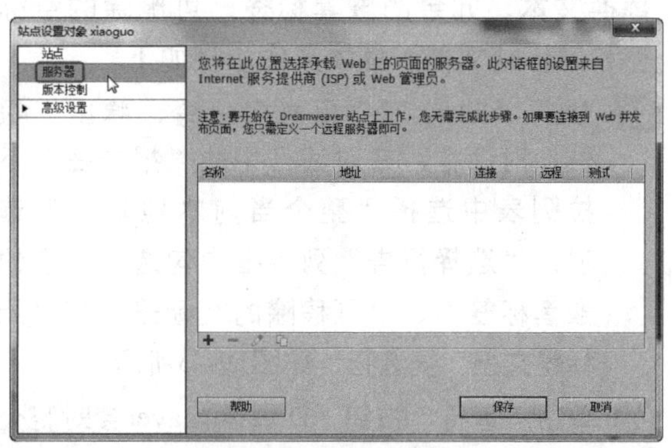

图19-51 服务器选项

03 在对话框中单击“添加新服务器”按钮，弹出远程服务器设置对话框。在“连接方法”下拉列表中选择FTP选项；在“FTP地址”文本框中输入站点要传到的FTP地址；在“用户名”文本框中输入拥有的FTP服务主机的用户名；在“密码”文本框中输入相应用户的密码。如图19-52所示。

04 设置完远程信息的相关参数后，单击“保存”按钮。执行“窗口”|“文件”命令，打开“文件”面板，在面板中单击按钮，如图19-53所示。

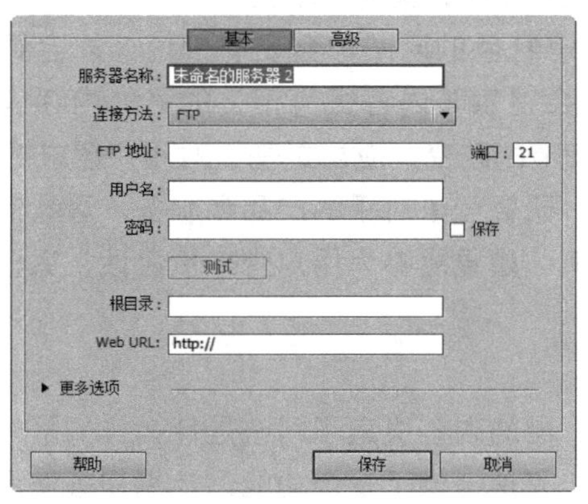

图19-52　远程服务器设置对话框

图19-53　远程信息

05 弹出图19-54所示的界面，在界面中单击“连接到远端主机”按钮，建立与远程服务器连接。连接到服务器后，“连接到远端主机”按钮会自动变为闭合状态，并在一旁亮起一个小绿灯，列出远端网站的目录，右侧窗口显示为“本地文件”信息。

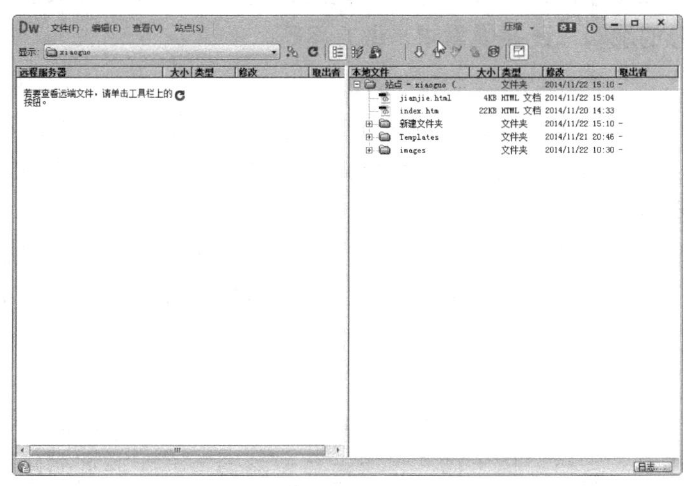

图19-54　建立与远程服务器连接

19.7 网站运营与维护

一个好的网站，仅仅一次是不可能制作完美的，由于市场环境在不断地变化，网站的内容也需要随之调整，给人以更新的感觉，网站才会更加吸引访问者，而且给访问者很好的印象。这就要求对站点进行长期的不间断的维护和更新。

19.7.1 网站的运营工作

建一个网站，对于大多数人并不陌生，尤其是已经拥有自己网站的企业和机构。但是，提到网站运营可能很多人不理解，对网站运营的重要性也不明确，通常被忽视。网站运营包括网站需求分析和整理、频道内容建设、网站策划、产品维护和改进、部门沟通协调5个方面的具体内容。

1. 需求分析和整理

对于一名网站运营人员来说，最为重要的就是要了解需求，在此基础上，提出网站具体的改善建议和方案，对这些建议和方案要与大家一起讨论分析，确认是否具体可行。必要时，还要进行调查取证或分析统计，综合评出这些建议和方案的可取性。

需求创新，直接决定了网站的特色，有特色的网站才会更有价值，才会更吸引用户来使用。例如，新浪每篇编辑后的文章里，常会提供与内容极为相关的另外内容链接，供读者选择，就充分考虑了用户的兴趣需求。网站细节的改变，应当是基于对用户需求把握而产生的。

需求的分析还包括对竞争对手的研究。研究竞争对手的产品和服务，看看他们最近做了哪些变化，判断这些变化是不是真的具有价值。如果能够为用户带来价值话，完全可以采纳为己所用。

2. 频道内容建设

频道内容建设是网站运营的重要工作。网站内容决定了网站是什么样的网站。当然，也有一些功能性的网站，如搜索、即时聊天等，只是提供了一个功能，让用户去使用这些功能。使用这些功能最终仍是为了获取想要的信息。

频道内容建设，更多的工作是由专门的编辑人员来完成，内容包括频道栏目规划、信息编辑和上传、信息内容的质量提升等。编辑人员做的也是网站运营范畴内的工作，属于网站运营工作中的重要成员。很多小网站，或部分大型网站，网站编辑人员就承担着网站运营人员的角色。不仅要负责信息的编辑，还要提需求，做方案等。

3. 网站策划

网站策划，包括前期市场调研、可行性分析、策划文档撰写、业务流程说明等内容。策划是建设网站的关键，一个网站，只有真正策划好了，最终才会有可能成为好的网站。因为，前期的网站策划涉及更多的市场因素。

根据需求，来进行有效地规划。文章标题和内容怎么显示，广告如何展示等，都需要进行合理和科学地规划。页面规划和设计是不一样的。页面规划较为初级，而页面设计则上升到了更高级的层次。

4. 产品维护和改进

产品的维护和改进工作，其实与前面讲的需求整理分析有一些相似之处。但在里，更强调的是产品的维护工作。产品的维护工作，更多应是对顾客已购买产品的维护工作，响应顾客提出的问题。

在大多数网络公司，都有比较多的客服人员。很多的时候，客服人员对技术、产品等问题可能不是非常清楚，对顾客的不少问题又未能做很好的解答，这时，就需要运营人员分析和判断问题，或对顾客给出合理的说法，或把问题交给技术人员去处理，或找更好的解决方案。

此外，产品维护还包括制定和改变产品政策、进行良好的产品包装、改进产品的使用体验等。产品改进，大多情况下，同时也是需求分析和整理的问题。

5. 各部门协调工作

这一部分的工作内容，更多体现的是管理角色。因为网站运营人员深知整个网站的运营情况，知识面相对来说比较全面，与技术人员、美工、测试、业务的沟通协调工作更多地是由网站运营人员来承担。作为网站运营人员，沟通协调能力是必不可少。要与不同专业性思维打交道，在沟通的过程中，可能碰上许多的不理解或难以沟通的现象，是属于比较正常的问题。

优秀的网站运营人才，要求具备行业专业知识，文字撰写能力、方案策划能力、沟通协调能力、项目管理能力等方面的素质。

19.7.2 网站的更新维护

网站的信息内容应该经常更新，如果现在浏览者访问的网站看到的是去年的新闻或在秋天看到新春快乐的网站祝贺语，那么他们对企业的印象肯定大打折扣。因此注意实时更新内容是相当重要的。在网站栏目设置上，最好将一些可以定期更新的栏目如新闻等放在首页上，使首页的更新频率更高些。

网站风格的更新包括版面、配色等各方面。改版后的网站让客户感觉改头换面，焕然一新。一般改版的周期要长些。如果客户对网站也满意的话，改版可以延长到几个月甚至半年。改版周期不能太短。一般一个网站建设完成以后，代表了公司的形象、公司的风格。随着时间的推移，很多客户对这种形象已经形成了定势。如果经常改版，会让客户感觉不适应，特别是那种风格彻底改变的“改版”。当然如果对公司网站有更好的设计方案，可以考虑改版。毕竟长期使用一种版面会让人感觉陈旧、厌烦。

19.8 网站的推广

网页做好之后，还要不断地进行宣传，这样才能让更多的朋友认识它，提高网站的访问率和知名度。推广的方法有很多，如到搜索引擎上注册、网站交换链接、添加广告链等。

1. 登录搜索引擎

登录搜索引擎的目的也就是为了更有效地进行网站推广。到新浪、搜狐、百度、谷歌、雅虎等一些大的搜索引擎网站去登录一下，会给你带来意想不到的效果。图19-55所示为百度搜索引擎登录页面。

图19-55 百度搜索引擎登录页面

可以把自己的网站提交给各个搜索引擎，这样在各个搜索引擎就能找到你的店铺了，虽然不是每个都能通过，但是勤劳一点总是会有几个通过的。

方法很简单：首先在浏览器打开每个网站的登录口，然后把你的网址输入进去就行了。

百度搜索网站登录口：http://www.baidu.com/search/url_submit.html。

Google网站登录口：http://www.google.cn/intl/zh-CN_cn/add_url.html。

英文雅虎登录口：http://search.yahoo.com/info/submit.html。

2. 交换广告条

广告交换是宣传网站的一种较为有效的方法。在交换广告条的网页上填写一些主要的信息，如广告图片、网站网址等，之后它会要求用户将一段HTML代码加入到网站中，这样，用户的广告条就可以在这个网站上出现。

因为客户在其他网站上只能看到广告条，要想吸引客户点击广告条，广告条一定要鲜亮、显眼，一定要将网站性质、名称等重要的文字信息加入到广告条上。另外还要尽可能将网站最新的信息，或者一些免费活动、有奖活动等吸引客户眼光的信息添加到广告条上。网络时代讲究的是速度，客户不会浪费宝贵的时间去仔细研究广告条。

友情链接就是一种常见的交换广告条的推广方式，包括文字链接和图片链接。文字链接一般就是网站的名字。图片链接包括Logo的链接或Banner的链接。图19-56所示的是友情链接推广。

图19-56 使用友情链接推广

3. Meta标签的使用

使用Meta标签是简单而且有效地宣传网站的方法。不需要去搜索引擎注册就可以让客户搜索到你的网站。将下面这段代码加入到网页标签中：

<meta name=keywords content=网站名称，产品名称… …>

content里边填写关键词。关键词最好要大众化，跟企业文化、公司产品等紧密相关。并且尽量多写一些。如公司生产的是电冰箱，可以写电冰箱、家电、电器等。尽量将产品大类的名称都写上去。另外名称要写全，如“电冰箱”不要简写成“冰箱”。这里有个技巧，你可以将一些相对关键的词重复，这样可以提高网站的排行。

4. 传统方式

传统的推广方式有以下两种。

★ 直接跟客户宣传

一个稍具规模的公司一般都有业务部、市场部或客户服务部。业务员跟客户打交道的时候可以直接将公司网站的网址告诉给客户，或者直接给客户发E-mail等进行宣传。宣传途径很多，可以根据自身的特点选择其中一些较为便捷有效的方法。

★ 传统媒体广告

众所周知，传统媒体广告的宣传是目前最为行之有效且最有影响力的推广方式。

5. 借助网络广告

网络广告是常用的网络营销策略之一，在网络品牌、产品促销、网站推广等方面均有明显作用。网络广告的常见形式包括banner广告、关键字广告、分类广告、赞助式广告、E-mail广告等。网络广告最常见的表现方式是图形广告，如各门户站点主页上部的横幅广告，图19-57所示是利用网络广告推广网站。

图19-57 网络广告

6. 登录网址导航站点

现在国内有大量的网址导航类站点，如http://www.hao123.com/、http://www.265.com/等。在这些网址导航站点上做上链接，也能带来大量的流量，不过现在想登录上像hao123这种流量特别大的站点并不是件容易的事，如果有推广预算，花点钱登上去也是值得的。图19-58所示即为使用网址导航站点推广网站。

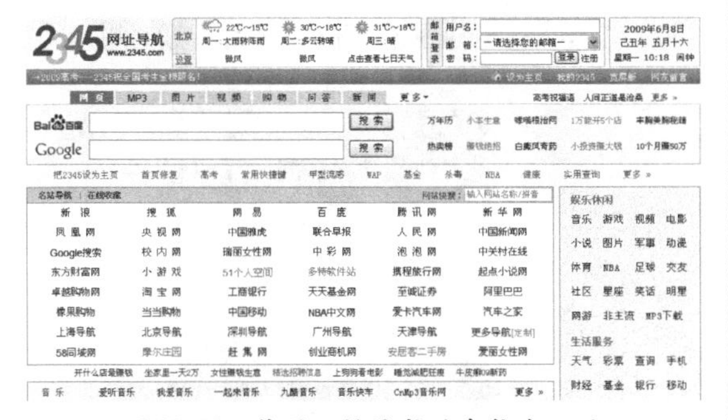

图19-58　使用网址导航站点推广网站

7. 论坛推广

在论坛上经常看到很多用户在签名处都留下了他们的网址，这也是网站推广的一种方法。将有关的网站推广信息发布在其他潜在用户可能访问的网站论坛上，利用用户在这些网站获取信息的机会实现网站推广的目的。图19-59所示即为使用论坛推广网站。

图19-59　使用论坛推广网站

8. 博客推广

用博客来传播广告信息首要条件是拥有具有良好写作能力的博客。博客在发布自己的生活经历、工作经历和某些热门话题的评论等信息的同时，还可附带宣传企业，如企业文化、产品品牌等，特别是当发布文章的作者是在某领域有一定影响力的人物，所发布的文章更容易引起关注，吸引大量潜在的用户浏览，通过个人博客文章内容为读者提供了解商家信息的机会。

01 博客营销以推广运营为目的，影响力大。随着“戴尔笔记本”等博客门事件的陆续发生，证实了博客作为高端人群所形成的评论意见影响面和影响力度越来越大，博客渐渐成为了网民们的“意见领袖”引导着网民舆论潮流，他们所发表的评价和意见会在极短时间内在互联网上迅速传播开来，对店铺品牌造成巨大的影响。

02 大大降低推广费用。大部分博客平台基本都是免费提供，只需要遵守博客的准则，填写相关的信息就可以。通过博客的方式，在博客内容中适当加入推广产品的信息（或者直接添加网站链接）达到网站推广的目的，这样的“博客推广”也是极低成本的推广方法，降低了一般付费推广的费用，大大提升了网站的访问量。

03 口碑营销。潜在顾客受到文章观点的影响后，会跟家人、朋友、合作伙伴等谈论沟通，会潜移默化地介绍影响网站，这就是广告，而且广告成本比其他媒体成本要低得多。不但为企业降低了成本，还增加了销售量与利润率。

04 博客平台往往拥有庞大的忠实的用户群体，用户直接可以自由互访，并且可以将文章进行转载、留言、评论，实现博客之间的互动交流。特别是有价值的博文会吸引大量潜在用户浏览，从而达到向潜在用户传递营销信息的目的。

05 也可以通过博客，宣传企业的文化和理念，获得更多的价值认同感。

图19-60所示是通过博客推广网站。

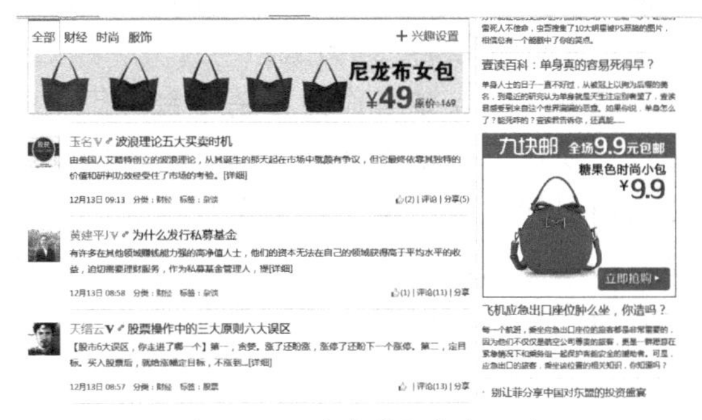

图19-60　通过博客推广网站

9. 电子邮件推广

电子邮件因为方便、快捷、成本低廉的特点，成为目前使用最广泛的互联网应用，是一种有效的推广工具。

电子邮件推广也称为E-mail推广，E-mail

推广方式使用一次即可，多次发送会给他人留下不好的印象，影响口碑。它常用的方法包括邮件列表、电子刊物、新闻邮件、会员通信、专业服务商的电子邮件广告等。拥有潜在用户的E-mail地址是开展E-mail营销的前提，这些地址可以是企业从用户、潜在用户资料中自行收集整理，也可以利用第三方的潜在用户资源。如果邮件发送规模比较小，可以采取一般的邮件发送方式或邮件群发软件来完成，如果发送规模较大，就应该借助于专业的邮件列表发行平台来发送。发送E-mail推广方式成功的关键是你发送的广告信，写得要有诚意，而且最好你的网店所提供的信息内容正好是收到这封信的网友所需要的。如图19-61所示。

图19-61　电子邮件广告推广

10．**微博营销推广**

微博营销是指通过微博平台为商家、个人等创造价值而执行的一种营销方式，也是指商家或个人通过微博平台发现并满足用户的各类需求的商业行为方式。

微博营销以微博作为营销平台，每一个听众（粉丝）都是潜在营销对象，企业利用更新自己的微博向网友传播企业信息、产品信息，树立良好的企业形象和产品形象。每天更新内容就可以跟大家交流互动，或者发布大家感兴趣的话题，这样来达到营销的目的。图19-62所示为利用腾讯微博宣传网站。

图19-62　利用腾讯微博宣传

微博营销注重价值的传递、内容的互动、系统的布局、准确的定位，微博的火热发展也使得其营销效果尤为显著。微博营销涉及的范围包括认证、有效粉丝、话题、名博、开放平台、整体运营等，当然，微博营销也有其缺点：有效粉丝数不足、微博内容更新过快等。

11．**微信营销推广**

微信推广营销是随着微信的火热而兴起的一种网络营销方式。微信不存在距离的限制，用户注册微信后，可与“朋友”形成一种联系，用户订阅自己所需的信息，商家通过提供用户需要的信息，推广自己的产品，从而实现点对点的营销。图19-63为利用微信二维码营销推广企业。

图19-63　利用微信二维码营销推广企业

19.9 课后练习

一、填空题

1. 对于所有网站来说重中之重的页面就是________了，能够做好________就相当于做好网站的一半了。

2. 一个好的网站，仅仅一次是不可能制作完美的，由于市场环境在不断地变化，网站的内容也需要随之调整，给人经常更新的感觉，网站才会更加吸引访问者，而且给访问者很好的印象。这就要求对站点进行长期的不间断的______________。

二、操作题

制作一个图19-64所示的企业网站主页。

主要是利用插入表格、文字和图像来制作的，也可以先制作成模板，具体参考19.3.4创建模板。

最终文件：最终文件/CH19/操作题/index1.html

图19-64 企业网站首页

19.10 本章小结

制作一个完整的企业网站，首先考虑的是网站的主要功能栏目、色彩搭配、风格及其创意。在设计综合性网站时，为了减少工作时间，提高工作效率，应尽量避免一些重复性的劳动，特别是要好好掌握在本章中介绍的模板的创建与应用，以及留言系统的设计制作。读者在学习本章的过程中应多下些功夫，来掌握企业网站的特点与制作。

附录A　HTML常用标签

1. 跑马灯

标签	功能
<marquee>...</marquee>	普通卷动
<marquee behavior=slide>...</marquee>	滑动
<marquee behavior=scroll>...</marquee>	预设卷动
<marquee behavior=alternate>...</marquee>	来回卷动
<marquee direction=down>...</marquee>	向下卷动
<marquee direction=up>...</marquee>	向上卷动
<marquee direction=right></marquee>	向右卷动
<marquee direction=left></marquee>	向左卷动
<marquee loop=2>...</marquee>	卷动次数
<marquee width=180>...</marquee>	设定宽度
<marquee height=30>...</marquee>	设定高度
<marquee bgcolor=FF0000>...</marquee>	设定背景颜色
<marquee scrollamount=30>...</marquee>	设定卷动距离
<marquee scrolldelay=300>...</marquee>	设定卷动时间

2. 字体效果

标签	功能
<h1>...</h1>	标题字(最大)
<h6>...</h6>	标题字(最小)
<b>...</b>	粗体字
<strong>...</strong>	粗体字(强调)
<i>...</i>	斜体字
<em>...</em>	斜体字(强调)
<dfn>...</dfn>	斜体字(表示定义)
<u>...</u>	底线
<ins>...</ins>	底线(表示插入文字)
<strike>...</strike>	横线
<s>...</s>	删除线
<del>...</del>	删除线(表示删除)
<kbd>...</kbd>	键盘文字
<tt>...</tt>	打字体
<xmp>...</xmp>	固定宽度字体(在文件中空白、换行、定位功能有效)
<plaintext>...</plaintext>	固定宽度字体(不执行标记符号)
<listing>...</listing>	固定宽度小字体
<font color=00ff00>...</font>	字体颜色
<font size=1>...</font>	最小字体
<font style =font-size:100 px>...</font>	无限增大

3. 区断标记

标签	功能
<hr>	水平线
<hr size=9>	水平线(设定大小)
<hr width=80%>	水平线(设定宽度)
<hr color=ff0000>	水平线(设定颜色)
 	(换行)
<nobr>...</nobr>	水域(不换行)
<p>...</p>	水域(段落)
<center>...</center>	置中

4. 链接

标签	功能
<base href=地址>	(预设好连结路径)
<a href=地址></a>	外部连结
<a href=地址 target=_blank></a>	外部连结(另开新窗口)
<a href=地址 target=_top></a>	外部连结(全窗口连结)
<a href=地址 target=页框名></a>	外部连结(在指定页框连结)

5. 图像/音乐

标签	功能
<img src=图片地址>	贴图
<img src=图片地址 width=180>	设定图片宽度
<img src=图片地址 height=30>	设定图片高度
<img src=图片地址 alt=提示文字>	设定图片提示文字
<img src=图片地址 border=1>	设定图片边框
<bgsound src=MID音乐文件地址>	背景音乐设定

6. 表格

标签	功能
<table aling=left>...</table>	表格位置，置左
<table aling=center>...</table>	表格位置，置中
<table background=图片路径>...</table>	背景图片的URL=就是路径网址
<table border=边框大小>...</table>	设定表格边框大小(使用数字)
<table bgcolor=颜色码>...</table>	设定表格的背景颜色
<table borderclor=颜色码>...</table>	设定表格边框的颜色
<table borderclordark=颜色码>...</table>	设定表格暗边框的颜色
<table borderclorlight=颜色码>...</table>	设定表格亮边框的颜色
<table cellpadding=参数>...</table>	指定内容与网格线之间的间距(使用数字)
<table cellspacing=参数>...</table>	指定网格线与网格线之间的距离(使用数字)
<table cols=参数>...</table>	指定表格的栏数
<table frame=参数>...</table>	设定表格外框线的显示方式
<table width=宽度>...</table>	指定表格的宽度大小(使用数字)
<table height=高度>...</table>	指定表格的高度大小(使用数字)

（续表）

标签	功能
<td colspan=参数>...</td>	指定储存格合并栏的栏数(使用数字)
<td rowspan=参数>...</td>	指定储存格合并列的列数(使用数字)

7. 分割窗口

标签	功能
<frameset cols=”20%,*”>	左右分割,将左边框架分割大小为20%，右边框架的大小浏览器会自动调整
<frameset rows=”20%,*”>	上下分割,将上面框架分割大小为20%，下面框架的大小浏览器会自动调整
<frameset cols=”20%,*”>	分割左右两个框架
<frameset cols=”20%,*,20%”>	分割左中右3个框架
<frameset rows=”20%,*,20%”>	分割上中下3个框架
<! - - ... - ->	批注
<A HREF TARGET>	指定超级链接的分割窗口
<A HREF=#锚的名称>	指定锚名称的超级链接
<A HREF>	指定超级链接
<A NAME=锚的名称>	被连结点的名称
<ADDRESS>....</ADDRESS>	用来显示电子邮箱地址
<B>	粗体字
<BASE TARGET>	指定超级链接的分割窗口
<BASEFONT SIZE>	更改预设字形大小
<BGSOUND SRC>	加入背景音乐
<BIG>	显示大字体
<BLINK>	闪烁的文字
<BODY TEXT LINK VLINK>	设定文字颜色
<BODY>	显示本文
 	换行
<CAPTION ALIGN>	设定表格标题位置
<CAPTION>...</CAPTION>	为表格加上标题
<CENTER>	向中对齐
<CITE>...</CITE>	定义用斜体显示标明引文
<CODE>...</CODE>	用于列出一段程序代码
<COMMENT>...</COMMENT>	加上批注
<DD>	设定定义列表的项目解说
<DFN>...</DFN>	显示“定义”文字
<DIR>...</DIR>	列表文字卷标
<DL>...</DL>	设定定义列表的卷标
<DT>	设定定义列表的项目
<EM>	强调之用

附录B　CSS属性一览表

CSS - 文字属性

语言	功能
color : #999999;	文字颜色
font-family : 宋体,sans-serif;	文字字体
font-size : 9pt;	文字大小
font-style:itelic;	文字斜体
font-variant:small-caps;	小字体
letter-spacing : 1pt;	字间距离
line-height : 200%;	设置行高
font-weight:bold;	文字粗体
vertical-align:sub;	下标字
vertical-align:super;	上标字
text-decoration:line-through;	加删除线
text-decoration:overline;	加顶线
text-decoration:underline;	加下划线
text-decoration:none;	删除链接下划线
text-transform : capitalize;	首字大写
text-transform : uppercase;	英文大写
text-transform : lowercase;	英文小写
text-align:right;	文字右对齐
text-align:left;	文字左对齐
text-align:center;	文字居中对齐
text-align:justify;	文字两端对齐
vertical-align属性	
vertical-align:top;	垂直向上对齐
vertical-align:bottom;	垂直向下对齐
vertical-align:middle;	垂直居中对齐
vertical-align:text-top;	文字垂直向上对齐
vertical-align:text-bottom;	文字垂直向下对齐

CSS - 项目符号

语言	功能
list-style-type:none;	不编号
list-style-type:decimal;	阿拉伯数字
list-style-type:lower-roman;	小写罗马数字
list-style-type:upper-roman;	大写罗马数字
list-style-type:lower-alpha;	小写英文字母

（续表）

语言	功能
list-style-type:upper-alpha;	大写英文字母
list-style-type:disc;	实心圆形符号
list-style-type:circle;	空心圆形符号
list-style-type:square;	实心方形符号
list-style-image:url(/dot.gif)	图片式符号
list-style-position:outside;	凸排
list-style-position:inside;	缩进

CSS - **背景样式**

语言	功能
background-color:#F5E2EC;	背景颜色
background:transparent;	透视背景
background-image : url(image/bg.gif);	背景图片
background-attachment : fixed;	浮水印固定背景
background-repeat : repeat;	重复排列-网页默认
background-repeat : no-repeat;	不重复排列
background-repeat : repeat-x;	在x轴重复排列
background-repeat : repeat-y;	在y轴重复排列
background-position : 90% 90%;	背景图片x与y轴的位置
background-position : top;	向上对齐
background-position : buttom;	向下对齐
background-position : left;	向左对齐
background-position : right;	向右对齐
background-position : center;	居中对齐

CSS-**链接属性**

语言	功能
a	所有超链接
a:link	超链接文字格式
a:visited	浏览过的链接文字格式
a:active	按下链接的格式
a:hover	鼠标转到链接
cursor:crosshair	十字体
cursor:s-resize	箭头朝下
cursor:help	加一问号
cursor:w-resize	箭头朝左
cursor:n-resize	箭头朝上

（续表）

cursor:ne-resize	箭头朝右上
cursor:nw-resize	箭头朝左上
cursor:text	文字I型
cursor:se-resize	箭头斜右下
cursor:sw-resize	箭头斜左下
cursor:wait	漏斗

CSS-边框属性

语言	功能
border-top : 1px solid #6699cc;	上框线
border-bottom : 1px solid #6699cc;	下框线
border-left : 1px solid #6699cc;	左框线
border-right : 1px solid #6699cc;	右框线
solid	实线框
dotted	虚线框
double	双线框
groove	立体内凸框
ridge	立体浮雕框
inset	凹框
outset	凸框

CSS-表单

语言	功能
<input type="text" name="T1" size="15">	文本域
<input type="submit" value="submit" name="B1">	按钮
<input type="checkbox" name="C1">	复选框
<input type="radio" value="V1" checked name="R1">	单选按钮
<textarea rows="1" name="1" cols="15"></textarea>	多行文本域
<select size="1" name="D1"><option>选项1</option><option>选项2</option></select>	列表菜单

CSS-边界样式

语言	功能
margin-top:10px;	上边界
margin-right:10px;	右边界值
margin-bottom:10px;	下边界值
margin-left:10px;	左边界值

CSS-边框空白

语言	功能
padding-top:10px;	上边框留空白
padding-right:10px;	右边框留空白
padding-bottom:10px;	下边框留空白
padding-left:10px;	左边框留空白